21世纪高等学校计算机规划教材
21st Century University Planned Textbooks of Computer Science

计算机基础案例教程（第2版）

Computer Based Case Tutorial (2nd Edition)

李彦 杨佩◎主编

人 民 邮 电 出 版 社
北 京

图书在版编目（CIP）数据

计算机基础案例教程 / 李彦，杨佩主编. -- 2版
. -- 北京 ：人民邮电出版社，2018.8（2020.11重印）
21世纪高等学校计算机规划教材
ISBN 978-7-115-48448-2

Ⅰ. ①计… Ⅱ. ①李… ②杨… Ⅲ. ①电子计算机－高等学校－教材 Ⅳ. ①TP3

中国版本图书馆CIP数据核字(2018)第098967号

内 容 提 要

本书以 Windows 7 及 Office 2010 为平台，从公司日常工作的角度出发，分计算机基础知识、操作系统应用、图文排版、数据处理、演示文稿制作、互联网应用及网络安全 6 个项目展开讲解，并在附录中提供全国计算机等级考试二级 MS Office 高级应用考试大纲。

本书适合作为应用型院校计算机基础及相关课程的教材，也可以为参加全国计算机等级考试二级 MS Office 高级应用考试的读者提供指导和帮助。

◆ 主　编 李 彦 杨 佩
责任编辑 王亚娜
责任印制 焦志炜
◆ 人民邮电出版社出版发行　北京市丰台区成寿寺路 11 号
邮编 100164　电子邮件 315@ptpress.com.cn
网址 http://www.ptpress.com.cn
涿州市京南印刷厂印刷
◆ 开本：787×1092 1/16
印张：15.25　2018 年 8 月第 2 版
字数：485 千字　2020 年 11月河北第 5 次印刷

定价：42.00 元

读者服务热线：(010)81055256　印装质量热线：(010)81055316
反盗版热线：(010)81055315
广告经营许可证：京东市监广登字 20170147 号

前言 Preface

随着计算机技术和网络技术的飞速发展，计算机的广泛应用已成为现代社会生产发展的重要标志。本书针对应用型本科教育的特点和社会的用人需求，以基于工作过程的项目形式进行编写，强调理论与实践相结合，突出对学生基本技能、实际操作能力及职业能力的培养。

书中的很多项目都是从企事业单位的经典案例中提取出来，并经过作者精心设计，同时融入计算机应用领域新的发展技术而形成的，是对从学科教育到应用教育、从学科体系到能力体系两个转变进行的有益尝试。

本书分以下 6 个项目展开讲解。

（1）计算机基础知识：从计算机的发展历程、计算机系统、计算机中信息的表示几个方面概要地介绍计算机基础知识。

（2）操作系统应用：从公司办公人员的计算机日常应用和管理角度出发，带领学生熟悉计算机用户环境的配置。

（3）图文排版：以公司周年庆典活动为主线，通过制作庆典工作中的活动方案、活动安排表、经费预算表、工作卡以及庆典简报等工作，使学生能熟练运用 Word 软件进行文档排版。

（4）数据处理：以公司员工综合素质考评工作为出发点，通过对考评成绩的录入、统计，制作打印报表，分析考评成绩等任务，使学生能熟练运用 Excel 软件进行数据处理和分析。

（5）演示文稿制作：以公司五周年庆典为背景，通过制作庆典演示文稿和美化、放映演示文稿等工作，使学生能熟练运用 PowerPoint 软件进行演示文稿的制作和展现。

（6）互联网应用及网络安全：以互联网接入与配置、信息检索、网络安全等网络常见应用为切入点，带领学生熟悉网络的相关知识，使学生能进行网络基本设置与操作。

此外，本书在每个项目结束时，都安排了相应的思考练习，并在部分项目后提供了拓展练习和综合训练，既可以帮助学生复习和强化所学的知识和技能，又可以作为计算机等级考试的模拟训练。

本书在附录中提供了全国计算机等级考试二级 MS Office 高级应用考试大纲，可以为参加全国计算机等级考试二级 MS Office 高级应用考试的读者提供指导和帮助。

本书的创新之处在于以完成实际工作项目引领教学，将要完成的案例结果呈现在学生面前，以案例引领知识、技能和态度，让学生在完成案例的过程中学习相关知识，培养相关技能，发展学生的综合职业能力；教学内容紧凑实用，紧紧围绕各项目的需要来选择课程内容；注重知识的系统化设计，注重内容的实用性和针对性，使知识内容符合学生学习的认知规律；构建以项目为核心、理论实践一体化的教学模式。

本书由西安翻译学院的李彦、杨佩主编，参加编写的还有王潇、冯晓兰等。由于编者水平有限，书中难免有疏漏之处，恳请广大读者提出宝贵意见！

编　者

2018 年 1 月

目录
Contents

PART 01

项目一

计算机基础知识

项目情境

■ 计算机是 20 世纪人类最伟大的科学技术发明之一，对人类的生产活动和社会活动产生了极其重要的影响，并以强大的生命力飞速发展。它的应用领域从最初的军事科研应用扩展到目前社会的各个领域，已形成规模巨大的计算机产业，带动了全球范围的技术进步，由此引发了深刻的社会变革。计算机已经成为信息社会中必不可少的工具，它是人类进入信息时代的重要标志之一。在现代社会，熟练使用计算机已成为高效学习和工作的基本技能。本项目主要学习计算机的发展历史、特点、计算机软硬件系统的组成、计算机性能和技术指标等。

案例1　计算机的发展历程

【任务目标】

◈　能描述计算机发展历程。

◈　能将计算机的发展与实际中计算机的使用联系在一起。

【相关知识】

电子计算机诞生于20世纪40年代，被公认为是20世纪最重大的工业成果之一。它的出现彻底改变了人们的工作与生活习惯，并使整个社会走进信息时代。

1．电子计算机的概念

电子计算机（Electronic Computer）是一种能够自动、高速、正确地进行信息处理的现代化电子设备。它能够按照程序引导的确定步骤，对输入的数据进行加工处理、存储或者传输，以便获得所期望的输出结果。

根据所处理的信息是数字量还是模拟量，电子计算机可分为电子数字计算机、电子模拟计算机和两者功能皆有的混合计算机。电子数字计算机是一种以数字形成的量值在机器内部进行运算的计算机，它处理和产生的是脉冲信号；电子模拟计算机是一种用连续变化的物理量表示被运算变量，并用电子电路构成基本运算部件的模拟计算装置，它处理和产生的是连续信号，专用于过程控制和模拟。目前，大量应用的是电子数字计算机。我们习惯上说的和本书要说的计算机都是指电子数字计算机。

电子计算机的外形有大有小，大者占据几个房间，小者只集成在硬币大小的集成电路芯片中。各种电子计算机的组成部分和功能差异非常大，但它们必须具备以下4个要素才能称为计算机。

（1）存储记忆能力

类似于人的大脑，计算机需要有存储记忆能力。计算机将需要记忆的信息存储在集成电路存储器（称为内存）、磁盘或光盘中。

（2）超强的计算能力和数据处理能力

研制计算机的最初目标便是为了计算。计算机具有非常强大、快速的计算能力，能完成各种复杂的算术运算、逻辑运算，从而满足科学计算、工程设计数据计算、图像数据分析等计算量非常宏大的计算需求。近年来，计算机更是在办公自动化等领域发挥着超强的数据处理能力。

（3）逻辑思维能力

计算机通过预先编好的存储程序来自动完成计算机系统当前状态的检查，并根据当前状态，通过"思维和判断"确定正确的执行路径，从而完成人脑的"判断"和控制工作。这正是计算机与计算器的差别所在。计算器虽然也能完成加减乘除等运算，但它没有存储程序的能力，不能自动完成用户要求的数据处理任务。

（4）输入/输出能力

计算机的实质是要根据输入产生正确的输出，因此计算机必须具备输入/输出手段，并能完成相应的控制工作，即计算机与使用者之间能进行信息交流。

2．计算机的发展

一般认为，半导体技术、计算机系统结构和计算机软件技术是影响计算机发展的重要因素，其中半导体技术的发展是一个最活跃的因素。从20世纪40年代电子管的出现，到1948年半导体晶体管的制成，再到1958年集成电路的制成，组成电子计算机的主要器件也从电子管改为晶体管，又改为集成电路、大规模和超大规模集成电路。在计算机发展经历的这4个阶段中，相继出现了不同逻辑元器件的四代计算机，如表1-1所示。

表1-1　计算机发展的4个时代

时代	年份	电路	特点
第一代	1946—1957年	电子管	磁鼓和磁带，使用机器语言和汇编语言
第二代	1958—1964年	晶体管	磁芯和磁盘，使用高级语言

续表

时代	年份	电路	特点
第三代	1965—1970 年	集成电路	可由远程终端上多个用户访问的小型计算机
第四代	1971 年至今	大规模和超大规模集成电路	个人计算机和友好的程序界面，面向对象的程序设计

（1）第一代

这代计算机因采用电子管而体积大、耗电多、运算速度低、存储容量小、可靠性差及造价昂贵，同时，它几乎没有什么系统管理软件配置，编制程序用机器语言，主要用于科学计算和军事应用。

（2）第二代

这代计算机采用晶体管，内存储器普遍使用磁芯存储器，性能比第一代提高了数十倍，速度一般可达每秒 10 万次，有的甚至高达每秒几百万次。同时，系统管理软件配置开始出现，一些高级程序设计语言相继问世，并开始采用监控程序。除科学计算与军事应用外，计算机开始了在数据处理、工程设计、过程控制等方面的应用。

（3）第三代

集成电路是在一块几平方毫米的芯片上集成很多个电子元件，使计算机的体积和耗电量有了显著减小，计算速度显著提高，存储容量大幅度增加。同时，计算机的系统管理软件和应用软件技术也有了较大的发展，出现了操作系统和编译系统，以及更多的高级程序设计语言。此外，计算机的系统结构方面有了很大改进，机种多样化、系列化，并与通信技术结合起来，使计算机应用到科学技术的许多领域。

（4）第四代

这代计算机在硬件上采用大规模、超大规模集成电路作为主要功能部件，内存储器使用集成度更高的半导体存储器，计算速度高达每秒几百万次至数百亿次。在这个时期，计算机体系结构有了较大发展，并行处理、多机系统、计算机网络等都已进入实用阶段；系统管理软件方面更加丰富，出现了网络操作系统和分布式操作系统以及各种应用软件，计算机应用范围也更加广泛，几乎渗透到人类社会的各个领域。

3. 计算机的分类

以前计算机普遍按照运算速度、字长、存储容量等综合性能指标进行分类，可分为巨型机、大型机、中型机、小型机、微型计算机。随着技术的进步，各种型号的计算机性能指标都在不断地提高。按照巨、大、中、小、微的标准来划分计算机的类型也有其时间的局限性，计算机的类别划分很难有一个精确的标准。在此根据计算机的综合性能指标，结合计算机应用领域的分布将其分为如下 5 类。

（1）高性能计算机

高性能计算机也就是俗称的超级计算机或巨型机。目前国际上对高性能计算机较为权威的评测是世界计算机排名，通过测评的计算机是目前世界上运算速度和处理能力均堪称一流的计算机。

（2）微型计算机

微型计算机简称微型机或者微机。大规模集成电路及超大规模集成电路的发展是微机得以产生的前提。

微机的特征是通过集成电路技术将计算机的核心部件运算器和控制器集成在一块大规模或放大规模集成电路芯片上，统称为中央处理器（Central Processing Unit，CPU）。CPU 是微机的核心部件，是微机的心脏。目前微机已广泛应用于办公、学习、娱乐等社会生活的方方面面，是发展最快、应用最为普及的计算机。我们日常使用的台式计算机、笔记本电脑、掌上电脑等都是微机。

（3）工作站

工作站是一种高档的微机，通常配有高分辨率的大屏幕显示器及容量很大的内存储器和外部存储器，主要面向专业应用领域，具备强大的数据运算与图形、图像处理能力。工作站主要是为满足工程设计、动画制作、科学研究、软件开发、金融管理、信息服务、模拟仿真等专业领域而设计开发的同性能微机。

需要指出的是，这里所说的工作站不同于计算机网络系统中的工作站概念，计算机网络系统中的工作站仅是网络中的任何一台普通微机或终端，是网络中的任一用户节点。

（4）服务器

服务器是指在网络环境下为网上多个用户提供共享信息资源和各种服务的一种高性能计算机，在服务器上需要安装网络操作系统、网络协议和各种网络服务软件。服务器主要为网络用户提供文件、数据库、应用及通信方面的服务。

（5）嵌入式计算机

嵌入式计算机是指嵌入到对象体系中，实现对象体系智能化控制的专用计算机系统。嵌入式计算机系统是以应用为中心，以计算机技术为基础，并且软硬件可裁剪，适用于应用系统对功能、可靠性、成本、体积、功耗有严格要求的专用计算机系统。它一般由嵌入式微处理器、外围硬件设备、嵌入式操作系统以及用户的应用程序4个部分组成，用于实现对其他设备的控制、监视或管理等功能。例如，我们日常生活中使用的电冰箱、全自动洗衣机、空调、电饭煲、数码产品等都采用的是嵌入式计算机技术。

4. 计算机的特点

计算机与过去的计算工具相比，有以下几个主要特点。

（1）计算速度快

计算机的计算速度是用每秒执行的指令数来衡量的。指令即指挥计算机工作的一串命令，通常由二进制组成。现代计算机是以百万条指令来衡量的，数据处理的速度相当快。计算机这么高的数据处理速度是其他任何处理工具无法比拟的。

（2）计算精度高

字长是CPU能够直接处理的二进制数据位数，它直接关系到计算机的计算精度、功能和速度。字长越长处理能力就越强。常见的计算机字长有32位和64位。

（3）超强的记忆能力

计算机中拥有容量很大的存储装置，可以存储所需要的原始数据信息、处理的中间结果与最后结果，还可以存储指挥计算机工作的程序。计算机不仅能保存大量的文字、图像、声音等信息资料，还能对信息加以处理、分析和重新组合，以满足各种应用中对这些信息的需求。

（4）判断能力强

计算机具有逻辑推理和判断能力，可以代替人脑的一部分劳动，如参与管理、指挥生产等。

（5）工作自动化

计算机可以不需要人工干预自动、协调地完成各种运算或操作。

5. 计算机的应用领域

（1）科学计算

科学计算是计算机最早的应用，主要是指计算机应用于完成科学研究和工程技术中所提出的数学问题，如大型水坝的工程设计和计算、气象预报的数据处理等。

（2）信息处理

计算机在通信和文字处理方面的应用越来越显示出其巨大的潜力。依靠计算机网络存储和传送信息，多台计算机、通信工作站和终端组成网络，实现信息交换、信息共享、前端处理、文字处理、语言和影像输入/输出等，是实现办公自动化、电子邮政、计算机出版等新技术的必要手段。

（3）实时控制

实时控制是计算机在过程控制方面的重要应用。计算机对工业生产的实时控制，不仅可以节省劳动力，减轻劳动强度，提高生产效率，而且能实现工业生产自动化。

（4）计算机辅助系统

常见的计算机辅助系统有计算机辅助教学（Computer Aided Instruction，CAI）、计算机辅助设计（Computer Aided Design，CAD）、计算机辅助制造（Computer Aided Manufacturing，CAM）、计算机辅助测试（Computer Aided Testing，CAT）、计算机集成制造（Computer Integrated Manufacture System，

CIMS）等。

（5）数据通信

信息高速公路主要是利用通信卫星群和光导纤维构成的计算机网络，实现信息双向交流，同时利用多媒体技术扩大计算机的应用范围。

（6）人工智能

人工智能是指计算机模拟人类的智能活动，包括判断、理解、学习、图像识别、问题求解等。其主要任务是建立智能信息处理理论，进而设计可以展现某些近似人类智能行为的计算系统。人工智能学科包括知识工程、机器学习、模式识别、自然语言处理、智能机器人和神经计算等多方面的研究。

（7）电子商务

电子商务（Electronic Commerce，EC），广义上指用各种电子工具从事商务或活动，狭义上指基于浏览器/服务器应用方式，利用 Internet 从事商务或活动。电子商务涵盖的范围很广，一般可分为 B2B、B2C、C2C、O2O 等。

（8）多媒体应用

多媒体计算机的主要特点是集成性和交互性，即集文字、声音、图像等信息于一体，并使人机双方通过计算机进行交互。多媒体技术的发展大大拓宽了计算机的应用领域，而视频、音频信息的数字化，使得计算机走向家庭，走向个人。

6. 计算机的发展趋势

从第一台计算机的诞生到今天，计算机的体积不断变小，但性能、速度却在不断提高。然而人类的追求是无止境的，科学家们一刻也没停止研究更好、更快、功能更强的计算机。从目前的研究方向看，计算机技术当前的发展趋势可以归纳为以下 5 个方面。

（1）巨型化

巨型化是指发展高速度、大容量、功能强大的超级计算机，用于处理庞大而复杂的问题。例如宇航工程、空间技术、石油勘探、人类遗传基因等现代科学技术和国防尖端技术都需要利用具有很高速度和很大容量的巨型计算机进行处理。巨型计算机一般又分为超级计算机和超级服务器两种。研制巨型计算机的技术水平体现了一个国家的综合国力，因此高性能巨型计算机的研制是各国在高技术领域竞争的热点。

（2）微型化

微型化是指发展体积小、重量轻、功能强、价格低、可靠性高、适用范围广的计算机系统。其特点是将 CPU 和一些外围部件集成在一块芯片上。目前，笔记本电脑、掌上型电脑等微机都是向这一方向发展的产品。

（3）网络化

计算机网络是利用通信技术将地理位置分散的多台计算机互连起来，组成能相互交流信息的计算机系统，是计算机技术与通信技术相结合的产物，是计算机应用发展的必然结果。由于网络技术的发展，使得不同地区、不同国家之间的信息共享、数据共享以及资源共享成为可能。

（4）智能化

研制智能计算机是计算机技术发展的一个重要方向，让计算机能够模拟人类的智能活动，包括感知、判断、理解、学习、问题求解等内容。智能计算机的研究，将促使传统程序设计方法发生质的飞跃，使计算机突破“计算”这一含义，从本质上扩充计算机的能力。例如，日本新一代计算机技术研究所把它所研制的第五代计算机称为知识信息处理系统（Knowledge Information Processing System，KIPS），它能根据用户所提出的问题自动选择内置在知识库机中的规则，通过推理来解答问题。许多国家也先后展开了对未来计算机的研究，如神经网络计算机、生物计算机等。

（5）多媒体化

媒体也称媒质或媒介，是传播和表示信息的载体。多媒体是结合文字、图形、影像、声音、动画等各种媒体的一种应用。多媒体技术的产生是计算机技术发展历史中的又一次革命，它把图、文、声、像融为一体，统一由计算机来处理，是微机发展的一个新阶段。目前，多媒体已成为一般微机具有的基本功能。多媒体与网络技术相结合，可以实现计算机、电话、电视的“三位一体”，使计算机系统更加完善。

7. 大数据

随着人类文明的不断发展，人们所掌握的数据量在呈指数级的增长。伴随着数据量的爆炸式增长，人类迎来了大数据时代。如何充分利用大数据技术解决各自领域的实际问题是摆在各行业、各部门决策者面前的一个重要任务。

数据、信息和知识是不同的概念。数据是信息的载体，知识是经过人们归纳和整理的有规律的信息。

（1）什么是大数据

维基百科给出的大数据定义是“大数据，或称巨量数据、海量数据、大资料，指的是所涉及的数据量规模巨大到无法通过人工，在合理时间内达到截取、管理、处理并整理成为人类所能解读的信息。”

通常认为，大数据是一个体量特别大，数据类别特别多，且无法在一定时间内用传统数据库软件工具对其内容进行抓取、管理和处理的数据集合。

（2）大数据的特点

大数据具有规模性、多样性、高速性和价值性 4 个特点，简称“4V“特点。

（3）大数据的应用

大数据被广泛应用于政治、金融、电子商务、教育、医疗、娱乐等诸多领域。

案例 2　计算机系统

【任务目标】

◈ 能描述计算机系统基本组成。

◈ 熟练地掌握硬件系统各部分的功能和特点。

◈ 熟练地掌握计算机软件系统的分类。

【相关知识】

一个完整的计算机系统由硬件系统和软件系统两部分组成，如图 1-1 所示。硬件系统是计算机系统的物质基础，软件系统是计算机发挥功能的必要保证。

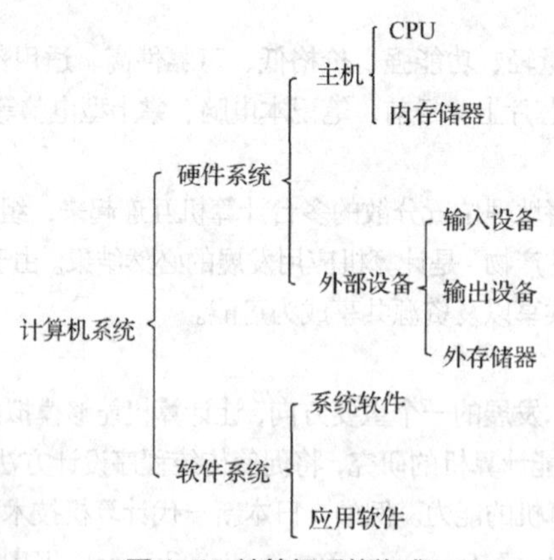

图 1-1　计算机系统构成

计算机硬件系统由 5 大部件组成，即运算器、控制器、存储器、输入设备和输出设备。

1. 计算机硬件系统

（1）运算器

运算器在控制器的控制下完成各种算术运算（如加、减、乘、除）、逻辑运算（如逻辑与、逻辑或、逻辑非等），以及其他操作（如取数、存数、移位等）。运算器主要由两部分组成，即算术逻辑运算单元（Arithmetic and Logic Unit，ALU）和寄存器组。

（2）控制器

控制器是控制计算机各个部件协调一致、有条不紊工作的电子装置，也是计算机硬件系统的指挥中心。

运算器和控制器集成在一起被称为 CPU，在微机中又称为微处理器，它是计算机硬件的核心部件。

CPU 与内存储器、主机板等构成计算机的主机。

（3）存储器

存储器是用来存储数据和程序信息的部件，可分为内存储器（简称内存）和外存储器（简称外存）两大类。

内存一般包括只读存储器（Read Only Memory，ROM）和随机存储器（Random Access Memory，RAM）。

ROM，计算机只能从其中读出数据，而不能写入数据，它的内容是由厂家在出厂时就已写入的，而且一旦写好就不能改变了。

RAM，也称可读写存储器，它是暂时存储信息的地方，在计算机加电运行时存储信息，当电源切断后，RAM 中所存放的信息将全部消失。

输入设备为了提高 CPU 与内存之间的传输速度，在 CPU 和内存之间增加了一层用 SRAM 构成的高速缓冲存储器，简称 Cache。它所采用的存储器比内存的速度快，但容量小，工作原理是将当前 CPU 要使用的小部分程序和数据放到 Cache 中，可大大提高 CPU 从内存存取数据的速度。

与外存相比，内存的存储容量较小，但内存的存储速度快。

外存又叫辅助存储器，具有相当大的存储容量，是永久存储信息的地方。不管计算机接通或切断电源，在外存中所存放的信息是不会丢失的。但外存的速度较慢，而且不能直接和 CPU 交换信息，必须通过内存过渡才能和 CPU 交换信息。常见的外存有 U 盘、软盘、硬盘和光盘等。

（4）输入设备

输入设备负责将数字、文字、符号、图形、图像、声音等形式输入计算机。常见的输入设备有键盘、鼠标、图像输入设备（摄像机、数码相机、扫描仪和传真机等）、存储设备及声音输入设备等。

（5）输出设备

输出设备负责将主机内的信息转换成数字、文字、符号、图形、图像、声音等形式进行输出。常见的输出设备有显示器、打印机、绘图机、存储设备和声音输出设备等。

显示器又称监视器，是微机不可缺少的输出设备。其作用是将主机处理后的信息转换成光信号，最终以文字、数字、图形、图像的形式显示出来，它是人机交互的另一个主要媒介。目前常用的显示器包括阴极射线显像管（Cathode Ray Tube，CRT）显示器、液晶显示器（Liquied Crystal Display，LCD）、发光二极管（Light Emitting Diode，LED）显示器和等离子显示器（Plasma Display Panel，PDP）等。

打印机作为计算机重要的输出设备已被广大用户所接受，也已成为办公自动化系统的一个重要设备。它的作用就是打印输出计算机里的文件，可以打印文字，也可以打印图片。打印机的种类很多，按照工作原理，可以分为针式打印机、喷墨打印机和激光打印机。

2. 计算机软件系统

计算机软件系统由系统软件和应用软件构成。系统软件是计算机系统中最靠近硬件的软件，其他软件一般都通过系统软件发挥作用。

（1）系统软件

系统软件可以被视为用户与计算机的接口，它为应用软件和用户提供了控制、访问硬件的手段，这些功能主要由操作系统完成。

系统软件分为操作系统软件与计算机语言翻译系统软件两部分，包括以下 4 个方面。

① 操作系统软件。操作系统软件由一组控制计算机系统并对其进行管理的程序组成，它是用户与计算机硬件系统之间的接口，为用户和应用软件提供了访问与控制计算机硬件的桥梁。常用的操作系统有 DOS、Windows 系列、UNIX 等。

② 各种语言翻译系统。各种程序设计语言，如汇编语言、C、Java 等高级语言所编写的源程序，计算机不能直接执行源程序，必须经过翻译，这就需要语言翻译系统。

③ 系统支撑和服务程序。这些程序又称为工具软件，如系统诊断程序、调试程序、排错程序、编辑程序、查杀病毒程序等，都是为维护计算机系统的正常运行或支持系统开发所配置的软件系统。

④ 数据库管理系统。数据库管理系统主要用来建立存储各种数据资料的数据库，并进行操作和维护。

（2）应用软件

为解决各类实际问题而设计的软件称为应用软件。按照其服务对象，应用软件一般分为通用的应用软件和专用的应用软件。

通用的应用软件一般是为了解决许多人都会遇到的某一类问题而设计的，包括文字处理（Word）、电子表格（Excel）、数据库管理（DataBase）等方面。

专用的应用软件是专为少数用户设计的、目标单一的应用软件，如某机床设备的自动控制软件、用于某实验仪器的数据采集与数据处理的专用软件和学习某门课程的辅助教学软件等。

案例 3　计算机中信息的表示

【任务目标】

◈ 熟练地掌握非数值信息的表示与处理方法。

◈ 熟练地掌握计算机数据的单位转换。

◈ 熟练地掌握计算机数值之间的转换。

【相关知识】

1. 计算机中的数制

数制是一种表示及记数的方法，日常生活中习惯用十进制记数，有时也采用其他进制户数，如计算时间用60进制；一星期有7天，为7进制数；一年有12个月，为12进制。在计算机中处理和表示数据常用二进制、八进制、十六进制。

（1）数制基础

在进位计数制中有数位、基数和权3个要素。

数位：数位是指数码在一个数中所处的位置。

基数：基数是指在某种进位计数制中，每个数位上所能使用的数码的个数，用 R 表示。

十进制（Decimal）：基数 R=10。

二进制（Binary）：基数 R=2。

八进制（Octal）：基数 R=8。

十六进制（Hexadecimal）：基数 R=16。

权：任何一个 R 进制的数都是由一串数码表示的，其中每一位数码所表示的实际值大小，除数码本身的数值外，还与它所处的位置有关，由位置决定的值就称为权（或称位值）。权用基数 R 的 i 次幂 R^i 表示。数码所处的位置不同，代表数的大小也不同。对于任意的 R 进制数，其最右边数码的权最小，最左边数码的权最大。

（2）常用数制

① 十进制数

十进制数的基数 R 为10，即“逢十进一”。它含有10个数码：0、1、2、3、4、5、6、7、8、9。其权为 10^i（$i=-m \sim n-1$，其中 m、n 为自然数）。

② 二进制数

二进制数的基数为2，即“逢二进一”。它含有两个数码：0、1。其权为 2^i（$i=-m \sim n-1$，m、n 为自然数）。二进制是计算机中采用的数制，这是因为二进制具有如下特点。

- 简单可行，容易实现。
- 运算规则简单（逢二进一）。
- 适合逻辑运算。

③ 八进制数

八进制数的基数 R 为 8，即“逢八进一”。它含有 8 个数码：0、1、2、3、4、5、6、7。其权为 8^i（i=$-m$~n-1，其中 m、n 为自然数）。

④ 十六进制数

十六进制数的基数 R 为 16，即“逢十六进一”。它含有 16 个数字符号：0、1、2、3、4、5、6、7、8、9、A、B、C、D、E、F，其中 A、B、C、D、E、F 分别表示数码 10、11、12、13、14、15。其权为 16^i（i=$-m$~n-1，其中 m、n 为自然数）。

2. 计算机中数值间的转换

（1）十进制转换成 R 进制（除 R 取余法）

十进制数轮换成 R 进制数要分两个部分。

① 整数部分：除 R 取余数，直到商为 0，得到的余数即为二进制数各位的数码，余数从右到左排列（反序排列）。

② 小数部分：乘 R 取整数，得到的整数即为二进制数各位的数码，整数从左到右排列（顺序排列）。

（2）二进制数、八进制、十六进制数转换成十进制数：用按权展开法

把任意一个 R 进制数转换成十进制数，其十进制数值为每一位数字与其位权之积的和。例如，将二进制数 110101B 转换成十进制数为

$110101B=1\times2^5+1\times2^4+0\times2^3+1\times2^2+0\times2^1+1\times2^0=32+16+4+1=53D$

（3）十六进制转换成二进制

每一位十六进制数对应二进制数的 4 位，逐位展开。例如，将十六进制数 B6E.9H 转换成二进制数为（8421 算法）

B　6　E．9

1011 0110 1110 . 1001

即 B6E.9H＝101101101110.1001D

（4）二进制转换成十六进制

将二进制数从小数点开始分别向左（对二进制整数）或向右（对二进制小数）每 4 位组成一组，不足 4 位补零（8421 算法）。

例如，二进制数 1010101011.0110B，转换成十六进制数为

0010 1010 1011 . 0110

2　A　B　.6

（5）八进制转换成二进制

每一位八进制数对应二进制数的 3 位，逐位展开，与十六进制相似。

（6）二进制转换为八进制

将二进制数从小数点开始分别向左（对二进制整数）或向右（对二进制小数）每 3 位组成一组，不足 3 位补零（8421 算法），与十六进制相似。

3. 数据与信息

数据是对客观事物的符号表示。数值、文字、语言、图表、图像、音频、视频等都是不同形式的数据。

信息是现代生活和计算机科学中一个非常流行的词汇。一般来说，信息是对各种事物变化和特征的反映，是经过加工处理并对人类客观行为产生影响的数据的表现形式。

计算机科学中的信息通常被认为是能够用计算机处理的有意义的内容或消息，它们以数据的形式出现。

4. 计算机中的数据

ENIAC 是一台十进制的计算机，它采用 10 个真空管来表示一位十进制数。冯·诺依曼在研制 IAS 时，发现这种十进制的表示和实现方式十分麻烦，故提出了二进制的表示方法，从此改变了计算机的发展历史。

二进制只有“0”和“1”两个数字，相对十进制而言，采用二进制表示不但运算简单、易于物理实现、通用性强，更重要的优点是所占用的空间和所消耗的能量小得多，机器可靠性高。

5. 计算机中数据的单位

计算机中数据的最小单位是位（bit）。存储容量的基本单位是字节（Byte）。8 个二进制位称为 1 个字节，此外常用单位还有 KB、MB、GB、TB 等。

（1）位

位是度量数据的最小单位，在数字电路和计算机技术中采用二进制表示数据，代码只有 0 和 1，采用多个数码（0 和 1 的组合）来表示一个数，其中的每一个数码称为 1 位。

（2）字节

一个字节由 8 位二进制数字组成（1 Byte=8 bit）。字节是信息组织和存储的基本单位，也是计算机体系结构的基本单位。为了便于衡量存储器的大小，统一以字节（Byte，B）为单位。

千字节 1 KB=1 024 B=2^{10} B

兆字节 1 MB=1 024 KB=2^{20} B

吉字节 1 GB=1 024 MB=2^{30} B

太字节 1 TB=1 024 GB=2^{40} B

（3）字长

人们将计算机一次能够并行处理的二进制数称为该机器的字长，也称为计算机的一个“字”。在计算机诞生初期，计算机一次能够同时（并行）处理 8 个二进制数。随着电子技术的发展，计算机的并行能力越来越强。计算机的字长通常是字节的整倍数，如 8 位、16 位、32 位、64 位，大型机已达 128 位。

字长是计算机的一个重要指标，直接反映一台计算机的计算能力和精度。字长越长，计算机的数据处理速度越快。

6. 字符的编码

字符包括西文字符（字母、数字、各种符号）和中文字符。由于计算机是以二进制的形式存储和处理数据的，因此字符也必须按特定的规则进行二进制编码才能进入计算机。用以表示字符的二进制编码称为字符编码。

计算机中最常用的西文字符编码是美国信息交换标准码（American Standard Code for Information Interchange，ASCII），它被国际标准化组织指定为国际标准。ASCII 有 7 位码和 8 位码两种版本，国际通用的是 7 位 ASCII，用 7 位二进制数表示一个字符的编码，共有 2^7=128 个不同的编码值，相应地可以表示 128 个不同字符的编码，如表 1-2 所示。

表 1-2　　7 位 ASCII 表

$d_3d_2d_1d_0$ 位	$d_6d_5d_4$ 位							
	000	001	010	011	100	101	110	111
0000	NUL	DEL	SP	0	@	P	`	p
0001	SOH	DC1	!	1	A	Q	a	q
0010	STX	DC2	"	2	B	R	b	r
0011	ETX	DC3	#	3	C	S	c	s

续表

$d_3d_2d_1d_0$位	$d_6d_5d_4$位							
	000	001	010	011	100	101	110	111
0100	EOT	DC4	$	4	D	T	d	t
0101	ENQ	NAK	%	5	E	U	e	u
0110	ACK	SYN	&	6	F	V	f	v
0111	BEL	ETB	'	7	G	W	g	w
1000	BS	CAN	(	8	H	X	h	x
1001	HT	EM	)	9	I	Y	i	y
1010	LF	SUB	*	:	J	Z	j	z
1011	VT	ESC	+	;	K	[	k	{
1100	FF	FS	,	<	L	\	l	|
1101	CR	GS	–	=	M	]	m	}
1110	SO	RS	.	>	N	↑	n	~
1111	SI	HS	/	?	O	←	o	DEL

7. 汉字的编码

（1）汉字信息交换码

汉字信息交换码简称交换码，也叫国标码，规定了 7 445 个字符编码，其中有 682 个非汉字图形符和 6 763 个汉字的代码，有一级常用字 3 755 个，二级常用字 3 008 个。两个字节存储一个国标码。区位码和国标码之间的转换方法是将一个汉字的十进制区号和十进制位号分别转换成十六进制数，然后分别加上 20H，就成为此汉字的国标码：

汉字国标码=区号（十六进制数）+20H 位号（十六进制数）+20H

得到汉字的国标码之后，就可以使用以下公式计算汉字的机内码：

汉字机内码=汉字国标码+8080H

（2）汉字字型码

汉字字型码也叫字模或汉字输出码。在计算机中，8 个二进制位组成一个字节，它是度量空间的基本单位，一个 16×16 点阵的字型码需要 16×16/8=32 字节存储空间。

思考练习

单项选择题

1. 计算 1 GB=（　　）Byte。

A. 1 024　　B. 1 024×1 024

C. 1 024×1 024×1 024　　D. 1 024×1 024×1 024×1 024

2. 在下列各组设备中，全部属于输入设备的一组是（　　）。

A. 键盘、磁盘和打印机　　B. 键盘、扫描仪和鼠标

C. 键盘、鼠标和显示器　　D. 硬盘、打印机和键盘

3. 在存储一个汉字内码的两个字节中，每个字节的最高位分别是（　　）。

A. 0 和 1　　B. 1 和 1　　C. 0 和 0　　D. 1 和 0

4. 下列说法中正确的是（　　）。

A. 一个完整的计算机系统是由微处理器、存储器和输入/输出设备组成的

B. 计算机区别于其他计算工具的最主要特点是能存储程序和数据

C. 电源关闭后，ROM 中的信息会丢失

D. 32 位字长的计算机能处理的最大数是 32 位十进制

5. "32 位微型计算机"中的 32 指的是（　　）。

A. 微机型号　　B. 内存容量　　C. 存储单位　　D. 机器字长

6. ROM 是（　　）。

A. 随机存储器　　B. 只读存储器　　C. 高速缓冲存储器　　D. 顺序存储器

7. 国际区位、全拼双音、五笔字型和自然码是不同种类的汉字（　　）。

A. 外码　　B. 内码　　C. 字型码　　D. 交换码

8. 微机中的内存的功能是（　　）。

A. 存储数据　　B. 输入数据　　C. 进行运算和控制　　D. 输出数据

9. 由大规模和超大规模集成电路芯片组成的微机属于现代计算机阶段的（　　）。

A. 第一代产品　　B. 第二代产品　　C. 第三代产品　　D. 第四代产品

10. 微机中最小的数据单位是（　　）。

A. ASCII 字符　　B. 字符串　　C. 字节　　D. 比特（二进制位）

11. 将十六进制数 A6E 转换成二进制数为（　　）。

A. 101101101111　　B. 101101101110

C. 101101001110　　D. 10101101110

12. 将二进制数 10111 转换成十进制数为（　　）。

A. 22　　B. 23　　C. 24　　D. 25

PART 02

项目二 操作系统应用

项目情境

■ 科源有限公司经过一段时间的宣传和动员工作，员工的信息化意识逐步增强，但部分员工对于Windows 7操作系统的使用、计算机资源的规范管理及系统维护的技能水平还有待提高。因此，公司聘请了老师对员工进行专门培训。培训老师根据员工日常工作中存在的问题，制订了以下几个任务：熟悉Windows 7工作环境、配置用户环境、管理计算机资源、维护和优化系统。希望通过这几项任务，使员工能按照各自工作的需求在办公室公用计算机中建立自己的账户，配置自己的用户环境，安装所需的应用程序，合理放置和管理自己的文件，并能做好日常的系统维护。

案例 1　熟悉 Windows 7 工作环境

【任务描述】

Windows 7 操作系统是被广泛使用的操作系统之一。对公司刚入职的普通员工或无计算机基础的员工而言，要使用计算机进行工作，需要先熟悉 Windows 7 工作环境，逐步掌握 Windows 7 的基本操作，为提高日常工作效率打下基础。

【任务目标】

◈ 能正确启动和退出 Windows 7 操作系统。

◈ 熟悉桌面的组成和基本操作。

◈ 熟悉窗口的组成和基本操作。

◈ 认识对话框。

◈ 能熟练启动和退出应用程序。

【任务流程】

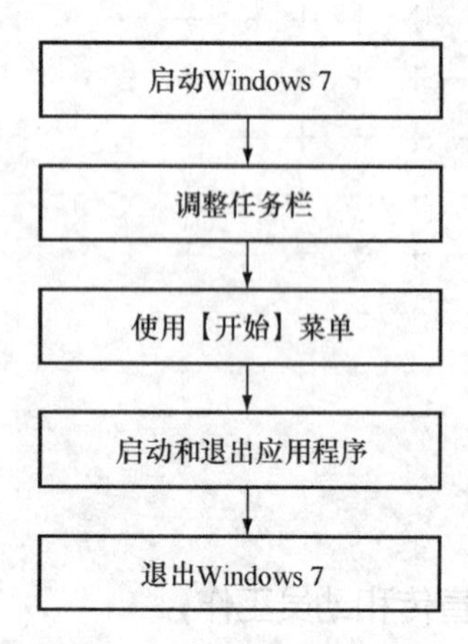

【任务解析】

1. 认识桌面

（1）桌面的组成。Windows 7 启动后，显示如图 2-1 所示的“桌面”，主要包括桌面图标、桌面背景、任务栏、【开始】按钮、快速启动区、指示区等。

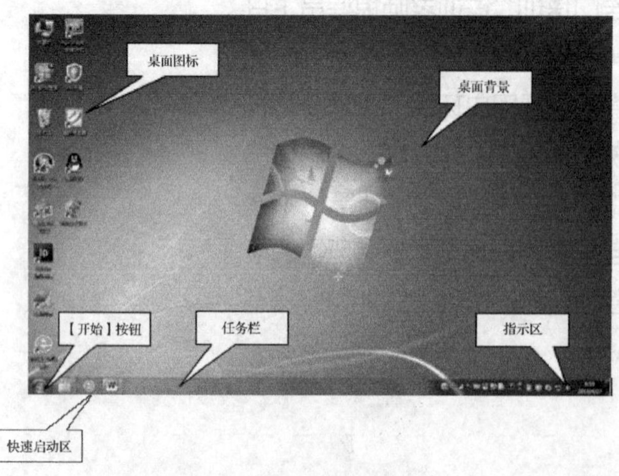

图 2-1　Windows 7 桌面

① 桌面图标。图标是某个应用程序、文档或设备的快捷方式。桌面上的图标分为系统图标和快捷图标，双击这些图标可以直接打开相应的窗口和程序，图 2-2 和图 2-3 所示分别为系统图标和快捷图标。

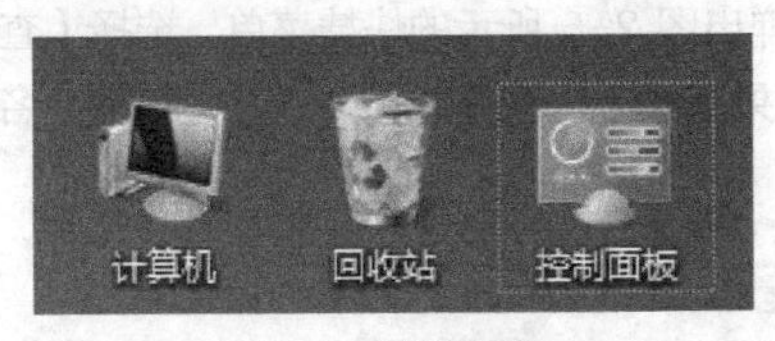

图 2-2　系统图标

图 2-3　快捷图标

② 桌面背景。桌面背景用于丰富桌面内容，增强用户的操作体验，对操作系统没有实质性的作用。

③ 任务栏。任务栏一般位于桌面的底部，包括【开始】按钮、快速启动区、指示区和【显示桌面】按钮，如图 2-4 所示。

图 2-4　任务栏

④【开始】按钮。【开始】按钮位于任务栏的最左端，为具有 Windows 标志的圆形按钮。单击【开始】按钮，弹出【开始】菜单，如图 2-5 所示，其中“最近使用的程序”栏中列出了最近使用的程序列表，通过它可快速启动这些程序；“当前用户”图标显示当前系统使用的用户图标，便于用户识别，单击它可设置用户账户；另外还包括【所有程序】菜单、搜索框，以及系统控制区。

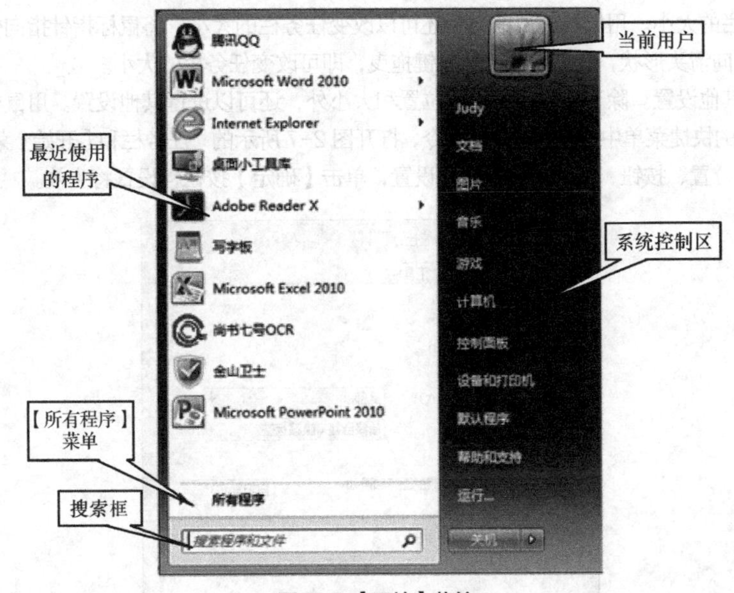

图 2-5　【开始】菜单

⑤ 快速启动区。用户可以把常用的工具或程序的图标拖放到此，以便快速启动应用程序，另外在此区域中可显示已打开的窗口或程序。使用该区域的图标可以进行还原窗口到桌面、切换和关闭窗口等操作，按住鼠标左键拖动这些图标可以改变它们的排列顺序。

⑥ 指示区。指示区显示音量控制器、输入法指示器、网络连接、杀毒软件和时钟等图标。

（2）桌面图标的操作方法如下。

① 激活图标：单击某一图标，该图标将显示一个图框，即被激活。

② 移动图标：将鼠标指针移到某一图标，按住鼠标左键不放，拖曳图标到某一位置后再释放，图标就被

移动到该位置。

③ 执行图标：双击某图标，将会执行该图标所代表的应用程序或打开该图标所代表的文档或窗口。

④ 查看排列图标：用鼠标右键单击桌面上的空白处，弹出图2-6所示的快捷菜单，选择【查看】命令，可按“大图标”“中等图标”“小图标”等方式显示图标。如果选择【排序方式】命令，则可按“名称”“大小”“项目类型”“修改日期”等方式排序桌面图标。

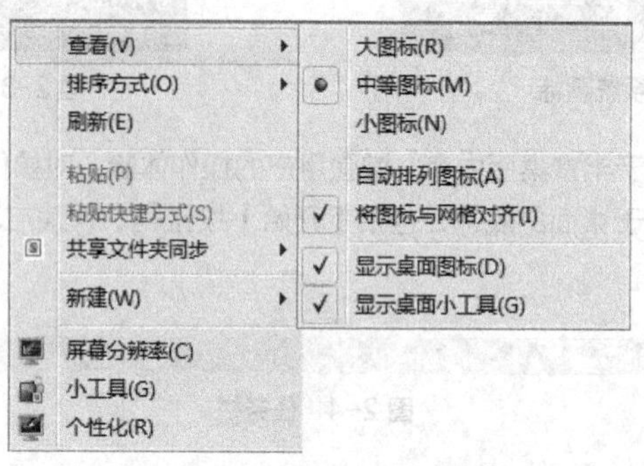

图2-6 “查看图标”快捷菜单

（3）设置任务栏。

① 移动任务栏。任务栏的默认位置在桌面的底部，如有需要也可以用鼠标拖曳的方法将其移动到桌面的顶部或者两侧。

② 改变任务栏的大小。用鼠标拖曳的方法还可以改变任务栏的大小。将鼠标指针指向任务栏的边缘，此时指针变为一个双向箭头形状，然后按住鼠标左键拖曳，即可改变任务栏的大小。

③ 任务栏的其他设置。除了设置任务栏的位置和大小外，还可以进行其他设置。用鼠标右键单击任务栏的空白处，在弹出的快捷菜单中选择【属性】命令，打开图2-7所示的“任务栏和「开始」菜单属性”对话框，可对任务栏外观、位置、按钮、通知区域等进行设置，单击【确定】按钮，设置将生效。

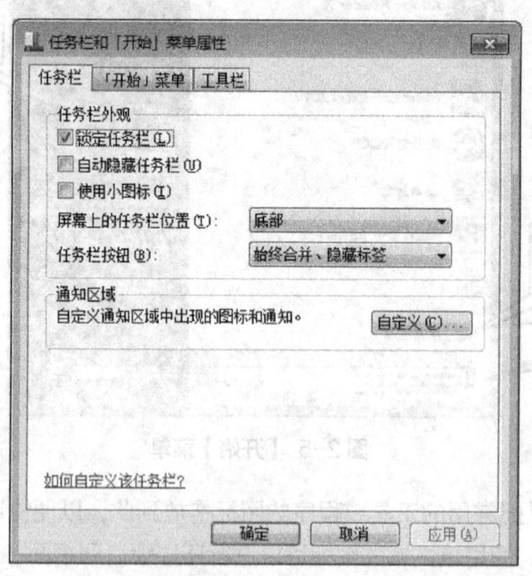

图2-7 “任务栏和「开始」菜单属性”对话框

2. 认识窗口

在Windows 7中，当打开一个文件或应用程序时，会出现一个窗口。窗口是屏幕上的一块矩形区域，无论是哪种窗口，它们都有一些共同的基本元素和基本操作。熟悉对窗口的操作，有利于提高工作效率。下面以图2-8所示的“计算机”窗口为例介绍窗口的组成。

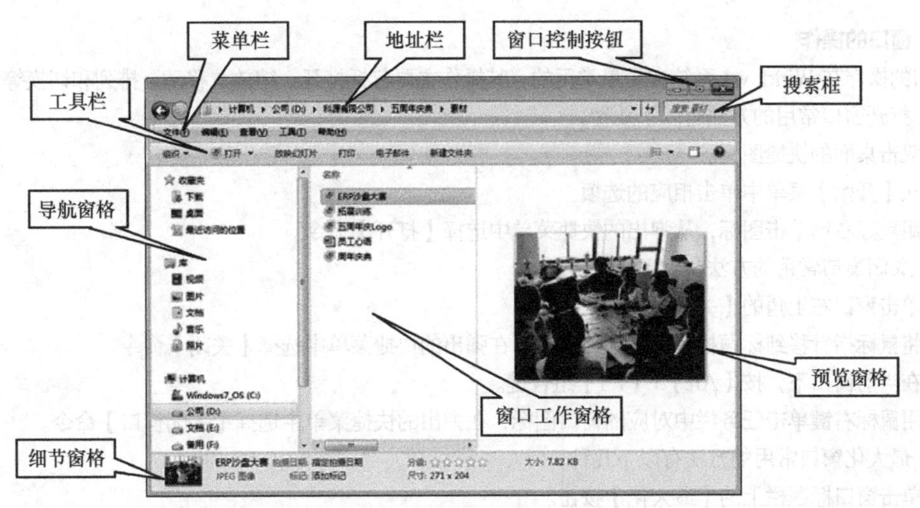

图 2-8 “计算机”窗口

（1）标题栏。在 Windows 7 的窗口中，只显示了窗口的【最小化】按钮、【最大化】/【还原】按钮和【关闭】按钮，单击这些按钮可对窗口执行相应的操作。

（2）地址栏。地址栏出现在窗口的顶部，将当前的位置显示为以箭头分隔的一系列链接。可以单击【后退】按钮和【前进】按钮，导航至已经访问的位置，就像浏览 Internet 一样。

（3）搜索框。窗口右上角的搜索框与【开始】菜单中“搜索程序和文件”搜索框的使用方法和作用相同，都具有在计算机中搜索各类文件和程序的功能。

提示

在 Windows 7 中，菜单栏在默认情况下处于隐藏状态。如果需要，可以显示这些菜单，但这些菜单执行的大多数任务在工具栏或者在鼠标右键单击某个文件或文件夹时出现的菜单中都可实现。临时显示菜单栏的步骤如下。

（1）单击任务栏中的【Windows 资源管理器】按钮，显示资源管理器窗口。

（2）按【Alt】键，菜单栏将显示在工具栏上方。若要隐藏菜单栏，可单击任何菜单项或者再次按【Alt】键。

永久显示菜单栏的步骤如下。

（1）单击任务栏中的【Windows 资源管理器】按钮，显示资源管理器窗口。

（2）单击工具栏中的【组织】按钮，从打开的列表中选择【布局】→【菜单栏】选项，可显示菜单栏。若要隐藏菜单栏，可按照相同的步骤操作。

（4）窗格。Windows 7 的“计算机”窗口中有多个窗格类型，其中包括导航窗格、预览窗格和细节窗格。

① 导航窗格：可以使用导航窗格（左窗格）来查找文件和文件夹，还可以在导航窗格中将项目直接移动或复制到目标位置。如果在已打开窗口的左侧没有看到导航窗格，可单击【组织】，指向【布局】，然后单击【导航窗格】将其显示出来。

② 预览窗格：用于显示当前选择的文件内容，从而可预览文件的大致效果。

③ 细节窗格：显示文件大小、创建日期等文件的详细信息。其调用方法与导航窗格一样。

（5）窗口工作区。窗口工作区用于显示当前窗口的内容或执行某项操作后显示的内容，图 2-8 所示为打开“计算机”窗口后，窗口工作区显示的内容。如果窗口工作区的内容较多，将在其右侧和下方出现滚动条，拖动滚动条可查看其他未显示的内容。

3. 窗口的操作

窗口的操作在 Windows 系统中是最常用的。其操作主要包括打开、缩放、移动、排列和切换等。

（1）打开窗口常用的方法有以下几种。

① 双击桌面的快捷图标。

② 从【开始】菜单中单击相应的选项。

③ 用鼠标右键单击图标，从弹出的快捷菜单中选择【打开】命令。

（2）关闭窗口常用的方法有以下几种。

① 单击窗口右上角的【关闭】按钮。

② 将鼠标指针移到标题栏，单击鼠标右键，在弹出的快捷菜单中选择【关闭】命令。

③ 在当前窗口下，按【Alt】+【F4】组合键。

④ 用鼠标右键单击任务栏中对应的窗口图标，在弹出的快捷菜单中选择【关闭窗口】命令。

（3）最大化窗口常用的方法有以下几种。

① 单击窗口标题栏上的【最大化】按钮。

② 将窗口的标题栏拖动到屏幕的顶部。

③ 双击上边缘正下方的打开窗口的顶部。

④ 在任务栏上，按住【Shift】键，并用鼠标右键单击任务栏按钮或已打开窗口的图标，然后单击【最大化】按钮。

⑤ 窗口显示状态下，通过按 Windows 徽标键【⊞】+【↑】组合键可最大化窗口。

⑥ 将鼠标指针移到标题栏，单击鼠标右键，在弹出的快捷菜单中选择【最大化】命令。

（4）还原窗口常用的方法有以下几种。

① 已最大化窗口的还原，单击窗口标题栏上的【向下还原】按钮。

② 已最大化窗口的还原，将窗口的标题栏拖离屏幕的顶部。

③ 已最大化窗口的还原，双击上边缘正下方的打开窗口的顶部。

④ 已最小化窗口的还原，需调出其窗口再按上述方法进行还原。

⑤ 窗口最大化状态下，连续按住 Windows 徽标键【⊞】+【↓】组合键依次进行还原、最小化窗口。

（5）最小化窗口常用的方法有以下几种。

① 单击窗口标题栏上的【最小化】按钮。

② 将鼠标指针移到标题栏，单击鼠标右键，在弹出的快捷菜单中选择【最小化】命令。

（6）移动窗口的方法主要有以下几种。

① 用鼠标指针指向窗口标题栏，按住鼠标左键拖曳窗口到希望的位置释放鼠标即可。

② 将鼠标指针移到标题栏，单击鼠标右键，在弹出的快捷菜单中选择【移动】命令，按住鼠标左键拖曳窗口到希望的位置释放鼠标即可，或使用键盘上的方向键移动窗口。

（7）调整窗口的大小可通过以下方法实现。

① 调整窗口的大小（使其变小或变大），将鼠标指针指向窗口的任意边框或角。当鼠标指针变成双箭头时，按住鼠标左键拖动边框或角可以缩小或放大窗口。

② 将鼠标指针移到标题栏，单击鼠标右键，在弹出的快捷菜单中选择【大小】命令，按住鼠标左键拖曳窗口到希望的大小释放鼠标即可，或使用键盘上的方向键调整窗口大小。

（8）排列窗口。在桌面上打开一些窗口，然后用鼠标右键单击任务栏的空白区域，在弹出的快捷菜单中选择【层叠窗口】、【堆叠显示窗口】或【并排显示窗口】命令，可排列窗口。

（9）切换窗口。如果打开了多个程序或文档，桌面会快速布满杂乱的窗口，通常不容易跟踪已打开了哪些窗口，因为一些窗口可能部分或完全覆盖了其他窗口。Windows 7 提供了多种窗口切换方法，常用的操作如下。

① 单击任务栏上窗口对应的按钮，该窗口将出现在所有其他窗口的前面成为活动窗口，即当前正在使用的窗口。

② 通过按【Alt】+【Tab】组合键可以切换到先前的窗口，或者按住【Alt】键不放，并重复按【Tab】键循环切换所有打开的窗口和桌面。释放【Alt】键可以显示所选的窗口。

③ 按住 Windows 徽标键【 】+【Tab】组合键可打开三维窗口切换。当按下 Windows 徽标键【 】时，重复按【Tab】键或滚动鼠标滚轮可以循环切换打开的窗口。图 2-9 所示为 Aero 三维窗口切换。

图 2-9　Aero 三维窗口切换

④ 按【Alt】+【Esc】组合键，可在所有打开的窗口之间进行切换（不包括最小化的窗口）。

4. 对话框

对话框是一种特殊的窗口，可以通过选择选项来执行任务，或者提供信息。与常规窗口不同，对话框无法最大化、最小化或调整大小。图 2-10 所示为“文件夹选项”对话框。

5. 使用“Windows 帮助和支持”

“Windows 帮助和支持”可以帮助我们查找一些遇到的问题以及提供一些操作技巧。选择【开始】→【帮助和支持】命令，打开图 2-11 所示的“Windows 帮助和支持”窗口。Windows 7 提供多种类型的帮助，可以在“搜索帮助”中直接输入内容后单击【搜索】按钮进行搜索。如果不能确定从哪里开始，可以先选择帮助主题，还可以进行联机帮助等。

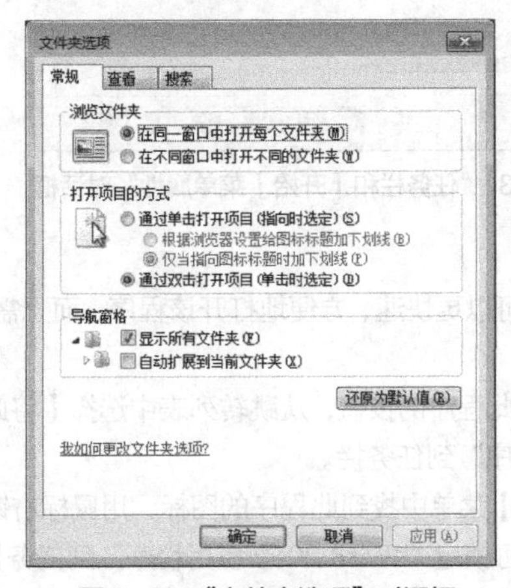

图 2-10　“文件夹选项”对话框

图 2-11　“Windows 帮助和支持”窗口

【任务实施】

步骤1 启动 Windows 7

接通计算机主机和显示器电源，打开显示器等外部设备电源，按下主机上的 Power 按钮，系统就会进行自检。等待几十秒，自检完毕后启动 Windows 7，屏幕上出现 Windows 桌面，如图 2-1 所示。

启动计算机，进入 Windows 7 时，我们看到的整个屏幕称为“桌面”，它是用户和计算机进行交流的窗口。“桌面”可以存放用户经常使用的应用程序、文件以及根据用户自身需要在桌面上添加的各种快捷方式图标。

步骤2 调整任务栏

1. 调整任务栏

（1）解锁任务栏。用鼠标右键单击任务栏上的空白区域，将弹出图 2-12 所示的“任务栏”快捷菜单，可见【锁定任务栏】前有复选标记，说明任务栏已锁定。通过单击【锁定任务栏】可以解除任务栏锁定。

（2）调整任务栏的位置。单击任务栏上的空白区域，然后按下鼠标左键并拖动任务栏到桌面的 4 个边缘之一，当任务栏出现在所需的位置时，释放鼠标左键。

（3）调整任务栏的大小。将鼠标指针指向任务栏的边缘，直到指针变为双箭头↕，然后按下鼠标左键拖动边框将任务栏调整为所需大小。

（4）调整任务栏属性。用鼠标右键单击任务栏上的空白区域，在弹出的快捷菜单中选择【属性】命令，打开图 2-13 所示的“任务栏和「开始」菜单属性”对话框，切换到“任务栏”选项卡，可设置任务栏的属性，包括“锁定任务栏”“自动隐藏任务栏”“使用小图标”“任务栏按钮”等。

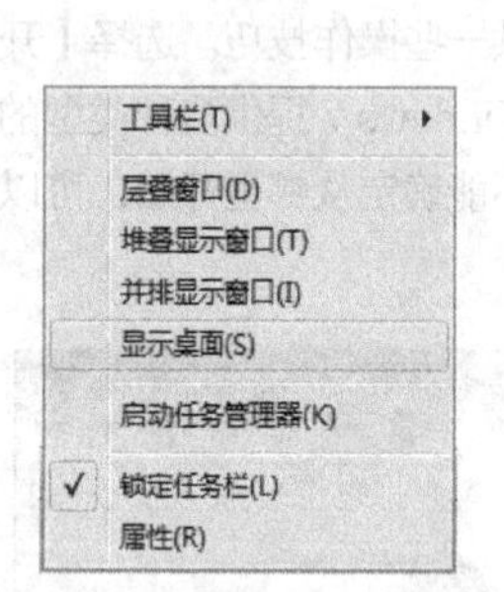

图 2-12 “任务栏”快捷菜单

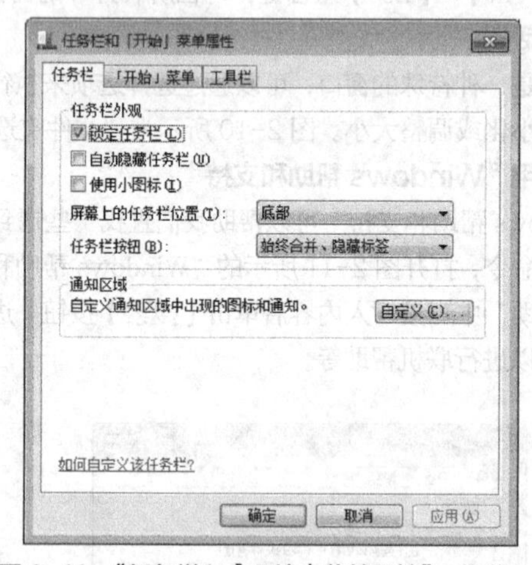

图 2-13 “任务栏和「开始」菜单属性”对话框

2. 将程序锁定到任务栏

将程序（特别是经常使用的程序）直接锁定到任务栏，可以更快速、方便地打开该程序，而无需在【开始】菜单中查找该程序。其方法如下。

（1）如果此程序正在运行，则用鼠标右键单击任务栏上此程序的按钮，从跳转列表中选择【将此程序锁定到任务栏】命令，图 2-14 所示为锁定“Word 2010 应用程序”到任务栏。

（2）如果此程序未运行，单击【开始】按钮，从【开始】菜单中找到此程序的图标，用鼠标右键单击此图标，然后选择【锁定到任务栏】命令，如图 2-15 所示，也可锁定“Word 2010 应用程序”到任务栏。

（3）将程序的快捷方式从桌面或【开始】菜单拖到任务栏来锁定程序。

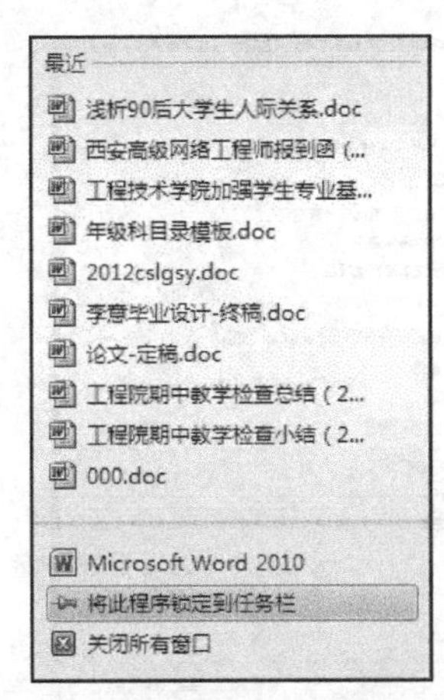

图 2-14 “Word 2010 应用程序”跳转列表

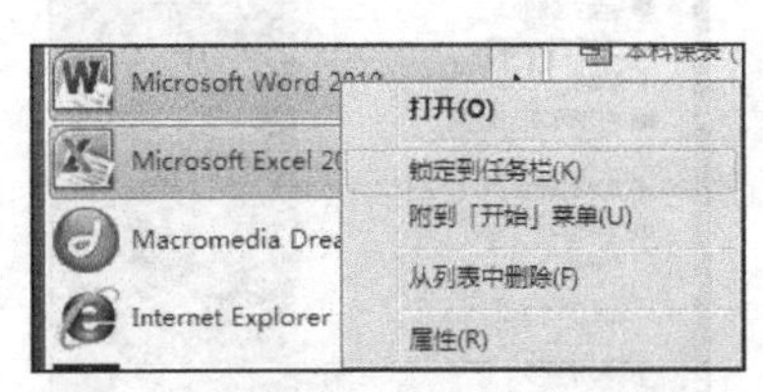

图 2-15 锁定“Word”到任务栏

提示

若要从任务栏中删除某个锁定的程序，则用鼠标右键单击该程序图标，从弹出的快捷菜单中选择【将此程序从任务栏解锁】命令即可。

步骤 3 使用【开始】菜单

1. 使用【开始】菜单启动最近使用过的应用程序

单击屏幕左下角的【开始】按钮，在【开始】菜单左侧列出了最近使用过的程序，单击程序名即可启动该程序。

提示

【开始】菜单是计算机程序、文件夹和设置的主门户。它提供一个选项列表，就像餐馆里的菜单那样。使用【开始】菜单可执行以下常见的活动：启动程序，打开常用的文件夹，搜索文件、文件夹和程序，调整计算机设置，获取有关 Windows 操作系统的帮助信息，关闭计算机和注销 Windows 或切换到其他用户账户等。若要打开【开始】菜单，可单击屏幕左下角的【开始】按钮，或者按键盘上的 Windows 徽标键【】。

2. 使用【开始】菜单启动不常用程序

单击【开始】按钮，如果看不到所需的程序，可单击【开始】菜单左边窗格底部的【所有程序】，将在左边窗格中按字母顺序显示程序的长列表，后跟一个文件夹列表。单击其中一个程序图标即可启动对应的程序。图 2-16 所示为启动【附件】中的“记事本”程序的【开始】菜单状态。

提示

【所有程序】菜单集合了计算机中的所有程序。使用 Windows 7 的【所有程序】菜单可以方便、快速地寻找某个程序。搜索框具有快捷的搜索功能，只需在标有“搜索程序和文件”的搜索框中输入需要查找的内容或对象，即可迅速地进行查找。

3. 利用【开始】菜单搜索文件

单击【开始】按钮，在打开的【开始】菜单底部的搜索框中输入需要的程序、文件或文件夹，如输入“Word”，将显示“程序”“文件”“图片”等搜索结果，如图 2-17 所示。

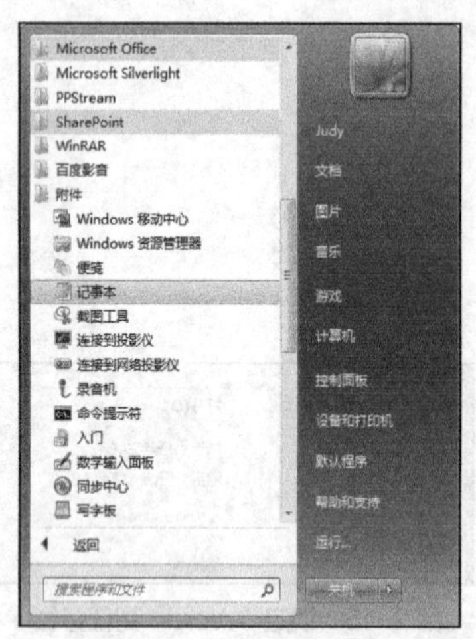

图 2-16　使用【开始】菜单启动“记事本”程序

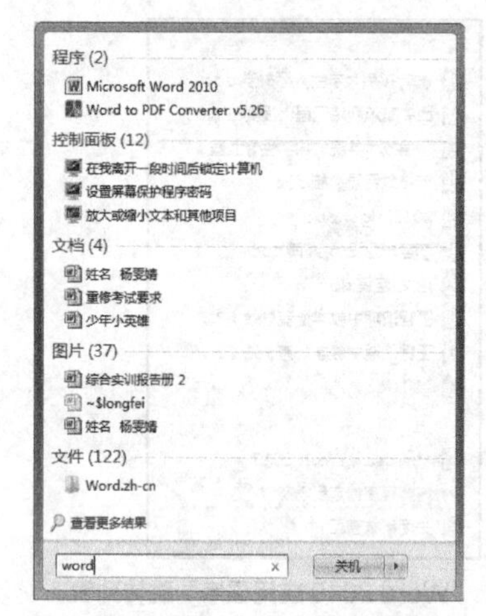

图 2-17　搜索“Word”显示的结果

通过搜索框搜索内容时，在输入关键字时，搜索就开始进行了。随着输入的关键字越来越完整，符合条件的内容也将越来越少，直到搜索出符合条件的内容为止。这种在输入关键字的同时就进行搜索的方式称为动态搜索功能。在进行搜索时需要注意，如果打开了某个窗口（如 D 盘窗口），并在打开窗口的搜索框中输入内容，表示只在该文件夹窗口中搜索，而不是在整个计算机资源中进行搜索。

4. 利用【开始】菜单打开个人文件夹等操作

单击【开始】按钮，可在【开始】菜单的右边窗格中选择“打开个人文件夹”“文档”“图片”“音乐”“游戏”“计算机”等选项。

5. 自定义【开始】菜单

（1）用鼠标右键单击“任务栏”空白区域，从弹出的快捷菜单中选择【属性】命令，打开“任务栏和「开始」菜单属性”对话框。

（2）切换到图 2-18 所示的“「开始」菜单”选项卡，单击【自定义】按钮，打开图 2-19 所示的“自定义「开始」菜单”对话框。

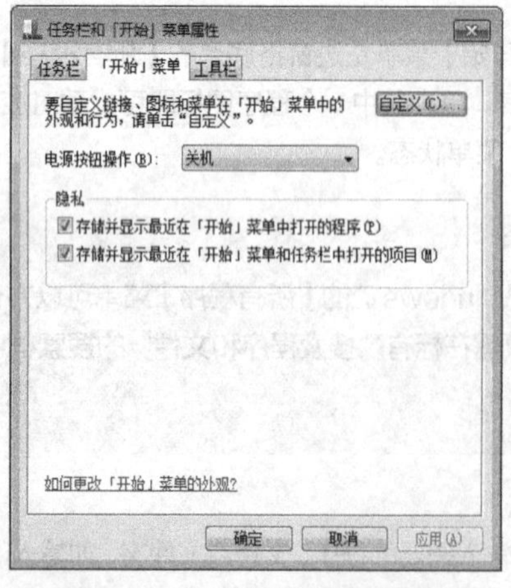

图 2-18　“「开始」菜单”选项卡

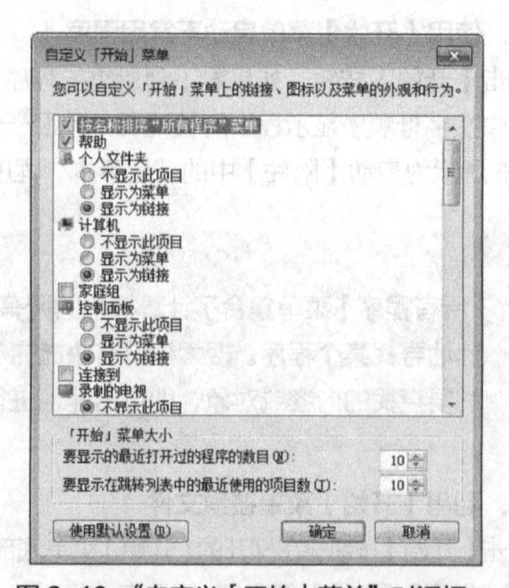

图 2-19　“自定义「开始」菜单”对话框

（3）在对话框中选择相应的选项进行设置。

6. 使用“Windows 帮助和支持”

在 Windows 的使用过程中，对于一些不太清楚或不熟悉的操作，可使用“Windows 帮助和支持”进行了解。如查找“怎样安装本地打印机？”的帮助信息操作如下。

（1）选择【开始】→【帮助和支持】命令，打开“Windows 帮助和支持”窗口。

（2）在“搜索帮助”框中输入关键字“打印机”，单击【搜索】按钮，将显示图 2-20 所示的搜索结果窗口。

（3）选择【安装打印机】命令，将显示图 2-21 所示的“安装打印机”帮助信息。

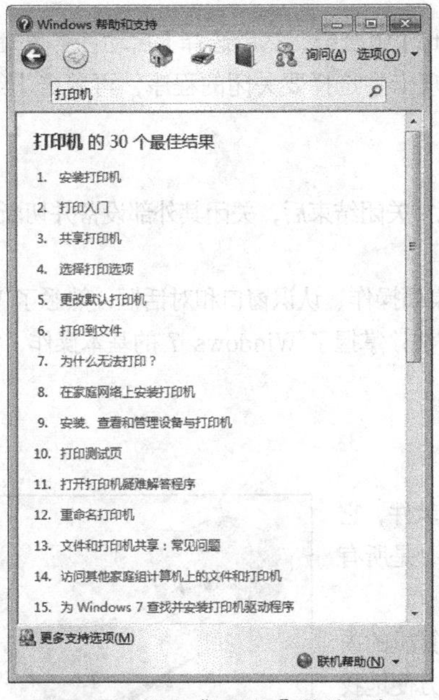

图 2-20　搜索“打印机”的结果窗口

图 2-21　“安装打印机”帮助信息

步骤 4　启动和退出应用程序

1. 启动应用程序

启动应用程序的方法有多种，现以启动“记事本”程序为例进行介绍，其他软件的启动方法与此类似。

（1）使用【开始】菜单。选择【开始】→【所有程序】→【附件】→【记事本】命令，启动“记事本”程序。

（2）双击桌面的快捷图标。如果桌面有要使用的应用程序快捷图标，如“记事本”程序快捷图标，双击该图标可启动“记事本”程序。

（3）单击快速启动区中的图标。用户可单击位于快速启动区中的图标来快速启动这个应用程序，如单击图标可启动“记事本”程序。

（4）使用【运行】命令。选择【开始】→【所有程序】→【附件】→【运行】命令，打开图 2-22 所示的“运行”对话框，输入应用程序名称“notepad.exe”，单击【确定】按钮可启动“记事本”程序。

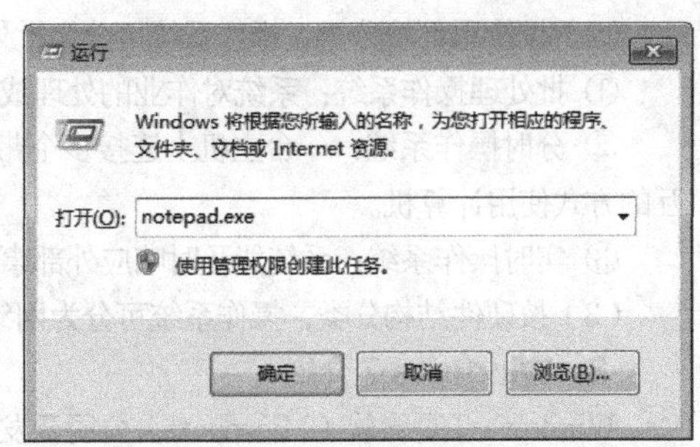

图 2-22　“运行”对话框

（5）双击应用程序文件。在磁盘上找到需要启动的程序文件，双击该文件图标启动应用程序。如启动“记事本”程序，在系统盘（如C盘）“C:\Windows\System32”中双击“记事本”程序文件图标即可。

（6）通过打开已有的文档启动程序。如果磁盘中有相应程序制作的文档，可以利用文档和程序的关联性，通过打开已有文档来启动应用程序，如打开文本文件可启动“记事本”程序。

2. 退出应用程序

退出应用程序，即终止程序的运行，常用的方法如下。

（1）单击窗口右上角的【关闭】按钮。

（2）单击窗口左上角的控制菜单图标，从控制菜单中选择【关闭】命令。

（3）按【Alt】+【F4】组合键。

（4）选择【文件】→【退出】命令。

（5）若遇到异常情况，则按【Ctrl】+【Alt】+【Delete】组合键，然后选择【启动任务管理器】选项，打开“Windows 任务管理器”窗口，从“应用程序”选项卡中选择要关闭的程序，再单击【结束任务】按钮。

步骤5 退出 Windows 7

选择【开始】→【关机】命令，关闭计算机主机。等正常关闭结束后，关闭其外部设备并切断电源。

【任务总结】

本任务通过启动和退出 Windows 7、认识桌面组成和桌面操作、认识窗口和对话框，熟悉了 Windows 7 的工作环境。在此基础上，了解了启动和退出应用程序的方法，掌握了 Windows 7 的基本操作，为提高日常工作效率打下了一定的基础。

【知识拓展】

1. 操作系统的定义

操作系统是能够控制和管理计算机软、硬件资源的系统软件，它是用户和计算机之间的接口。操作系统是最基本的系统软件，是所有系统软件的核心。

操作系统在计算机和用户之间传递信息，并负责管理计算机的内部设备和外部设备。它替用户管理日益增多的文件，使用户方便地找到和使用这些文件；它替用户管理磁盘，随时报告磁盘的使用情况；它替计算机管理内存，使计算机能更高效而安全地工作；它还负责管理各种外部设备，如打印机等，有了它的管理，这些外设就能有效地为用户服务了，如图2-23所示。操作系统具有的5大功能：处理机管理、存储管理、文件管理、设备管理和作业管理。

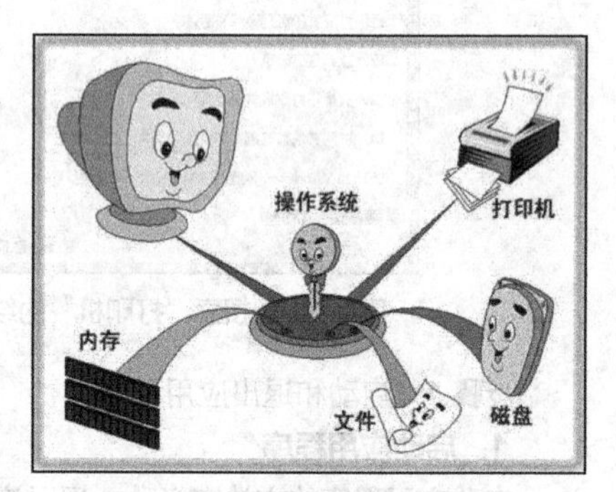

图2-23 操作系统管理示意图

2. 操作系统的分类

操作系统除了Windows系列以外，常见的还有DOS、Linux、UNIX和Mac OS等。

（1）按用户数目分类，操作系统可分为单用户操作系统和多用户操作系统。

（2）按使用环境分类，操作系统可分为批处理操作系统、分时操作系统和实时操作系统。

① 批处理操作系统：系统对作业的处理成批地执行。

② 分时操作系统：一台主机上连接多个带有显示器和多个键盘的终端，每个用户都使用自己的终端以交互的方式使用计算机。

③ 实时操作系统：系统能及时响应外部事件的请求，在规定的时间内完成对该事件的处理。

（3）按硬件结构分类，操作系统可分为网络操作系统、分布式操作系统和多媒体操作系统。

3. Windows 7介绍

Windows 7是微软（Microsoft）公司开发的操作系统，核心版本号为Windows NT 6.1。Windows 7 可供家庭及商业工作环境、笔记本电脑、平板电脑、多媒体中心等使用。2009年10月22日，微软公司于美国正式发布 Windows 7。Windows 7 的版本较多，常见的有 Windows 7 简易版、Windows 7 家庭普通版、

Windows 7家庭高级版、Windows 7专业版、Windows 7 企业版和 Windows 7旗舰版。其中，Windows 7旗舰版拥有 Windows 7家庭高级版和 Windows 7专业版的所有功能，当然硬件要求也是最高的。本书在编写过程中采用的是 Windows 7 旗舰版，故有些功能在其他版本中没有，操作方法和界面可能有所不同，如 Windows 7家庭普通版或 Windows 7简易版中不包含 Aero 等。

【实践训练】

为“第六届科技文化艺术节计算机技能比赛”现场布展，准备计算机。

（1）测试 Windows 7操作系统能否正常启动和退出。

（2）检查桌面是否能正常显示。

（3）检查窗口和对话框能否正常使用。

（4）测试应用程序是否能正常启动和退出。

（5）检查能否调用帮助。

案例2 配置用户环境

【任务描述】

在实际工作中，有的部门可能会由几个同事共同使用一台计算机。为了避免相互之间的操作受到影响，可创建各自的用户账户，并按各用户的需要和个性习惯，设置桌面、显示器、键盘、鼠标和时间，定制适合用户使用习惯的个性化计算机环境。

【任务目标】

◈ 能创建和管理用户账户。

◈ 能熟练设置桌面。

◈ 会设置输入法、鼠标等。

◈ 会安装打印机。

【任务流程】

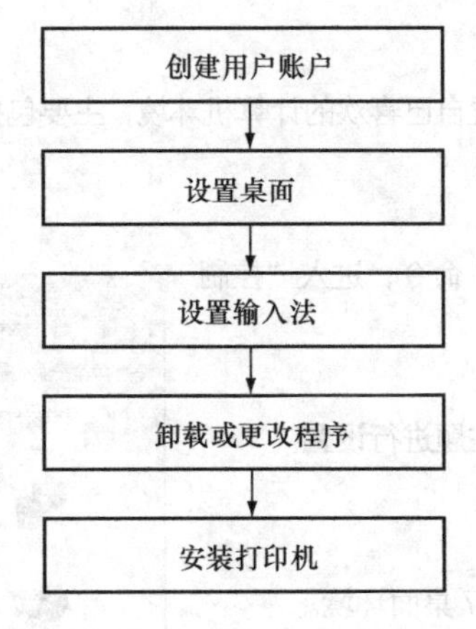

【任务解析】

1. 用户账户

通过用户账户管理，多个用户可以轻松地共享一台计算机。每个人都可以有一个具有唯一设置和首选项（如桌面背景或屏幕保护程序）的单独的用户账户。用户账户可控制用户可以访问的文件和程序，以及可以对计算机进行更改的类型。通常，大多数计算机用户创建标准账户。有了用户账户，用户创建保存的文档将存储在自己的“我的电脑”文件夹中，而与使用该计算机的其他用户的文档分开。

提示

Windows 7 有3种类型的账户。每种类型为用户提供不同的计算机控制级别。标准账户适用于日常计算。管理员账户可以对计算机进行最高级别的控制，但只在必要时才使用。来宾账户主要针对需要临时使用计算机的用户。

创建用户账户的步骤如下。

（1）选择【开始】→【控制面板】→【用户账户和家庭】→【用户账户】命令。

（2）单击【管理其他账户】按钮。如果系统提示输入管理员密码或进行确认，应输入该密码或提供确认。

（3）单击【创建一个新账户】按钮。

（4）输入要为用户账户提供的名称，选择账户类型，单击【创建账户】按钮。

提示

控制面板（control panel）是 Windows 图形用户界面的一部分。通过它用户可查看并操作基本的系统设置和控制，如添加硬件、添加/删除软件、控制用户账户、更改辅助功能选项、查看设置网络等。控制面板常用的开启方法如下。

（1）选择【开始】→【控制面板】命令。

（2）用鼠标右键单击【开始】按钮，在弹出的快捷菜单中选择【打开 Windows 资源管理器】命令，打开资源管理器，单击【控制面板】按钮。

（3）双击桌面上的【计算机】图标，打开“计算机”窗口，再单击【控制面板】按钮。

（4）用鼠标右键单击桌面空白处，从快捷菜单中选择【个性化】命令，再单击【控制面板主页】按钮。

（5）在【运行】命令行中输入“Control”直接访问【控制面板】。

2. 配置个性化环境

有了自己的用户账户，就可以设置自己喜欢的计算机环境，主要包括桌面背景、声音效果、显示、桌面小工具等。

其基本配置方法如下。

（1）选择【开始】→【控制面板】命令，进入“控制面板”窗口。

（2）选择【外观和个性化】主题。

（3）根据自己的喜好，单击各个主题进行设置。

【任务实施】

步骤1 创建用户账户

（1）启动计算机，进入 Windows 7 桌面环境。

（2）选择【开始】→【控制面板】命令，打开图 2-24 所示的“控制面板”窗口。

（3）在“控制面板”窗口中，选择【用户账户和家庭安全设置】选项，打开图 2-25 所示的“用户账户和家庭安全设置”窗口。

（4）选择【用户账户】选项，打开图 2-26 所示的“用户账户”窗口。

图 2-24 “控制面板”窗口

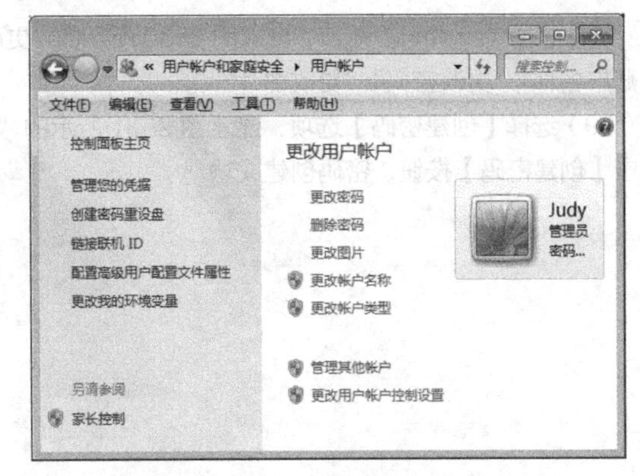

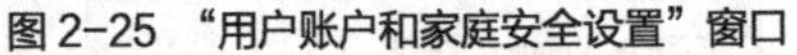

图 2-25 “用户账户和家庭安全设置”窗口　　　　图 2-26 “用户账户”窗口

（5）选择【管理其他账户】选项，打开图 2-27 所示的“管理账户”窗口。

（6）选择【创建一个新账户】选项，打开图 2-28 所示的“创建新账户”窗口。输入用户账户名称“viprhua”，选择账户类型为【标准用户】。

（7）单击【创建账户】按钮，返回“管理账户”窗口，显示新创建的账户“viprhua”，如图 2-29 所示。

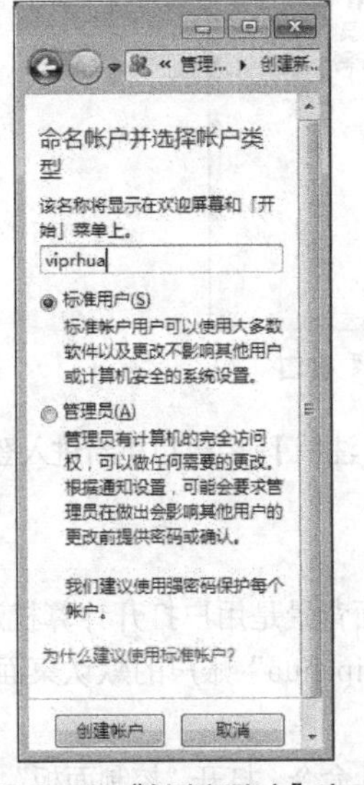

图 2-27 “管理账户”窗口　图 2-28 “创建新账户”窗口　图 2-29 新创建的账户“viprhua”

Windows 7 用户账户类型主要有“管理员”“标准用户”“来宾账户”3 种。

- 管理员账户：管理员对整个计算机拥有完全的访问权限，并且可以执行任意操作，包括 Windows 7 下载安装应用软件，修改系统时间等需要管理特权的任务。这些操作不仅可以对管理员本身产生影响，还可能对整个计算机和其他用户造成影响。
- 标准用户账户：标准用户账户使用计算机的大多数功能，可以使用计算机上安装的大多数程序，并可以更改影响用户账户的设置；但是，标准用户账户无法安装或卸载某些软件和硬件，无法删除计算机工作所需的文件，也无法更改影响计算机其他用户或安全的设置。
- 来宾账户：可以临时访问计算机。使用来宾账户的人无法安装软件或硬件、更改设置或者创建密码。

一台计算机至少有一个管理员账户，一般人员建议使用标准用户账户。

（8）选择“viprhua”账户，进入图 2-30 所示的“更改账户”窗口，在此窗口中可以更改账户信息，如“更改账户名称”“更改密码”“更改图片”等。

（9）选择【创建密码】选项，显示图 2-31 所示的“创建密码”窗口。输入和确认密码，输入密码提示。单击【创建密码】按钮，密码创建成功。

图 2-30 “更改账户”窗口

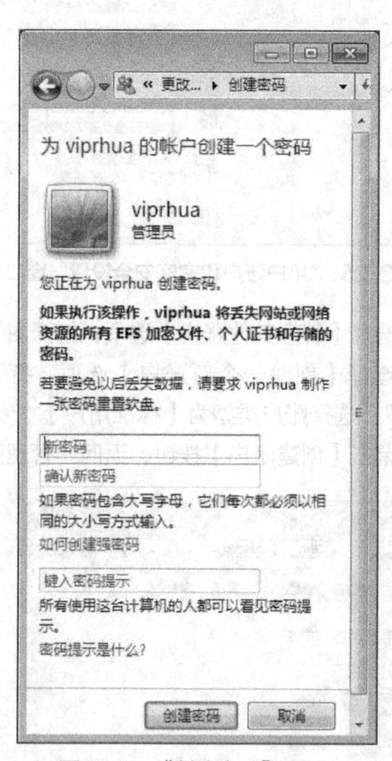

图 2-31 “创建密码”窗口

（10）选择【开始】→【关机】→【注销】命令，可重新进入登录界面，选中“viprhua”账户，可进入“viprhua”的账户桌面。

步骤 2　设置桌面

（1）设置个性化桌面背景。桌面背景是用户打开计算机进入 Windows 7 之后所出现的桌面背景颜色或图片，图 2-32 所示为新创建的“viprhua”账户的默认桌面环境，用户可根据自己的个性设置喜欢的桌面背景。

① 选择【开始】→【控制面板】命令，打开“控制面板”窗口，选择【外观和个性化】选项，打开图 2-33 所示的“外观和个性化”窗口。

图 2-32 “viprhua”账户的默认桌面

图 2-33 “外观和个性化”窗口

② 选择【个性化】中的【更改桌面背景】选项，打开“选择桌面背景”窗口，选择自己喜欢的图片作为桌面背景，单击【保存修改】按钮，桌面背景设置生效。

提示

设置桌面背景也可以直接单击【个性化】选项，打开图 2-34 所示的“个性化”窗口，选择 Aero 主题，再单击【桌面背景】按钮，选择自定义桌面背景。

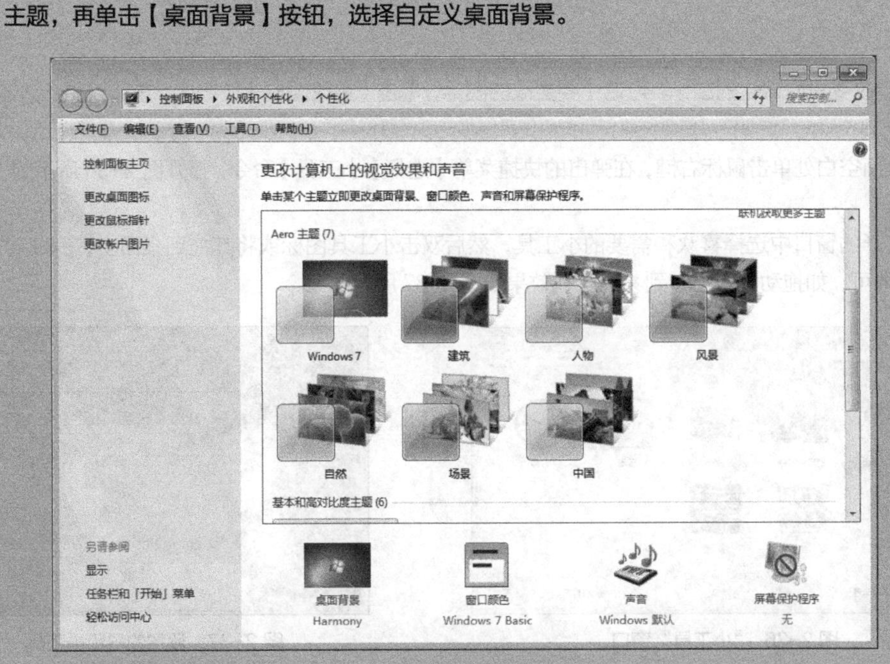

图 2-34 “个性化”窗口

主题是计算机上的图片、颜色和声音的组合。它包括桌面背景、屏幕保护程序、窗口边框颜色和声音方案等。某些主题也可能包括桌面图标和鼠标指针。

(2) 自定义桌面图标。

① 在“个性化”窗口中，单击【更改桌面图标】选项，打开图 2-35 所示的“桌面图标设置”对话框。

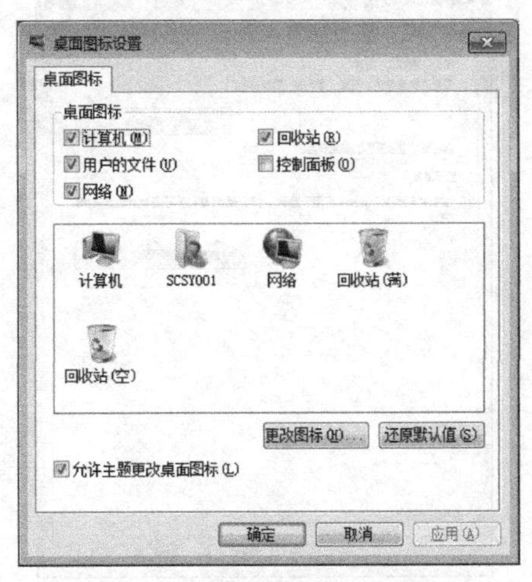

图 2-35 “桌面图标设置”对话框

② 在“桌面图标设置”对话框中，若选中“计算机”“用户的文件”“网络”“回收站”等复选框，将在桌面上添加相应图标。

③ 单击【确定】按钮，关闭对话框。

（3）添加桌面小工具。Windows 7 新增了桌面小工具，利用它可以设置个性化桌面，增加桌面的生动性，而且这些小工具也很有用处。

> **提示**
>
> 若想改变桌面默认的图标，可选中要更改的图标，单击【更改图标】按钮后，重新设置合适的图标。

① 在桌面空白处单击鼠标右键，在弹出的快捷菜单中选择【小工具】命令，打开图 2-36 所示的“小工具”窗口。

② 在打开的窗口中选择喜欢和需要的小工具，然后双击小工具图标或将其拖到桌面上，完成后关闭“小工具”窗口即可，如拖动“日历”到桌面上，效果如图 2-37 所示。

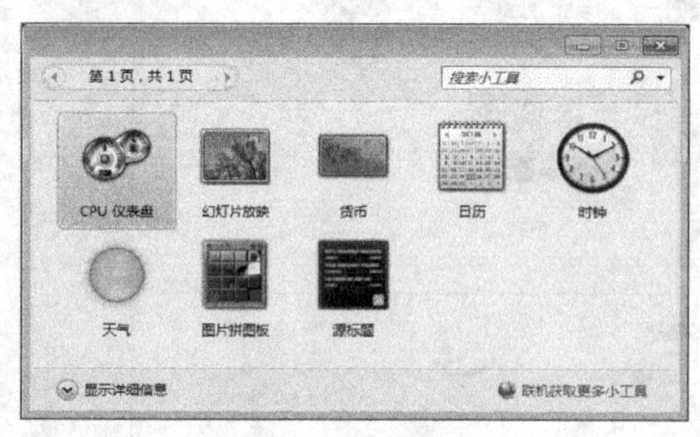

图 2-36 “小工具”窗口

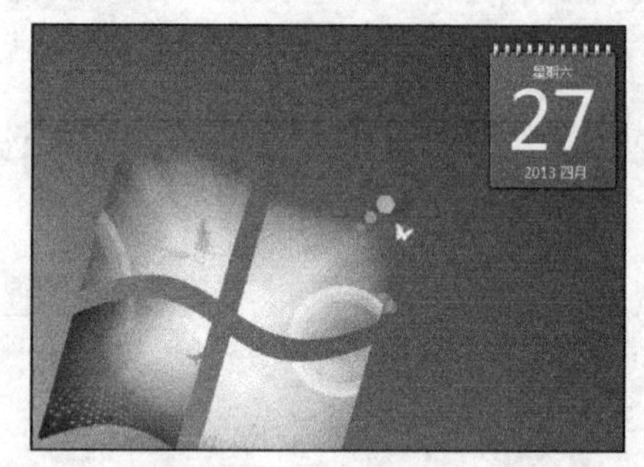

图 2-37 添加的日历小工具

步骤 3 设置输入法

Windows 7 提供了多种中文输入法，如简体中文全拼、双拼，郑码，微软拼音等。此外，用户还可以根据自身需要添加或删除输入法。

（1）选择【开始】→【控制面板】命令，在“控制面板”窗口中，单击【更改键盘或其他输入法】，打开图 2-38 所示的“区域和语言”对话框。

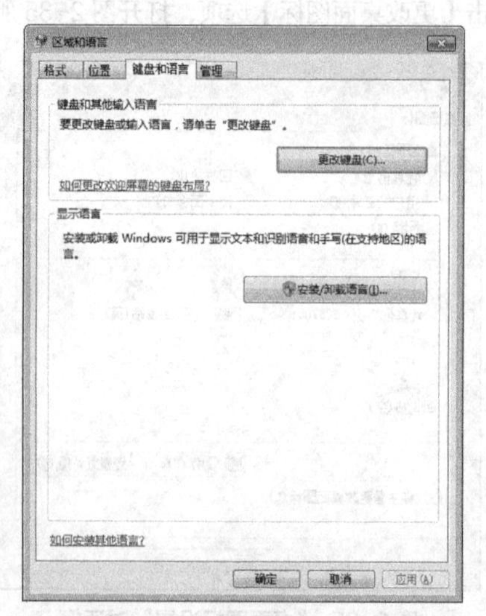

图 2-38 “区域和语言”对话框

（2）选择“键盘和语言”选项卡，单击【更改键盘】按钮，打开图 2-39 所示的“文本服务和输入语言”对话框。

（3）单击【添加】按钮，打开图 2-40 所示的“添加输入语言”对话框。选择需要的输入法，单击【确定】按钮，完成输入法的设置。

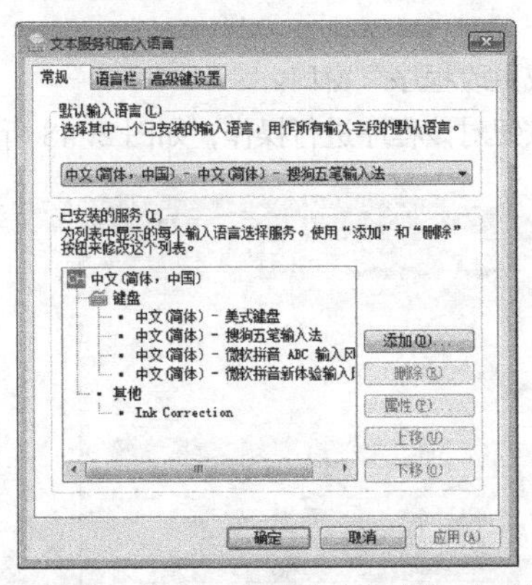

图 2-39 “文本服务和输入语言”对话框

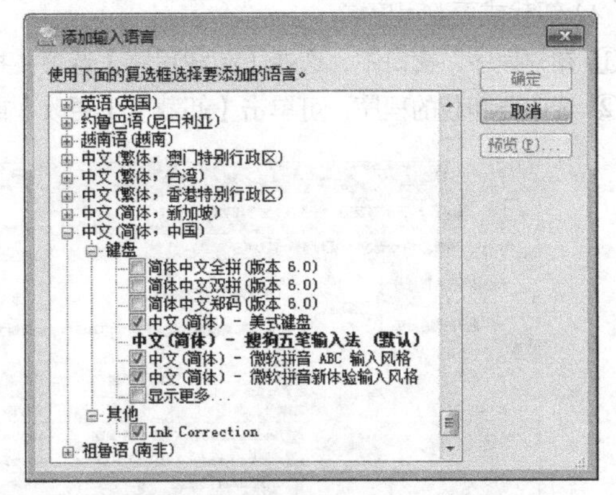

图 2-40 “添加输入语言”对话框

提示

添加或删除输入法，也可以用鼠标右键单击“任务栏”中的【输入法】指示器，从快捷菜单中选择【设置】命令，打开“文本服务和输入语言”对话框进行添加或删除输入法。

步骤 4　卸载或更改程序

如果不再使用某个程序，或者希望释放硬盘上的空间，可以从计算机上卸载该程序，使用“程序和功能”卸载程序，或通过添加或删除某些选项来更改程序配置。

（1）打开或关闭 Windows 功能。

① 选择【开始】→【控制面板】命令，在“控制面板”窗口中选择【程序】，显示图 2-41 所示的“程序”窗口。

② 选择【程序和功能】中的【打开或关闭 Windows 功能】选项，打开图 2-42 所示的“打开或关闭 Windows 功能”对话框。若要打开某个 Windows 功能，选择该功能旁边的复选框；若要关闭某个 Windows 功能，则清除该复选框。设置完成后，单击【确定】按钮。

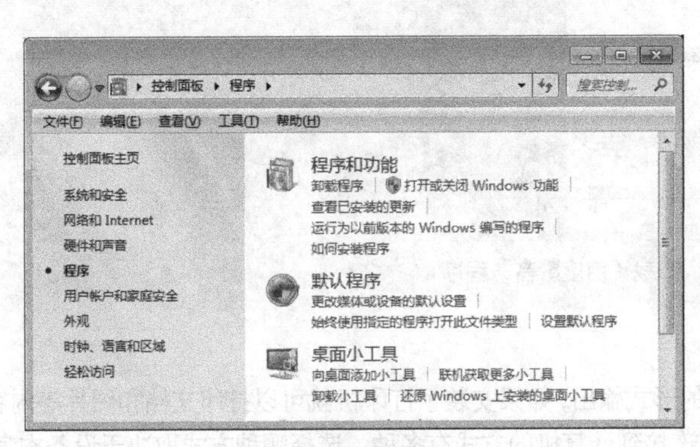

图 2-41 “程序”窗口

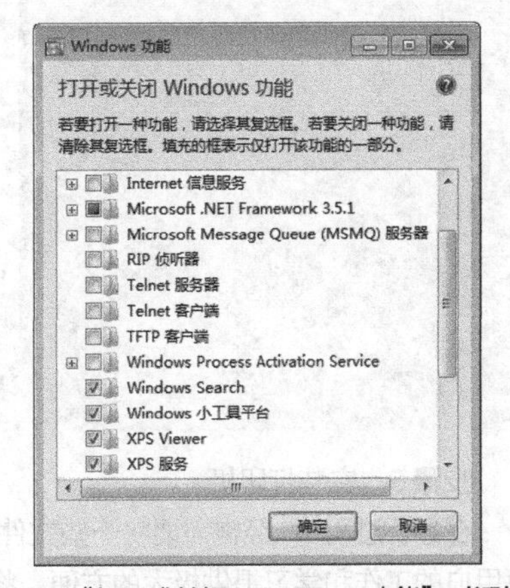

图 2-42 “打开或关闭 Windows 功能”对话框

如果是标准用户账户，系统提示输入管理员密码或进行确认，需输入该密码或提供确认。

（2）卸载或更改程序。

① 在“程序”窗口中，选择【卸载程序】选项，打开“卸载或更改程序”窗口。

② 选中要卸载的程序，可单击【卸载】、【更改】或【修复】按钮对该程序进行操作，如图2-43所示。

图2-43 “卸载或更改程序”窗口

除了卸载选项外，某些程序还包含更改或修复程序选项，但许多程序只提供卸载选项。若要更改程序，单击【更改】或【修复】按钮。有些软件提供了卸载程序，则可以选择【开始】→【所有程序】命令，找到需要卸载的程序，选择【卸载】选项，图2-44所示为卸载“百度影音”程序。

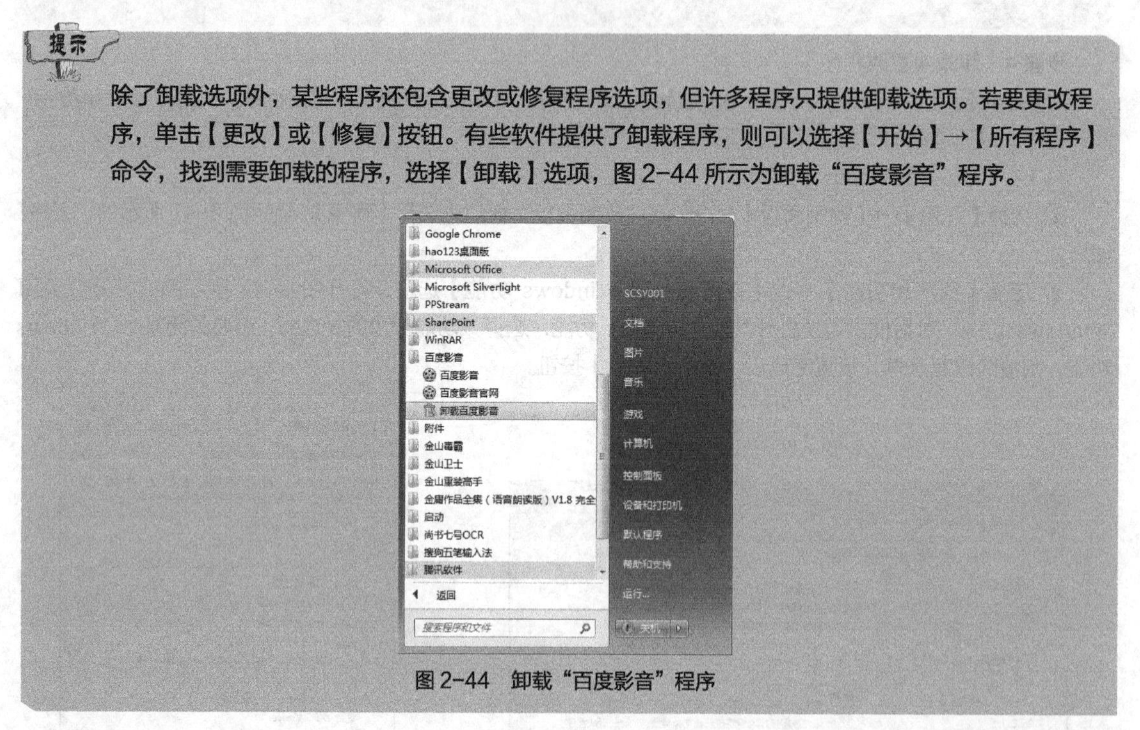

图2-44 卸载“百度影音”程序

步骤5 安装打印机

在办公过程中，经常需要将一些文件以书面的形式输出，如果安装了打印机就可以打印文档和图片等内容，为用户的工作和学习提供极大的方便。将打印机连接到计算机的方式有多种。选择哪种方式取决于设备本身，以及是在家中还是在办公室。现将以安装本地打印机为例介绍打印机的安装方法。

（1）连接打印机。在安装打印机之前首先要进行打印机的硬件连接，把打印机的信号线与计算机的 LPT1 端口相连，并接通电源。

打印机的数据线与计算机的连接有多种，大多数打印机都具有通用串行总线 （USB）连接器，但某些较老型号的打印机可能要连接到并行或串行端口。在典型的 PC 上，并行端口通常被标记为 “LPT1” 或者标上打印机形状的小图标。如果打印机是通用串行总线 （USB）型号，在插入后，Windows 将自动检测并安装此打印机（驱动程序）。

（2）安装打印机的驱动程序。由于 Windows 7 自带了一些硬件的驱动程序，在启动计算机的过程中，系统会自动搜索新硬件并加载其驱动程序，在任务栏上会提示其安装的过程，如“查找新硬件”“发现新硬件”“已经安装好可以使用了”等信息。现以安装“联想 LJ2000 打印机”手动安装驱动程序为例安装打印机，安装过程如下。

① 选择【开始】→【设备和打印机】命令，打开图 2-45 所示的“设备和打印机”窗口。

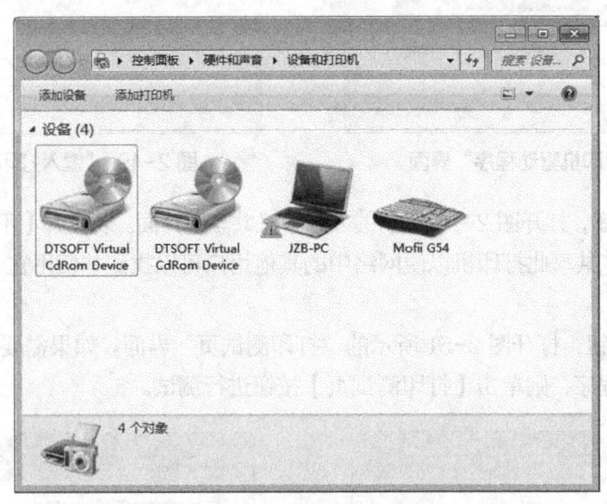

图 2-45 “设备和打印机”窗口

② 单击【添加打印机】按钮，打开图 2-46 所示的“选择打印机类型”界面。

③ 选择【添加本地打印机】选项，单击【下一步】按钮，打开图 2-47 所示的“选择打印机端口”界面。

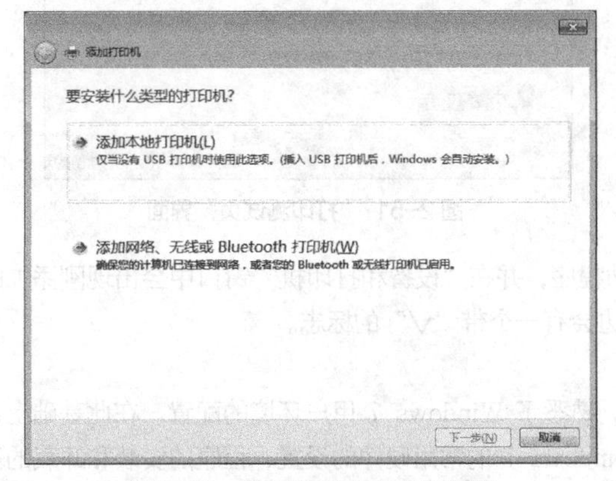

图 2-46 “选择打印机类型”界面

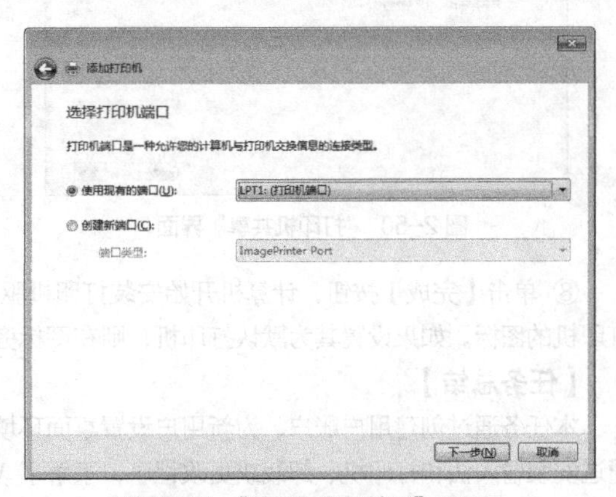

图 2-47 “选择打印机端口”界面

若安装网络打印机，可选择【添加网络、无线或 Bluetooth 打印机】选项。

④ 选择安装打印机使用的端口“LPT1”，单击【下一步】按钮，打开图 2-48 所示的“安装打印机驱动程序”界面，从左侧的“厂商”列表选择打印机的厂商，再从右侧的“打印机”列表中选择打印机型号。

⑤ 单击【下一步】按钮，打开如图 2-49 所示的“键入打印机名称”界面。系统将以打印机型号作为默认的打印机名称，也可重新输入名称。

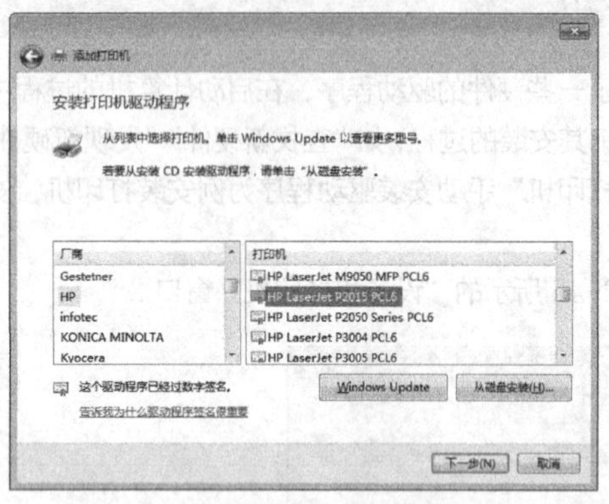

图 2-48 “安装打印机驱动程序”界面

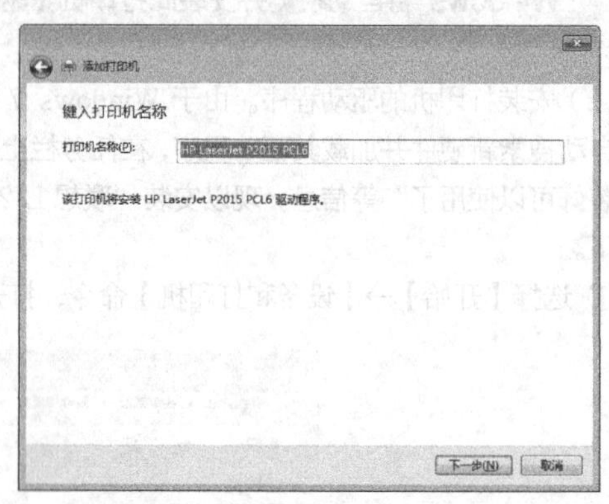

图 2-49 “键入打印机名称”界面

⑥ 单击【下一步】按钮，打开图 2-50 所示的“打印机共享”界面。若选择【不共享这台打印机】单选钮，则不共享打印机；若选择【共享此打印机以便网络中的其他用户可以找到并使用它】单选钮，需要输入“共享名称”“位置”等。

⑦ 单击【下一步】按钮，打开图 2-51 所示的“打印测试页”界面。如果需要确认打印机是否连接正确，并且是否顺利安装了驱动程序，则单击【打印测试页】按钮进行测试。

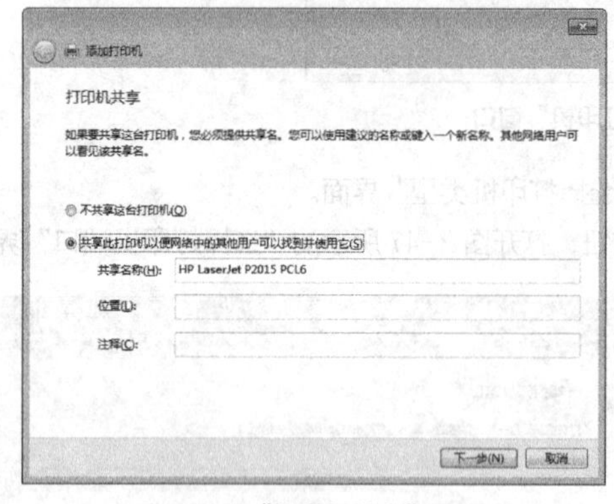

图 2-50 “打印机共享”界面

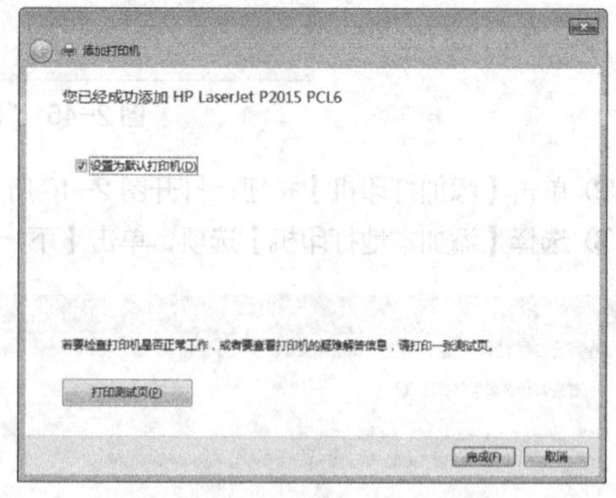

图 2-51 “打印测试页”界面

⑧ 单击【完成】按钮，计算机开始安装打印机驱动程序，并在“设备和打印机”窗口中会出现刚添加的打印机的图标。如果设置其为默认打印机，则在图标旁边会有一个带“√”的标志。

【任务总结】

本任务通过创建用户账户、为新用户设置桌面环境，熟悉了 Windows 7 用户环境的配置。在此基础上，通过安装输入法和打印机、卸载或更改程序，了解了 Windows 7 的常用硬件的设置、程序的安装和卸载的基本方法，为规范计算机日常管理、提高工作效率打下一定的基础。

【知识拓展】

1. 家庭组

使用家庭组，可轻松地与家庭组中的其他人在家庭网络上共享文件和打印机。其他人无法更改共享的文件，除非授予他们执行此操作的权限。

如果家庭网络上不存在家庭组，则在设置运行此版本的 Windows 7 的计算机时，会自动创建一个家庭组。如果已存在一个家庭组，则可以加入该家庭组。创建或加入家庭组后，可以选择要共享的库，可以阻止共享特定文件或文件夹，也可以在以后共享其他库。可以使用密码帮助保护家庭组，并可以随时更改该密码。

使用家庭组是一种共享家庭网络上的文件和打印机的最简便的方法，也可以使用其他方法实现此操作。

只有运行 Windows 7 的计算机才能加入家庭组。所有版本的 Windows 7 都可使用家庭组。在 Windows 7 简易版和 Windows 7 家庭普通版中，可以加入家庭组，但无法创建家庭组。家庭组仅适用于家庭网络。家庭组不会将任何数据发送到 Microsoft。

2. 设置鼠标和键盘

鼠标和键盘是计算机中常用的输入设备，在安装系统时已经自动进行了配置，但默认的配置并不一定符合用户个人的使用习惯。用户可以按个人喜好对鼠标和键盘进行调整。

（1）设置鼠标。

① 选择【开始】→【控制面板】→【硬件和声音】→【鼠标】命令，打开图 2-52 所示的“鼠标 属性”对话框。

② 设置鼠标键。在“鼠标键”选项卡的“鼠标键配置”选项中，系统默认左边的键为主要键。若要交换鼠标左右按钮的功能，在“鼠标键配置”下选中【切换主要和次要的按钮】复选框。若要更改双击的速度，在“双击速度”下，将“速度”滑块向“慢”或“快”方向移动。若要启用不用一直按着鼠标按钮就可以突出显示或拖曳项目的“单击锁定”，在“单击锁定”下，选中【启用单击锁定】复选框，单击【确定】按钮。

③ 切换到图 2-53 所示的“指针”选项卡，若要为所有指针提供新的外观，单击【方案】下拉按钮，从下拉列表中选择新的鼠标指针方案。若要更改单个指针，在“自定义”列表中选择更改的指针，单击【浏览】按钮。

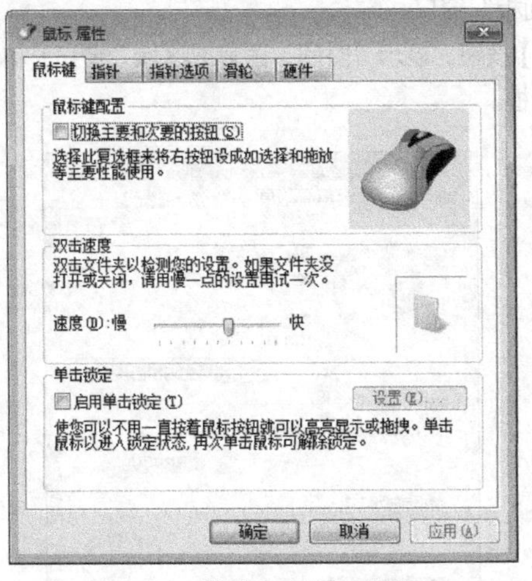

图 2-52 “鼠标 属性”对话框

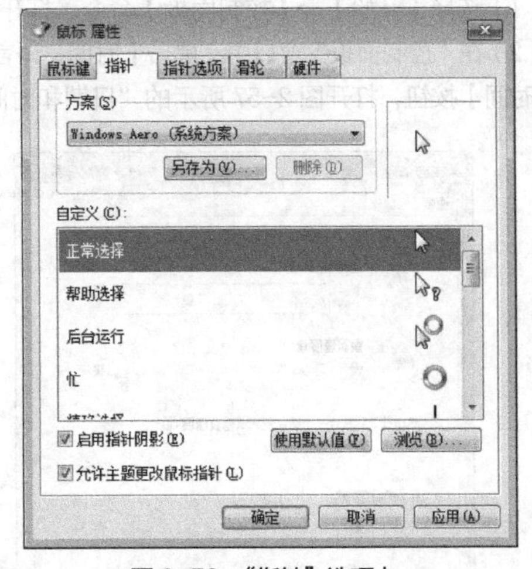

图 2-53 “指针”选项卡

④ 切换到图 2-54 所示的“指针选项”选项卡，可以设置鼠标移动的速度、显示指针轨迹等操作。

（2）设置键盘。

① 选择【开始】→【控制面板】命令，打开“控制面板”窗口。

② 在“控制面板”窗口的搜索框中输入“键盘”，打开如图 2-55 所示的搜索到的“键盘”窗口。

提示

通过控制面板进行设置时，有时无法找到需要设置的对象，可以在搜索框输入关键字，自动搜索对象。

③ 单击【键盘】按钮，打开图 2-56 所示的“键盘 属性”对话框。

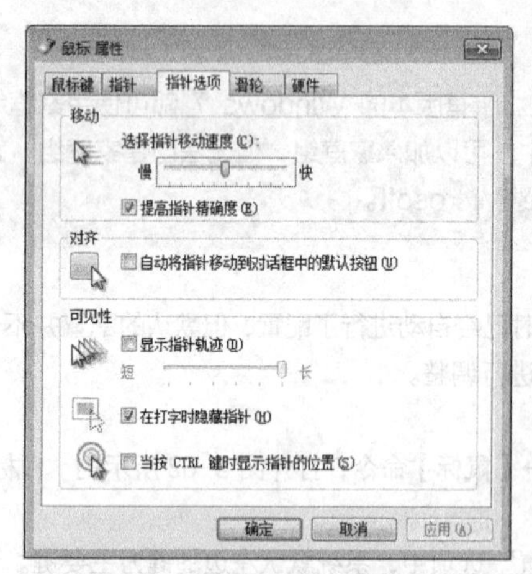

图 2-54 “指针选项”选项卡

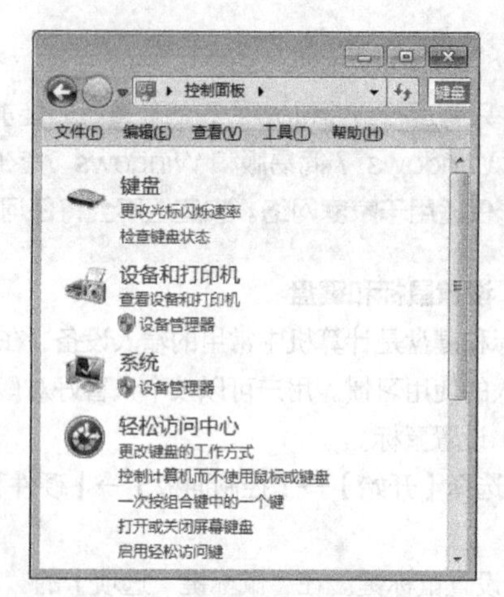

图 2-55 搜索到的“键盘”窗口

④ 在“速度”选项卡下的“字符重复”选项中，拖曳“重复延迟”滑块，可调节重复输入同一按键内容的间隔时间，即在键盘上按住一个键需要多长时间才开始重复输入该键；拖曳“重复速度”滑块，可调整输入重复字符的速度；在“光标闪烁速度”选项中，拖曳水平滑块，可以调整光标的闪烁速度。设置完成后，单击【确定】按钮确认所做的设置。

3. 设置时间和日期

（1）选择【开始】→【控制面板】命令，打开“控制面板”窗口。

（2）在“控制面板”窗口中，单击【时间、语言或区域】按钮，显示“时间、语言或区域”窗口，单击【日期和时间】按钮，打开图 2-57 所示的“日期和时间”对话框。

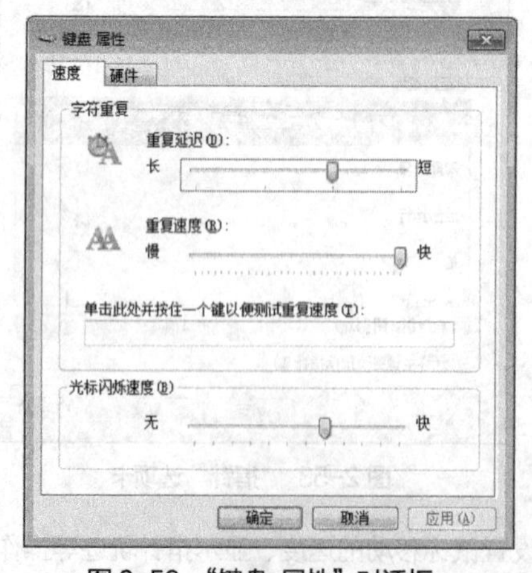

图 2-56 “键盘 属性”对话框

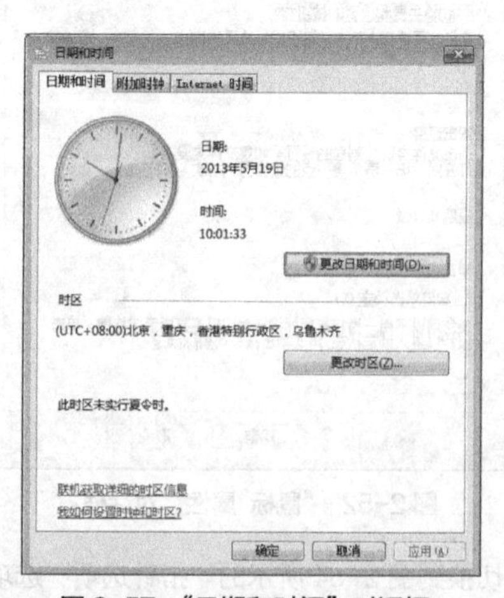

图 2-57 “日期和时间”对话框

（3）在【日期和时间】选项卡中，单击【更改日期和时间】按钮，打开图 2-58 所示的“日期和时间设置”对话框。若要更改小时，双击小时，然后单击箭头增加或减少该值；若要更改分钟，双击分钟，然后单击箭头增加或减少该值；若要更改秒，可单击秒，然后单击箭头增加或减少该值。更改完时间设置后，单击【确定】按钮。

单击任务栏右下角的时间显示区，单击【更改日期和时间设置】，也可打开图 2-58 所示的“日期和时间设置”对话框。

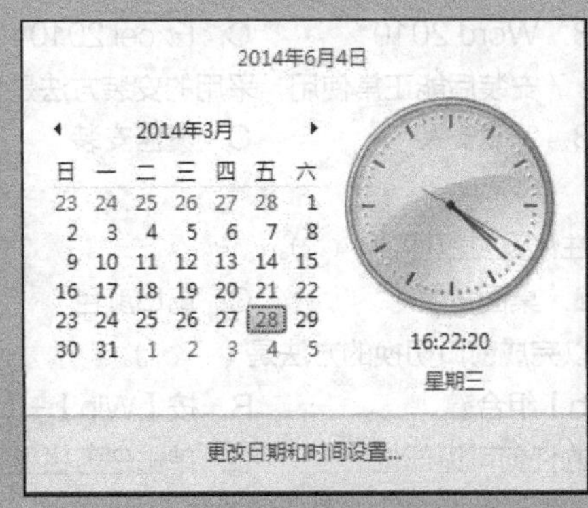

图 2-58 “日期和时间设置”对话框

【实践训练】

为“第六届科技文化艺术节计算机技能比赛”现场的计算机配置用户环境。

（1）创建科技文化节登录账户。

（2）设置以科技文化节为主题的桌面背景、屏幕保护。

（3）为科技文化节的日文录入比赛安装日文输入法。

（4）安装科技文化节要使用的相关软件，如 Office 2010、Photoshop、Dreamweaver 等。

（5）安装打印机。

思考练习

一、单项选择题

1. 在 Windows 7 的各个版本中，支持的功能最少的是（　　）。
   A. 家庭普通版　B. 家庭高级版　C. 专业版　D. 旗舰版
2. 在 Windows 7 的各个版本中，支持的功能最多的是（　　）。
   A. 家庭普通版　B. 家庭高级版　C. 专业版　D. 旗舰版
3. 在 Windows 7 中，将打开的窗口拖曳到屏幕顶端，窗口会（　　）。
   A. 关闭　B. 消失　C. 最大化　D. 最小化
4. 在 Windows 7 中，用于显示桌面的是（　　）组合键。
   A.【Win】+【D】　B.【Win】+【P】
   C.【Win】+【Tab】　D.【Alt】+【Tab】
5. 在 Windows 7 中，用于打开外接显示设置窗口的是（　　）组合键。
   A.【Win】+【D】　B.【Win】+【P】
   C.【Win】+【Tab】　D.【Alt】+【Tab】

6. 在Windows 7中，用于显示3D桌面效果的是（　　）组合键。

A.【Win】+【D】　　B.【Win】+【P】

C.【Win】+【Tab】　　D.【Alt】+【Tab】

7. 安装Windows 7时，系统磁盘分区必须为（　　）格式才能安装。

A. FAT　　B. FAT16　　C. FAT32　　D. NTFS

8. 文件的类型可以根据（　　）来识别。

A. 文件的大小　　B. 文件的用途　　C. 文件的扩展名　　D. 文件的存放位置

9. 在下列软件中，属于计算机操作系统的是（　　）。

A. Windows 7　　B. Word 2010　　C. Excel 2010　　D. PowerPoint 2010

10. 为了保证Windows 7安装后能正常使用，采用的安装方法是（　　）。

A. 升级安装　　B. 卸载安装　　C. 覆盖安装　　D. 全新安装

二、多项选择题

1. 在Windows 7中个性化设置包括（　　）。

A. 主题　　B. 桌面背景　　C. 窗口颜色　　D. 声音

2. 在Windows 7中可以完成窗口切换的方法是（　　）。

A. 按【Alt】+【Tab】组合键　　B. 按【Win】+【Tab】组合键

C. 单击要切换窗口的任何可见部位　　D. 单击任务栏上要切换的应用程序按钮

3. 下列属于Windows 7控制面板中的设置项目的是（　　）。

A. Windows Update　　B. 备份和还原

C. 恢复　　D. 网络和共享中心

4. 在Windows 7中，窗口最大化的方法是（　　）。

A. 按最大化按钮　　B. 按还原按钮

C. 双击标题栏　　D. 拖曳窗口到屏幕顶端

5. 使用Windows 7的备份功能所创建的系统映像可以保存在（　　）上。

A. 内存　　B. 硬盘　　C. 光盘　　D. 网络

6. 在Windows 7中，属于默认库的有（　　）。

A. 文档　　B. 音乐　　C. 图片　　D. 视频

7. 以下网络位置中，可以在Windows 7里进行设置的是（　　）。

A. 家庭网络　　B. 小区网络　　C. 工作网络　　D. 公共网络

8. 当Windows崩溃后，可以通过（　　）来恢复。

A. 更新驱动　　B. 使用之前创建的系统映像

C. 使用安装光盘重新安装　　D. 卸载程序

三、操作题

1. 在D盘上以自己的姓名为名创建一个文件夹作为考生文件夹。

2. 在所建的考生文件夹中创建名为“kaoshi”“Test”的文件夹。

3. 在“Test”文件夹中创建“A1.txt”“A2.docx”“A3.xlsx”“A4.pptx”文件。

4. 将“Test”文件夹中的“A1.txt”文件复制到考生文件夹中，并重命名为“photo.bmp”。

5. 将“Teast”文件夹中的“A4.pptx”文件移动到考生文件夹下的“kaoshi”文件夹中，并设置属性为只读。

6. 为考生文件夹下“Test”文件夹中的“A2.docx”文件创建快捷方式。

7. 将考生文件夹下“Test”文件夹中的“A4.pptx”文件删除。

拓展练习一

1. 将桌面主题设置为：采用 Windows 7 提供的【Aero 主题】中的【中国】。

2. 在桌面上创建一个文件夹，并以学号和姓名重命名该文件夹，样式为“学号+姓名”，如“05 李丹”。

3. 在桌面创建【回收站】快捷方式图标。

4. 将当前计算机显示器的分辨率设置为 1280 像素×800 像素。

5. 删除输入法栏中的【微软拼音-新体验 2010】。

6. 设置本机屏幕保护程序为“肥皂泡泡”，等待 2min 启用屏保。

7. 将“时钟”添加到桌面上，并设置时钟名称为“小闹钟”，时区为“当前计算机时间”，并显示秒表。

8. 锁定任务栏，设置屏幕上的任务栏位置为“右侧”；将网络图标设置为“仅显示通知”；将音量图标设置为“显示图标和通知”。

9. 在“01 李丹”文件夹内新建一个名为“W1”的 Word 文档。

10. 打开“计算机”窗口（不要最大化，也不要最小化），截取当前窗口的图片并粘贴到“W1.doc”中。

拓展练习二

1. 将系统时间设置为 2018 年 10 月 2 日，上午 10:30:00（任务栏中显示上午 10:30:00）。

2. 将屏幕保护程序设置为“变幻线”，等待时间设置为 1min。

3. 将“画图”程序锁定到任务栏，并将“画图”程序附到【开始】菜单的常用程序列表中。

4. 隐藏任务栏。

5. 将桌面上的“计算机”图标放置到桌面的右上角。

6. 设置“隐藏受保护的操作系统文件”。

7. 取消【开始】菜单中的“使用大图标”效果。

8. 打开“画图”程序，并将 Word 2010 中的“字体”对话框截屏到“画图”程序中，将文档以“111.jpg”为名，保存到桌面。

9. 设置桌面上不显示“网络”图标。

10. 将本机“D 盘”的磁盘名更改为“WORK”。

PART03

项目三

图文排版

项目情境

■ 10 月 18 日，科源有限公司将迎来它五周岁的生日。为了庆祝这一时刻的到来，公司将组织一系列庆祝活动。为此，承担此次庆典活动主要任务的庆典领导小组及各职能组将利用 Word 软件完成一系列庆典工作所需的文档：制作公司周年庆典活动方案、安排周年庆典活动日程、制作庆典活动经费预算表、发放周年庆典活动工作证以及制作周年庆典活动简报。

案例 1　制作公司周年庆典活动方案

【任务描述】

为了庆祝公司成立五周年，增强全体员工的凝聚力、向心力，提升企业文化，展示员工风采，彰显企业品牌，经公司研究决定，将举办一系列五周年庆典活动。现由公司行政部负责完成活动方案的撰写、编辑、格式化等工作，效果如图 3-1 所示。

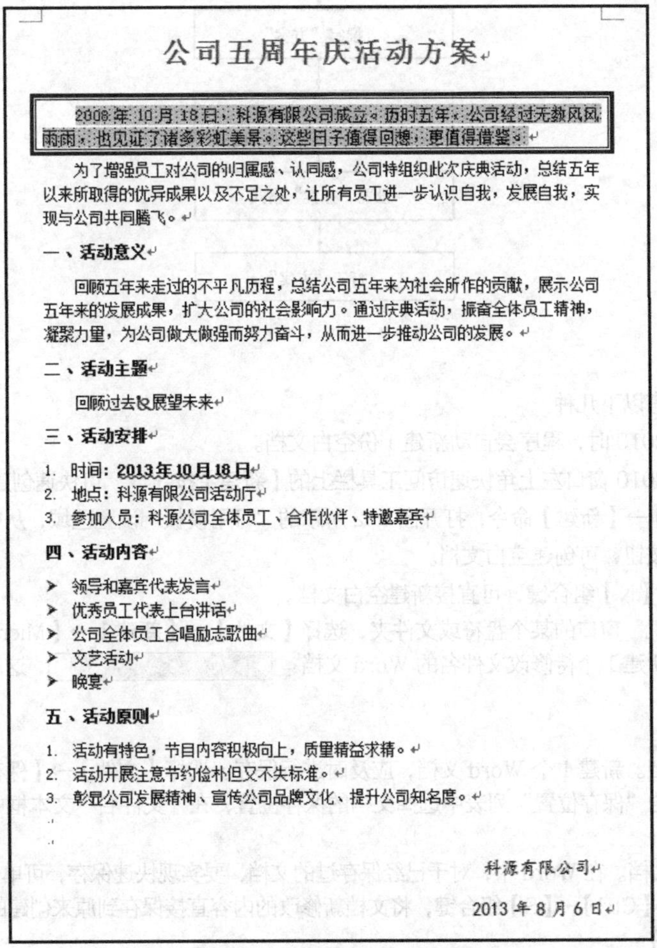

公司五周年庆活动方案

2008 年 10 月 18 日，科源有限公司成立。历时五年，公司经过无数风风雨雨，也见证了诸多彩虹美景。这些日子值得回想，更值得借鉴。

为了增强员工对公司的归属感、认同感，公司特组织此次庆典活动，总结五年以来所取得的优异成果以及不足之处，让所有员工进一步认识自我，发展自我，实现与公司共同腾飞。

一、活动意义

回顾五年来走过的不平凡历程，总结公司五年来为社会所作的贡献，展示公司五年来的发展成果，扩大公司的社会影响力。通过庆典活动，振奋全体员工精神，凝聚力量，为公司做大做强而努力奋斗，从而进一步推动公司的发展。

二、活动主题

回顾过去&展望未来

三、活动安排

1. 时间：**2013 年 10 月 18 日**
2. 地点：科源有限公司活动厅
3. 参加人员：科源公司全体员工、合作伙伴、特邀嘉宾

四、活动内容

➢ 领导和嘉宾代表发言
➢ 优秀员工代表上台讲话
➢ 公司全体员工合唱励志歌曲
➢ 文艺活动
➢ 晚宴

五、活动原则

1. 活动有特色，节目内容积极向上，质量精益求精。
2. 活动开展注意节约俭朴但又不失标准。
3. 彰显公司发展精神、宣传公司品牌文化、提升公司知名度。

科源有限公司

2013 年 8 月 6 日

图 3-1　公司五周年庆活动方案

【任务目标】

◈ 熟练掌握创建、保存文档的方法。
◈ 能熟练进行文档页面纸张大小、页边距、纸张方向等页面设置。
◈ 能熟练进行文档的录入、移动、合并/拆分段落、查找和替换等编辑操作。
◈ 能熟练进行文字的字体、字号、颜色、字形、字符间距等字体格式设置。
◈ 熟练掌握段落对齐、间距、行距、缩进等格式设置。
◈ 能熟练运用项目符号和编号进行排版。
◈ 能正确设置文字和段落的边框和底纹。
◈ 掌握文档的打印设置。

【任务流程】

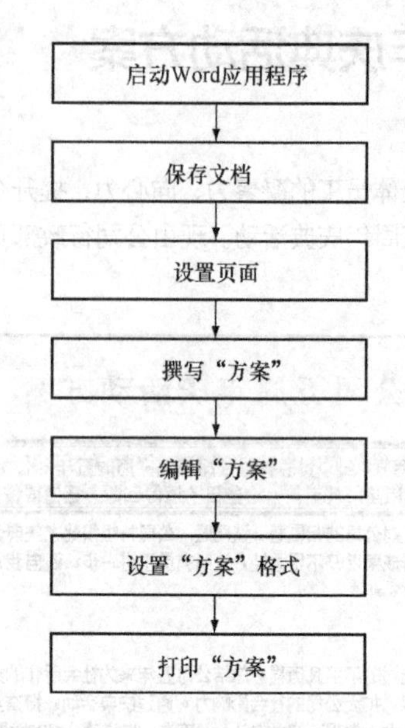

【任务解析】

1. 新建文档

新建文档的方法有以下几种。

（1）启动 Word 2010 时，程序会自动新建 1 份空白文档。

（2）单击 Word 2010 窗口左上角快速访问工具栏上的【新建】按钮，可快速创建空白文档。

（3）选择【文件】→【新建】命令，打开图 3-2 所示的“可用模板”设置区域，从中选择“空白文档”选项，再单击【创建】按钮，可创建空白文档。

（4）按【Ctrl】+【N】组合键，可直接新建空白文档。

（5）打开“计算机”窗口的某个盘符或文件夹，选择【文件】→【新建】→【Microsoft Word 文档】命令，如图 3-3 所示，新建 1 个待修改文件名的 Word 文档 新建 Microsoft Word 文档，这时输入文件名，即可得到新建的空白文档。

2. 保存文档

（1）保存新建文档。新建 1 个 Word 文档，应及时进行保存。选择【文件】→【保存】命令，打开【另存为】对话框，在左侧的“保存位置”列表中选择文档的保存位置，在“文件名”文本框中输入文档名称，最后单击【保存】按钮。

（2）保存已有的文档。在 Word 中，对于已经保存过的文档，要实现快速保存，可单击快速访问工具栏上的【保存】按钮，或按【Ctrl】+【S】组合键，将文档新修改的内容直接保存到原来创建的文档中。

3. 插入特殊字符

在进行文档输入时，有的字符无法通过键盘输入，可用鼠标右键单击输入法指示器上的软键盘，从快捷菜单中选择需要的符号类别，如图 3-4 所示，然后利用打开的软键盘进行输入；或者选择【插入】→【符号】→【其他符号】命令，插入特殊字符。

4. 查找和替换

（1）查找。在 Word 文档中，若要对某个文本进行查找，可选择【开始】→【编辑】→【查找】命令，在文档窗口左侧将出现图 3-5 所示的“导航”任务窗格。在搜索框中输入要查找的文本后，Word 2010 将自动将文档中所有要查找的内容呈高亮显示。

（2）替换。在 Word 文档中，若要对某个文本进行替换，可选择【开始】→【编辑】→【替换】命令，打开图 3-6 所示的“查找和替换”对话框，分别在“查找内容”文本框中输入需要查找的内容，在“替换为”文本框中输入要替换的内容。如果仅需要部分替换，则单击【替换】按钮；若需要替换所有查找的内容，则单击【全部替换】按钮。

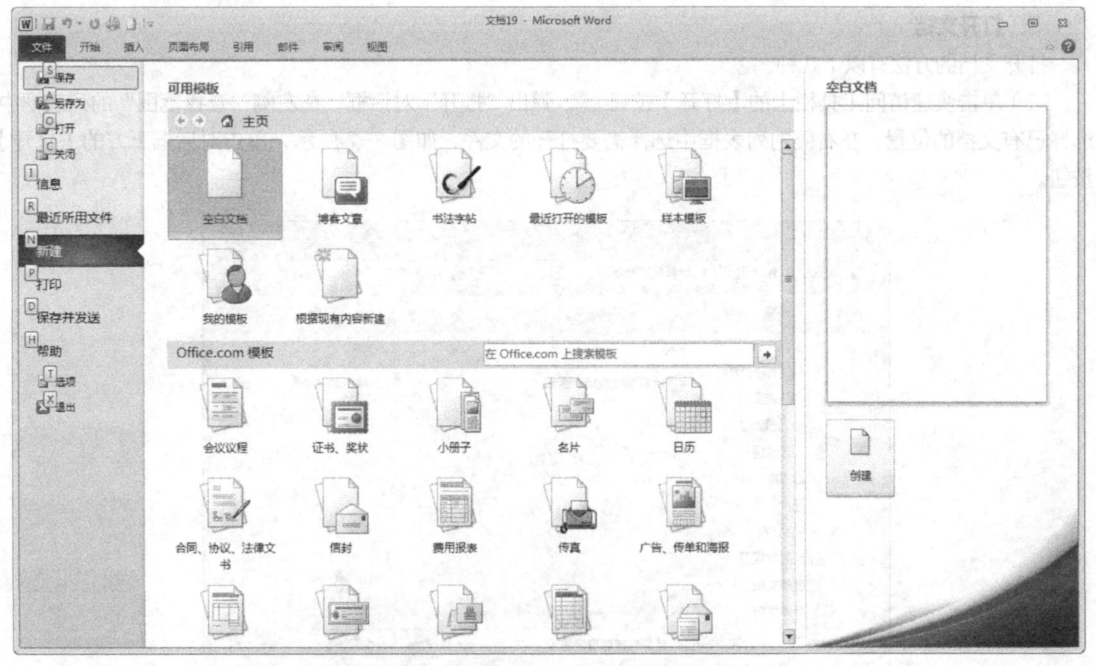

图 3-2　使用“文件”选项卡新建文档

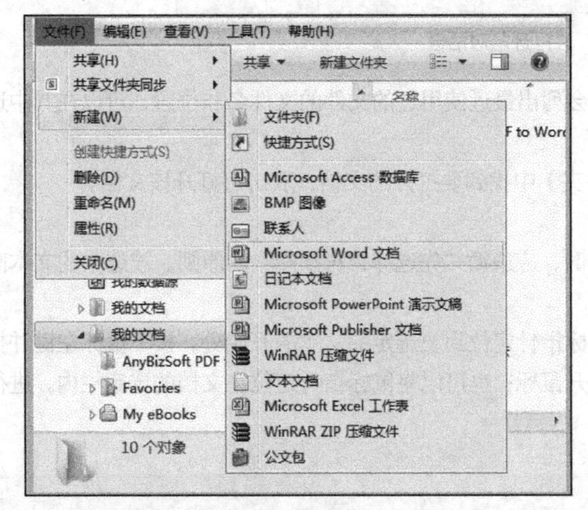

图 3-3　在文件夹中新建 Word 文档

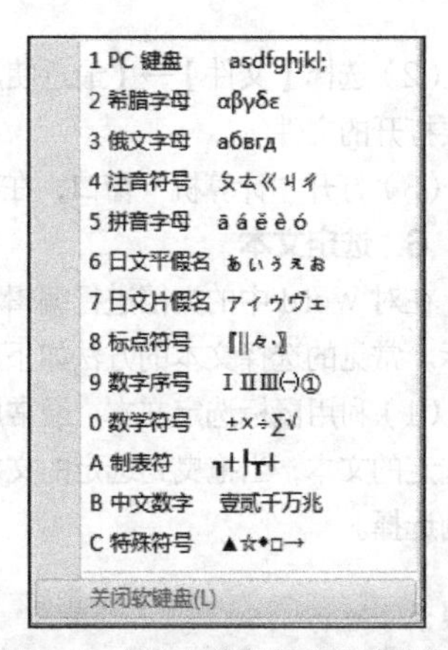

图 3-4　输入法的软键盘快捷菜单

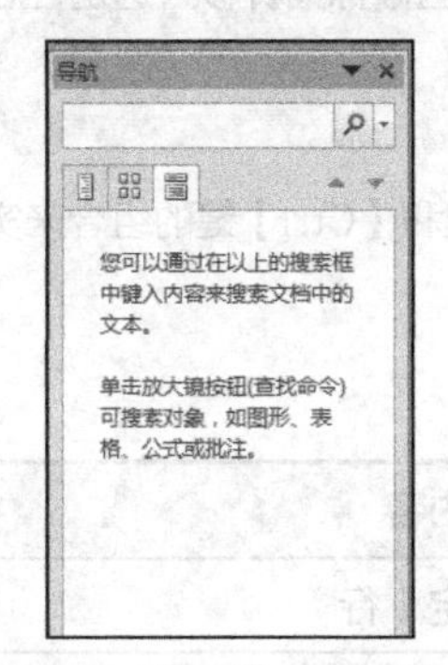

图 3-5　“导航”任务窗格

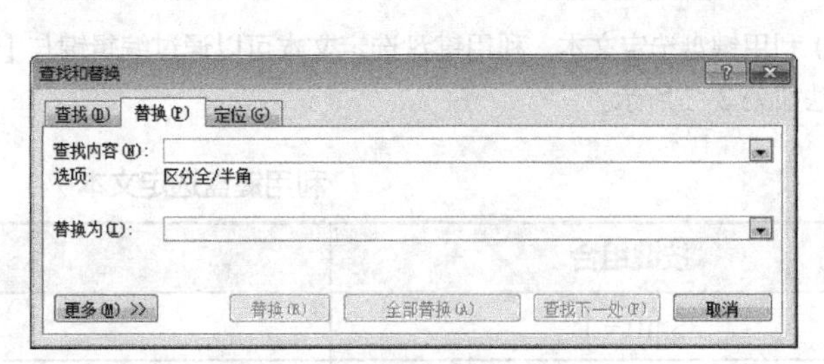

图 3-6　“查找和替换”对话框

5. 打开文档

打开文档的方法有以下几种。

（1）单击快速访问工具栏上的【打开】按钮，弹出“打开”对话框，在左侧“查找范围”的列表框中选择已有文档的位置，在右侧的列表框中选择需要打开的文件，如图 3-7 所示，单击对话框下方的【打开】按钮。

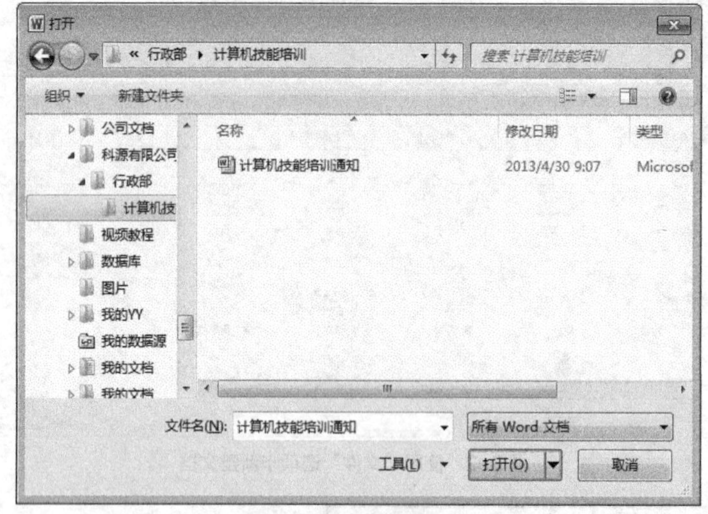

图 3-7 “打开”对话框

（2）选择【文件】→【最近使用文件】命令，会列出最近使用过的文件的文件名和位置，可以在其中选择需要打开的文件。

（3）打开“计算机”窗口，在某个盘符（文件夹）中找到要打开的文档，双击可打开该文档。

6. 选定文本

在对 Word 中的文档进行编辑和格式设置操作时，应遵循“先选择，再操作”的原则。被选中的文本高亮显示。常见的选择文本的方法如下。

（1）利用鼠标选定文本。最常用的方法是将鼠标指针定位到要选定的文本的开始处，按下鼠标左键并扫过要选定的文本，当拖曳到选定的文本的末尾时，松开鼠标；也可以将鼠标指针定位在文档的选定栏内，进行文本的选择。

文本的选定栏位于文档编辑区的左侧，是紧挨垂直标尺的空白区域。当鼠标指针移入选定栏后，鼠标的指针将变成“⇗”形状，通过纵向拖曳可以实现整行文本的选定。

（2）利用键盘选定文本。利用键盘选定文本可以通过编辑键与【Shift】键和【Ctrl】键的组合来实现，常用的方法如表 3-1 所示。

表 3-1 利用键盘选定文本

按键组合	选定内容
Shift+↑	向上选定 1 行
Shift+↓	向下选定 1 行

续表

按键组合	选定内容
Shift+←	向左选定 1 个字符
Shift+→	向右选定 1 个字符
Shift+Ctrl+↑	选定内容扩展至段落首
Shift+Ctrl+↓	选定内容扩展至段落尾
Shift+Ctrl+←	选定内容扩展至单词首
Shift+Ctrl+→	选定内容扩展至单词尾
Shift+Home	选定内容扩展至行首
Shift+End	选定内容扩展至行尾
Shift+Ctrl+Home	选定内容扩展至文档首
Shift+Ctrl+End	选定内容扩展至文档尾
Ctrl+A	选定整个文档

（3）选择不连续的文本。其选择的方法与在 Windows 中选中多个不连续的文件（夹）的操作是一样的。按住【Ctrl】键的同时，使用鼠标拖曳选中某些文本，然后释放鼠标，按住【Ctrl】键不放，再拖动鼠标选中其余的文本。

7. 移动文本

移动文本的方法有很多种，各种方法的具体操作步骤介绍如下。

（1）拖曳鼠标实现。

① 选定要移动的文本。

② 将鼠标指针指向已选定的文本，此时鼠标指针变成指向左上的空心箭头。

③ 按住鼠标左键，此时鼠标箭头旁会有一条竖虚线，箭头的尾部会有一个小方框。

④ 拖动竖线到要插入文本处，松开鼠标即可。

（2）用工具栏按钮实现。

① 选定要移动的文本。

② 选择【开始】→【剪贴板】→【剪切】命令。

③ 将鼠标指针移到要插入文本的位置。

④ 选择【开始】→【剪贴板】→【粘贴】命令。

（3）用快捷键实现。

① 选定要移动的文本。

② 按【Ctrl】+【X】组合键剪切文本。

③ 将指针移到要插入文本的位置。

④ 按【Ctrl】+【V】组合键粘贴文本。

【任务实施】

步骤 1 启动 Word 应用程序

（1）选择【开始】→【所有程序】→【Microsoft Office】→【Microsoft Word 2010】命令，启动 Word 2010 应用程序。

提示

我们会把经常用到的程序或文档的快捷方式放置到桌面上，以便随时取用（打开）。很多应用程序在安装好时会自动创建桌面快捷方式。所以，双击桌面的快捷图标是最常用的打开应用程序的方法。

（2）启动 Word 程序后，系统将自动新建一个空白文档“文档 1”，如图 3-8 所示。其窗口由标题栏、功能选项卡、快速访问工具栏、文档编辑区、功能区、状态栏等部分组成。

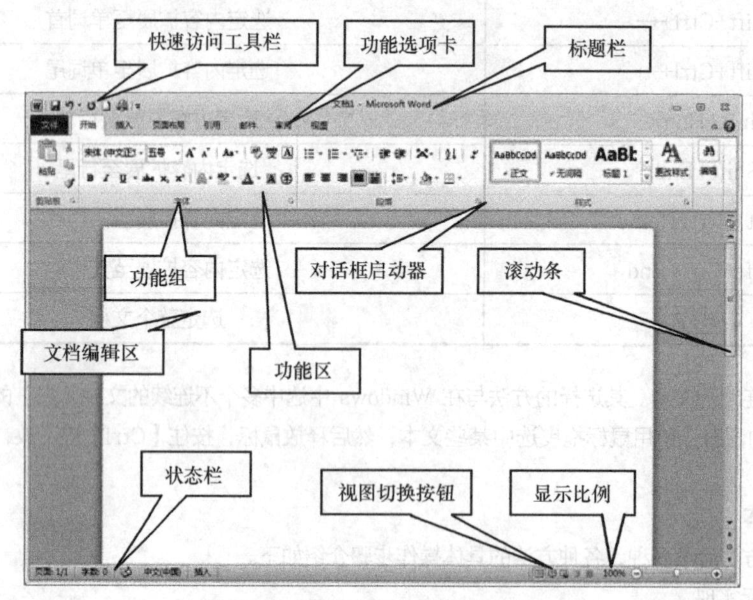

图 3-8　Word 2010 的窗口组成

步骤 2　保存文档

在 Word 中进行文档编辑，一定要保存文档。因为文档编辑等操作是在内存工作区中进行的，如果不进行存盘操作，突然停电或直接关掉电源，都会造成文件丢失。因此，及时将文档保存到磁盘上是非常重要的。

提示

保存文档时，一定要注意文档的“三要素”——文档的位置、文件名、类型。否则，以后不易找到该文档。

（1）选择【文件】→【保存】命令，打开图 3-9 所示的“另存为”对话框。

（2）在左侧的“保存位置”下拉列表框中，选择文档的保存位置。这里选择的保存位置为“我的文档”。

在保存文档时，如果事先没有创建保存文档的文件夹，可以先确定保存的盘符，如 D 盘，再单击图 3-9 中的【新建文件夹】按钮 新建文件夹，出现新建文件夹，输入文件夹名称后按【Enter】键，创建所需的文件夹。

图 3-9 “另存为”对话框

（3）在“文件名”组合框中输入文档的名称“公司五周年庆活动方案”。

（4）在“保存类型”下拉列表框中为文档选择合适的类型，如“Word 文档”。

（5）单击【保存】按钮。保存文档后，Word 标题栏上的文档名称会随之更改。

在文档的编辑过程中，应注意养成随时单击“自定义快速访问工具栏”上的【保存】按钮或使用【Ctrl】+【S】组合键及时保存文档的习惯。

步骤 3 设置页面

与用户用笔在纸上写字一样，利用 Word 进行文档编辑时，先要进行纸张大小、页面方向等页面设置操作。

（1）选择【页面布局】→【页面设置】命令，打开“页面设置”对话框。

（2）切换到“纸张”选项卡，按照图 3-10 所示设置纸张大小为 A4。

（3）切换到“页边距”选项卡，按照图 3-11 所示设置页边距：上、下边距均为 2.5 厘米，左、右边距均为 2.8 厘米。设置纸张方向为“纵向”。

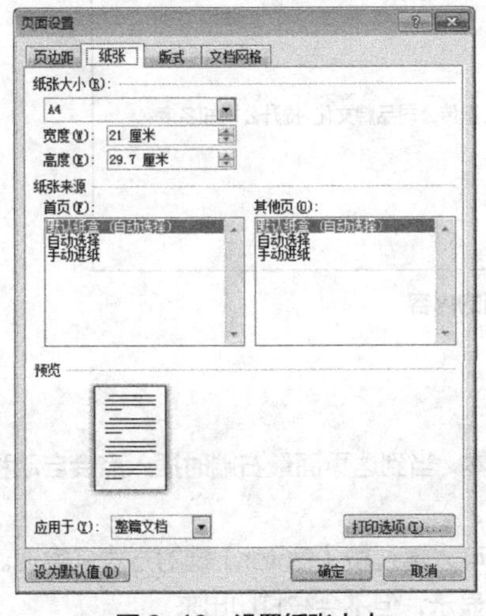

图 3-10 设置纸张大小

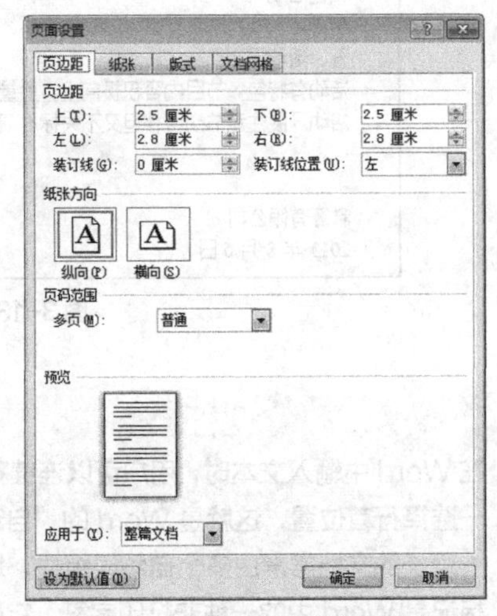

图 3-11 设置页边距和纸张方向

（4）单击【确定】按钮，完成页面设置。

提示

用户也可以直接在“页面布局”选项卡中，分别利用【文字方向】、【页边距】、【纸张方向】、【纸张大小】等功能按钮进行页面设置，如图 3-12 所示。

图 3-12 “页面布局”选项卡中的功能按钮

步骤 4　撰写“方案”

（1）按照图 3-13 所示录入“方案”的内容。

科源有限公司五周年庆活动方案

2008 年 10 月 18 日，科源有限公司成立。历时五年，企业经过无数风风雨雨，也见证了诸多彩虹美景。这些日子值得回想，更值得借鉴。为了增强员工对企业的归属感、认同感，公司特组织此次庆典活动，总结五年以来所取得的优异成果以及不足之处，让所有员工进一步发展自我，认识自我，实现与公司共同腾飞。

一、活动意义

回顾五年来走过的不平凡历程，总结企业五年来为社会所作的贡献，展示企业五年来的发展成果，扩大企业的社会影响力。

通过庆典活动，振奋全体员工精神，凝聚力量，为企业做大做强而努力奋斗，从而进一步推动公司的发展。

二、活动主题

回顾过去展望未来

三、活动安排

时间：2013 年 10 月 18 日

地点：科源有限公司活动厅

参加人员：科源公司全体员工、合作伙伴、特邀嘉宾

四、活动内容

领导和嘉宾代表发言

优秀员工代表上台讲话

公司全体员工合唱励志歌曲

文艺活动

晚宴

五、活动原则

活动有特色，节目内容积极向上，质量精益求精。

活动开展注意节约俭朴但又不失标准。彰显公司发展精神、宣传公司品牌文化、提升公司知名度。

科源有限公司

2013 年 8 月 6 日

图 3-13 “方案”文档的内容

提示

在 Word 中输入文本时，用户可以连续不断地输入文本，当到达页面最右端时插入点会自动移到下一选择行首位置，这就是 Word 的“自动换行”功能。

一篇长的文档常常由多个自然段组成，增加新的段落可以通过按【Enter】键的方式来实现。段落标记是 Word 中的一种非打印字符，它能够在文档中显示，但不会被打印出来。

（2）在“方案”中插入特殊符号。用户在创建文档时，有的符号是不能直接从键盘输入的，可以使用其他方法来插入，如在文档正文第 6 段“回顾过去”之后插入符号“🙜”。

① 将鼠标指针定位在文档正文的第 6 段文字“回顾过去”之后。

② 选择【插入】→【符号】→【其他符号】命令，打开“符号”对话框。

③ 在“符号”选项卡中的“字体”下拉列表框中，选择字体“Wingdings”，如图 3-14 所示。

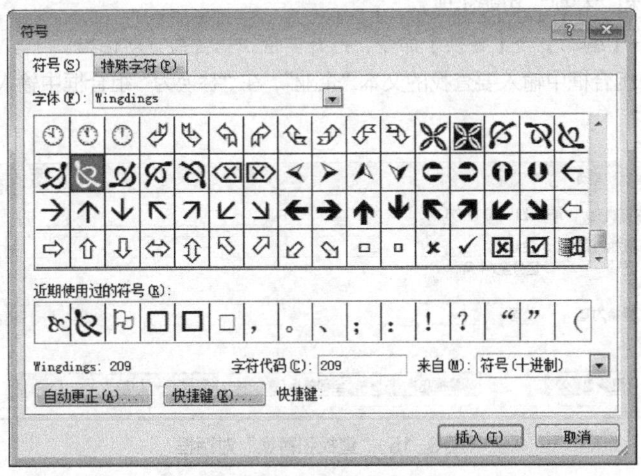

图 3-14 “符号”对话框

④ 在下方的“符号”列表框中选择要插入的符号“🙜”，单击【插入】按钮。

（3）保存编辑好的文档，退出 Word 应用程序。

步骤 5　编辑“方案”

在文档中输入文字后，往往还需要修改一些内容，即进行编辑文档的操作。

（1）打开文档“公司五周年庆活动方案”。

（2）将标题中的文字“科源有限”删除。

在文档的编辑过程中，若要删除相关内容，可以将插入点移到要删除的文本处，然后根据需要选择下列的删除方法之一。

（1）将鼠标指针定位于要删除字符的后面，按【Backspace】键可删除当前指针前面的字符。

（2）将鼠标指针定位于要删除字符的前面，按【Delete】键可删除当前指针后面的字符。

（3）若要删除较多的文本，可以先用鼠标拖曳来选定这些文本，被选中的文本呈高亮显示，按【Backspace】键或【Delete】键都可以将它们删除。

（3）将文本“发展自我，”与“认识自我，”位置互换。

① 选定文本“发展自我，”。

② 选择【开始】→【剪贴板】→【剪切】命令，将其剪切。

③ 将鼠标指针移到“认识自我，”之后，在此获得输入点。

④ 选择【开始】→【剪贴板】→【粘贴】命令实现粘贴。

（4）合并和拆分段落。

① 拆分段落。将正文第 1 段自“为了增强员工对企业的归属感……”开始拆分为 2 个段落。

a. 将鼠标指针定位于“为了增强员工对企业的归属感……”之前。

b. 按【Enter】键，将指针之后的文本拆分到下一段。

② 合并段落。将文档“一、活动意义”下方的2段文本合并为一段。

a. 将鼠标指针定位于第4段末尾。

b. 按【Delete】键删除行尾的段落标记“↵”，可以实现段落的合并。

（5）将文档中所有的“企业”替换为“公司”。在文档的编辑过程中，有时需要找出特定的文字进行统一的修改，可用“查找”和“替换”功能实现。

① 选择【开始】→【编辑】→【替换】命令，打开“查找和替换”对话框。

② 在“查找内容”组合框中输入要查找的文本“企业”，在“替换为”组合框中输入要替换的文本“公司”，如图3-15所示。

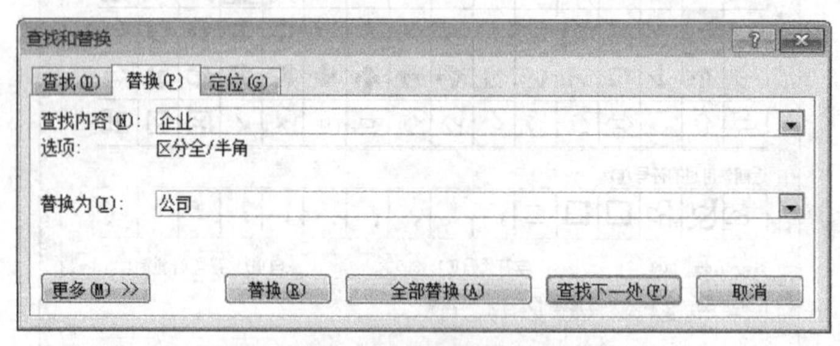

图3-15 “查找和替换”对话框

③ 单击【全部替换】按钮，将文档中所有的“企业”替换为“公司”，确认替换后，关闭“查找和替换”对话框。

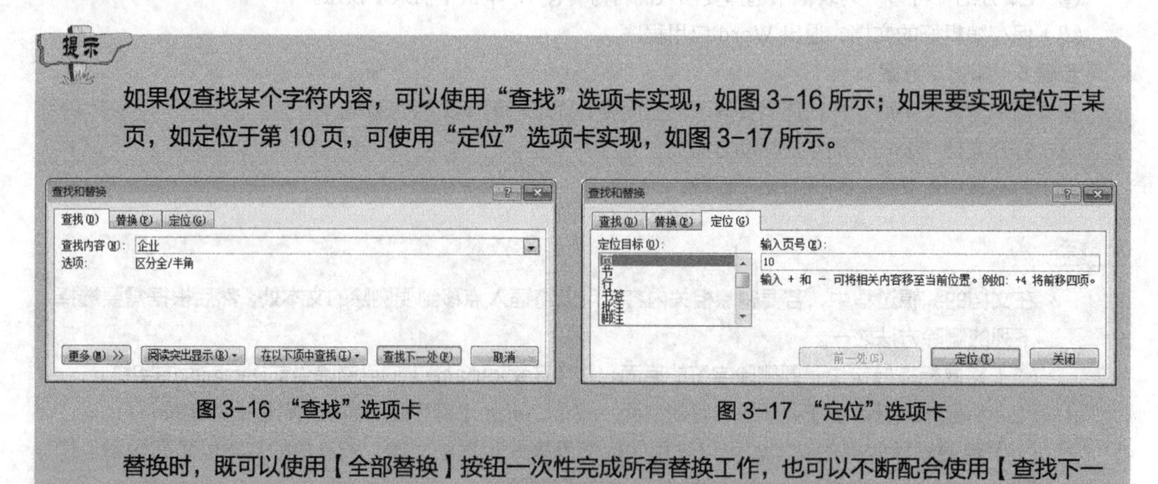

提示

如果仅查找某个字符内容，可以使用“查找”选项卡实现，如图3-16所示；如果要实现定位于某页，如定位于第10页，可使用“定位”选项卡实现，如图3-17所示。

图3-16 “查找”选项卡　　图3-17 “定位”选项卡

替换时，既可以使用【全部替换】按钮一次性完成所有替换工作，也可以不断配合使用【查找下一处】和【替换】按钮，选择性替换所需文本。

（6）保存编辑后的文档，如图3-18所示。

步骤6　设置“方案”格式

文档编辑完成后，通过字体、段落、项目符号和编号、边框和底纹、对齐等设置可对文档进行美化和修饰。

1. 设置标题格式

分别对标题的字体和段落格式进行设置。字体：宋体、二号、加粗、红色、字符间距加宽1磅。段落格式：居中、段前0.5行间距、段后1行间距。格式化的效果如图3-19所示。设置方法如下。

（1）设置字体格式。选中标题文本，利用图3-20所示的“开始”选项卡上“字体”功能组中的工具栏进行字体的设置。

公司五周年庆活动方案

2008 年 10 月 18 日，科源有限公司成立。历时五年，公司经过无数风风雨雨，也见证了诸多彩虹美景。这些日子值得回想，更值得借鉴。

为了增强员工对公司的归属感、认同感，公司特组织此次庆典活动，总结五年以来所取得的优异成果以及不足之处，让所有员工进一步认识自我，发展自我，实现与公司共同腾飞。

一、活动意义

回顾五年来走过的不平凡历程，总结公司五年来为社会所作的贡献，展示公司五年来的发展成果，扩大公司的社会影响力。通过庆典活动，振奋全体员工精神，凝聚力量，为公司做大做强而努力奋斗，从而进一步推动公司的发展。

二、活动主题

回顾过去&展望未来

三、活动安排

时间：2013 年 10 月 18 日

地点：科源有限公司活动厅

参加人员：科源公司全体员工、合作伙伴、特邀嘉宾

四、活动内容

领导和嘉宾代表发言

优秀员工代表上台讲话

公司全体员工合唱励志歌曲

文艺活动

晚宴

五、活动原则

活动有特色，节目内容积极向上，质量精益求精。

活动开展注意节约俭朴但又不失标准。彰显公司发展精神、宣传公司品牌文化、提升公司知名度。

科源有限公司

2013 年 8 月 6 日

图 3-18　编辑后的“方案”

公司五周年庆活动方案

图 3-19　标题段落的格式化效果

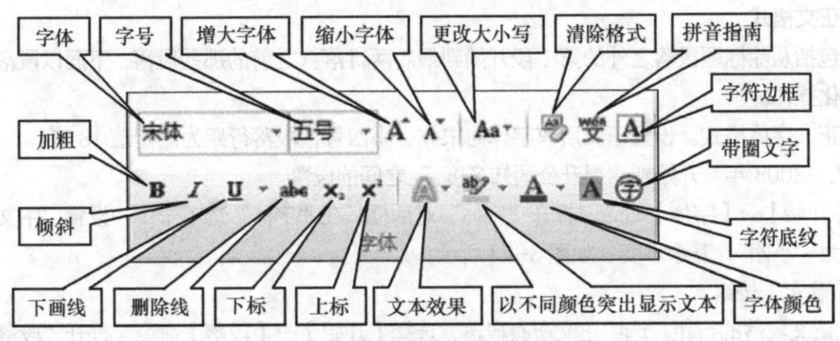

图 3-20　“字体”功能组中的工具栏

提示

在利用工具栏进行格式设置时，可以从提供的下拉列表中选择某项，如“字体”和“字号”；也可以单击按钮来实现功能的应用和取消，如“加粗”“倾斜”。我们可以通过观察工具栏看出某处文字使用的是什么设置，如图 3-20 所示，当前文本是 Word 中文字的默认设置，即宋体、五号等。

（2）设置字符间距。

① 选中标题文本。

② 选择【开始】→【字体】命令，打开“字体”对话框，切换到“高级”选项卡，如图 3-21 所示，在“字符间距”栏中设置“间距”为“加宽”，“磅值”为“1 磅”。

（3）设置段落格式。

① 选择【开始】→【段落】→【居中】命令，实现段落居中。

② 选择【开始】→【段落】命令，打开图3-22所示的“段落”对话框。在“缩进和间距”选项卡中设置“间距”为段前0.5行，段后1行。

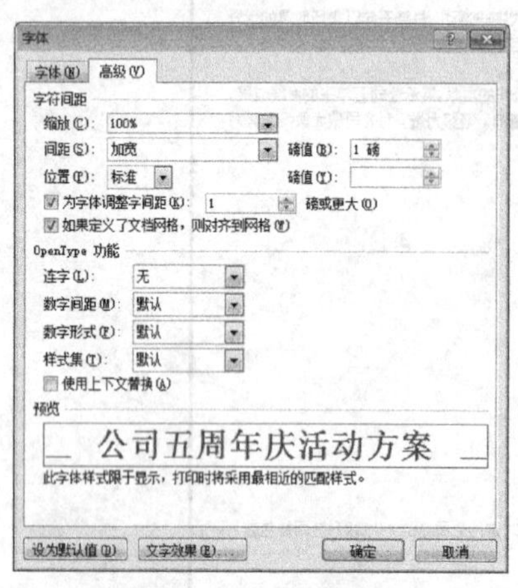

图3-21 设置字符间距

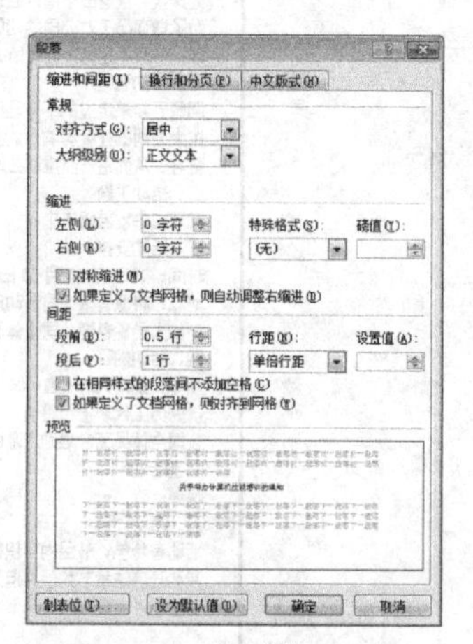

图3-22 “段落”对话框

提示

在“段落”对话框中，可以设置段落的对齐方式、左右缩进、特殊格式、段落间距、行距、换行和分页以及中文版式等。

2. 设置正文格式

正文部分包括从除标题段落之外的第1段开始到最后两行落款之前的那些段落。下面以段落为单位，依次进行如下格式化操作。

（1）设置正文字体格式。设置正文所有字体为宋体、小四号，段落行距为固定值18磅。

① 选中从“2008年”开始到“提升公司知名度。”之间的段落。

② 选择【开始】→【字体】命令，打开“字体”对话框，在“字体”选项卡中，设置“中文字体”为“宋体”，“字号”为“小四”，其余不变，如图3-23所示。

③ 单击【确定】按钮。

（2）设置正文段落的行距。选中正文所有段落，选择【开始】→【段落】命令，打开“段落”对话框，设置“行距”为“固定值”“18磅”，如图3-24所示。

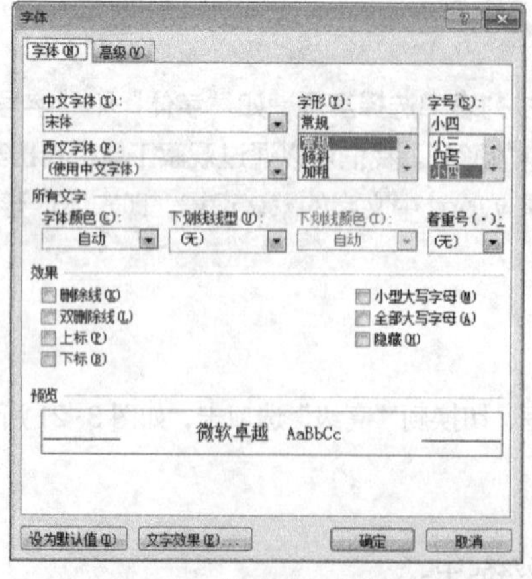

图3-23 “字体”对话框

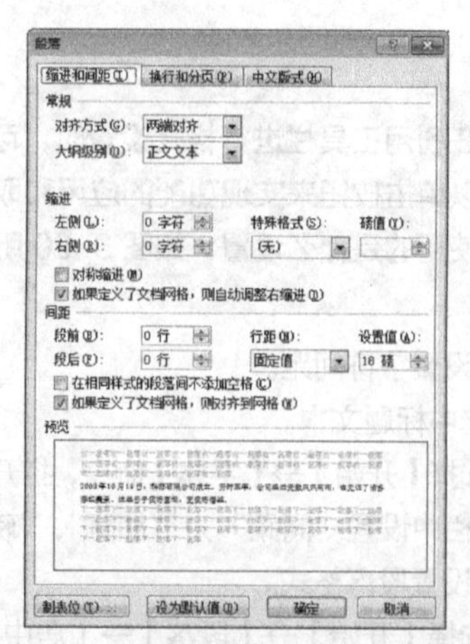

图3-24 设置行距为“固定值”“18磅”

（3）设置正文第 1、2、4、6 段首行缩进 2 字符。

① 选中正文的第 1、2、4、6 段。

② 选择【开始】→【段落】命令，打开“段落”对话框，设置“特殊格式”为“首行缩进”“2 字符”，如图 3-25 所示。

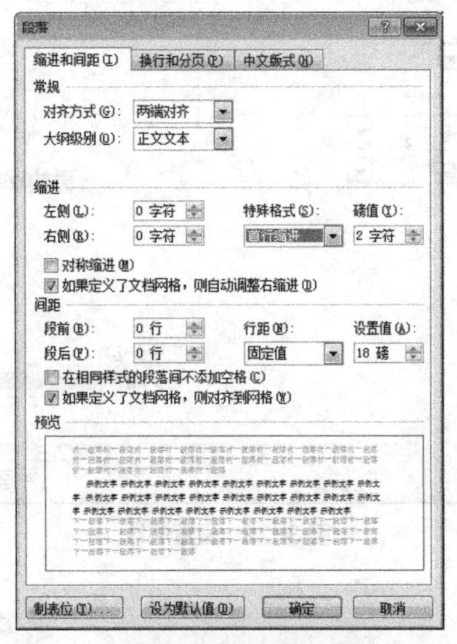

图 3-25　设置首行缩进

（4）设置正文第 1 段的其他格式。为正文第 1 段添加边框和底纹，格式化的效果如图 3-26 所示。

图 3-26　正文第 1 段格式化的效果

① 选中正文第 1 段文本。

② 单击【开始】→【段落】→【下框线】下拉按钮，打开图 3-27 所示的“边框”下拉菜单，选择【边框和底纹】命令，打开“边框和底纹”对话框。在“边框”选项卡中，按图 3-28 所示进行设置，线条“样式”为“上粗下细”，“颜色”为“深蓝色”，“宽度”为“3 磅”，“设置”为“方框”，“应用于”为“段落”。

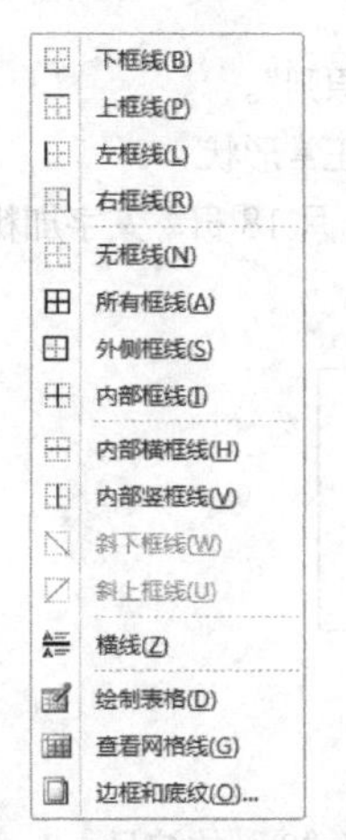

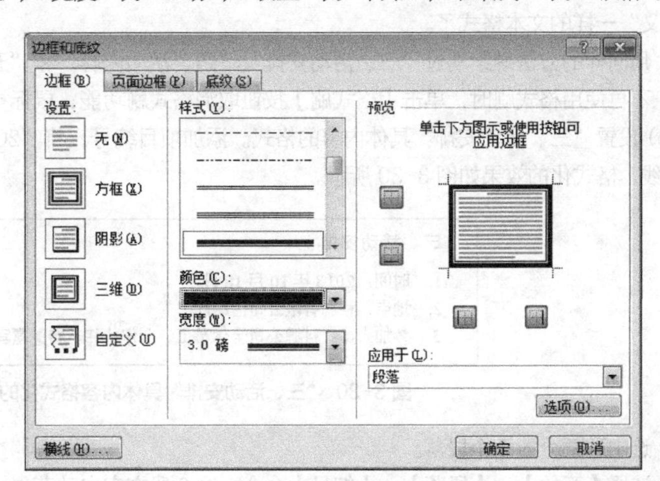

图 3-27　“边框”下拉菜单　　　　图 3-28　设置边框

③ 切换到“底纹”选项卡，按照图 3-29 所示进行设置，设置“填充”为“白色，背景 1，深色 15%”，“样式”为“10%”，“应用于”为“文字”，单击【确定】按钮。

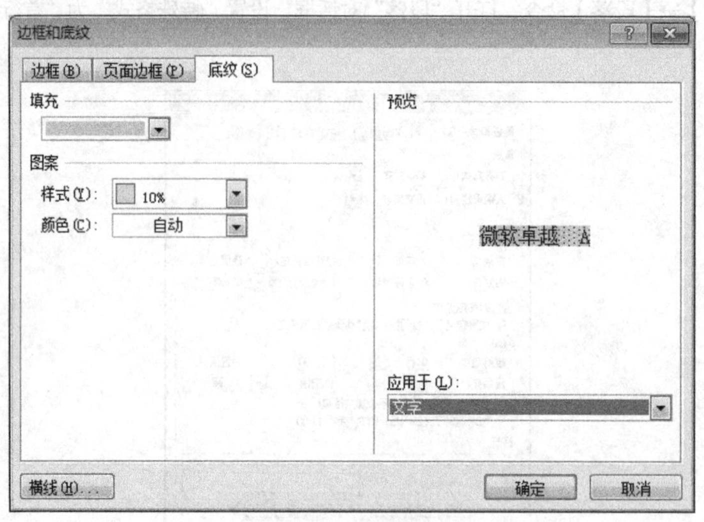

图 3-29　设置底纹

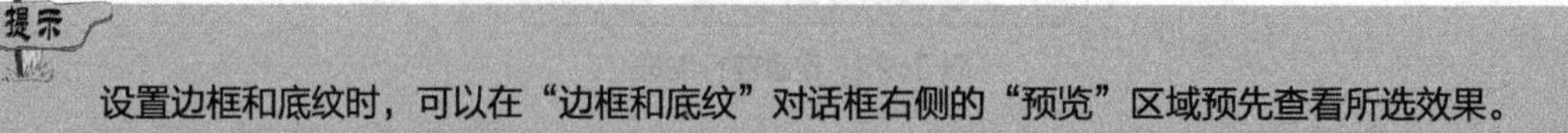

设置边框和底纹时，可以在“边框和底纹”对话框右侧的“预览”区域预先查看所选效果。

（5）设置正文标题行的格式。设置标题行“一、活动意义”的字形为“加粗”、段前和段后各 0.5 行间距，并采用格式刷复制到标题行“二、活动主题”“三、活动安排”“四、活动内容”和“五、活动原则”。

① 选中“一、活动意义”文本。

② 选择【开始】→【字体】→【加粗】命令。

③ 利用“段落”对话框，设置段前段后各 0.5 倍行距。

④ 保持选中文本状态，双击工具栏上的【格式刷】按钮 格式刷，使其呈凹陷状态。移动鼠标，此时鼠标指针变成了一把刷子。按住鼠标左键，刷过“二、活动主题”，这样“二、活动主题”的段落就具有了同“一、活动意义”一样的文本格式了。

⑤ 用同样的方法继续刷过“三、活动安排”、“四、活动内容”和“五、活动原则”。

⑥ 不再使用格式刷时，单击【格式刷】按钮取消格式刷功能，鼠标指针变回正常形状。

（6）设置“三、活动安排”具体内容的格式。添加项目编号，将“2013 年 10 月 18 日”文字加粗、加波浪下画线，格式化的效果如图 3-30 所示。

三、活动安排

1. 时间：**2013年10月18日**
2. 地点：科源有限公司活动厅
3. 参加人员：科源公司全体员工、合作伙伴、特邀嘉宾

图 3-30　“三、活动安排”具体内容格式化的效果

① 选中这部分的 3 个段落。

② 选择【开始】→【段落】→【编号】命令，这 3 段文字自动获得“1.”“2.”“3.”的编号。

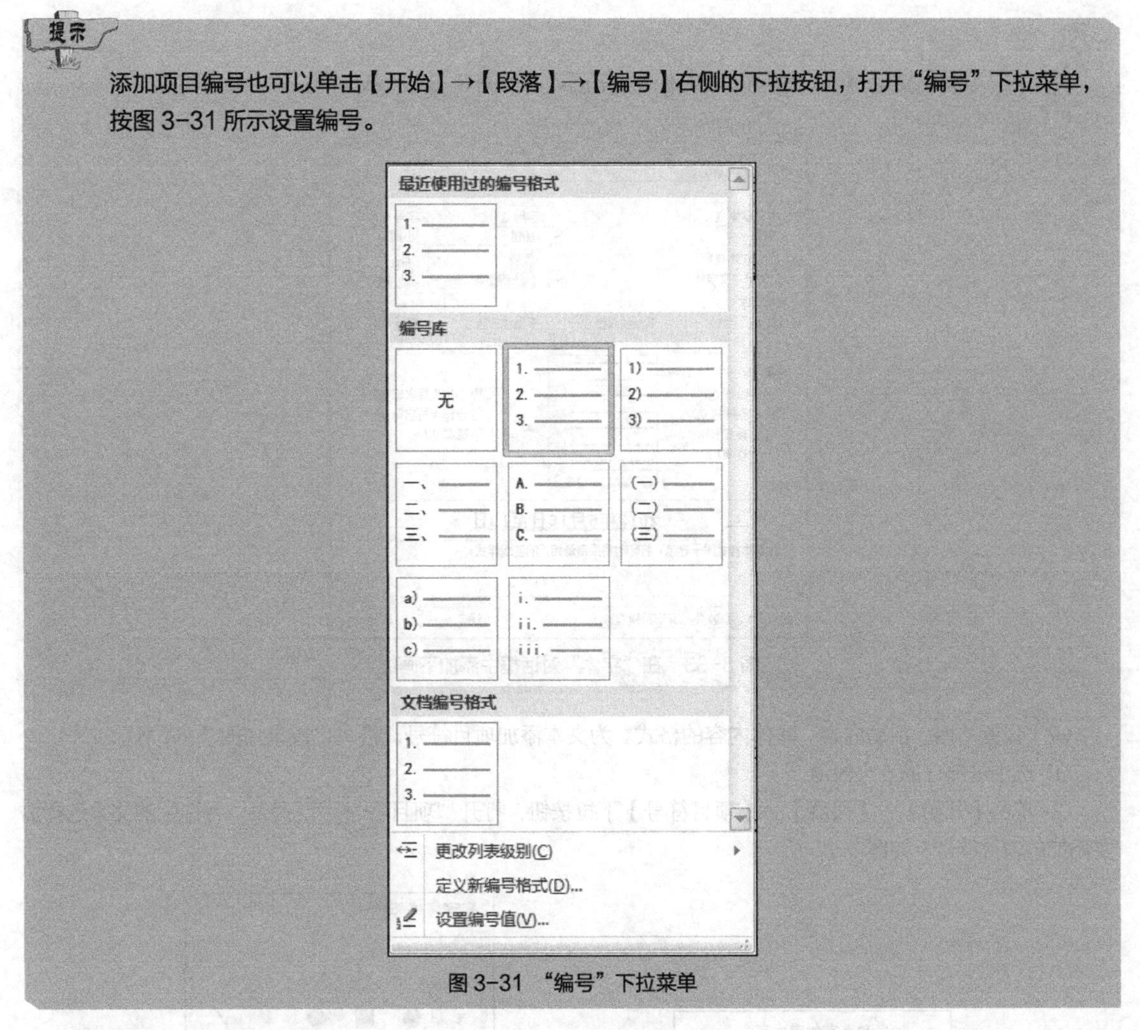

图 3-31 “编号”下拉菜单

③ 选中“2013 年 10 月 18 日”，选择【开始】→【字体】→【加粗】命令，并在【下画线】的下拉列表中选择波浪线，如图 3-32 所示。

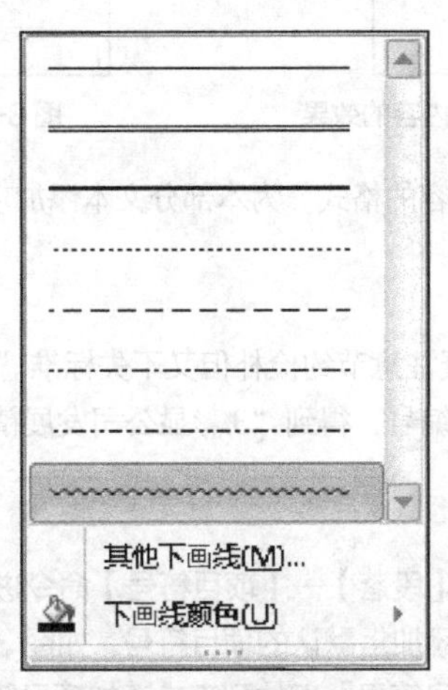

图 3-32 添加下画线

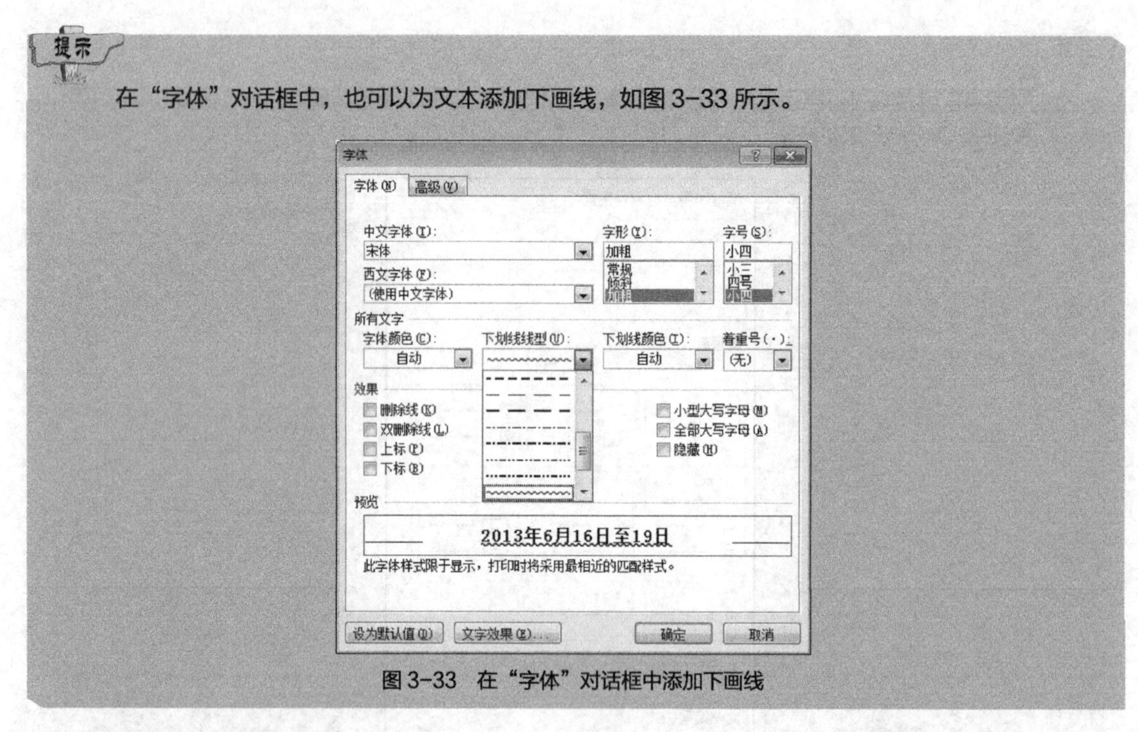

在“字体”对话框中，也可以为文本添加下画线，如图 3-33 所示。

图 3-33　在“字体”对话框中添加下画线

（7）设置“四、活动内容”具体内容的格式。为文本添加项目符号，格式化效果如图 3-34 所示。

① 选中这部分的 5 个段落。

② 单击【开始】→【段落】→【项目符号】下拉按钮，打开“项目符号库”列表，为选中的文本选择需要添加的项目符号，如图 3-35 所示。

➢ 领导和嘉宾代表发言↵
➢ 优秀员工代表上台讲话↵
➢ 公司全体员工合唱励志歌曲↵
➢ 文艺活动↵
➢ 晚宴↵

图 3-34　“四、活动内容”具体内容的效果

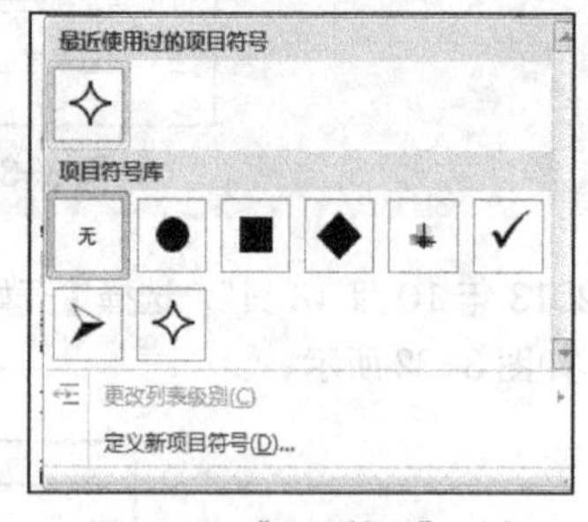

图 3-35　“项目符号”列表

（8）设置“五、活动原则”具体内容的格式。为本部分文本添加项目编号并分段。

① 选中这部分的两个段落。

② 为其添加编号“1.”“2.”。

③ 将鼠标指针定位在“2.活动开展注意节约俭朴但又不失标准。”之后，按【Enter】键，使后面文字自动成为下一段。这时，下一段自动往后编号，得到“3.彰显公司发展精神……公司知名度。”

这里不能直接选择【开始】→【段落】→【项目符号】命令进行添加，由于前面步骤并没有用过项目符号，因此会在所选段落前添加上默认的项目符号，如图 3-36 所示。这种项目符号并不是我们想要的，所以这里使用了“项目符号”下拉列表来添加项目符号。

- 领导和嘉宾代表发言
- 优秀员工代表上台讲话
- 公司全体员工合唱励志歌曲
- 文艺活动
- 晚宴

图 3-36　应用了默认项目符号的效果

如果前面最近一次使用项目符号时用的就是这种需要的符号，这里就可以直接单击【项目符号】按钮进行添加；或者直接在已经有项目符号的段落处按【Enter】键增加段落，增加的段落会沿用这种项目符号。

3. 设置落款的格式

设置落款处的格式。字体为楷体、四号，段落为右对齐，“科源有限公司”段落右缩进 1 个字符。

（1）选中落款处的两段文字。

（2）设置字体为楷体、四号字。

（3）选择【开始】→【段落】→【右对齐】命令，实现落款文字处于行的右侧。

（4）选中“科源有限公司”段落，在“段落”对话框中，设置“缩进”为“右”“1 字符”，如图 3-37 所示。

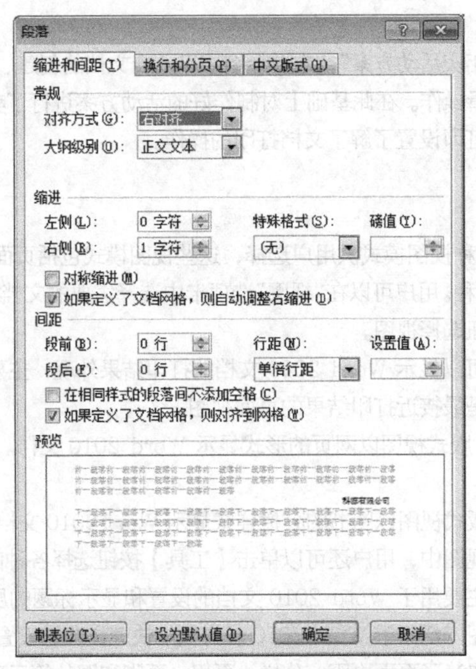

图 3-37　在“段落”对话框中设置右缩进

4. 保存文档

保存编辑好的文档。

步骤 7　打印“方案”

文档编排完成后就可以准备打印了。打印前，一般先使用打印预览功能查看文档的整体编排，满意后再将其打印。

（1）选择【文件】→【打印】命令，显示图 3-38 所示的打印界面，在窗口右侧可预览打印效果。

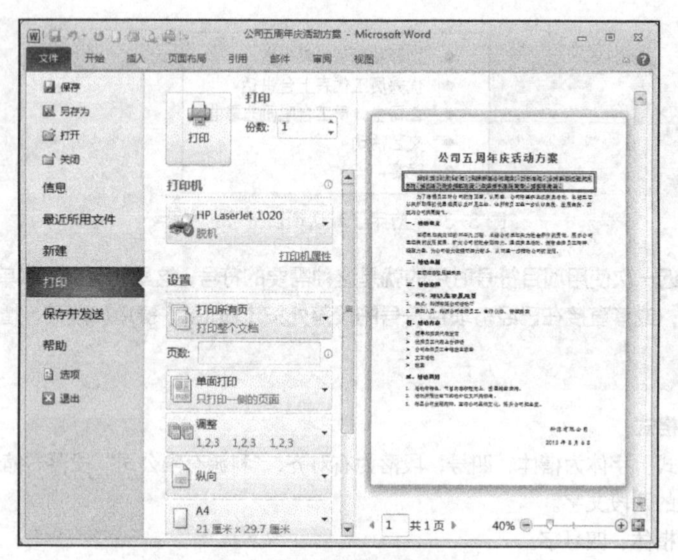

图 3-38　文档的打印界面

（2）在窗口中间，可设置打印份数、打印机、打印范围等参数。

（3）单击【打印】按钮，可对设置好的文档进行打印。

【任务总结】

本任务通过制作“公司周年庆活动方案”，主要介绍了 Word 文档的创建、保存、页面设置，文档的录入、复制、移动、查找和替换等编辑操作。在此基础上对制作好的活动方案进行了美化修饰，熟悉了文字和段落格式的设置。此外，通过文档的打印设置了解了文档打印的操作。

【知识拓展】

1. Word 文档的视图

在 Word 2010 中提供了多种视图模式供用户选择，这些视图模式包括页面视图、阅读版式视图、Web 版式视图、大纲视图和草稿视图 5 种。用户可以在“视图”选项卡中选择需要的文档视图模式，也可以在 Word 2010 文档窗口的右下方单击视图按钮选择视图。

（1）页面视图。页面视图可以显示 Word 2010 文档的打印结果外观，主要包括页眉、页脚、图形对象、分栏设置、页面边距等元素，是最接近打印结果的页面视图。

（2）Web 版式视图。Web 版式视图以网页的形式显示 Word 2010 文档。Web 版式视图适用于发送电子邮件和创建网页。

（3）阅读版式视图。阅读版式视图以图书的分栏样式显示 Word 2010 文档。【文件】按钮、功能区等窗口元素被隐藏起来。在阅读版式视图中，用户还可以单击【工具】按钮选择各种阅读工具。

（4）大纲视图。大纲视图主要用于 Word 2010 文档的设置和显示标题的层级结构，并可以方便地折叠和展开各种层级的文档。大纲视图广泛用于 Word 2010 长文档的快速浏览和设置。

（5）草稿视图。草稿视图取消了页面边距、分栏、页眉、页脚和图片等元素，仅显示标题和正文，是最节省计算机系统硬件资源的视图方式。当然，现在计算机系统的硬件配置都比较高，基本上不存在由于硬件配置偏低而使 Word 2010 运行遇到障碍的问题。

2. 自动保存文档

为了避免操作过程中由于断电或操作不当造成文字丢失，可以使用 Word 的自动保存功能。选择【文件】→【选项】命令，打开“Word 选项”对话框，选择左侧的“保存”选项。在右侧的“保存文档”选项组中，选中“保存自动恢复信息时间间隔”复选框，然后在其右侧设置合理的自动保存时间间隔，如图 3-39 所示。

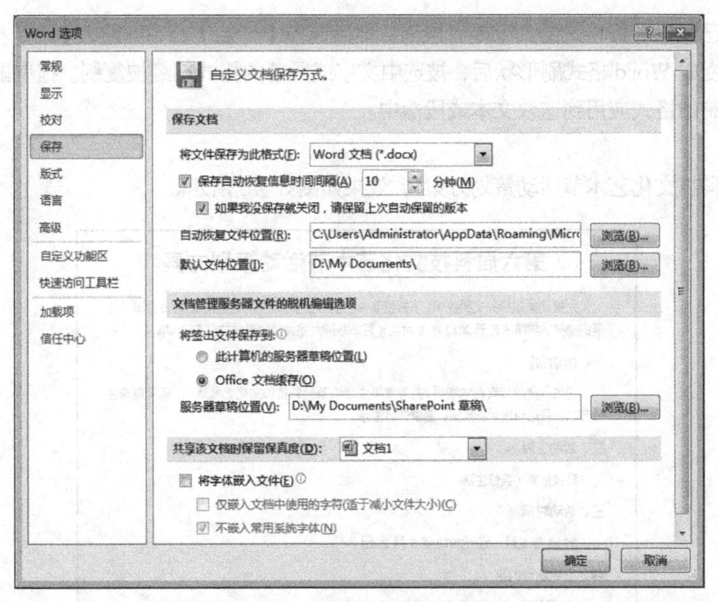

图 3-39　设置文档自动保存时间

3. 撤销和恢复

在 Word 文档的编排中，如果要撤销最后一步操作，可以直接单击【快速访问工具栏】上的【撤销】按钮 ；如果要撤销多个误操作，可单击【撤销】按钮旁边的下拉箭头，查看最近进行的可撤销操作列表，然后单击要撤销的操作，如果该操作目前不可见，可滚动列表来查找。

如果撤销以后又认为不该撤销该操作，这时就需要使用恢复操作。恢复的方法是：单击【快速访问工具栏】上的【恢复】按钮 恢复被撤销的操作，重复单击可恢复被撤销的多步操作。

4. 页边距

页边距是页面四周的空白区域。通常，可在页边距内部的可打印区域中插入文字和图形，但是也可以将某些项目放置在页边距区域中，如页眉、页脚、页码等。

5. 字符间距、行间距和段落间距

（1）字符间距。字符间距是指 Word 文档中两个相邻字符之间的距离。通常采用“磅”作为度量字符间距的单位。用户可以根据实际需要设置字符间距，即按照用户规定的值均等地增大或缩小被选中文本字符之间的距离。

（2）行间距。行间距是指段落中行与行之间的距离。不同种类的文档应有不同的行间距。如果想在较少的页面上打印文档，缩小行间距会使正文行与行之间很紧凑。相反，对于以后要手工修改的文档，则应该用较宽的行间距打印，以便给修改者提供注解的空间。在 Word 的行距列表中有单倍行距、1.5 倍行距、两倍行距、最小值、固定值和多倍行距 6 个选项。

（3）段落间距。段落间距指的是段落与段落之间的距离。在“间距”选项组中，可以设置或调整“段前”与“段后”文本框中的数值来改变段落之间的距离。段落间距的单位可为“行”或“磅”等。

6. 缩进

段落的缩进就是指段落两侧与页边的距离。段落的缩进有 4 种形式，分别为首行缩进、悬挂缩进、左缩进、右缩进。有很多方法可以实现段落的缩进，如用制表位缩进、用“段落”对话框缩进、用工具按钮和快捷键缩进，还可以用标尺上的段落缩进标记来缩进。

7. 格式刷

在 Word 中编辑文档时，当文件中有多处相同格式时，可使用 Word 格式刷来提高效率。Word 格式刷不仅可以用来复制文字格式，还可以复制段落格式。Word 格式刷的使用方法如下。

（1）首先选中已经设置好格式的文字或者段落，然后选择【开始】→【剪贴板】→【格式刷】命令。

（2）鼠标指针变成 Word 格式刷形状后，被选中文字或段落的格式已经被复制。拖曳鼠标选择另一个文字或段落，则会将复制的格式应用到这块文本或段落中。

【实践训练】

制作“第六届科技文化艺术节活动策划方案”，效果如图 3-40 所示。

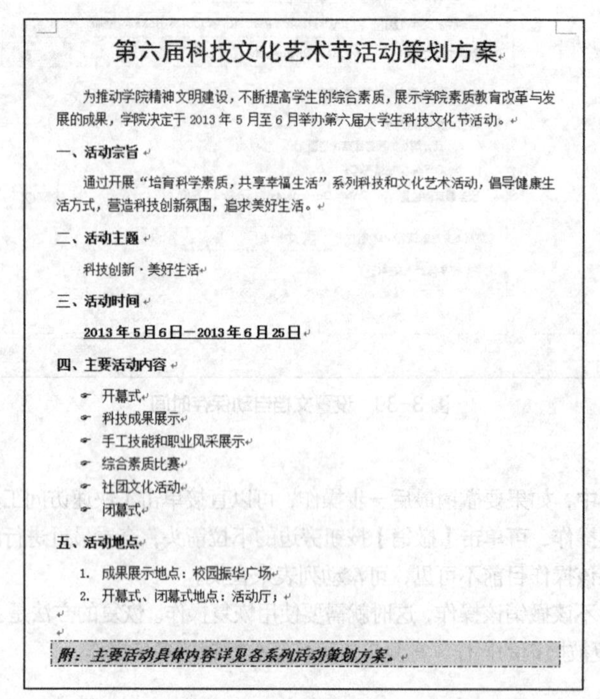

第六届科技文化艺术节活动策划方案

为推动学院精神文明建设，不断提高学生的综合素质，展示学院素质教育改革与发展的成果，学院决定于 2013 年 5 月至 6 月举办第六届大学生科技文化节活动。

一、活动宗旨

通过开展“培育科学素质，共享幸福生活”系列科技和文化艺术活动，倡导健康生活方式，营造科技创新氛围，追求美好生活。

二、活动主题

科技创新·美好生活

三、活动时间

2013 年 5 月 6 日—2013 年 6 月 25 日

四、主要活动内容

- 开幕式
- 科技成果展示
- 手工技能和职业风采展示
- 综合素质比赛
- 社团文化活动
- 闭幕式

五、活动地点

1. 成果展示地点：校园振华广场
2. 开幕式、闭幕式地点：活动厅；

附：主要活动具体内容详见各系列活动策划方案。

图 3-40 第六届科技文化艺术节活动策划方案

1. 创建“策划方案”文档

（1）新建 Word 文档，并以“第六届科技文化艺术节活动策划方案”为名保存在“我的文档”文件夹中。

（2）录入图 3-41 所示的策划方案内容。

第六届科技文化艺术节活动策划方案
为推动我院精神文明建设，不断提高学生的综合素质，
展示我院素质教育改革与发展的成果，我院决定于 2013 年 5 月至 6 月举办第六届大学生科技文化节活动。
一、活动宗旨
通过开展“培育科学素质，共享幸福生活”系列科技和文化艺术活动，倡导健康生活方式，营造科技创新氛围，追求美好生活。
二、活动主题
科技创新美好生活
三、活动时间
2013 年 5 月 6 日—2013 年 6 月 25 日
四、主要活动内容
开幕式
科技成果展示
手工技能和职业风采展示
综合素质比赛
社团文化活动
闭幕式
五、活动地点
成果展示地点：校园振华广场开幕式、闭幕式地点：活动厅；

附：主要活动具体内容详见各系列活动策划方案。

图 3-41 “第六届科技文化艺术节活动策划方案”内容

2. 编辑“策划方案”文档

（1）将文档中所有的“我院”替换为“学院”。

（2）在文中“二、活动主题”下一行的“科技创新”和“美好生活”文本之间插入间隔号“·”。

（3）将文档的第2段和第3段合并为一个段落。

3. 美化“策划方案”

（1）设置页面格式。将页面的纸张设置为A4，页边距为上2.5厘米、下2.3厘米、左2.8厘米、右2.3厘米。

（2）设置标题格式。将标题设置为黑体、二号、居中、段后间距12磅。

（3）设置正文格式。

① 将正文的字体设置为宋体、小四，行距为固定值20磅。

② 将正文的第1、3、5、7段设置为首行缩进2个字符。

③ 将正文的标题行“一、活动宗旨”字体加粗，段前、段后各0.5行间距，并利用格式刷将该格式复制到正文其他标题行。

④ 将活动时间“2013年5月6日—2013年6月25日”加粗并添加下画线。

⑤ 为“四、主要活动内容”下的各项内容添加项目符号“☞”。

⑥ 为“五、活动地点”下的内容添加项目编号“1.”。

⑦ 将鼠标指针定位于“校园振华广场”之后，按【Enter】键。

（4）设置“附录”格式。将附录部分字体设置为宋体、四号、加粗、倾斜，并添加边框和底纹。

4. 打印预览“策划方案”

对编辑好的“策划方案”进行打印预览。

案例2　制作公司周年庆典活动安排表

【任务描述】

根据公司本次周年庆典活动的组织要求，现由刚成立的公司周年庆典活动领导小组制订“公司周年庆活动安排表”，并对所制作的表格进行适当的修饰和美化，如图3-42所示。

公司周年庆活动安排表

项目 / 日期	具体事项	负责方
8月6日	筹备活动方案	行政部
8月7日	成立庆典领导小组	行政部
8月8日—10月15日	庆典活动筹备	各职能组
10月16日	庆典彩排	领导小组
10月18日	庆典活动	各职能组
10月19日	庆典善后工作	各职能组
10月20日	活动宣传报道	宣传组

图3-42　公司周年庆活动安排表

【任务目标】

◈ 熟练创建、保存文档。

◈ 熟练掌握插入表格的方法。

◈ 能熟练对表格进行增加行、列和删除行、列，合并和拆分单元格等表格编辑操作。

◈ 能熟练对表格文字和段落格式进行设置。

◈ 熟练掌握表格中文字的对齐方式、边框/底纹、行高和列宽等表格属性的设置。

◈ 会制作斜线表头。

【任务流程】

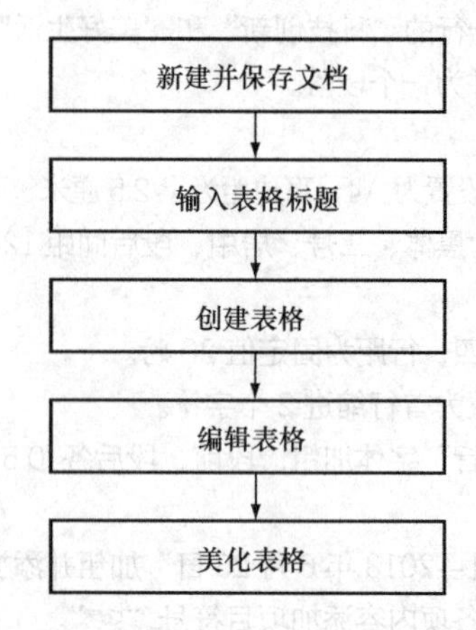

【任务解析】

1. 插入表格

（1）使用“插入表格”对话框插入表格。

① 选择【插入】→【表格】命令，打开“表格”下拉菜单。

② 从菜单中选择【插入表格】命令，打开“插入表格”对话框。

③ 在对话框中设置表格的列数和行数，单击【确定】按钮，插入所需的表格。

（2）快速插入表格。

① 选择【插入】→【表格】命令，打开“表格”下拉菜单。

② 在图3-43所示的“插入表格”区域中，拖曳鼠标选取合适数量的列数和行数，即可在指定的位置上插入表格。选中的单元格将以橙色显示，并在名称区域中显示“列数×行数”的表格信息。

（3）使用内置样式插入表格。

① 选择【插入】→【表格】命令，打开“表格”下拉菜单。

② 从菜单中选择【快速表格】命令，打开图3-44所示的级联菜单，可以从中选择一种内置样式的表格。

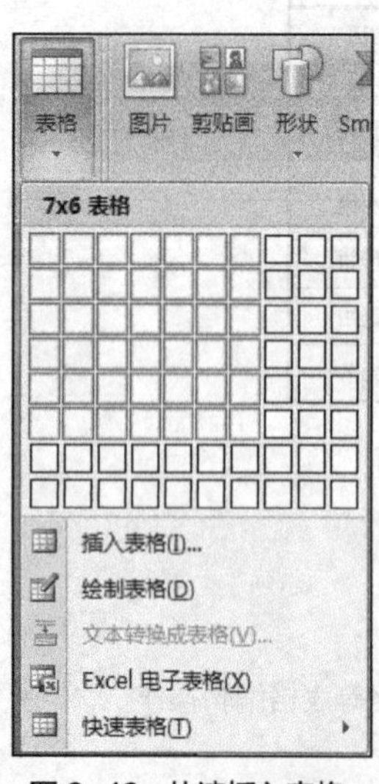

图3-43　快速插入表格

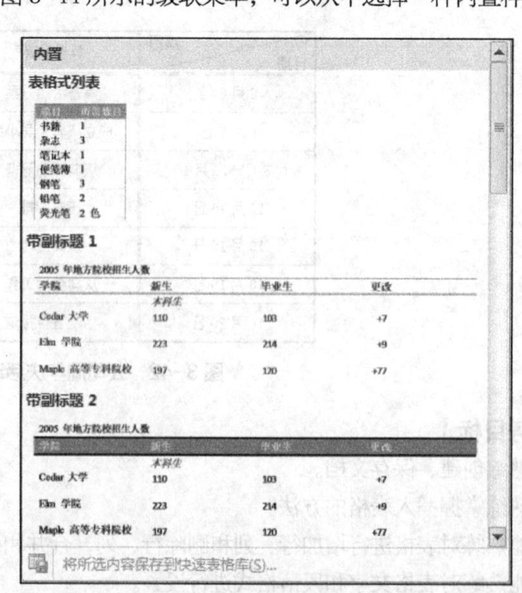

图3-44　使用内置样式插入表格

（4）绘制表格。当用户需要使用一些个性化或不符合规格的表格时，可以使用手动绘制表格的方式绘制一些行和列较少的表格。

① 选择【插入】→【表格】命令，打开“表格”下拉菜单。

② 从菜单中选择【绘制表格】命令，此时，鼠标指针变成铅笔形状，按住鼠标左键不放，在 Word 文档中绘制出表格边框，然后在适当的位置绘制行和列。

③ 绘制完毕后，按键盘上的【Esc】键，或者选择【表格工具】→【设计】→【绘图边框】→【绘制表格】命令，结束表格绘制状态。

2. 选定表格

（1）单元格：将鼠标指针放在单元格的左侧，出现向右的黑色箭头“➚”时，单击可选定单元格。

（2）行：将鼠标指针移动到 1 行最左侧边线处，指针变为向右箭头“⇗”时，单击可选定整行。

（3）列：将鼠标指针移动到 1 列最上方边线处，指针变为向下箭头“⬇”后，单击可选定整列。

（4）整张表格：将鼠标指针移入表格内，左上角出现移动符号“⊞”时，在该符号上单击可选定整张表格。

3. 表格中的插入操作

（1）增加行。

① 在要插入新行的位置选定一行或多行，选择【表格工具】→【布局】→【行和列】→【在上方插入】/【在下方插入】命令。

② 将鼠标指针移到表格右侧换行符前按【Enter】键，可快速地在其下方插入 1 行。

③ 如果想在表尾添加 1 行，将鼠标指针移到表格最后 1 个单元，然后按【Tab】键即可。

（2）增加列。在要插入新列的位置选定一列或多列，选择【表格工具】→【布局】→【行和列】→【在左侧插入】/【在右侧插入】命令。

4. 表格中的删除操作

（1）删除行/列。

① 删除行：选定要删除的一行或多行，选择【表格工具】→【布局】→【行和列】→【删除】→【删除行】命令。

② 删除列：选定要删除的一列或多列，选择【表格工具】→【布局】→【行和列】→【删除】→【删除列】命令。

（2）删除整张表格。选定要删除的整张表格或将鼠标指针定位于表格中任意单元格，选择【表格工具】→【布局】→【行和列】→【删除】→【删除表格】命令。

5. 绘制斜线表头

（1）通过设置表格边框添加斜线表头。将鼠标指针定位于要添加斜线表头的单元格，选择【表格工具】→【设计】→【表格样式】→【边框】→【斜下框线】⍂/【斜上框线】⍁按钮。

（2）通过“绘制表格”工具绘制斜线表头。选择【表格工具】→【设计】→【绘图边框】→【绘制表格】按钮，鼠标指针变为铅笔形状时，绘制斜线。

（3）通过插入形状绘制斜线表头。选择【插入】→【插图】→【形状】→【直线】命令，可绘制单斜线或多斜线的表头。

【任务实施】

步骤 1 新建并保存文档

（1）启动 Word 2010 程序，新建空白文档“文档 1”。

（2）将创建的新文档以“公司周年庆典活动安排表”为名，保存到“我的文档”文件夹中。

步骤 2 输入表格标题

（1）在文档开始位置输入表格标题文字“公司周年庆活动安排表”。

（2）按【Enter】键换行。

步骤 3　创建表格

（1）选择【插入】→【表格】命令，打开“表格”下拉菜单。

（2）通过观察图 3-42 所示的“公司周年庆典活动安排表”可知，我们需要创建 1 个 3 列 8 行的表格。因此，在“插入表格”区域中，按住鼠标左键向右下角拖曳，显示图 3-45 所示的“3×8 表格”的橙色区域。

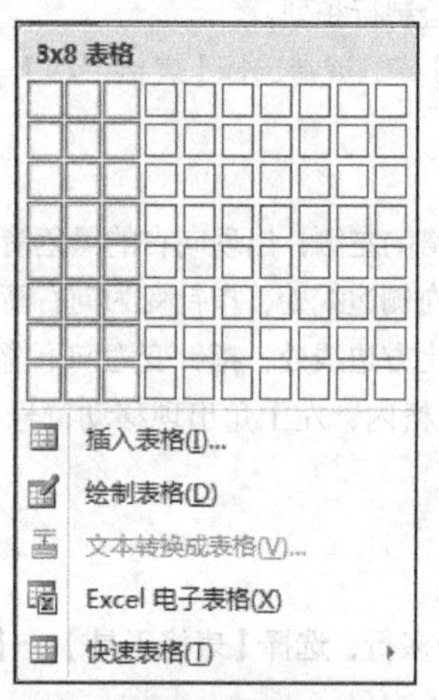

图 3-45　使用拖曳方式快速插入表格

（3）松开鼠标左键，产生 1 个 8 行 3 列的表格，如图 3-46 所示。

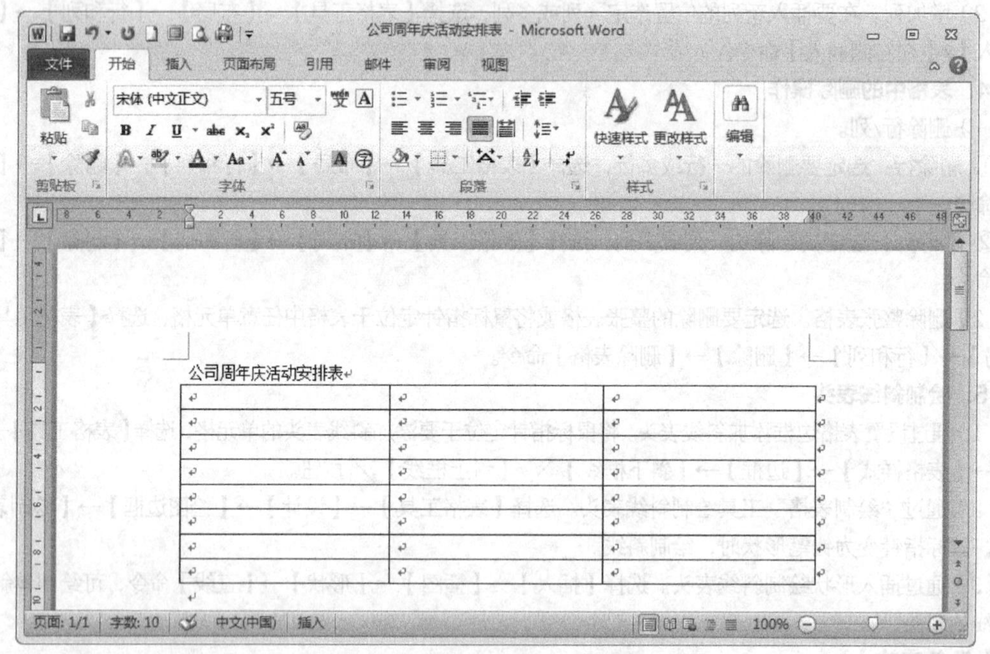

图 3-46　创建了 1 个 8 行 3 列的表格

- 自动创建的表格，系统会以纸张的正文部分，即左右边距之间的宽度，平均分成表格列数的宽度作为列宽，以 1 行当前文字的高度作为行高绘制表格。
- 使用拖曳方式创建表格的方法适合于所创建的表格行列数不太多的情况。

步骤 4　编辑表格

（1）制作表头。在表格第 1 个单元格中，要制作表头的行标题和列标题，因此，输入了“项目”后，按【Enter】键换行，输入“日期”。

在 Word 表格中，以单元格作为基本的单位来放置数据，横向的连续单元格组成行，纵向的连续单元格组成列。最左上角的单元格通常会作为右侧列和下方行的数据的标题，所以，我们将其称为表头。

（2）按图 3-47 所示输入其余单元格中的内容，每输完 1 个单元格中的内容，可按【Tab】键切换至下一个单元格继续输入。

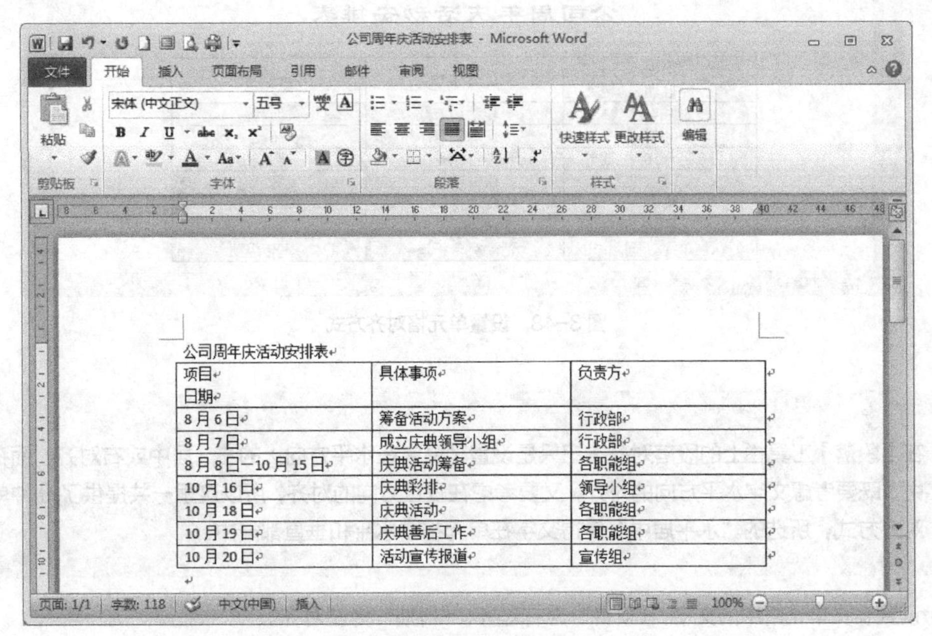

公司周年庆活动安排表

项目 日期	具体事项	负责方
8 月 6 日	筹备活动方案	行政部
8 月 7 日	成立庆典领导小组	行政部
8 月 8 日—10 月 15 日	庆典活动筹备	各职能组
10 月 16 日	庆典彩排	领导小组
10 月 18 日	庆典活动	各职能组
10 月 19 日	庆典善后工作	各职能组
10 月 20 日	活动宣传报道	宣传组

图 3-47　“公司周年庆活动安排表”内容

（3）保存文件，然后关闭文件窗口。

步骤 5　美化表格

1．打开文档

打开“我的文档\公司周年庆活动安排表.docx”文档。

2．设置表格标题格式

将表格标题文字的格式设置为：隶书、二号、居中、段后间距 1 行。

（1）选中标题文字“公司周年庆活动安排表”。

（2）利用【开始】→【字体】选项组的按钮，将字体设置为隶书，字号设置为二号。

（3）利用【开始】→【段落】选项组的按钮，将段落的对齐方式设置为居中。

（4）选择【开始】→【段落】命令，打开“段落”对话框，将其段后间距设置为 1 行。

3．设置表格内文本的格式

（1）选中整张表格。将鼠标指针移到表格上时，表格左上角将出现“⊞”符号，单击该符号，可选中整张表格。

（2）利用【开始】→【字体】选项组的按钮，将字体设置为宋体，字号设置为小四。

（3）选中表格第 1 行，将该行文字字形设置为加粗。

（4）选中整张表格，选择【表格工具】→【布局】→【对齐方式】→【水平居中】命令，如图 3-48 所示。

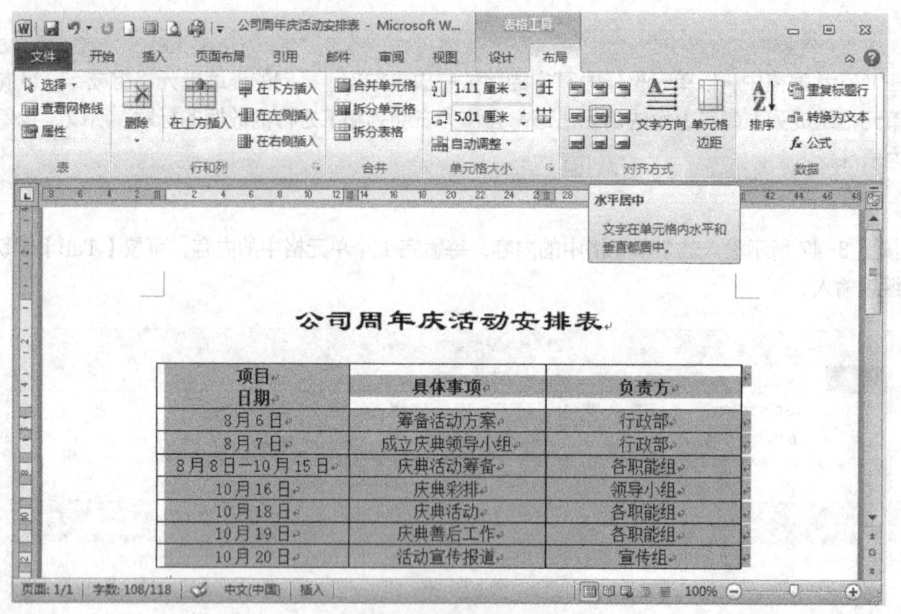

图 3-48　设置单元格对齐方式

在【段落】工具栏上的段落对齐按钮只是设置了文字在水平方向上的左、居中或右对齐，而在表格中，既要考虑文字水平方向的对齐，又要考虑在垂直方向的对齐，所以这里一共提供了 9 种单元格对齐方式，所选的“水平居中”使得文字在单元格中水平和垂直都居中。

（5）设置表头单元格中的文字：“项目”为右对齐，“日期”为左对齐。

4．设置表格的行高和列宽

设置表格行高 1 厘米，第 1、2 列的列宽 4.8 厘米，第 3 列的列宽 3.5 厘米。

（1）设置表格的行高。

① 选中整张表格。

② 选择【表格工具】→【布局】→【表】→【属性】命令，打开“表格属性”对话框。

③ 切换到“行”选项卡，设置表格的行高，选择“指定行高”复选框，指定高度为 1 厘米，如图 3-49 所示，单击【确定】按钮。

（2）设置表格的列宽。

① 选中表格第 1 列和第 2 列。将鼠标指针移至表格第 1 行的上方，鼠标指针变成“⬇”状态后，单击选中指向的第 1 列，再按住鼠标左键向右拖动，同时选中第 2 列。

② 选择【表格工具】→【布局】→【表】→【属性】命令，打开“表格属性”对话框。

③ 切换到“列”选项卡中，设置表格的列宽，指定宽度值为 4.8 厘米，如图 3-50 所示，单击【确定】按钮。

④ 同样地，选中表格第 3 列，将列宽设置为 3.5 厘米。设置后的效果如图 3-51 所示。

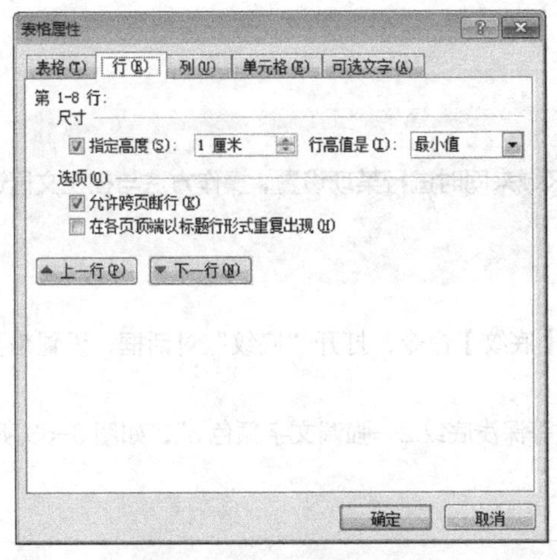

图 3-49　设置表格的行高

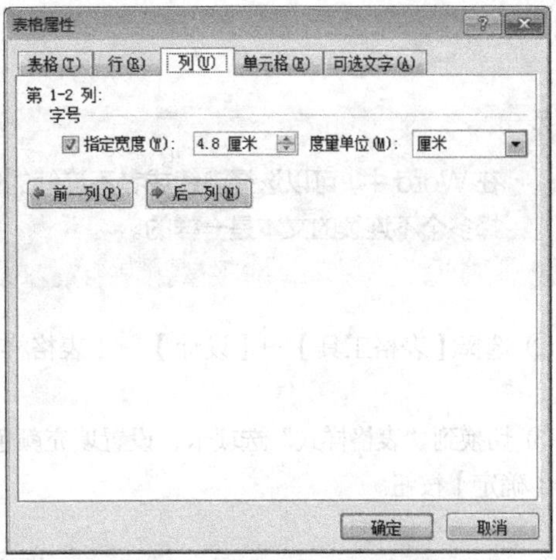

图 3-50　设置表格的列宽

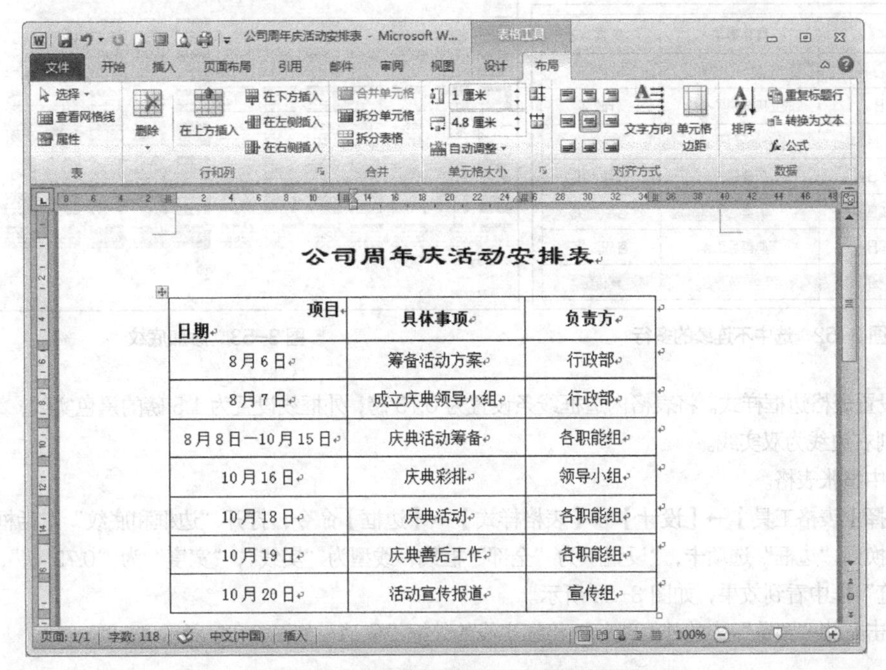

图 3-51　设置表格行高和列宽后的效果图

提示

若调整行高和列宽时没有指定的高度和宽度值，只需要做粗略调整时，可以将鼠标指针指向需要调整的框线，利用鼠标拖曳表格线的方式进行调整。在调整的过程中，如不想影响其他列宽度的变化，可在拖曳时按住键盘上的【Shift】键；若想实现微调，可在拖曳时按住键盘上的【Alt】键。

5. 设置表格的边框和底纹

（1）为表格第 2、4、6、8 行添加底纹。

① 按住【Ctrl】键，同时将鼠标指针移至选定栏，当鼠标指针变为"↗"时，单击选中第 2、4、6、8 行，

如图 3-52 所示。

> **提示**
>
> 在 Word 中，可以选择连续或者不连续的单元格区域来同时进行某项设置，操作方法与在正文区选择多个不连续的文本是一样的。

② 选择【表格工具】→【设计】→【表格样式】→【底纹】命令，打开“底纹”对话框，设置想要的颜色。

③ 切换到“表格样式”选项卡，设置填充颜色为“中等深浅底纹 2—强调文字颜色 3”，如图 3-53 所示，单击【确定】按钮。

项目 日期	具体事项	负责方
8月6日	筹备活动方案	行政部
8月7日	成立庆典领导小组	行政部
8月8日—10月15日	庆典活动筹备	各职能组
10月16日	庆典彩排	领导小组
10月18日	庆典活动	各职能组
10月19日	庆典善后工作	各职能组
10月20日	活动宣传报道	宣传组

图 3-52　选中不连续的多行

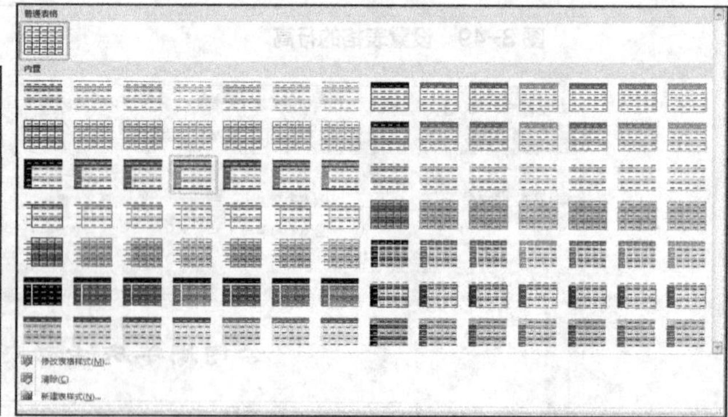

图 3-53　添加底纹

（2）设置表格边框样式。将表格内边框线条设置为 0.75 磅，外框线设置为 1.5 磅的黑色实线，第 1 行下边线和第 1 列右边线为双实线。

① 选中整张表格。

② 选择【表格工具】→【设计】→【表格样式】→【边框】命令，打开“边框和底纹”对话框。

③ 切换到“边框”选项卡，“设置”为“全部”框线，线型为“实线”，“宽度”为“0.75 磅”，可以在右侧的“预览”框中看到效果，如图 3-54 所示。

④ 单击右侧“预览”中的外框线处，将细实线的外框线取消，如图 3-55 所示。

图 3-54　设置全部框线为 0.75 磅的黑色实线

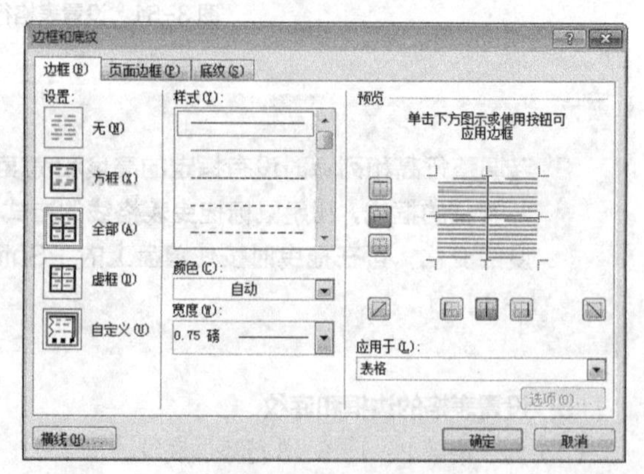

图 3-55　取消表格外框线

提示

取消某处的线条也可以单击预览表格效果图的外围各处框线按钮。如实现上步中的效果，也可以单击、、和按钮，使其由凹陷的状态变为凸起，即若某线条在表格中显现，该按钮就是凹陷的；若某处没有线条，则该处的按钮是凸出的。

⑤ 选择宽度是1.5磅的实线，再单击表格的外框线处或外框线对应的、、、按钮，使外框线应用1.5磅的黑色实线，如图3-56所示，单击【确定】按钮。

⑥ 选中表格第1行，打开"边框和底纹"对话框，选择"线型"为"双窄线"，其他为默认，连续两次单击按钮，将第1行的下边线设置为"双窄线"，如图3-57所示，单击【确定】按钮。

⑦ 类似地，选中表格第1列，打开"边框和底纹"对话框，选择"线型"为"双窄线"，其他为默认，连续两次单击按钮，将第1列的右边线设置为"双窄线"。

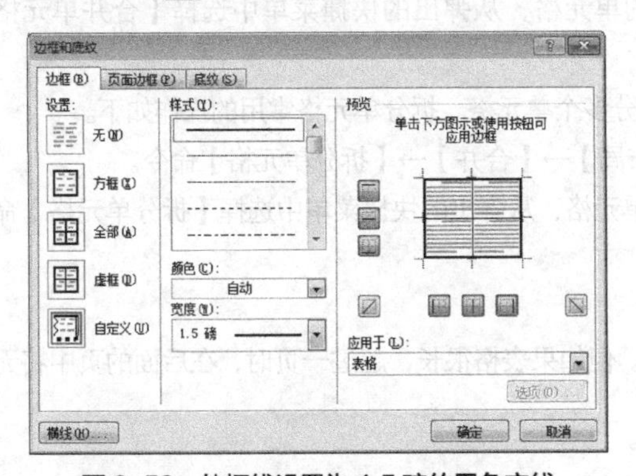

图3-56　外框线设置为1.5磅的黑色实线

图3-57　设置第1行下边框为双实线

（3）绘制斜线表头。

① 将鼠标指针移至表头单元格左侧，当鼠标指针变成"➚"形状时，单击选中该单元格。

② 选择【表格工具】→【设计】→【表格样式】→【边框】命令，打开"边框和底纹"对话框，选择0.75磅的单实线，单击按钮，为该单元格加上斜线，如图3-58所示。

6. 设置表格居中

（1）选中整张表格。

（2）选择【表格工具】→【布局】→【表】→【属性】命令，打开"表格属性"对话框。

（3）切换到"表格"选项卡，在"对齐方式"中选择"居中"选项，在"文字环绕"中选择"无"选项，单击【确定】按钮，如图3-59所示。

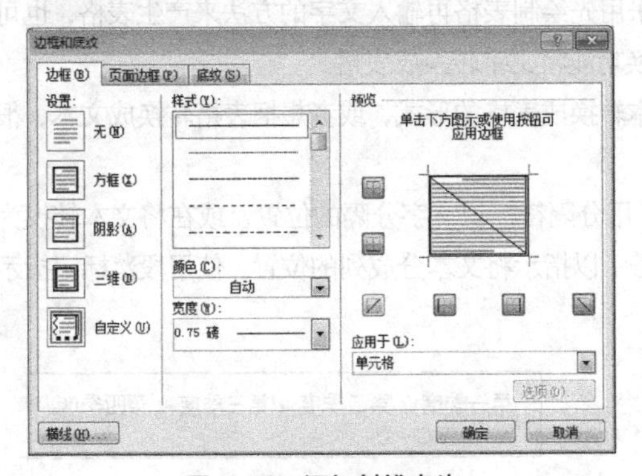

图3-58　添加斜线表头

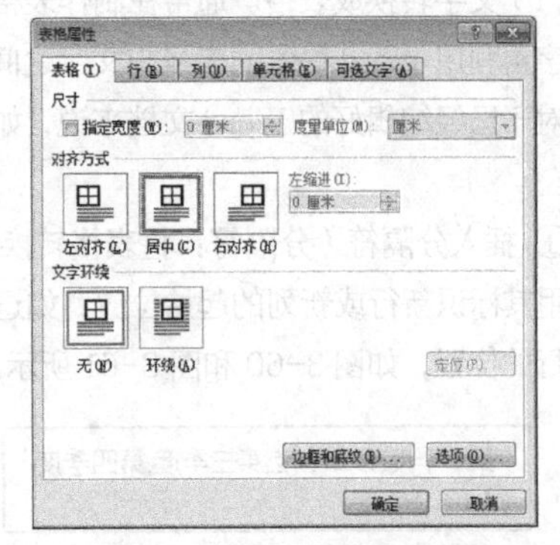

图3-59　设置表格对齐方式

7. 保存并关闭文档

保存文档后关闭。

【任务总结】

本任务通过制作“公司周年庆活动安排表”，主要介绍了 Word 表格的创建、编辑、录入等基本操作。在此基础上，通过对表格文字格式、单元格对齐方式、边框/底纹等的设置，通过“表格属性”设置表格的行高和列宽、表格对齐方式等，熟悉了 Word 表格的格式化操作。此外，还介绍了斜线表头的绘制方法。

【知识拓展】

1. 合并/拆分单元格

（1）合并单元格。合并单元格常用的操作如下。

① 选定要合并的单元格，选择【表格工具】→【布局】→【合并】→【合并单元格】命令。

② 选定要合并的单元格，用鼠标右键单击选定的单元格，从弹出的快捷菜单中选择【合并单元格】命令。

（2）拆分单元格。可以拆分 1 个单元格，也可以拆分多个单元格。拆分单元格常用的操作如下。

① 选定要拆分的单元格，选择【表格工具】→【布局】→【合并】→【拆分单元格】命令。

② 选定要拆分的单元格，用鼠标右键单击选定的单元格，从弹出的快捷菜单中选择【拆分单元格】命令（针对一个单元格）。

2. 重复标题行

在表格中，可利用列标题来描述每一列是什么信息。但如果表格很长，超过一页时，在后面的页中将无法看到列标题。这时可使用“重复标题行”来解决。

（1）选中要作为表格标题的第 1 行或多行。

（2）选择【表格工具】→【布局】→【数据】→【重复标题行】命令。

只有在自动分页时，Word 才能够自动重复表格标题，如果手动插入分页符，表格标题将不会重复。

3. 单元格中文本的对齐方式

通常情况下，在“段落”的对齐方式中有 5 种对齐方式：左对齐、居中、右对齐、两端对齐和分散对齐。这些对齐方式是指水平方向的对齐。

在表格中，单元格的对齐方式除水平方向的对齐外，还包括垂直方向的对齐。因此，单元格中的对齐方式包括靠上两端对齐、靠上居中对齐、靠上右对齐、中部两端对齐、水平居中、中部右对齐、靠下两端对齐、靠下居中对齐和靠下右对齐。

4. 表格和文本的转换

（1）文字转换成表格。通常在制作表格时，都是采用先绘制表格再输入文字的方法来产生表格，也可先输入文字再利用 Word 提供的表格与文字之间的相互转换功能将文字转换成表格。

对于已经编辑好的 Word 文档来说，如果想把文本转换成表格的形式，或者想把表格转换成文本，很容易实现。

① 插入分隔符（分隔符：将表格转换为文本时，用分隔符标识文字分隔的位置，或在将文本转换为表格时，用其标识新行或新列的起始位置，如逗号或制表符）以指示将文本分成列的位置。使用段落标记指示要开始新行的位置，如图 3-60 和图 3-61 所示。

第一季度,第二季度,第三季度,第四季度↵
A,B,C,D↵

图 3-60 使用逗号作为分隔符

第一季度 → 第二季度 → 第三季度 → 第四季度↵
A → B → C → D↵

图 3-61 使用制表符作为分隔符

② 选择要转换为表格的文本。

③ 选择【插入】→【表格】命令，打开“表格”下拉菜单，从菜单中选择【文本转换为表格】命令，打开图 3-62 所示的“将文字转换成表格”对话框。

④ 在“将文字转换成表格”对话框的“文字分隔位置”下，单击要在文本中使用的分隔符对应的选项。

⑤ 在“列数”框中，选择列数。

如果未看到预期的列数，则可能是文本中的一行或多行缺少分隔符。这里的行数由文本的段落标记决定，因此为默认值。

⑥ 选择需要的任何其他选项，然后单击【确定】按钮，可将文本转换成图 3-63 所示的表格。

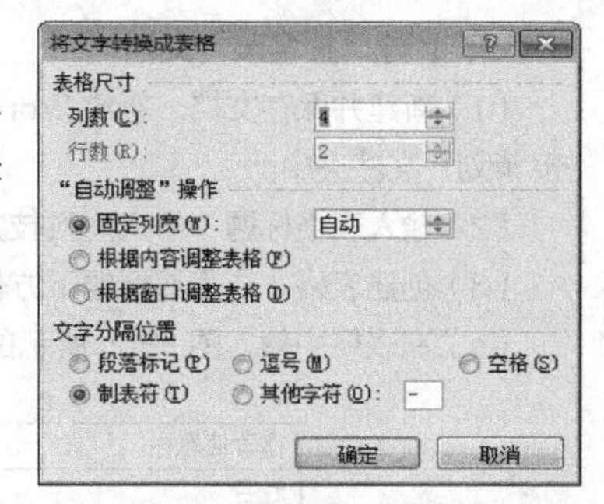

图 3-62 “将文字转换成表格”对话框

第一季度	第二季度	第三季度	第四季度
A	B	C	D

图 3-63 由文本转换成的表格

（2）表格转换成文本。

① 选择要转换成文本的表格。

② 选择【表格工具】→【布局】→【数据】→【转换为文本】命令，打开图 3-64 所示的“表格转换成文本”对话框。

③ 在“文字分隔符”下，单击要用于代替列边界的分隔符对应的选项，表格各行默认用“段落标记”分隔。然后单击【确定】按钮即可将表格转换成文本。

图 3-64 “表格转换成文本”对话框

【实践训练】

制作“第六届科技文化艺术节参赛报名表”，效果如图 3-65 所示。

第六届科技文化艺术节参赛报名表

作者信息栏					
姓名		性别		出生年月	
联系电话			手机		
身份证号码			MSN 或 QQ		
E-mail					
所属系部、班级					
自我简介					
作品信息栏					
作品名称				指导老师	
创意说明					
主创人员		作品类别		推荐意见	
姓名	性别	□ 平面广告 □ Flash 动画 □ 网页设计 □ 摄影作品 □ 书画作品			

图 3-65 第六届科技文化艺术节参赛报名表

1. 创建“报名表”文档

（1）新建并保存文档。新建 Word 文档，并以“第六届科技文化艺术节参赛报名表”为名保存在“我的文档\策划”文件夹中。

（2）输入表格标题“第六届科技文化艺术节参赛报名表”。

（3）创建表格。在表格标题下方创建 1 个 15 行 3 列的表格。

（4）在表格中输入图 3-66 所示的内容。

作者信息栏		
姓名	性别	出生年月
联系电话		手机
身份证号码		MSN 或 QQ
E-mail		
所属系部、班级		
自我简介		
作品信息栏		
作品名称		指导老师
创意说明		
主创人员	作品类别	推荐意见

图 3-66 “第六届科技文化艺术节参赛报名表”内容

2. 编辑“报名表”表格

（1）合并和拆分单元格。

① 按图 3-67 所示对表中的单元格进行合并和拆分操作。

作者信息栏				
姓名		性别	出生年月	
联系电话			手机	
身份证号码			MSN 或 QQ	
E-mail				
所属系部、班级				
自我简介				
作品信息栏				
作品名称			指导老师	
创意说明				
主创人员		作品类别	推荐意见	
姓名	性别	平面广告 Flash 动画 网页设计 摄影作品 书画作品		

图 3-67 进行合并和拆分单元格后的表格

② 在拆分后的单元格中按图 3-67 所示输入内容。

（2）调整表格大小。

① 选中整张表格，将表格行高设置为“0.8 厘米”。

② 按图 3-65 所示适当调整各单元格的大小。

3. 美化“报名表”表格

（1）设置表格标题格式。将表格标题格式设置为楷体、二号、居中、段后间距 1 行。

（2）设置表格文字格式。

① 将表格中的所有文字设置为宋体、小四号、水平居中。

② 将表格中“作者信息栏”和“作品信息栏”单元格的文字设置为华文行楷、三号。

③ 将“自我简介”和“创意说明”单元格的文字方向设置为“竖排”，并适当调整单元格大小。

④ 将“作品类别”下方单元格内的文字设置为仿宋体、小四号、两端对齐，并为它们添加项目符号“□”。

（3）设置表格的边框和底纹。

① 设置表格边框。将表格的外边框线设置为上粗下细，宽度为 3 磅；内框线设置为 0.75 磅的单实线。

② 为表格中“作者信息栏”和“作品信息栏”单元格添加“白色，背景 1，深色 15%”的底纹。

4. 打印预览“报名表”表格

预览编辑好的“报名表”的打印效果。

案例 3　制作公司周年庆典经费预算表

【任务描述】

根据公司本次周年庆典活动工作的需要，现由周年庆典活动领导小组根据活动过程中的各项工作需求进行经费预算，制作“公司周年庆经费预算表”，并统计出各个明细费用及此次庆典活动的费用总计，如图 3-68 所示。

公司周年庆经费预算表

项目	单价	数量	金额（元）	备注
晚宴	58000	1	58000	
灯光音响	9000	1	9000	设备租赁费
媒体报道	4500	2	9000	
茶水	6000	1	6000	
庆典杂费	6000	1	6000	
服装费	150	35	5250	演出服装
彩色喷绘	1800	2	3600	
交通费	300	12	3600	接送嘉宾
演出指导费	600	5	3000	
宣传海报	35	80	2800	设计印刷费
拱门和气球	500	5	2500	租赁费
红地毯	580	3	1740	
宣传横幅	180	5	900	
费用合计			111390	

图 3-68　公司周年庆经费预算表

【任务目标】

◈ 能熟练地创建、保存文档。

◈ 能熟练地创建表格。

◈ 能熟练地进行单元格的合并和拆分等编辑操作。

◈ 能正确利用公式或函数进行表格中数据的计算。

◈ 能熟练利用表格自动套用格式进行表格修饰。

◈ 掌握表格中数据的排序操作。

◈ 能正确插入脚注或尾注。

【任务流程】

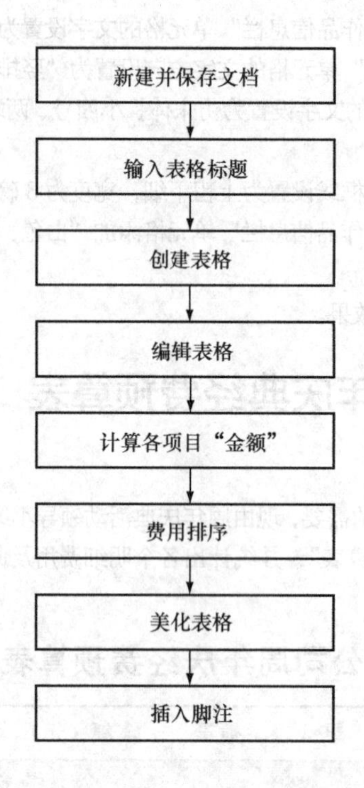

【任务解析】

1. 调整行/列位置

在 Word 中设计、填写表格时，输入的行列顺序有时难免会因出错而需要重新调整，或者因为思路改变而想修改行列顺序，常用的方法如下。

（1）剪切+粘贴。

① 选中需要移动的行/列。

② 选择【开始】→【剪贴板】→【剪切】命令。

③ 将鼠标指针定位在要移到的行/列中，选择【开始】→【剪贴板】→【粘贴】命令。

（2）直接拖曳。

① 选中需要移动的行/列。

② 将鼠标指针指向选中的行/列，按住鼠标左键拖曳到目标行/列的第 1 个单元格，松开鼠标左键。

（3）【Shift】+【Alt】+方向键组合键（只适用于行的移动）。

① 将鼠标指针定位到要移动的行的任意一个单元格中。

② 按【Shift】+【Alt】+【↑】组合键即可将指针所在的整行上移 1 行，若需要移动多行，连续按多次即可。相反，若想把整行下移，按【Shift】+【Alt】+【↓】组合键即可。

2. 使用公式

（1）将鼠标指针定位于结果单元格中。

（2）选择【表格工具】→【布局】→【数据】→【公式】命令，打开图 3-69 所示的"公式"对话框。

（3）在"公式"文本框中编辑计算数据所需的公式。

（4）单击【确定】按钮。

> **提示**
>
> 当需要在公式中引用单元格进行计算时，一般引用单元格的名称来表示参与运算的参数。单元格名称的表示方法是：列号采用字母“A”“B”“C”…来表示，行号采用数字“1”“2”“3”…来表示，单元格的名称就是“列标行号”的组合，表示某列和某行的交叉点。因此，第 2 列第 3 行的单元格名称为“B3”，其中字母大小写通用。

3. 表格数据排序

Word 中的数据排序通常是针对某一列数据的，它可以将表格某一列的数据按照一定的规则排序，并重新组织各行在表格中的次序。

（1）将鼠标指针定位于要排序的表格中或选定要参与排序的数据区域。

（2）选择【表格工具】→【布局】→【数据】→【排序】命令，打开图 3-70 所示的“排序”对话框。

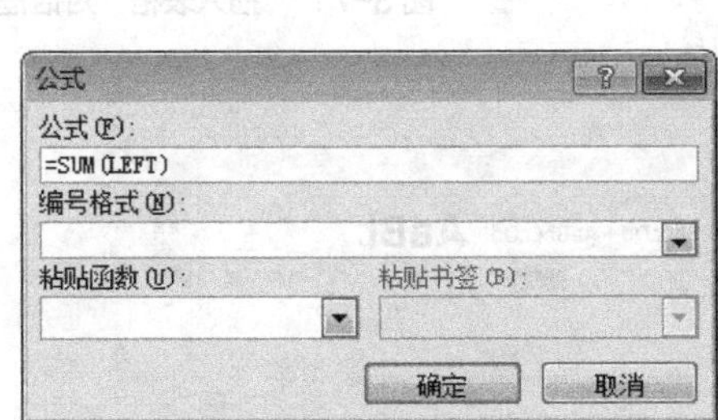

图 3-69 “公式”对话框

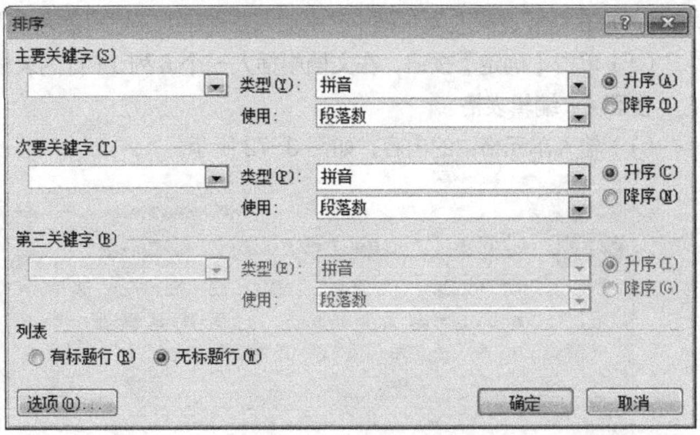

图 3-70 “排序”对话框

（3）选择“主要关键字”“类型”“升序”（或“降序”）。如果需要，可以对次要关键字和第三关键字进行排序设置。

（4）根据排序表格中有无标题行，选择下方的“有标题行”或“无标题行”。

（5）单击【确定】按钮，各行数据的顺序将按照设置的排序条件进行相应调整。

> **提示**
>
> 排序时，若所选数据行的主要关键字值均不相同，就按照该关键字的指定顺序排序，其余关键字不起作用；若主要关键字值相同，则相同的部分会按照次要关键字的指定顺序排序；若主要和次要关键字值全部相同，相同部分才会按照第三关键字的指定顺序排序。

4. 套用表格格式

Word 内置了一些设计好的表格样式，包括表格的框线、底纹、字体等格式设置，利用它可以快速引用这些预定的样式。

（1）将鼠标指针定位于表格中。

（2）选择【表格工具】→设计【表格样式】→【其他】命令，打开“表格样式”列表。

（3）在“表格样式”列表的“内置”中，当鼠标指针指向某一样式时，可在表格中显示其预览效果，单击某个样式，可将选定的样式应用到表格中。

选定一种样式后，选择“表格样式”列表中的【修改表格样式】命令，打开“修改样式”对话框，可对该样式进行自定义设置。

【任务实施】

步骤 1 新建并保存文档

（1）启动 Word 2010 程序，新建一份空白文档。

（2）将创建的新文档以“公司周年庆经费预算表”为名，保存到“我的文档”文件夹中。

步骤 2 输入表格标题

（1）在文档开始位置输入表格标题文字“公司周年庆经费预算表”。

（2）按【Enter】键换行。

步骤 3 创建表格

（1）选择【插入】→【表格】命令，打开“表格”下拉菜单。

（2）从菜单中选择【插入表格】命令，打开图 3-71 所示的“插入表格”对话框。

（3）在“插入表格”对话框中分别输入要创建的表格列数为“5”、行数为“14”。

（4）单击【确定】按钮，在文档中插入一个 5 列 14 行的表格。

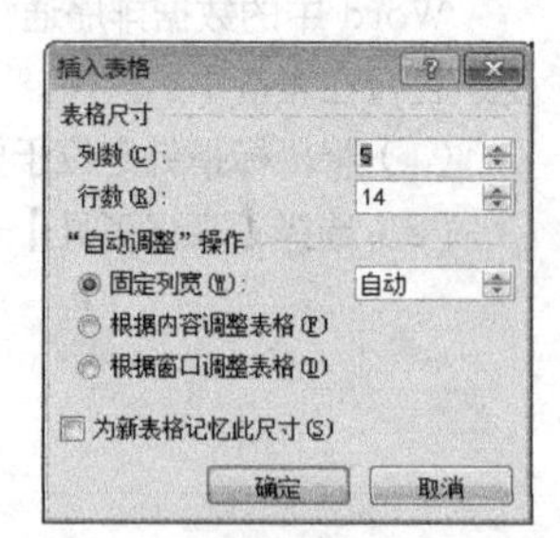

图 3-71 “插入表格”对话框

步骤 4 编辑表格

（1）输入单元格中的内容，如图 3-72 所示。

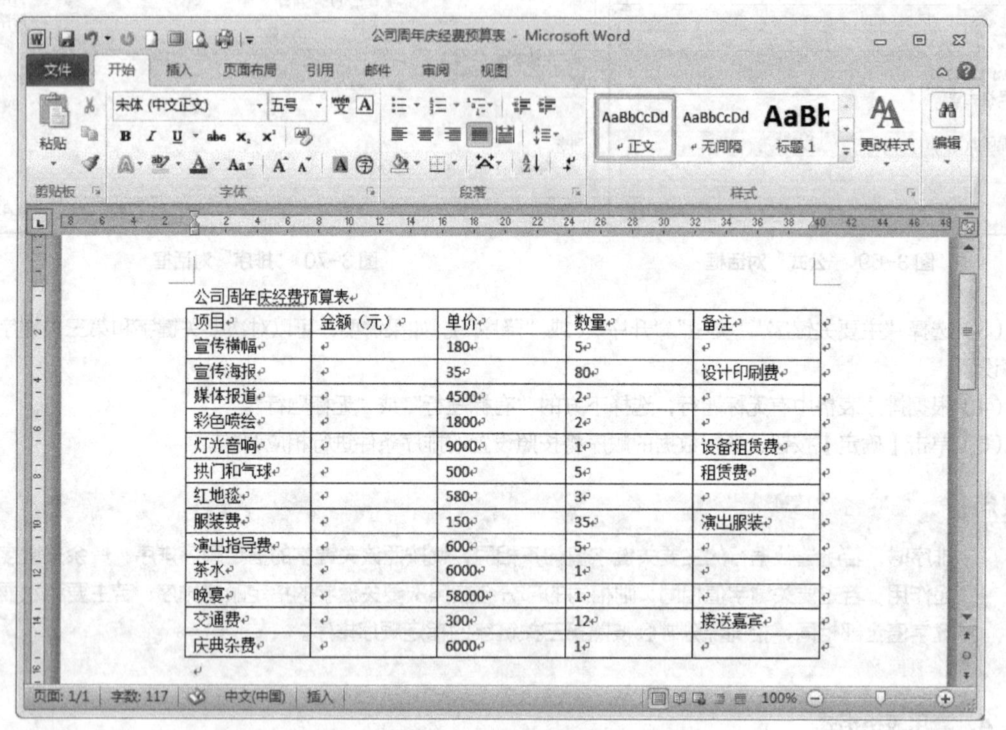

公司周年庆经费预算表

项目	金额（元）	单价	数量	备注
宣传横幅		180	5	
宣传海报		35	80	设计印刷费
媒体报道		4500	2	
彩色喷绘		1800	2	
灯光音响		9000	1	设备租赁费
拱门和气球		500	5	租赁费
红地毯		580	3	
服装费		150	35	演出服装
演出指导费		600	5	
茶水		6000	1	
晚宴		58000	1	
交通费		300	12	接送嘉宾
庆典杂费		6000	1	

图 3-72 “公司周年庆经费预算表”内容

（2）将“金额（元）”列移至“数量”列的右侧。

（3）在表格最后 1 行下方增加 1 空行，在新增行的第 1 个单元格中输入“费用合计”。

（4）合并单元格。将最后 1 行除第 1 个单元格外的其他单元格合并为 1 个单元格。编辑后的表格效果如图 3-73 所示。

（5）保存文件。

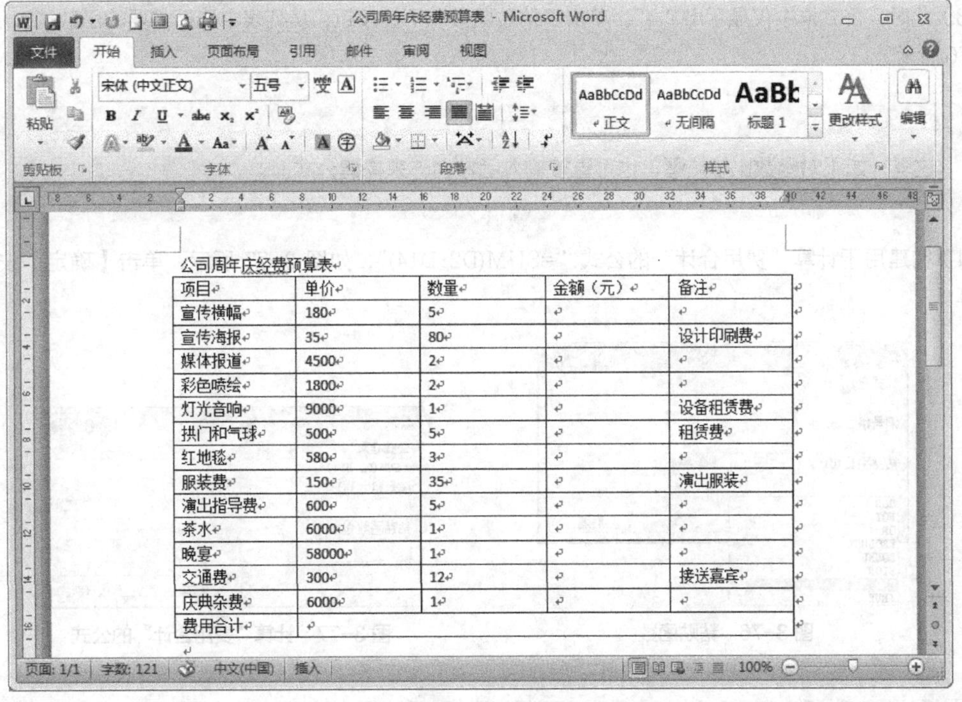

公司周年庆经费预算表

项目	单价	数量	金额（元）	备注
宣传横幅	180	5		
宣传海报	35	80		设计印刷费
媒体报道	4500	2		
彩色喷绘	1800	2		
灯光音响	9000	1		设备租赁费
拱门和气球	500	5		租赁费
红地毯	580	3		
服装费	150	35		演出服装
演出指导费	600	5		
茶水	6000	1		
晚宴	58000	1		
交通费	300	12		接送嘉宾
庆典杂费	6000	1		
费用合计				

图 3-73　编辑后的表格

步骤 5　计算各项目“金额”

1. 计算各项目的“金额”

这里，各项目的金额=单价×数量。

（1）将鼠标指针定位于“宣传横幅”行的“金额”列单元格中。

（2）选择【表格工具】→【布局】→【数据】→【公式】命令，打开“公式”对话框。

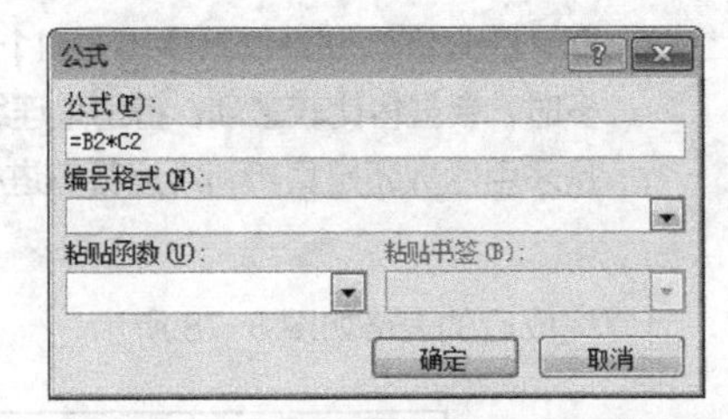

图 3-74　计算“宣传横幅”使用“金额”的公式

（3）在“公式”文本框中输入该项目金额的计算公式“=B2*C2”，如图 3-74 所示。单击【确定】按钮，完成计算。

提示

在编辑公式时，单元格名称中的字母大小写可不用区分。计算完成后，单击计算出的结果，可见灰色的域底纹，如图 3-75 所示。

公司周年庆经费预算表

项目	单价	数量	金额（元）	备注
宣传横幅	180	5	900	
宣传海报	35	80		设计印刷费
媒体报道	4500	2		

图 3-75　显示公式域的底纹

（4）类似地，计算出其他各项目的“金额”费用。

2. 计算“费用合计”项数据

（1）将鼠标指针定位于“费用总计”右侧的单元格中。

（2）选择【表格工具】→【布局】→【数据】→【公式】命令，打开“公式”对话框。

（3）此时，公式框中仅显示出“=”，单击“粘贴函数”下拉按钮，从列表中选择需要的函数“SUM”，如图 3-76 所示。

提示

这里，如果对函数比较熟悉，也可直接输入函数名称来构建公式。

（4）构建用于计算“费用合计”的公式“=SUM(D2:D14)”，如图 3-77 所示，单击【确定】按钮，完成计算。

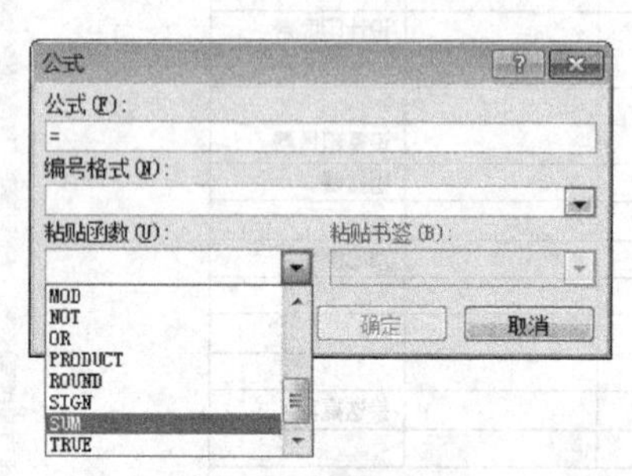

图 3-76　粘贴函数

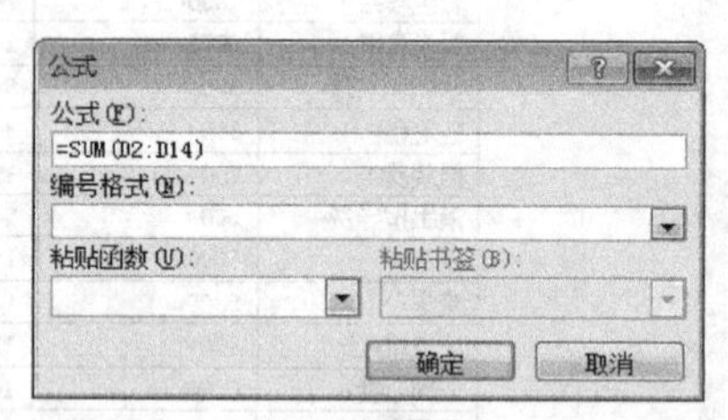

图 3-77　计算“费用合计”的公式

提示

这里，计算“费用合计”数据时，除了使用函数进行计算外，也可直接使用公式“=D2+D3+D4+D5+D6+D7+D8+D9+D10+D11+D12+D13+D14”进行计算，只不过，当参与计算的单元格较多时，会显得比较繁琐，特别是连续单元格地址可以简单地表示为“D2:D14”。因此，实际工作中是采用函数还是直接利用运算符进行计算，应视情况灵活运用。

计算完成后的表格如图 3-78 所示。

项目	单价	数量	金额（元）	备注
宣传横幅	180	5	900	
宣传海报	35	80	2800	设计印刷费
媒体报道	4500	2	9000	
彩色喷绘	1800	2	3600	
灯光音响	9000	1	9000	设备租赁费
拱门和气球	500	5	2500	租赁费
红地毯	580	3	1740	
服装费	150	35	5250	演出服装
演出指导费	600	5	3000	
茶水	6000	1	6000	
晚宴	58000	1	58000	
交通费	300	12	3600	接送嘉宾
庆典杂费	6000	1	6000	
费用合计	111390			

图 3-78　计算完成后的表格

步骤 6　费用排序

将表中的数据按各项目的“金额”数据降序和“项目”名称升序排列。

（1）选中表格除“费用合计”行外的其他各行。

（2）选择【表格工具】→【布局】→【数据】→【排序】命令，打开“排序”对话框。

（3）首先，从对话框下方“列表”组中选择【有标题行】单选按钮，再从“主要关键字”下拉列表中选择“金额（元）”，从“类型”下拉列表中选择“数字”，选择【降序】单选按钮；然后从“次要关键字”下拉列表中选择“项目”，从“类型”下拉列表中选择“拼音”，选择【升序】单选按钮，如图 3-79 所示。

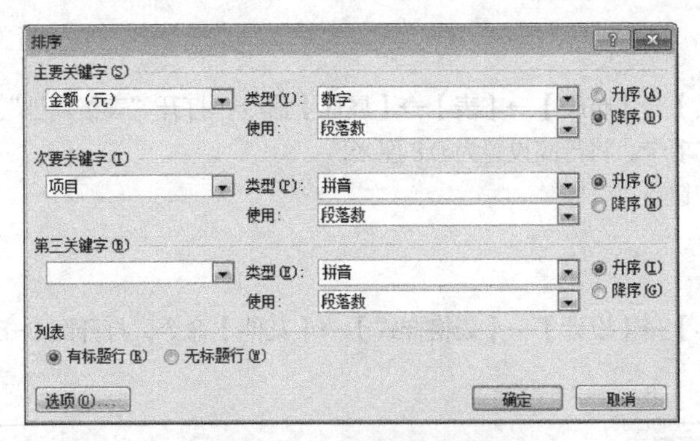

图 3-79　设置排序参数

（4）单击【确定】按钮，得到图 3-80 所示的排序结果。

项目	单价	数量	金额（元）	备注
晚宴	58000	1	58000	
灯光音响	9000	1	9000	设备租赁费
媒体报道	4500	2	9000	
茶水	6000	1	6000	
庆典杂费	6000	1	6000	
服装费	150	35	5250	演出服装
彩色喷绘	1800	2	3600	
交通费	300	12	3600	接送嘉宾
演出指导费	600	5	3000	
宣传海报	35	80	2800	设计印刷费
拱门和气球	500	5	2500	租赁费
红地毯	580	3	1740	
宣传横幅	180	5	900	
费用合计	111390			

图 3-80　排序后的经费预算表

这里，我们设置了主要关键字和次要关键字，当主要关键字“金额（元）”中的值出现相同的值时，将按照指定的次要关键字“项目”的值来确定两行数据的排序。如当主要关键字“金额”中的“9000”出现相同值时，则相同的值将按照次要关键字“项目”的升序进行排列，因此“灯光音响”一行的数据排在了“媒体报道”一行的上方。

步骤 7　美化表格

1．设置页面格式

将文档的页面纸张设置为 A4，上、下页边距设置为 2.5 厘米，左、右页边距分别设置为 2.8 厘米、2.2 厘米。

2．设置表格标题格式

将表格标题文字的格式设置为：黑体、二号、居中、段后间距 12 磅。

3. 自动调整表格

（1）选中整张表格。

（2）选择【表格工具】→【布局】→【单元格大小】→【自动调整】→【根据内容自动调整表格】命令。

（3）选择【表格工具】→【布局】→【单元格大小】→【自动调整】→【根据窗口自动调整表格】命令。

4. 调整表格行高

（1）选中整张表格。

（2）选择【表格工具】→【布局】→【表】→【属性】命令，打开“表格属性”对话框。

（3）切换到“行”选项卡，将行高设置为 0.8 厘米。

（4）单击【确定】按钮。

5. 套用表格格式

（1）选中整张表格。

（2）选择【表格工具】→【设计】→【表格样式】→【其他】命令，打开图 3-81 所示的“表格样式”下拉菜单。

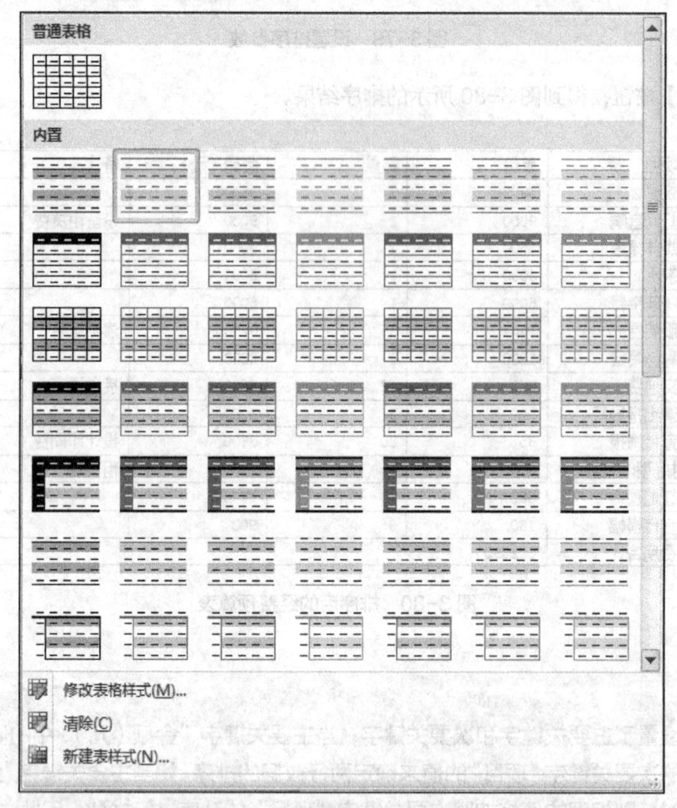

图 3-81 “表格样式”下拉菜单

（3）单击选择“内置”列表中的“浅色底纹–强调文字颜色 1”样式，生成的表格格式如图 3-82 所示。

6. 手动设置表格格式

（1）设置表头格式。将表格第 1 行文字的格式设置为宋体、四号、加粗、水平居中。

（2）设置第 1 列和第 5 列的第 2 ~ 14 行单元格的文字格式为仿宋体、小四号、水平居中。

（3）将最后 1 行单元格的文字格式设置为宋体、四号、水平居中。

（4）将表格中除最后 1 行外的所有数值单元格的对齐方式设置为中部右对齐。

（5）设置表格边框。

公司周年庆经费预算表

项目	单价	数量	金额（元）	备注
晚宴	58000	1	58000	
灯光音响	9000	1	9000	设备租赁费
媒体报道	4500	2	9000	
茶水	6000	1	6000	
庆典杂费	6000	1	6000	
服装费	150	35	5250	演出服装
彩色喷绘	1800	2	3600	
交通费	300	12	3600	接送嘉宾
演出指导费	600	5	3000	
宣传海报	35	80	2800	设计印刷费
拱门和气球	500	5	2500	租赁费
红地毯	580	3	1740	
宣传横幅	180	5	900	
费用合计	111390			

图 3-82　套用“浅色底纹 –强调文字颜色 1”样式后的表格

① 将表格第 1 行和最后 1 行的上、下框线设置为 1.5 磅的蓝色单实线。

② 选中整张表格，将其内框竖线设置为 0.5 磅的蓝色单实线。

美化后的表格效果如图 3-83 所示。

公司周年庆经费预算表

项目	单价	数量	金额（元）	备注
晚宴	58000	1	58000	
灯光音响	9000	1	9000	设备租赁费
媒体报道	4500	2	9000	
茶水	6000	1	6000	
庆典杂费	6000	1	6000	
服装费	150	35	5250	演出服装
彩色喷绘	1800	2	3600	
交通费	300	12	3600	接送嘉宾
演出指导费	600	5	3000	
宣传海报	35	80	2800	设计印刷费
拱门和气球	500	5	2500	租赁费
红地毯	580	3	1740	
宣传横幅	180	5	900	
费用合计	111390			

图 3-83　美化后的表格效果图

步骤 8　插入脚注

为表格中的项目“庆典杂费”添加脚注“庆典杂费含活动组织误餐补助、庆典纪念品、制作请柬等费用。”。

（1）选中表格第 1 列中的项目名称“庆典杂费”。

（2）选择【引用】→【脚注】→【插入脚注】命令，在页面底端出现脚注区，输入脚注内容“庆典杂费含活动组织误餐补助、庆典纪念品、制作请柬等费用。”，如图 3-84 所示。

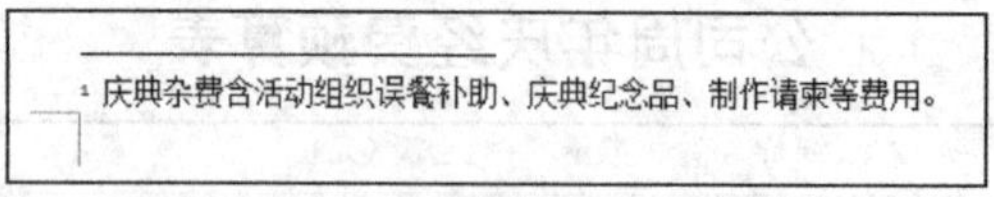

¹ 庆典杂费含活动组织误餐补助、庆典纪念品、制作请柬等费用。

图 3-84　为“庆典杂费”插入的脚注

【任务总结】

本任务通过制作“公司周年庆经费预算表”，主要介绍了 Word 表格的创建、表格的拆分和合并等编辑操作。通过对表格中各项费用的计算，介绍了使用公式和函数进行 Word 表格中数据的计算。在此基础上，通过表格自动套用格式和手动格式的设置进行了表格的美化修饰，以形成一张美观、实用的表格。此外，通过插入脚注，为表格中的数据添加注释文字，使表格在表达上显得更加完善。

【知识拓展】

1. 公式的构造

公式计算是表格中经常要完成的工作。通常，公式由“=”“单元格名称”和“运算符号”构成，如“=C2+D2+E2+F2”；也可以使用“=”“函数”和“单元格或区域名称”来完成计算，如“=SUM(C2:F2)”。

（1）在 Word 表格中，利用公式或函数完成计算时，会使用单元格或区域的名称来标识将参与运算的数据所在的位置。这些参与运算的单元格或区域称为“参数”。区域是由连续的单元格组成的矩形，所以，用“左上角单元格名称:右下角单元格名称”表示区域的名称，如 C2:F2，用公式“=SUM(C2:F2)”来表示 C2 单元格到 F2 单元格的区域中的这些数据参与求和的运算。

（2）在公式中，默认的函数为“SUM”，表示完成求和的计算。可根据情况，从“粘贴函数”下拉列表中选择相应功能的函数。

（3）通常 Word 会根据当前单元格的上方或左侧是否有数字数据自动生成函数的参数，若当前单元格上方有数字数据，则会自动默认参数“ABOVE”；若当前单元格上方无数字数据，左侧有数字数据，则自动默认参数“LEFT”。很多时候，默认的参数所表示的区域并不是我们用来计算的区域，此时就需要修改参数，用单元格或区域的名称来指明参数。

2. 公式重算

在更改了 Word 表格中的数据后，相关单元格中的数据并不会自动计算并更新，这是因为 Word 中的“公式”是以域的形式存在于文档之中的，而 Word 并不会自动更新域。更新域的操作方法如下。

（1）选中需要更新的域，用鼠标右键单击选中的域，从弹出的快捷菜单中选择【更新域】命令。

（2）选中需要更新的域，按【F9】键更新域结果。如果选中整张表格后按【F9】键，可一次性更新所有的域。

3. 设置表格中计算结果的数字格式

在表格的公式计算中，Word 会根据数据的实际计算情况自动默认结果的小数点位数。若要指定结果数据的格式，可以在“公式”对话框中的“编号格式”处进行设置。如在前面计算“费用合计”时，若想保留 1 位小数，则在“编号格式”下拉列表中选择“0.00”作为参考格式，删除 1 个“0”即可，如图 3-85 所示。

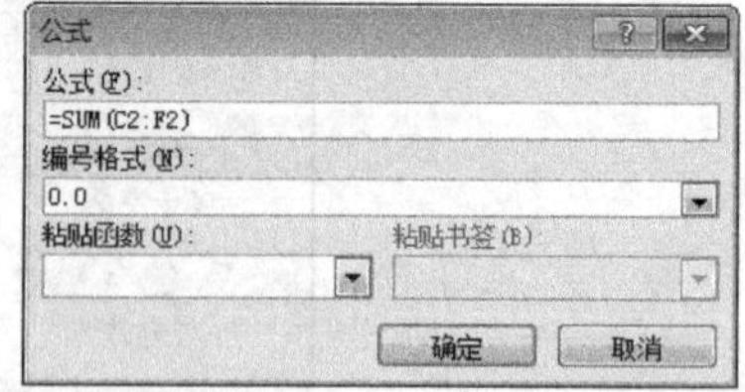

图 3-85　在“公式”中设置编号格式

【实践训练】

制作“第六届科技文化艺术节活动经费申请表”，效果如图 3-86 所示。

1. 创建“经费申请表”文档

（1）新建并保存文档。新建 Word 文档，并以“第六届科技文化艺术节活动经费申请表”为名保存在“我的文档\策划”文件夹中。

（2）输入表格标题“第六届科技文化艺术节活动经费申请表”。

（3）创建表格。在表格标题下方创建 1 个 15 行 5 列的表格。

（4）在表格中输入图 3-87 所示的内容。

第六届科技文化艺术节活动经费申请表

项目		单价（元）	数量	小计	合计
宣传费	海报	20	30	600	1130
	展板	35	6	210	
	条幅	80	4	320	
组织费	展台布置费	150	8	1200	4040
	舞台布置	800	2	1600	
	作品评审费	20	30	600	
	交通补贴	80	8	640	
资料费	参展证书	4	50	200	1060
	纪念册	30	12	360	
	办公用品	50	10	500	
颁奖费	一等奖	30	6	180	900
	二等奖	20	12	240	
	三等奖	10	18	180	
	组织奖	100	3	300	
经费预算[1]		7130			

[1] 本次项目经费从本年度学院学生活动预算经费中支出。

图 3-86　第六届科技文化艺术节活动经费申请表

项目		单价（元）	数量	小计
宣传费	海报	20	30	
	展板	35	6	
	条幅	80	4	
组织费	展台布置费	150	8	
	舞台布置	800	2	
	作品评审费	20	30	
	交通补贴	80	8	
资料费	参展证书	4	50	
	纪念册	30	12	
	办公用品	50	10	
颁奖费	一等奖	30	6	
	二等奖	20	12	
	三等奖	10	18	
	组织奖	100	3	

图 3-87 “第六届科技文化艺术节活动经费申请表”内容

2. 编辑“经费申请表”表格

（1）插入行/列。

① 在表格最下方增加 1 行，在新增行的第 1 个单元格中输入“经费预算”文字。

② 在表格最右边增加 1 列，在新增列的第 1 个单元格中输入标题“合计”。

（2）合并单元格。按图 3-88 所示对表中的单元格进行合并操作。

项目		单价（元）	数量	小计	合计
宣传费	海报	20	30		
	展板	35	6		
	条幅	80	4		
组织费	展台布置费	150	8		
	舞台布置	800	2		
	作品评审费	20	30		
	交通补贴	80	8		
资料费	参展证书	4	50		
	纪念册	30	12		
	办公用品	50	10		
颁奖费	一等奖	30	6		
	二等奖	20	12		
	三等奖	10	18		
	组织奖	100	3		
经费预算					

图 3-88　进行合并单元格后的表格

3．计算项目经费

（1）计算各个子项目的“小计”费用。

（2）统计各项目的“合计”费用。

（3）汇总统计整个活动的“经费预算”数据。

4．美化“经费申请表”表格

（1）设置表格标题格式。将表格标题格式设置为隶书、二号、居中、段后间距16磅。

（2）设置表格文字格式。

① 将表格中的所有文字设置为宋体、小四号。

② 将表格中各个项目名称“宣传费”“组织费”“资料费”“颁奖费”单元格的文字方向改为“竖排”。

③ 将表格先“根据内容”进行自动调整，再“根据窗口”进行自动调整。

（3）设置表格的边框和底纹。

① 为整张表格套用表格样式“浅色列表-强调文字颜色3”。

② 设置表格边框。将表格的边框线颜色设置为“橄榄绿-强调文字颜色3”单实线，其中外边框线型设置为1.5磅，内框线为0.75磅。

③ 设置这个表格的行高为0.8厘米，单元格对齐方式为“水平居中”。

5．添加尾注

为表格最后一行的文字“经费预算”添加尾注“本次项目经费从本年度学院学生活动预算经费中支出。”。

6．打印预览

打印预览“经费申请表”表格。

案例4　制作公司周年庆典工作卡

【任务描述】

为推动公司周年庆典工作的有序进行，公司周年庆典领导小组决定为周年庆典活动期间的工作人员制作工作卡。每张工作卡的版式都一样，如果用手工制作和填写，工作任务则显得很烦琐，采用Word邮件合并功能，可以轻松、快捷地完成这个任务。制作好的周年庆工作卡（部分）效果如图3-89所示。

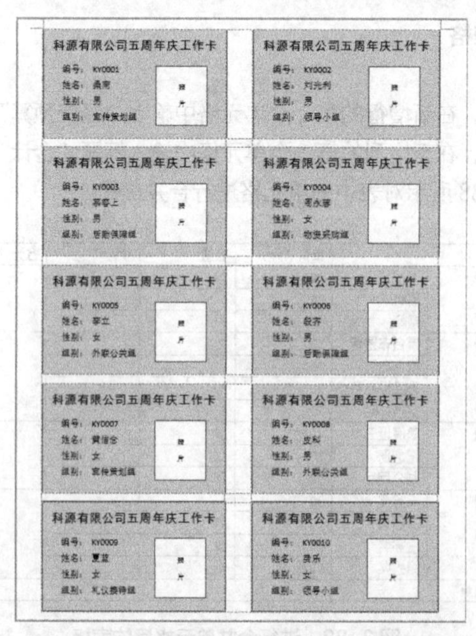

图3-89　科源有限公司周年庆工作卡员工卡

【任务目标】

◈ 掌握建立 Word 邮件合并文档的方法。

◈ 会制作邮件合并数据源。

◈ 能正确插入邮件合并域。

◈ 能熟练地进行邮件合并。

【任务流程】

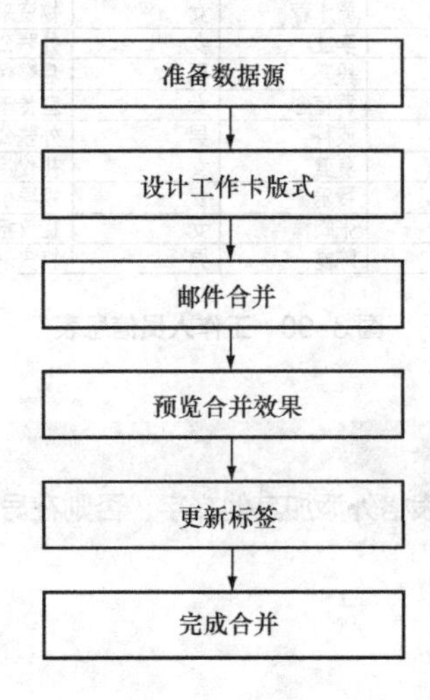

【任务解析】

1. 邮件合并

“邮件合并”这个名称最初是在批量处理邮件文档时提出的。具体来说，就是在邮件文档（主文档）的固定内容中合并与发送信息相关的一组通信资料（数据源，如 Excel 表、Access 数据表等），批量生成需要的邮件文档，从而大大提高工作效率。

邮件合并适用于制作数量较多，且内容包含固定不变的部分和变化的部分的文档。邮件合并除了可以批量处理信函、信封等与邮件相关的文档外，还可以轻松地批量制作标签、工资条、成绩单、证书、奖状、准考证、明信片等。

2. Word 制作邮件合并文档的操作

邮件合并的基本过程主要包括 6 个步骤，只要理解了这些过程，就可以得心应手地利用邮件合并来完成批量作业。

（1）制作数据源。利用 Word 或者 Excel 等软件制作邮件合并所需的数据表。

（2）创建主文档。选择【邮件】→【开始邮件合并】→【开始邮件合并】命令，选择主文档类型，建立主文档文件。

（3）建立主文档和数据源的连接。选择【邮件】→【开始邮件合并】→【选择收件人】命令，选择准备好的数据源文件。

（4）在主文档中插入合并域。选择【邮件】→【编写和插入域】→【插入合并域】命令，在主文档中的相应位置插入数据源中的字段。

（5）预览邮件合并效果。选择【邮件】→【预览结果】→【预览结果】命令，对插入域后的主文档进行预览，根据预览情况可适当修改文档效果。

（6）完成合并。选择【邮件】→【完成】→【完成并合并】命令，将选定的数据源中的记录合并到主文档中，生成邮件合并文档。

【任务实施】

步骤 1 准备数据源

（1）启动 Word 2010 程序，新建一份空白文档。

（2）创建图 3-90 所示的“工作人员信息表”，将创建好的数据源文件以“公司周年庆工作人员信息表”为名保存在“我的文档”文件夹中。

编号	姓名	性别	组别
KY0001	桑南	男	宣传策划组
KY0002	刘光利	男	领导小组
KY0003	慕容上	男	后勤保障组
KY0004	周永蓉	女	物资采购组
KY0005	李立	女	外联公关组
KY0006	段齐	男	后勤保障组
KY0007	黄信念	女	宣传策划组
KY0008	皮科	男	外联公关组
KY0009	夏蓝	女	礼仪接待组
KY0010	费乐	女	领导小组
KY0011	张晓梅	女	礼仪接待组
KY0012	陈昆	男	物资采购组

图 3-90　工作人员信息表

在制作数据源表格时，不能在表格外添加其他文字，否则在导入数据源时会产生错误。

（3）关闭制作好的数据源文件。

步骤 2　设计工作卡的版式

1. 新建文档

新建一份空白文档，以“工作卡版式”为名将文档保存在“我的文档”文件夹中。

2. 设计工作卡的大小

（1）选择【邮件】→【开始邮件合并】→【开始邮件合并】命令，从下拉菜单中选择【标签】命令，打开“标签选项”对话框。

（2）从“产品编号”列表框中选择图 3-91 所示的“北美尺寸”，可在右侧的“标签信息”区域中看到标签的类型为横向卡，高度为 5.08 厘米，宽度为 8.89 厘米。这样，就确定了工作卡的大小。

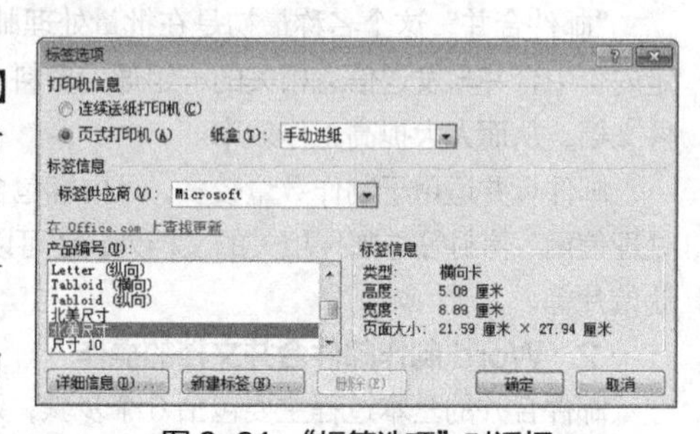

图 3-91　“标签选项”对话框

（3）单击【确定】按钮，文档页面中出现 10 个小的标签区域，表明一个页面就可以做 10 个工作卡，如图 3-92 所示。

这里产生的标签区域实际上是用虚线表格划分出来的。一般情况下，如果页面上未显示虚框，可选择【表格工具】→【布局】→【表】→【查看网格线】命令，显示出表格虚框。

3. 设计工作卡的内容

（1）将鼠标指针定位于第 1 个标签区域中。

（2）输入图 3-93 所示的内容。

（3）添加“照片”框。

① 选择【插入】→【插图】→【形状】命令，从打开的形状列表中选择“矩形”工具。

② 按住鼠标左键不放，在工作卡右侧拖曳出一个小矩形框，释放鼠标左键。

③ 选中矩形框，选择【绘图工具】→【格式】→【形状样式】→【形状填充】命令，从打开的颜色列表中选择“白色，背景 1”作为照片框的填充颜色。

图 3-92　将主文档类型设置为标签后的页面

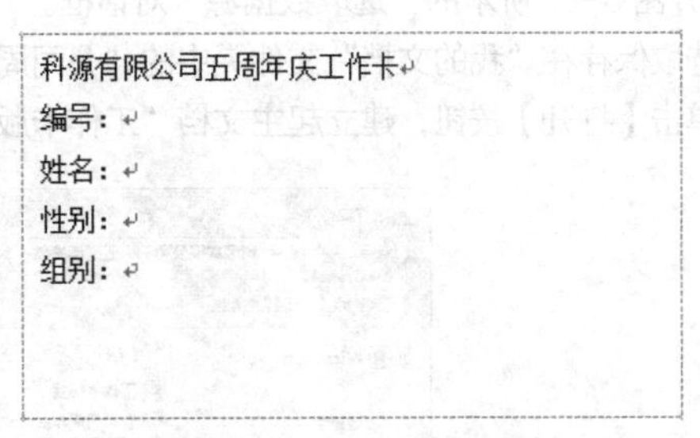

图 3-93　输入工作卡内容

④ 用鼠标右键单击矩形，从弹出的快捷菜单中选择【编辑文字】命令，然后输入文字“照片”，设置文字颜色为黑色；选择【绘图工具】→【格式】→【文本】→【文字方向】命令，将文字“照片”设置为竖排文字，如图 3-94 所示。

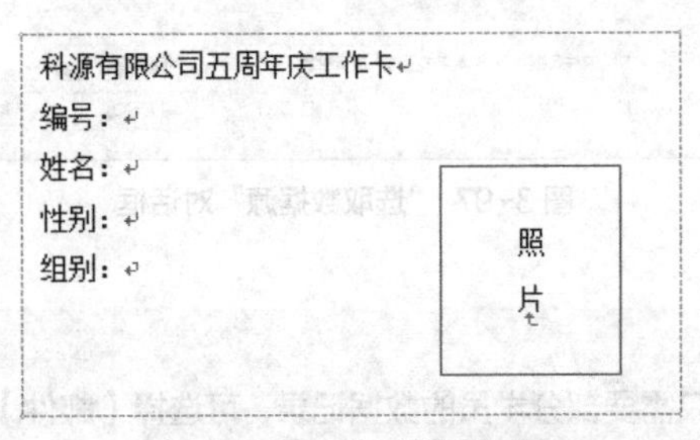

图 3-94　插入“照片”框

（4）设置工作卡的文字格式。设置“公司周年庆工作卡”的格式为黑体、三号、居中、段前段后间距各 1 行。设置“编号”“姓名”“性别”“组别”的格式为宋体、小四号、首行缩进 1.5 字符。

（5）为标签区域添加背景颜色。

① 在标签区域中绘制一个高 5.08 厘米、宽 8.89 厘米的大矩形，并为矩形填充“黄色”底纹。

② 将绘制好的大矩形移至标签区域，使其与标签区域重叠。

③ 选中大矩形后，选择【绘图工具】→【格式】→【排列】→【自动换行】命令，打开图 3-95 所示的下拉列表，选择【衬于文字下方】环绕方式，形成图 3-96 所示的标签效果。

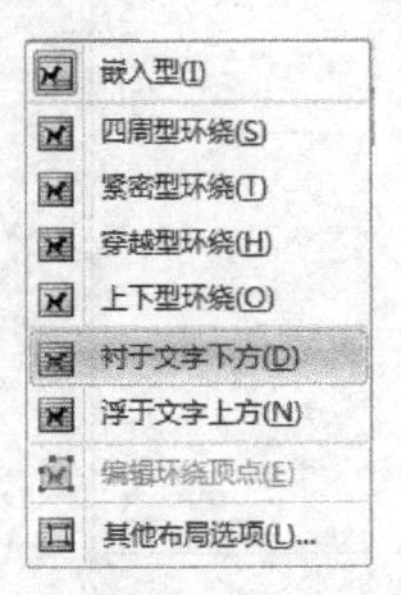

图 3-95　“文字环绕”方式下拉列表

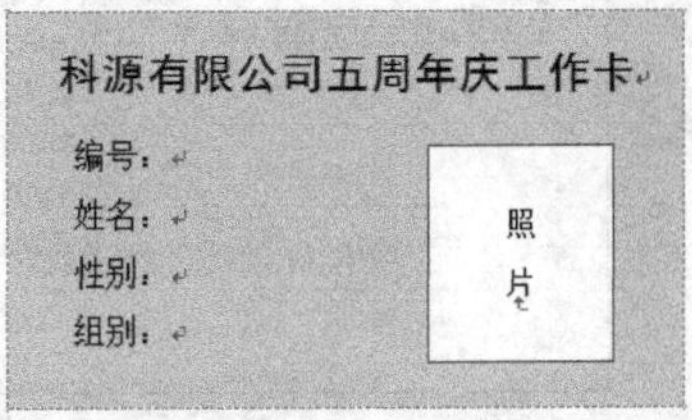

科源有限公司五周年庆工作卡

编号：

姓名：

性别：

组别：

照片

图 3-96　添加黄色矩形框后的标签效果

4. 保存工作卡版式

保存制作好的工作卡版式。

步骤3 邮件合并

（1）打开数据源。

① 选择【邮件】→【开始邮件合并】→【选择收件人】命令，从打开的下拉菜单中选择【使用现有列表】命令，打开图3-97所示的“选取数据源”对话框。

② 选取保存在“我的文档”文件夹中的“公司周年庆工作人员信息表”作为邮件合并的数据源。

③ 单击【打开】按钮，建立起主文档“工作卡版式”和数据源“公司周年庆工作人员信息表”的链接。

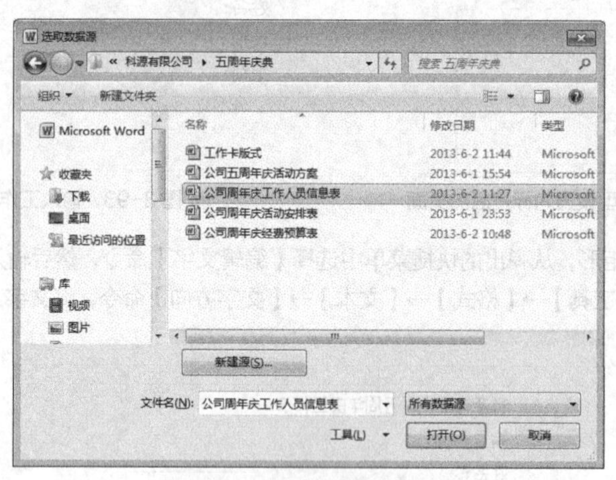

图3-97 “选取数据源”对话框

提示

如果进行邮件合并时，只需要部分学员的数据记录，可选择【邮件】→【开始邮件合并】→【编辑收件人列表】命令，打开图3-98所示的“邮件合并收件人”对话框，对收件人进行筛选或排序等编辑操作。

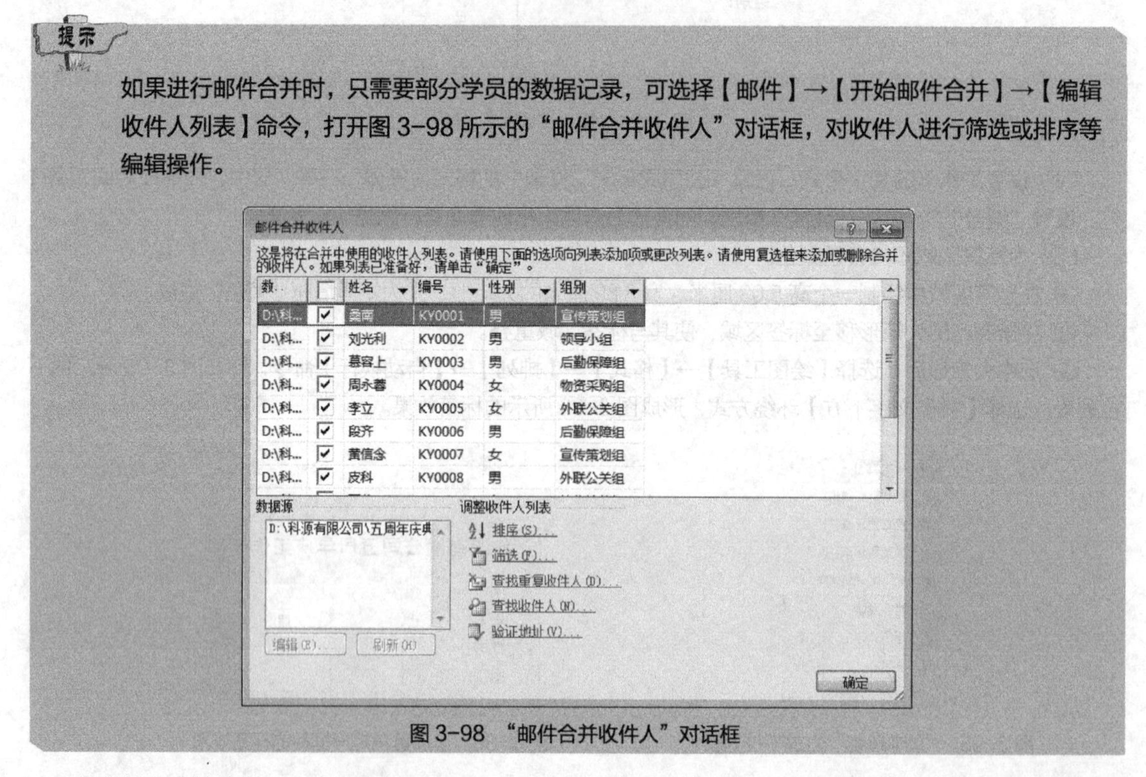

图3-98 “邮件合并收件人”对话框

（2）插入合并域。

① 将指针定位于标签区域的“编号:”之后，选择【邮件】→【编写和插入域】→【插入合并域】命令，打开图3-99所示的“插入合并域”对话框。

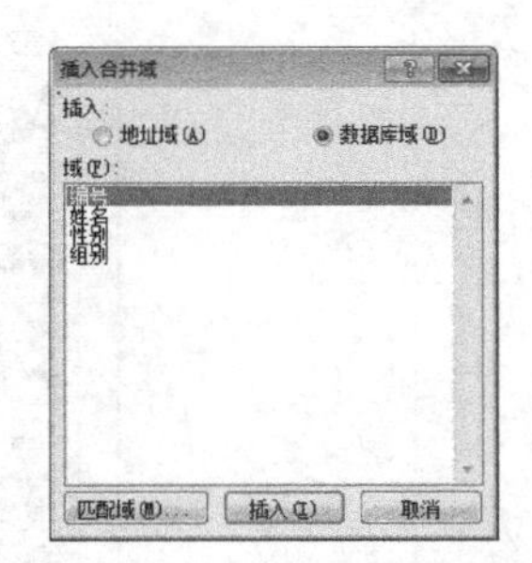

图 3-99 “插入合并域”对话框

② 在“域”列表中选择与标签区域对应的域名称“编号”，单击【插入】按钮，将“编号”域插入标签区域中。

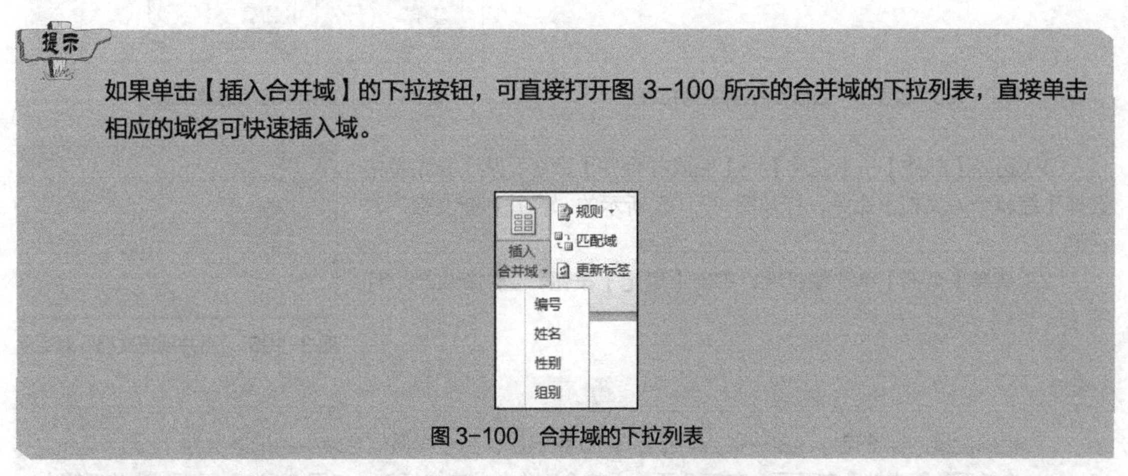

如果单击【插入合并域】的下拉按钮，可直接打开图 3-100 所示的合并域的下拉列表，直接单击相应的域名可快速插入域。

图 3-100 合并域的下拉列表

③ 类似地，分别将“姓名”“性别”“组别”域插入到标签区域对应的位置中，如图 3-101 所示。

步骤 4 预览合并效果

（1）选择【邮件】→【预览结果】→【预览结果】命令，可以看到域名称已变成了实际的工作人员信息，如图 3-102 所示。

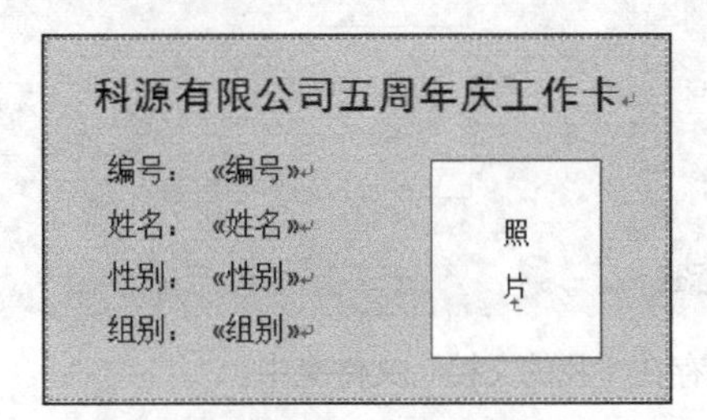

图 3-101 插入合并域的标签

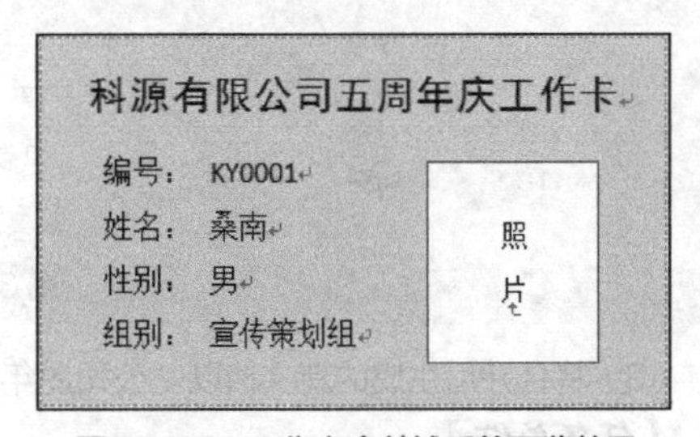

图 3-102 工作卡合并域后的预览效果

（2）单击【预览结果】中的记录浏览按钮 ⏮ ◀ 1 ▶ ⏭，可预览其他工作卡的效果。

步骤 5 更新标签

在对标签类型的邮件合并文档进行预览时，我们看到只有一张标签有内容，如图 3-103 所示。接下来，我们更新其他人员的标签。

选择【邮件】→【编写和插入域】→【更新标签】命令，生成图 3-104 所示的多张标签。

步骤 6 完成合并

图 3-104 所示的多张工作卡仅为预览效果下的文档，完成合并操作后可生成合并后的文档或打印文档。

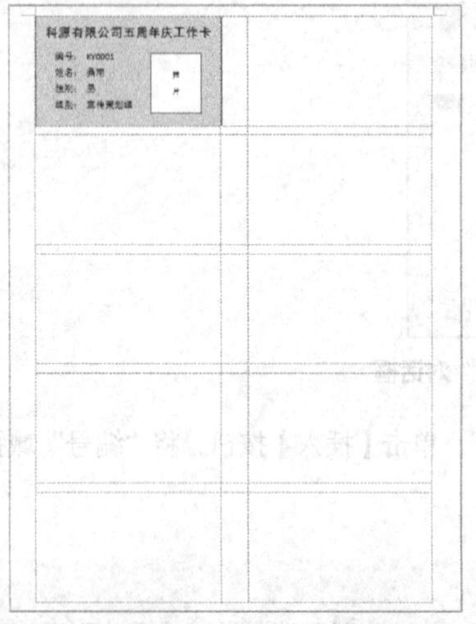

图 3-103　仅显示一张标签内容的合并文档

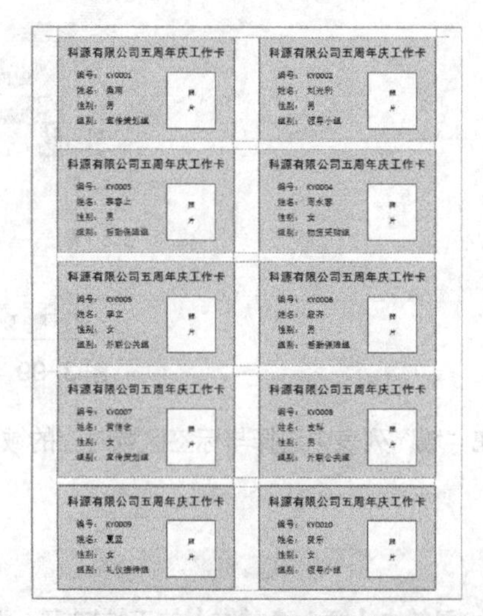

图 3-104　更新标签后的效果图

（1）选择【邮件】→【完成】→【完成并合并】命令，从下拉菜单中选择【编辑个人文档】命令，打开图 3-105 所示的“合并到新文档”对话框。

（2）选择【全部】单选按钮后，单击【确定】按钮，生成新文档“标签 1”。

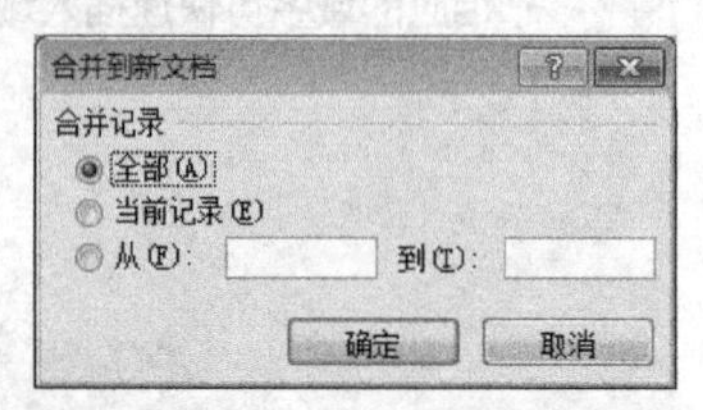

图 3-105　“合并到新文档”对话框

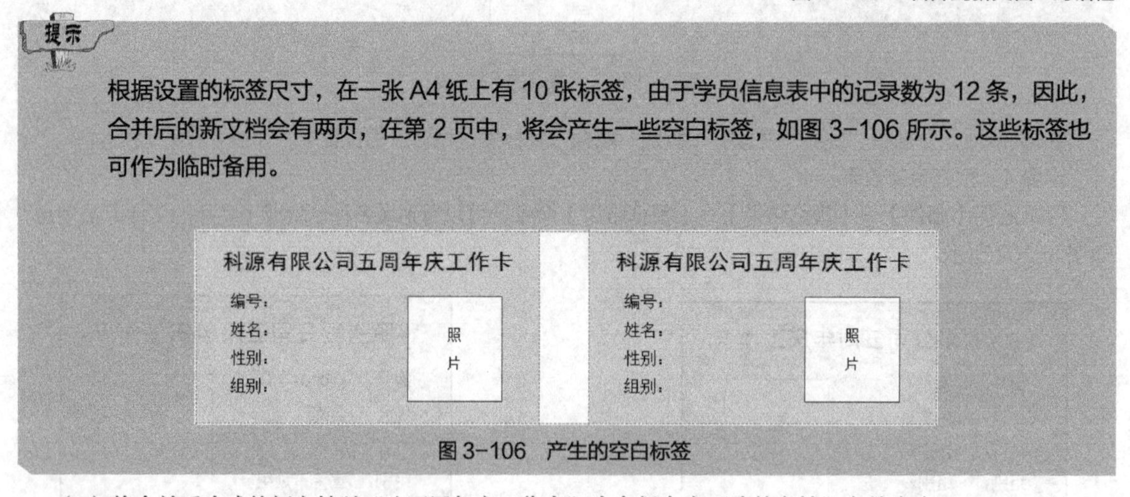

提示

根据设置的标签尺寸，在一张 A4 纸上有 10 张标签，由于学员信息表中的记录数为 12 条，因此，合并后的新文档会有两页，在第 2 页中，将会产生一些空白标签，如图 3-106 所示。这些标签也可作为临时备用。

图 3-106　产生的空白标签

（3）将合并后生成的新文档以“公司周年庆工作卡”为名保存在“我的文档”文件夹中。

【任务总结】

本任务通过制作“公司周年庆工作卡”，介绍了使用 Word 邮件合并功能制作邮件合并文档、制作邮件合并数据源、在信函中插入合并域以及邮件合并的操作。此外，通过制作“工作卡版式”文档的操作，大家可以掌握插入形状、编辑和修饰形状的方法及技能。学会邮件合并的操作为我们日后处理学习或工作中的批量事务奠定了良好的基础。

【知识拓展】

1. 制作邮件信封

Word 提供了制作信封的工具，用户可以使用信封制作向导批量制作信封。

（1）选择【邮件】→【创建】→【中文信封】命令，打开“信封制作向导”对话框。

（2）按照向导提示选择标准信封样式、生成信封的格式等来制作信封文件。

（3）连接数据源文件。

（4）向信封文件中插入域。

（5）预览合并、完成合并。

2. 域

域相当于文档中可能发生变化的数据或邮件合并文档中的套用信函、标签中的占位符。

Word 可在使用一些特定命令时插入域，如选择【插入】→【文本】→【日期和时间】命令；也可选择【插入】→【文本】→【文档部件】→【域】命令手动插入域。

域的一般用法：可以在任何需要的地方插入域，用于以下几种情况。

（1）显示文档信息，如作者姓名、文件大小或页数等。若要显示这些信息，可使用 AUTHOR、FILESIZE、NUMPAGES 或 DOCPROPERTY 域。

（2）进行加、减或其他计算。使用 =（Formula） 域进行该操作。

（3）合并邮件时与文档协同工作。如插入 ASK 和 FILL-IN 域，可在 Word 将每条数据记录与主文档合并时显示提示信息。

（4）其他情况。使用 Word 提供的命令和选项可更方便地添加所需信息，如可使用 HYPERLINK 域插入超链接。

【实践训练】

利用邮件合并，制作"第六届科技文化艺术节奖状"，效果如图 3-107 所示。

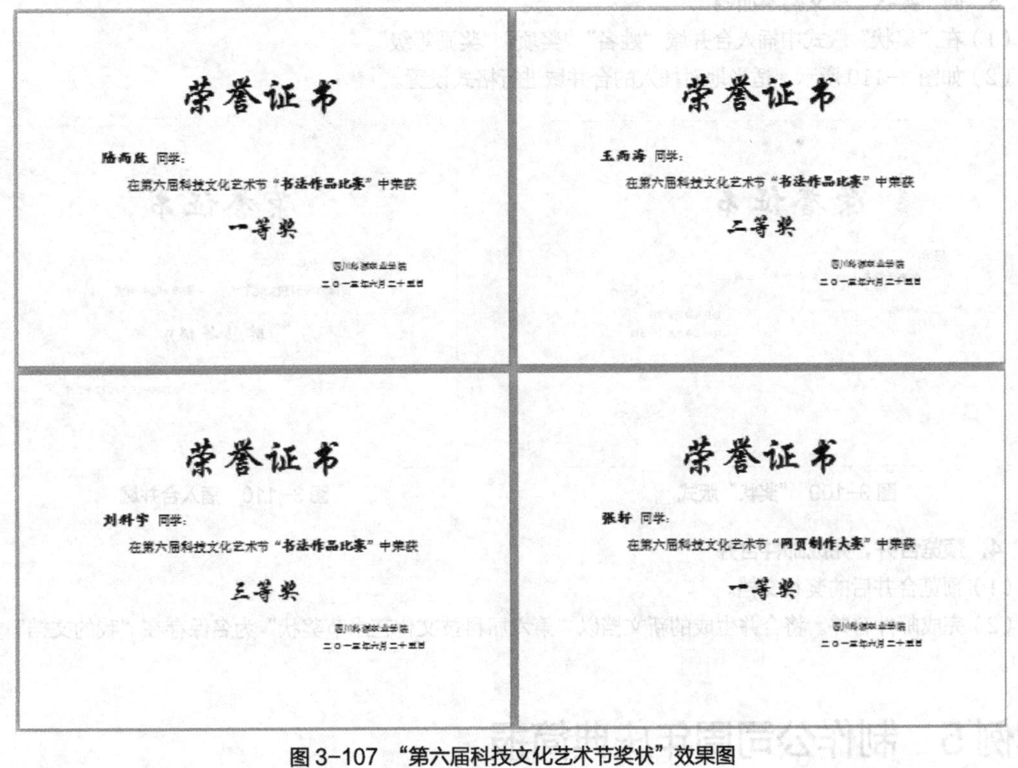

图 3-107 "第六届科技文化艺术节奖状"效果图

1. 准备"奖状"数据源

（1）新建 Word 文档，以"第六届科技文化艺术节获奖信息表"为名保存在"我的文档"文件夹中。

（2）利用 Word 表格制作图 3-108 所示的获奖信息。

2. 设计“奖状”版式

（1）新建并保存文档。新建 Word 文档，并以“第六届科技文化艺术节奖状版式”为名保存在“我的文档”文件夹中。

姓名	奖项	奖励等级
陆雨欣	书法作品比赛	一等奖
王雨海	书法作品比赛	二等奖
刘科宇	书法作品比赛	三等奖
张钰	网页制作大赛	一等奖
李雯雯	网页制作大赛	二等奖
程启林	网页制作大赛	三等奖
陈媛	科技制作比赛	一等奖
刘俊杰	科技制作比赛	二等奖
孙宏宇	科技制作比赛	三等奖
陈芸芸	摄影作品比赛	一等奖
林依晨	摄影作品比赛	二等奖
费俊龙	摄影作品比赛	三等奖

图 3-108　获奖信息

（2）设置页面。将页面的纸张大小设置为 A4，方向为横向，页边距上、下、左、右均为 5 厘米。

（3）编辑“奖状”主文档，如图 3-109 所示。

3. 向“奖状”主文档添加域

（1）在“奖状”版式中插入合并域“姓名”“奖项”“奖励等级”。

（2）如图 3-110 所示，适当地对插入的合并域进行格式设置。

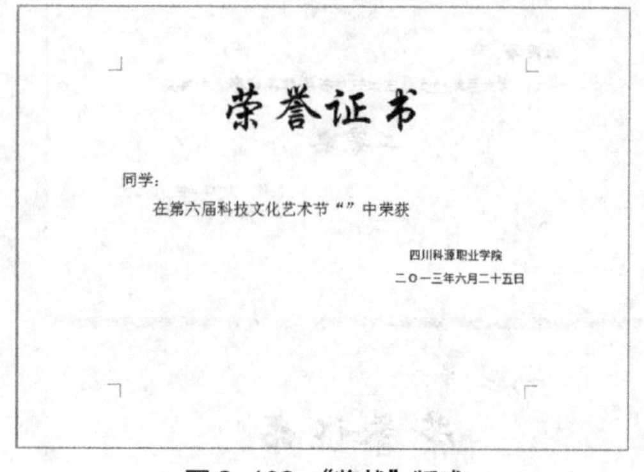

图 3-109　“奖状”版式

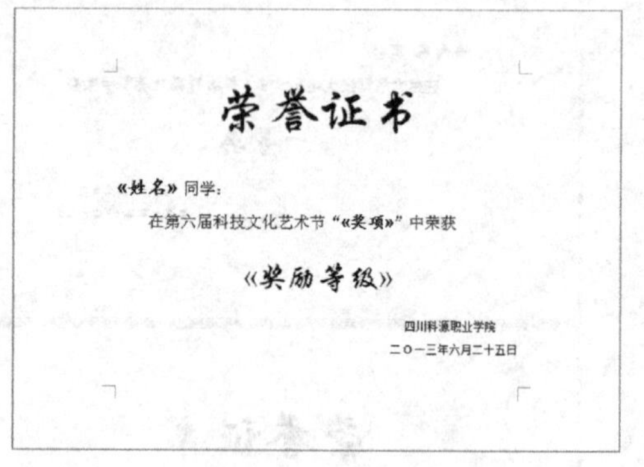

图 3-110　插入合并域

4. 预览合并，完成邮件合并

（1）预览合并后的奖状文档。

（2）完成邮件合并。将合并生成的新文档以“第六届科技文化艺术节奖状”为名保存在“我的文档”文件夹中。

案例 5　制作公司周年庆典简报

【任务描述】

经过公司上下的共同努力，公司五周年庆典活动圆满落幕。负责公司周年庆典活动宣传工作的宣传报道组以本次周年庆典活动为背景，以“回顾与展望”为主题，制作了一份周年庆简报，简报效果如图 3-111 所示。

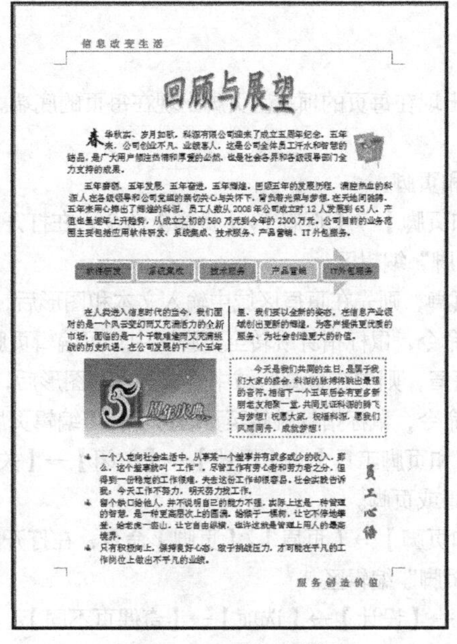
信息改变生活

回顾与展望

春华秋实、岁月如歌，科源有限公司迎来了成立五周年纪念。五年来，公司创业不凡、业绩喜人，这是公司全体员工汗水和智慧的结晶，是广大用户倾注热情和厚爱的必然，也是社会各界和各级领导部门全力支持的成果。

五年磨砺，五年发展，五年奋进，五年辉煌。回顾五年的发展历程，满腔热血的科源人在各级领导和公司党组的亲切关心与关怀下，肩负着光荣与梦想，在天地间驰骋。五年来用心缔造出了辉煌的科源。员工人数从 2008 年公司成立时 12 人发展到 65 人，产值也呈逐年上升趋势，从成立之初的 580 万元到今年的 2300 万元。公司目前的业务范围主要包括应用软件研发、系统集成、技术服务、产品营销、IT 外包服务。

软件研发 系统集成 技术服务 产品营销 IT外包服务

在人类进入信息时代的当今，我们面对的是一个风云变幻而又充满活力的全新市场，面临的是一个千载难逢而又充满挑战的历史机遇。在公司发展的下一个五年里，我们要以全新的姿态，在信息产业领域创出更新的辉煌，为客户提供更优质的服务，为社会创造更大的价值。

今天是我们共同的生日，是属于我们大家的盛会，科源的脉搏将跳出最强的音符，相信下一个五年后会有更多新朋老友相聚一堂，共同见证科源的腾飞与梦想！祝愿大家，祝福科源，愿我们风雨同舟，成就梦想！

员工心语

- 一个人走向社会生活中，从事某一个差事并有或多或少的收入，那么，这个差事就叫“工作”。尽管工作有劳心者和劳力者之分，但得到一份稳定的工作很难，失去这份工作却很容易。社会实践告诉我：今天工作不努力，明天努力找工作。
- 留个缺口给他人，并不说明自己的能力不强，实际上这是一种管理的智慧，是一种更高层次上的圆满。给猴子一棵树，让它不停地攀登，给老虎一座山，让它自由纵横，也许这就是管理上用人的最高境界。
- 只有积极向上，保持良好心态，敢于挑战压力，才可能在平凡的工作岗位上做出不平凡的业绩。

服务创造价值

图 3-111　周年庆简报

【任务目标】

◈ 熟练创建、保存文档。
◈ 会对报纸、杂志的版面进行规划。
◈ 能熟练进行版面的布局、页面格式的设置。
◈ 能熟练设置文本分栏、设置首字下沉格式。
◈ 能绘制 SmartArt 图形，插入图片，实现图文混排。
◈ 能熟练使用文本框进行排版。
◈ 能熟练插入并编辑艺术字。
◈ 熟悉页眉和页脚的添加。
◈ 能熟练地在文档中插入其他文件对象。

【任务流程】

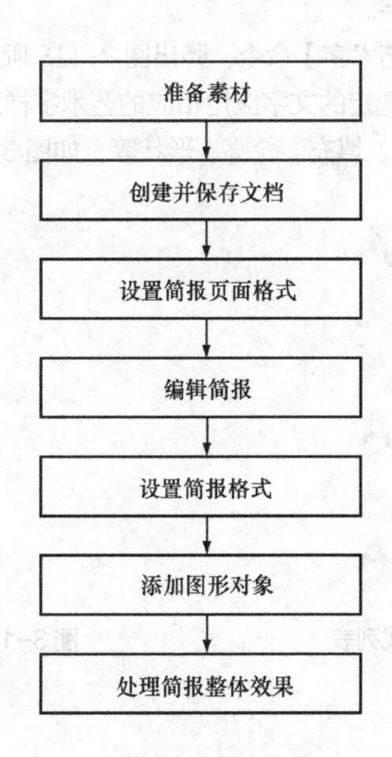

【任务解析】

1. 设置页眉和页脚

页眉可由文本或图形组成，出现在每页的顶端。页脚出现在每页的底端。页眉和页脚经常包括页码、章节标题、日期和作者姓名。

（1）创建每页都相同的页眉和页脚。

① 选择【插入】→【页眉和页脚】→【页眉】/【页脚】命令，在打开的“页眉”/“页脚”列表中选择需要的样式，显示“页眉”/“页脚”编辑区。

② 若先创建页眉，再创建页脚，则先在页眉区域中输入文本和图形后，选择【页眉和页脚工具】→【设计】→【导航】→【转至页脚】命令，鼠标指针跳转至页脚区中，可编辑页脚。

③ 若先创建页脚，再创建页眉，则先在页脚区域中输入文本和图形后，选择【页眉和页脚工具】→【设计】→【导航】→【转至页眉】命令，鼠标指针跳转至页眉区中，可编辑页眉。

④ 设置完毕后，选择【页眉和页脚工具】→【设计】→【关闭】→【关闭页眉和页脚】命令。

（2）为奇偶页创建不同的页眉或页脚。

① 选择【插入】→【页眉和页脚】→【页眉】/【页脚】命令，在打开的“页眉”/“页脚”列表中选择需要的样式，显示“页眉”/ “页脚”编辑区。

② 选中【页眉和页脚工具】→【设计】→【选项】→【奇偶页不同】复选框。

③ 选择【页眉和页脚工具】→【设计】→【导航】→【上一节】/【下一节】命令，将鼠标指针移动到奇数页或偶数页的页眉或页脚区域。

④ 在“奇数页页眉”或“奇数页页脚”区域为奇数页创建页眉和页脚；在“偶数页页眉”或“偶数页页脚”区域为偶数页创建页眉和页脚。

2. 制作艺术字

（1）在【开始】选项卡中设置文字的艺术效果。

① 选中需要设置艺术字效果的文字。

② 选择【开始】→【字体】→【文字效果】命令，弹出图 3-112 所示的下拉列表，可选择字体的颜色、轮廓、阴影、映像和发光等艺术效果。

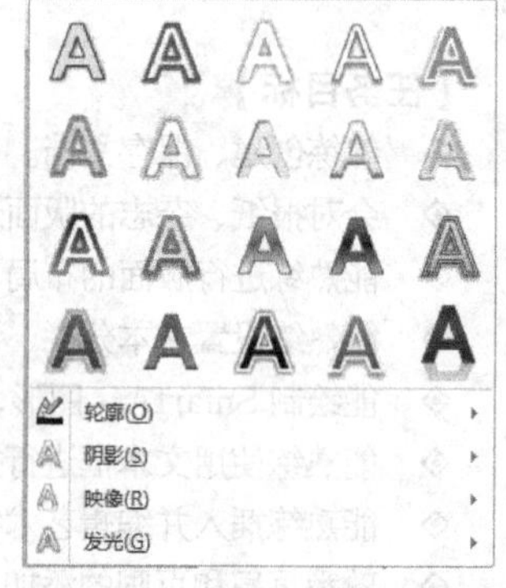

图 3-112 “文字效果”下拉列表

（2）在【插入】选项卡中设置文字的艺术效果。

① 选中需要设置艺术字效果的文字。

② 选择【插入】→【文本】→【艺术字】命令，弹出图 3-113 所示的艺术字样式列表。

③ 选择一种艺术字样式后，可对选定的文字应用相应的艺术字样式。可利用【绘图工具】→【格式】选项卡中的选项，设置文字的颜色、大小、填充、轮廓、形状等，如图 3-114 所示。

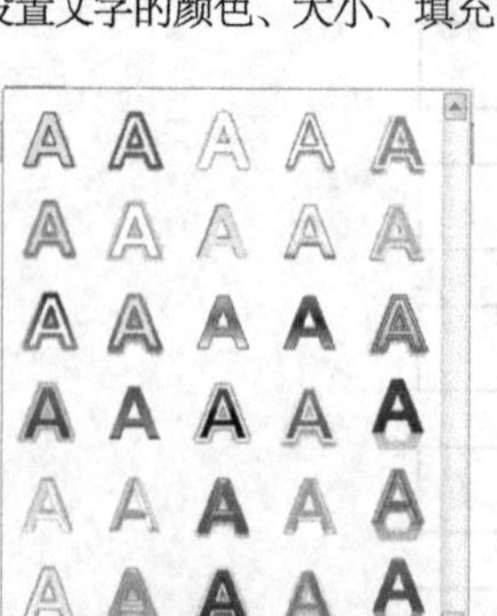

图 3-113 艺术字样式列表

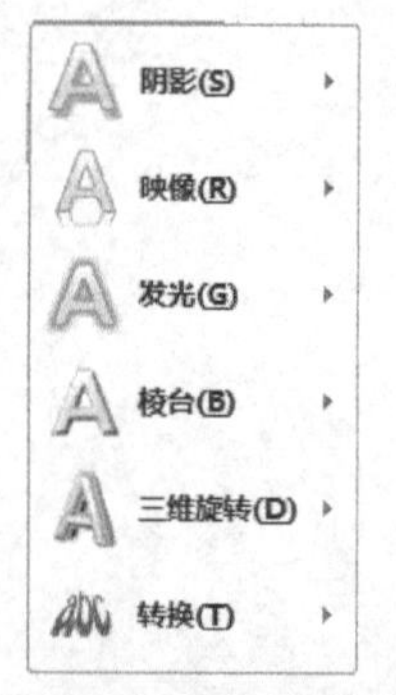

图 3-114 设置艺术字文字效果下拉菜单

3. 分栏

在各种报纸、杂志的排版中，分栏版面随处可见。在 Word 中，分栏可按以下操作进行。

（1）选中需要分栏的段落。

（2）选择【页面布局】→【页面设置】→【分栏】命令，打开“分栏”下拉列表。

（3）在下拉列表中可选择预设的【一栏】、【两栏】、【三栏】、【偏左】、【偏右】等，如果需要其他分栏设置，可选择【更多分栏】选项，打开图 3-115 所示的“分栏”对话框。

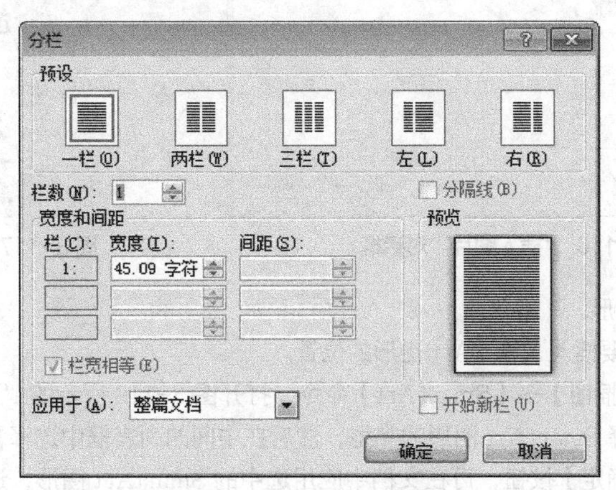

图 3-115 “分栏”对话框

（4）如果对“预设”选项组中的分栏格式不太满意，可以在“栏数”微调框中输入所要分隔的栏数。微调框中数值为 1～11（根据所定的版型不同而有所不同）。

（5）若需分成等宽的栏，则选中“栏宽相等”复选框；否则，取消“栏宽相等”复选框，并可在“宽度”和“间距”中设置各栏的栏宽和间距。

（6）选中“分隔线”复选框，可在各栏之间设置分隔线。

（7）在“应用于”下拉列表框中选择分栏的范围，可以是“本节”“整篇文档”“插入点之后”。

（8）单击【确定】按钮。

4. 设置首字下沉

（1）将鼠标指针定位于需要设置首字下沉的段落中。

（2）选择【插入】→【文本】→【首字下沉】命令，从列表中选择【下沉】或【首字下沉选项】可进行首字下沉设置。

5. 插入图片、剪贴画、SmartArt 图形

图片、图形是实现图文排版的重要元素。在 Word 2010 中，用户可以使用文件中的图片、剪贴画、自绘形状以及 SmartArt 图形等来编辑图文并茂的文档。

（1）插入图片。

① 将鼠标指针定位于要插入图片的位置。

② 选择【插入】→【插图】→【图片】命令，打开图 3-116 所示的“插入图片”对话框，在“查找范围”下拉列表中选择图片所在的位置，选中所需的图片，单击【确定】按钮，可将选中的图片插入到文档中。

（2）插入剪贴画。

① 将鼠标指针定位于要插入剪贴画的位置。

② 选择【插入】→【插图】→【剪贴画】命令，在窗口右侧打开图 3-117 所示的“剪贴画”任务窗格，在“搜索文字”文本框中输入要查找图片的关键字，单击【搜索】按钮，可搜索剪贴画图片，单击需要的剪贴画图片将其插入到文档中。

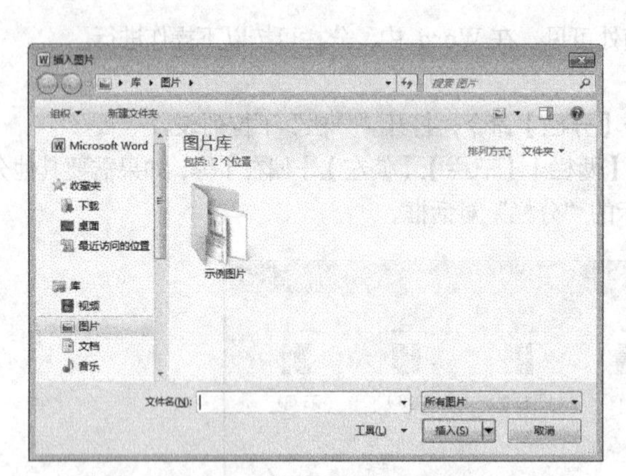

图3-116 “插入图片”对话框

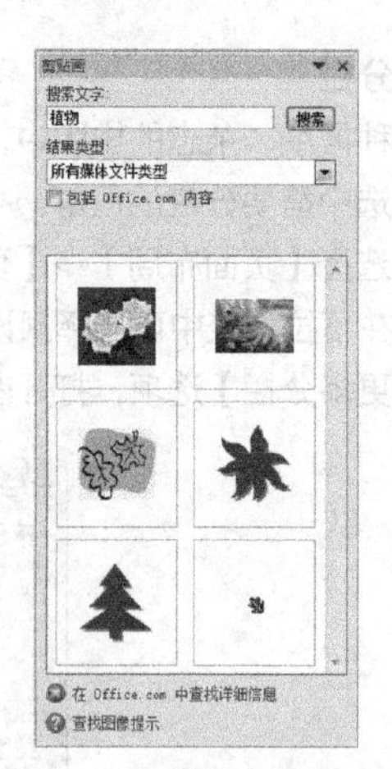

图3-117 “剪贴画”任务窗格

（3）插入SmartArt图形。

① 将鼠标指针定位于要插入SmartArt图形的位置。

② 选择【插入】→【插图】→【SmartArt】命令，打开图3-118所示的“选择SmartArt图形”对话框，在左侧的列表框中选择SmartArt图形的类型，然后在中间的列表框中选择需要的图形，右侧预览区中可显示示例效果，单击【确定】按钮，可在文档中应用选中的SmartArt图形，进一步编辑图形即可完成图形制作。

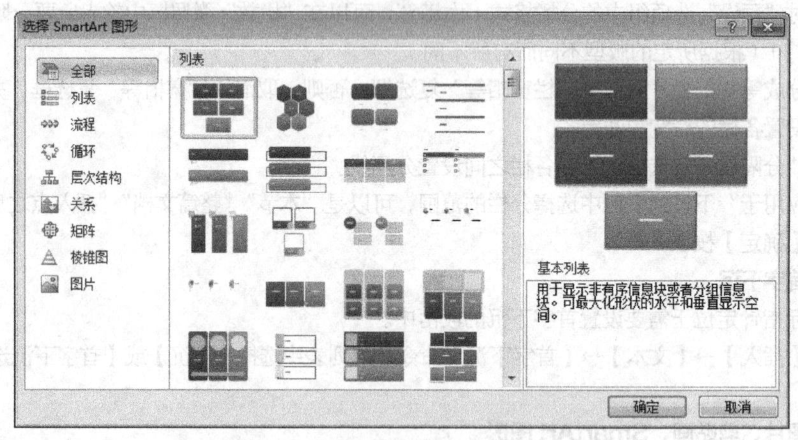

图3-118 “选择SmartArt图形”对话框

6. 设置图片格式

在Word图文排版中，设置插入图片格式的操作方法如下。

（1）双击要编辑的图片，显示图3-119所示的【图片工具】选项卡，可利用相应的工具对图片进行编辑和修饰。

图3-119 【图片工具】选项卡

（2）选中图片，用鼠标右键单击图片，从弹出的快捷菜单中选择【设置图片格式】命令，打开图 3-120

所示的“设置图片格式”对话框，可对图片进行编辑和效果设置。

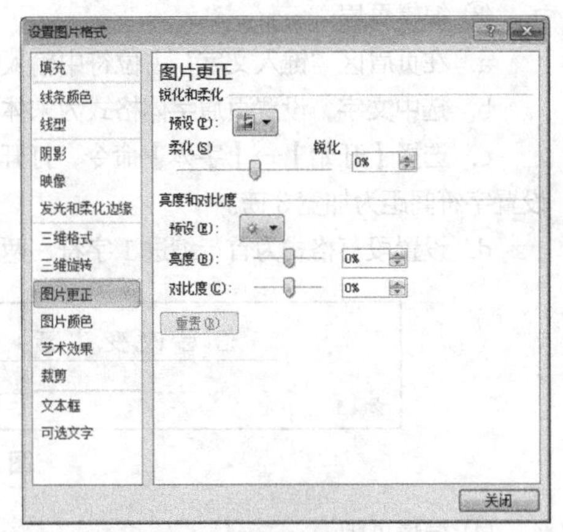

图 3-120 “设置图片格式”对话框

【任务实施】

步骤 1 准备素材

（1）收集“简报”制作中需要用到的“周年庆”照片，将其保存在“我的文档”文件夹中。

（2）收集整理员工撰写的“员工心语”Word 文档，将其保存在“我的文档”文件夹中。

步骤 2 创建并保存文档

（1）启动 Word 2010 程序，新建一份空白文档。

（2）将创建的新文档以“周年庆简报”为名保存到“我的文档”文件夹中。

步骤 3 设置简报页面格式

（1）进行页面设置。

① 选择【页面布局】→【页面设置】→【纸张大小】命令，将纸张大小设置为 A4。

② 选择【页面布局】→【页面设置】→【纸张方向】命令，设置纸张方向为“纵向”。

③ 选择【页面布局】→【页面设置】→【页边距】命令，选择【自定义边距】命令，打开“页面设置”对话框，设置页边距上、下边距为 2.8 厘米，左、右边距为 2.5 厘米。

（2）添加页眉和页脚。

① 选择【插入】→【页眉和页脚】→【页眉】命令，打开图 3-121 所示的“页眉”列表。

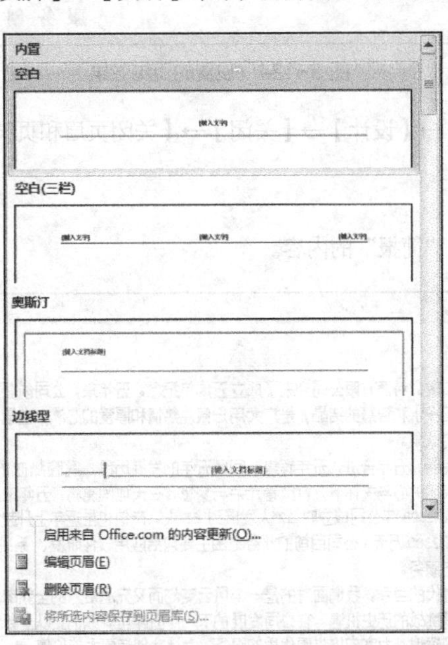

图 3-121 “页眉”列表

② 从“内置”列表中选择需要的样式“空白”，在文档页面上显示图 3-122 所示的“页眉”编辑区。

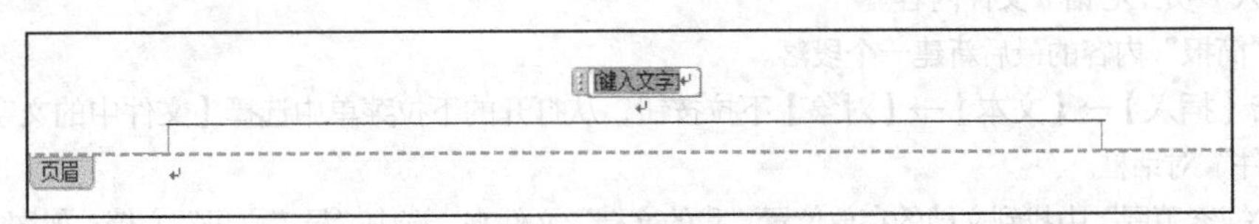

图 3-122 “页眉”编辑区

③ 编辑页眉。

a. 在页眉区“键入文字”占位符中输入文字“信息改变生活”。

b. 选中文字，设置页眉字体格式为宋体、四号、加粗、深蓝色。

c. 选择【开始】→【字体】命令，打开“字体”对话框，切换到“高级”选项卡，在“字符间距”栏中设置字符间距为加宽3磅。

d. 设置段落格式为首行缩进1字符、两端对齐。设置完成后的页眉如图3-123所示。

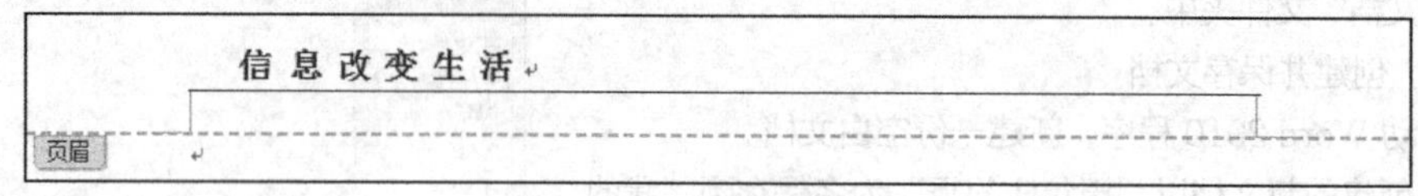

图3-123 设置的页眉效果

④ 编辑页脚。

a. 选择【页眉和页脚工具】→【设计】→【导航】→【转至页脚】命令，鼠标指针跳转至页脚区中，可编辑页脚。

b. 输入页脚文字“服务创造价值”。

c. 设置页脚字体格式为宋体、四号、加粗、深蓝色，字符间距为加宽3磅，段落为右缩进0.5厘米、右对齐。设置后的页脚如图3-124所示。

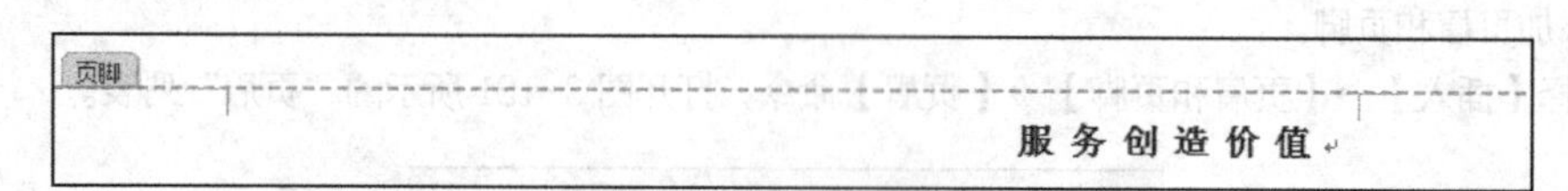

图3-124 设置的页脚效果

⑤ 选择【页眉和页脚工具】→【设计】→【关闭】→【关闭页眉和页脚】命令，返回到正文编辑状态。

（3）保存文档。

步骤4 编辑“简报”

（1）按照图3-125所示输入“简报”的内容。

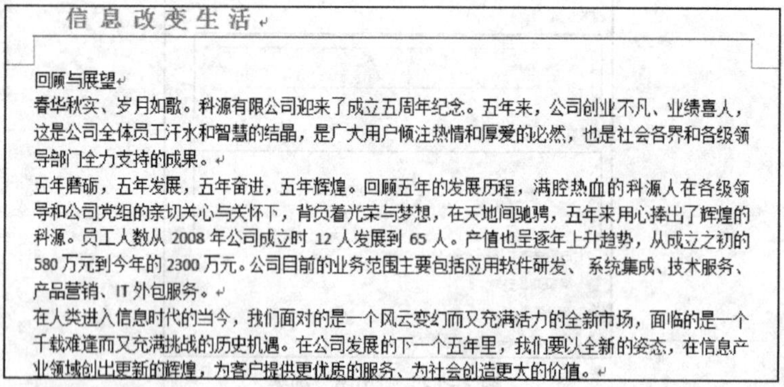

信息改变生活

回顾与展望

春华秋实、岁月如歌。科源有限公司迎来了成立五周年纪念。五年来，公司创业不凡、业绩喜人，这是公司全体员工汗水和智慧的结晶，是广大用户倾注热情和厚爱的必然，也是社会各界和各级领导部门全力支持的成果。

五年磨砺，五年发展，五年奋进，五年辉煌。回顾五年的发展历程，满腔热血的科源人在各级领导和公司党组的亲切关心与关怀下，背负着光荣与梦想，在天地间驰骋，五年来用心捧出了辉煌的科源。员工人数从2008年公司成立时12人发展到65人。产值也呈逐年上升趋势，从成立之初的580万元到今年的2300万元。公司目前的业务范围主要包括应用软件研发、系统集成、技术服务、产品营销、IT外包服务。

在人类进入信息时代的当今，我们面对的是一个风云变幻而又充满活力的全新市场，面临的是一个千载难逢而又充满挑战的历史机遇。在公司发展的下一个五年里，我们要以全新的姿态，在信息产业领域创出更新的辉煌，为客户提供更优质的服务、为社会创造更大的价值。

图3-125 “简报”的内容

（2）插入“员工心语”文件内容。

① 在“简报”内容的最后新建一个段落。

② 单击【插入】→【文本】→【对象】下拉按钮，从打开的下拉菜单中选择【文件中的文字】命令，打开“插入文件”对话框。

③ 从“搜索范围”中找到文档的存放位置“我的文档”文件夹，选中“员工心语”文档，如图3-126所示。

④ 单击【插入】按钮，将“员工心语”文档内容插入到“简报”中，如图 3-127 所示。

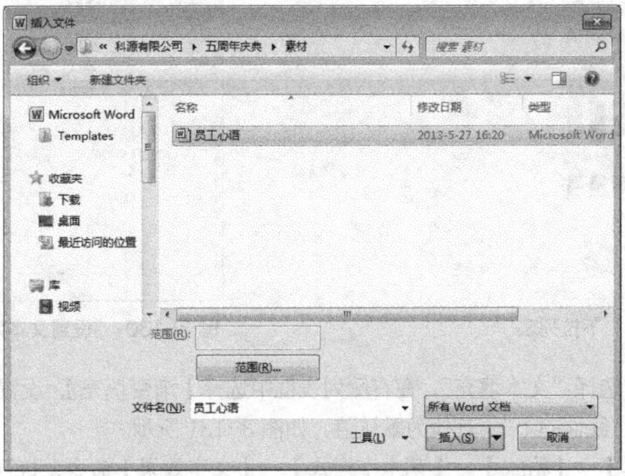

图 3-126 “插入文件”对话框

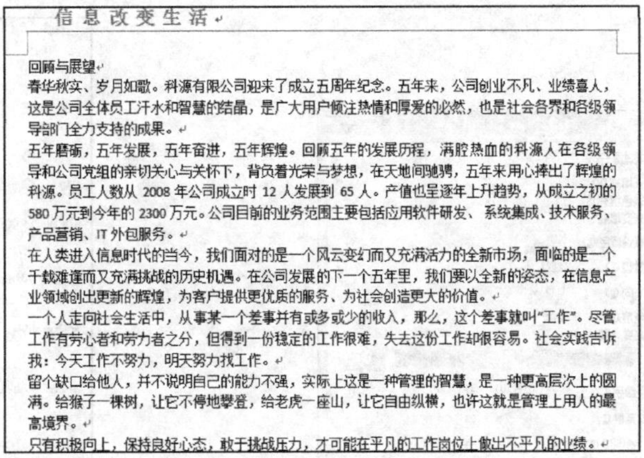

信息改变生活

回顾与展望

春华秋实、岁月如歌。科源有限公司迎来了成立五周年纪念。五年来，公司创业不凡、业绩喜人，这是公司全体员工汗水和智慧的结晶，是广大用户倾注热情和厚爱的必然，也是社会各界和各级领导部门全力支持的成果。

五年磨砺，五年发展，五年奋进，五年辉煌。回顾五年的发展历程，满腔热血的科源人在各级领导和公司党组的亲切关心与关怀下，背负着光荣与梦想，在天地间驰骋，五年来用心捧出了辉煌的科源。员工人数从 2008 年公司成立时 12 人发展到 65 人。产值也呈逐年上升趋势，从成立之初的 580 万元到今年的 2300 万元。公司目前的业务范围主要包括应用软件研发、系统集成、技术服务、产品营销、IT 外包服务。

在人类进入信息时代的当今，我们面对的是一个风云变幻而又充满活力的全新市场，面临的是一个千载难逢而又充满挑战的历史机遇。在公司发展的下一个五年里，我们要以全新的姿态，在信息产业领域创出更新的辉煌，为客户提供更优质的服务、为社会创造更大的价值。

一个人走向社会生活中，从事某一个差事并有或多或少的收入，那么，这个差事就叫“工作”。尽管工作有劳心者和劳力者之分，但得到一份稳定的工作很难，失去这份工作却很容易。社会实践告诉我：今天工作不努力，明天努力找工作。

留个缺口给他人，并不说明自己的能力不强，实际上这是一种管理的智慧，是一种更高层次上的圆满。给猴子一棵树，让它不停地攀登，给老虎一座山，让它自由纵横，也许这就是管理上用人的最高境界。

只有积极向上，保持良好心态，敢于挑战压力，才可能在平凡的工作岗位上做出不平凡的业绩。

图 3-127 插入“员工心语”内容

（3）保存文档。

步骤 5 设置“简报”格式

1. 制作艺术字标题

（1）选中标题文字“回顾与展望”。

（2）选择【插入】→【文本】→【艺术字】命令，从打开的“艺术字”样式列表中选择第 1 行第 4 列的样式“填充 -白色，轮廓 - 强调文字颜色 1”，选中的文字应用了所选的艺术字样式，如图 3-128 所示。

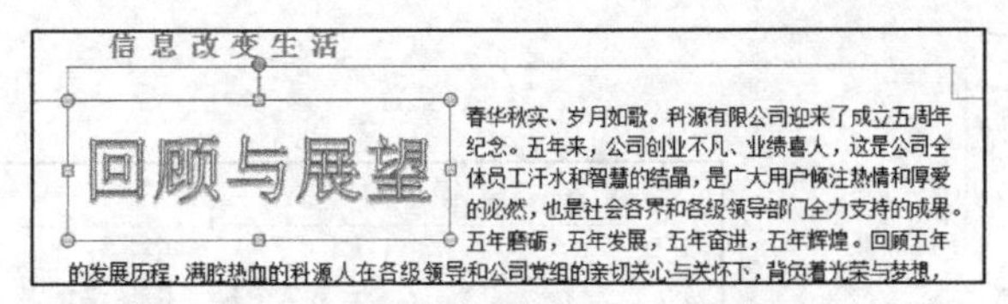

图 3-128 标题应用艺术字样式的效果

（3）设置艺术字字体为“楷体”。

（4）选择【绘图工具】→【格式】→【艺术字样式】→【文字填充】命令，打开图 3-129 所示的“文字填充”下拉列表，选择【渐变】→【其他渐变】命令，打开图 3-130 所示的“设置文本效果格式”对话框。

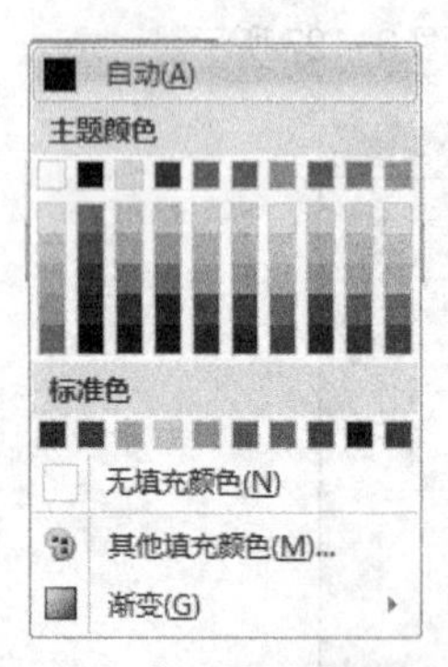

图 3-129 “文字填充”下拉列表

图 3-130 “设置文本效果格式”对话框

（5）从左侧的列表中选择“文本填充”，在右侧列表框中选择【渐变填充】，设置预设颜色为“彩虹出岫”、类型为“线性”、方向为“线性向上”，其他为默认值，如图 3-131 所示。

（6）选择【绘图工具】→【格式】→【艺术字样式】→【文字效果】命令，打开“文字效果”下拉菜单，选择【转换】命令，打开图 3-132 所示的“转换”列表。

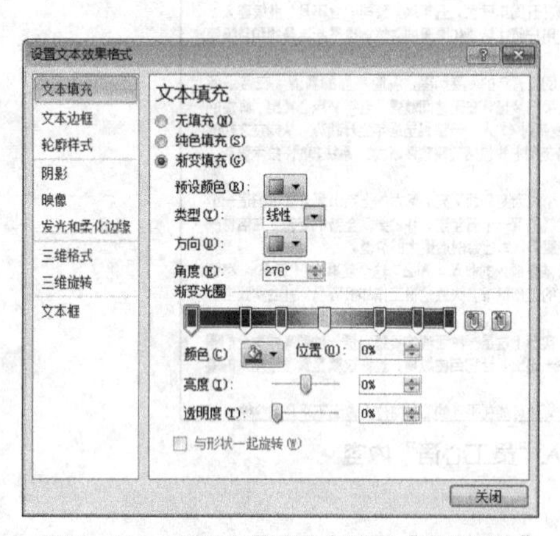

图 3-131 设置文字填充为预设“彩虹出岫”

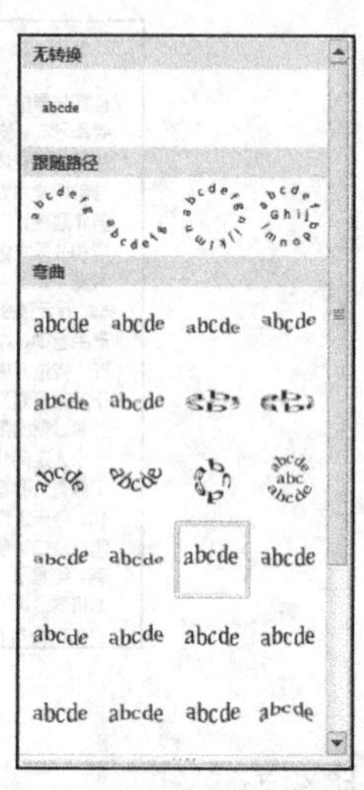

图 3-132 文字效果的“转换”列表

（7）选择“弯曲”中的“两端近”效果。

（8）选择【绘图工具】→【格式】→【排列】→【自动换行】命令，打开图 3-133 所示的“文字环绕”列表，选择“嵌入型”。

（9）选中艺术字标题所在的行，将其设置为水平居中，效果如图 3-134 所示。

图 3-133 “文字环绕”列表

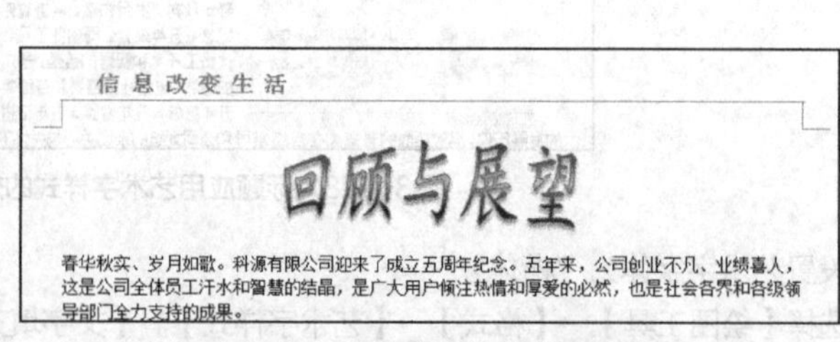

图 3-134 设置好的艺术字标题效果

2. 设置正文的字体和段落格式

（1）将正文部分的文字设置为宋体、小四号。

（2）设置段落格式。

① 将正文部分的段落格式设置为首行缩进两个字符。

② 将正文前 3 段设置为段前、段后均为 0.5 行的段落间距，第 4 段为段前 0.5 行间距。

（3）为正文第 4 段、第 5 段、第 6 段的“员工心语”文本添加项目编号。

① 选中正文第 4 段、第 5 段、第 6 段。

② 单击【开始】→【段落】→【项目符号】下拉按钮，从打开的列表中选择【定义新项目符号】命令，打开图 3-135 所示的“定义新项目符号”对话框。

③ 单击【图片】按钮，打开“图片项目符号”对话框，选择图 3-136 所示的图片作为项目符号。

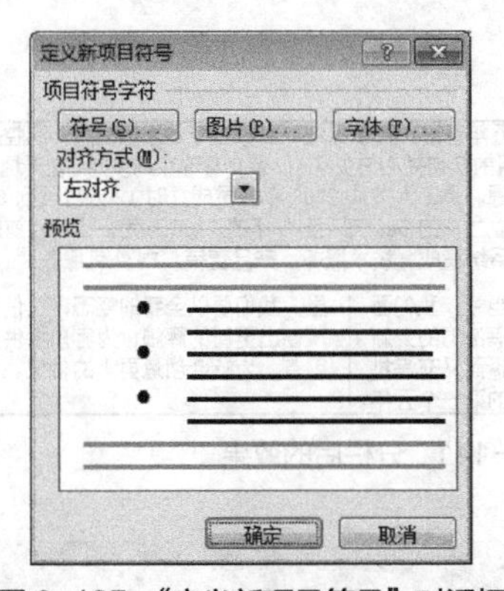

图 3-135 “定义新项目符号”对话框

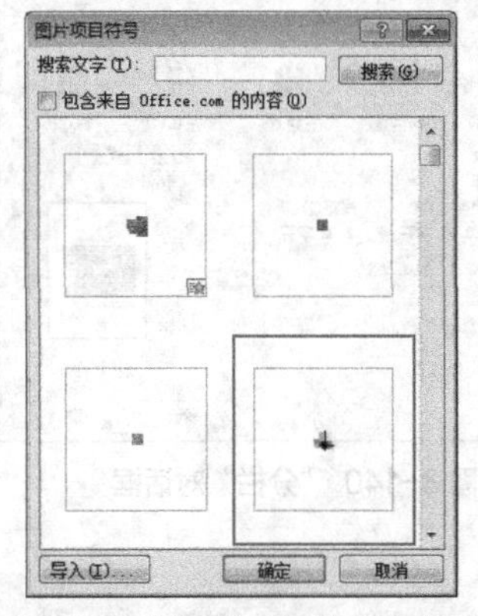

图 3-136 “图片项目符号”对话框

④ 单击【确定】按钮，返回“定义新项目符号”对话框，再单击【确定】按钮，为选中的段落添加所选的项目符号，如图 3-137 所示。

- 一个人走向社会生活中，从事某一个差事并有或多或少的收入，那么，这个差事就叫“工作”。尽管工作有劳心者和劳力者之分，但得到一份稳定的工作很难，失去这份工作却很容易。社会实践告诉我，今天工作不努力，明天努力找工作。
- 留个缺口给他人，并不说明自己的能力不强，实际上这是一种管理的智慧，是一种更高层次上的圆满。给猴子一棵树，让它不停地攀登，给老虎一座山，让它自由纵横，也许这就是管理上用人的最高境界。
- 只有积极向上，保持良好心态，敢于挑战压力，才可能在平凡的工作岗位上做出不平凡的业绩。

图 3-137 添加自定义的项目符号

3. 设置正文第 1 段首字下沉

（1）将指针定位于正文第 1 段文字中。

（2）选择【插入】→【文本】→【首字下沉】命令，从打开的列表中选择【首字下沉选项】命令，打开图 3-138 所示的“首字下沉”对话框。

（3）设置“位置”为“下沉”，“字体”为“华文行楷”，“下沉行数”为“2”，其余不变，单击【确定】按钮。首字下沉效果如图 3-139 所示。

4. 设置分栏

（1）选中正文第 3 段文本。

（2）选择【页面布局】→【页面设置】→【分栏】命令，打开“分栏”下拉列表，选择【更多分栏】选项，打开“分栏”对话框。

（3）在“预设”处单击【两栏】按钮，或将“栏数”设置为“2”，即分为两栏，选中“分隔线”复选框，如图 3-140 所示。

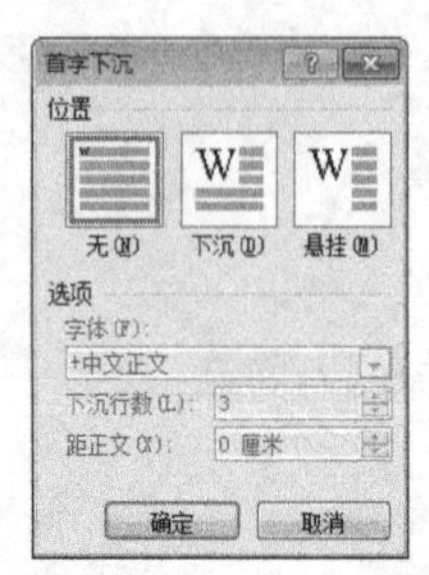

图 3-138 “首字下沉”对话框

回顾与展望

春华秋实、岁月如歌。科源有限公司迎来了成立五周年纪念。五年来，公司创业不凡、业绩喜人，这是公司全体员工汗水和智慧的结晶，是广大用户倾注热情和厚爱的必然，也是社会各界和各级领导部门全力支持的成果。

图 3-139 首字下沉的效果

（4）单击【确定】按钮，得到分栏的效果如图 3-141 所示。

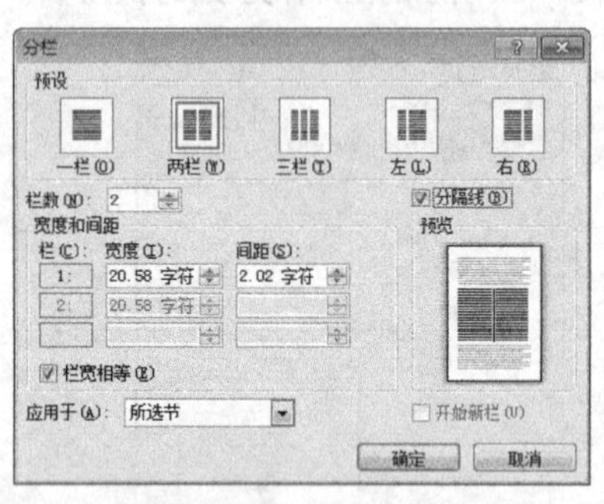

图 3-140 “分栏”对话框

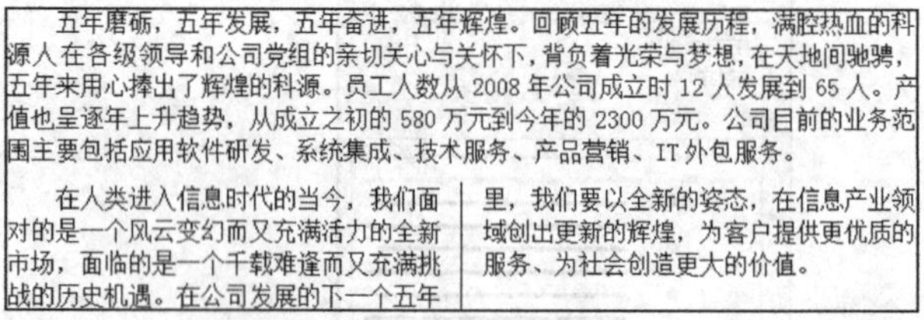

五年磨砺，五年发展，五年奋进，五年辉煌。回顾五年的发展历程，满腔热血的科源人在各级领导和公司党组的亲切关心与关怀下，背负着光荣与梦想，在天地间驰骋，五年来用心捧出了辉煌的科源。员工人数从 2008 年公司成立时 12 人发展到 65 人。产值也呈逐年上升趋势，从成立之初的 580 万元到今年的 2300 万元。公司目前的业务范围主要包括应用软件研发、系统集成、技术服务、产品营销、IT 外包服务。

在人类进入信息时代的当今，我们面对的是一个风云变幻而又充满活力的全新市场，面临的是一个千载难逢而又充满挑战的历史机遇。在公司发展的下一个五年里，我们要以全新的姿态，在信息产业领域创出更新的辉煌，为客户提供更优质的服务、为社会创造更大的价值。

图 3-141 分栏后的效果

提示

如果文档进行分栏的段落是前面或中间的段落，一般分栏的结果都很正常，但如果是全文或包括最后 1 段要分栏，选择文本的时候，不能选中最后 1 个段落标记，否则，将出现图 3-142 所示的情况。因此，选定最后 1 段之前，将指针移至文档最后，按【Enter】键，让最后 1 段后面再出现 1 个段落标记，这样操作以后，就可以用任何 1 种方式选定段落。当然，如果选择文本的拖动技巧使用得灵活，或者会在选中了文本段落的基础上使用【Shift】+【←】组合键释放最后的段落，也可以实现只在选中的这部分文字空间分栏的效果。

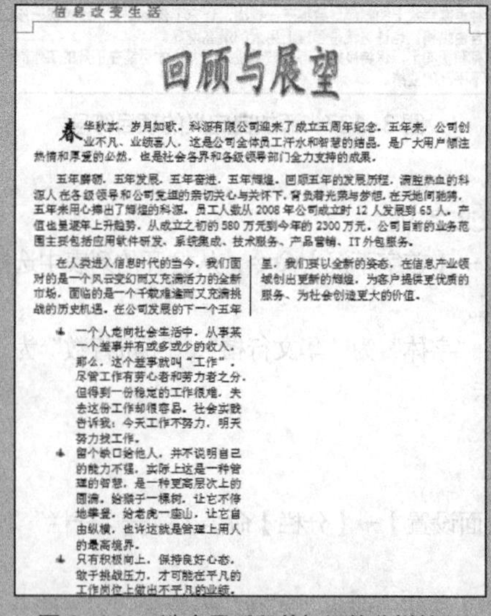
信息改变生活

回顾与展望

春华秋实、岁月如歌。科源有限公司迎来了成立五周年纪念。五年来，公司创业不凡、业绩喜人，这是公司全体员工汗水和智慧的结晶，是广大用户倾注热情和厚爱的必然，也是社会各界和各级领导部门全力支持的成果。

五年磨砺，五年发展，五年奋进，五年辉煌。回顾五年的发展历程，满腔热血的科源人在各级领导和公司党组的亲切关心与关怀下，背负着光荣与梦想，在天地间驰骋，五年来用心捧出了辉煌的科源。员工人数从 2008 年公司成立时 12 人发展到 65 人。产值也呈逐年上升趋势，从成立之初的 580 万元到今年的 2300 万元。公司目前的业务范围主要包括应用软件研发、系统集成、技术服务、产品营销、IT 外包服务。

在人类进入信息时代的当今，我们面对的是一个风云变幻而又充满活力的全新市场，面临的是一个千载难逢而又充满挑战的历史机遇。在公司发展的下一个五年里，我们要以全新的姿态，在信息产业领域创出更新的辉煌，为客户提供更优质的服务、为社会创造更大的价值。

- 一个人走向社会生活中，从事某一个差事并有或多或少的收入，那么，这个差事就叫“工作”。尽管工作有劳心者和劳力者之分，但得到一份稳定的工作很难，失去这份工作却很容易。社会实践告诉我：今天工作不努力，明天努力找工作。
- 留个缺口给他人，并不说明自己的能力不强，实际上这是一种管理的智慧，是一种更高层次上的圆满。给猴子一棵树，让它不停地攀登；给老虎一座山，让它自由纵横，也许这就是管理上用人的最高境界。
- 只有积极向上，保持良好心态，敢于挑战压力，才可能在平凡的工作岗位上做出不平凡的业绩。

图 3-142 选中最后段落标记的分栏效果

步骤 6 添加“图形”对象

1. 插入剪贴画

（1）插入图片。

① 将鼠标指针定位于正文第 1 段中。

② 选择【插入】→【插图】→【剪贴画】命令，在文档窗口的右侧出现“剪贴画”任务窗格。

③ 在“搜索文字”文本框中输入“庆祝”，单击【搜索】按钮。

④ 搜索出所有与“庆祝”有关的剪贴画，如图 3-143 所示。

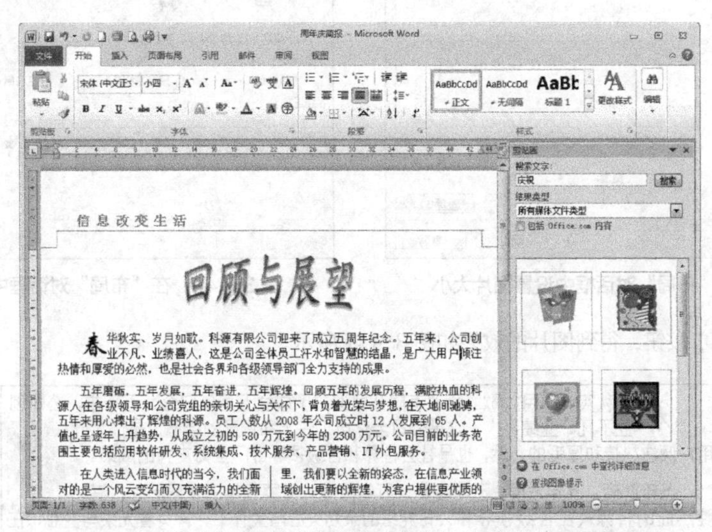

图 3-143　在“剪贴画”任务窗格中搜索与“庆祝”有关的剪贴画

⑤ 单击需要的剪贴画，如第 1 幅，则在正文第 1 段中插入了所选的剪贴画，如图 3-144 所示。

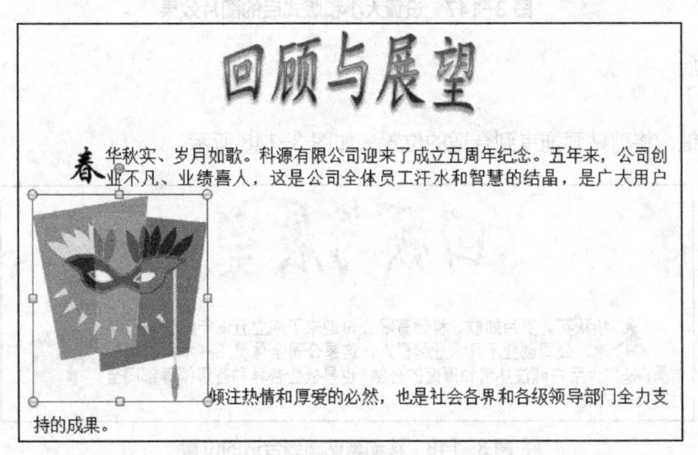

图 3-144　在正文中插入了所选的剪贴画

⑥ 单击“剪贴画”任务窗格右上角的【关闭】按钮，关闭“剪贴画”任务窗格。

（2）调整剪贴画的大小。

① 双击插入的剪贴画，显示【图片工具】选项卡。

② 选择【图片工具】→【格式】→【大小】命令，打开“布局”对话框。

③ 在“大小”选项卡中选中“锁定纵横比”和“相对原始图片大小”复选框，设置“缩放”高度和宽度都为“35%”，如图 3-145 所示。

（3）设置剪贴画的文字环绕。

① 切换到“文字环绕”选项卡，设置“环绕方式”为“紧密型”，如图 3-146 所示。

布局
位置 文字环绕 大小
高度
绝对值(E) 1.77 厘米
相对值(L)
相对于(T) 页面
宽度
绝对值(B) 1.53 厘米
相对值(I)
相对于(E) 页面
旋转
旋转(T): 0°
缩放
高度(H): 35 %
宽度(W): 35 %
锁定纵横比(A)
相对原始图片大小(R)
原始尺寸
高度: 5.06 厘米
宽度: 4.37 厘米
重置(S)
确定
取消

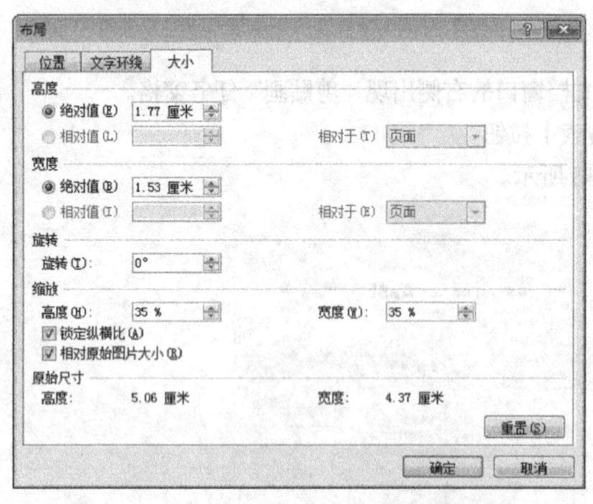

图 3-145　在“布局”对话框中设置图片大小

布局
位置 文字环绕 大小
环绕方式
嵌入型(I)
四周型(Q)
紧密型(T)
穿越型(H)
上下型(O)
衬于文字下方(B)
浮于文字上方(F)
自动换行
两边(S)
只在左侧(L)
只在右侧(R)
只在最宽一侧(A)
距正文
上(P) 0 厘米
下(M) 0 厘米
左(E) 0.32 厘米
右(G) 0.32 厘米
确定
取消

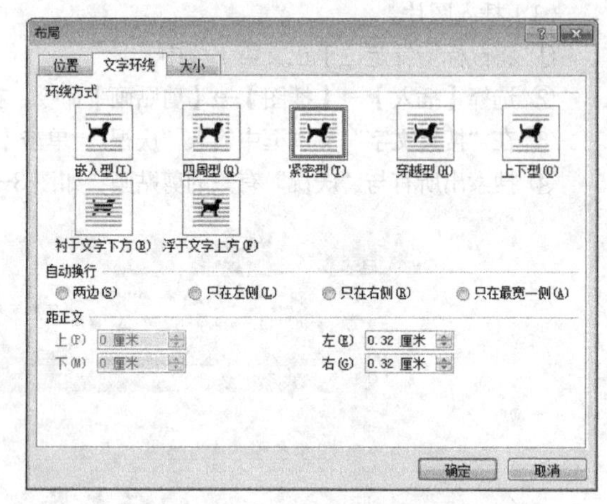

图 3-146　在“布局”对话框中设置文字环绕

② 单击【确定】按钮，得到图片的效果如图 3-147 所示。

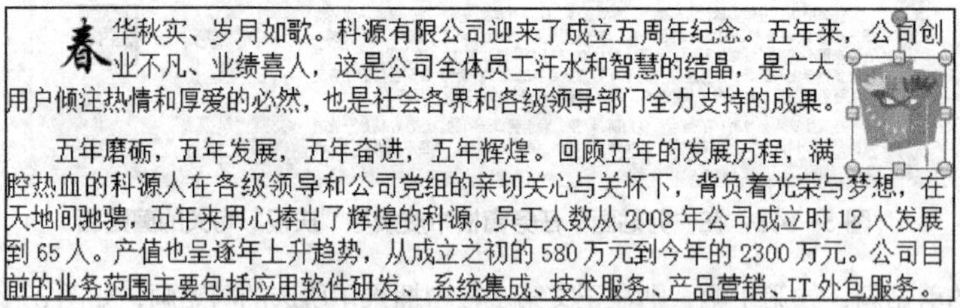

春华秋实、岁月如歌。科源有限公司迎来了成立五周年纪念。五年来，公司创业不凡、业绩喜人，这是公司全体员工汗水和智慧的结晶，是广大用户倾注热情和厚爱的必然，也是社会各界和各级领导部门全力支持的成果。
五年磨砺，五年发展，五年奋进，五年辉煌。回顾五年的发展历程，满腔热血的科源人在各级领导和公司党组的亲切关心与关怀下，背负着光荣与梦想，在天地间驰骋，五年来用心捧出了辉煌的科源。员工人数从 2008 年公司成立时 12 人发展到 65 人。产值也呈逐年上升趋势，从成立之初的 580 万元到今年的 2300 万元。公司目前的业务范围主要包括应用软件研发、系统集成、技术服务、产品营销、IT 外包服务。

图 3-147　设置大小和版式后的图片效果

（4）移动剪贴画。

① 选中剪贴画。

② 按住鼠标左键，将剪贴画拖曳到合适的位置，如图 3-148 所示。

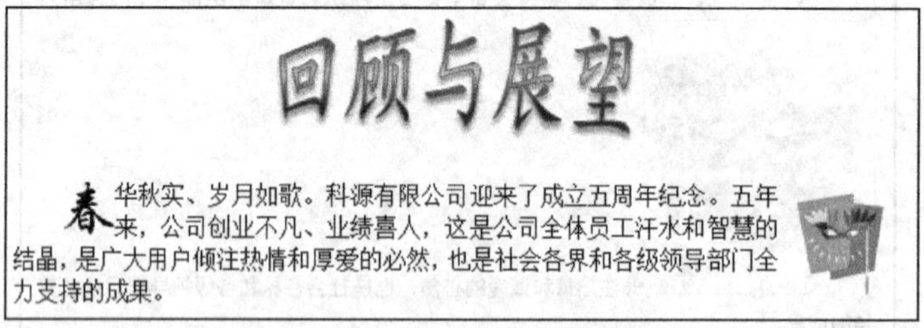

回顾与展望
春华秋实、岁月如歌。科源有限公司迎来了成立五周年纪念。五年来，公司创业不凡、业绩喜人，这是公司全体员工汗水和智慧的结晶，是广大用户倾注热情和厚爱的必然，也是社会各界和各级领导部门全力支持的成果。

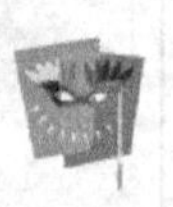

图 3-148　移动剪贴画到合适的位置

2. 插入来自文件的图片

（1）插入图片。

① 在正文第 4 段之前增加一个段落，并将指针定位于新增的段落中。

② 选择【插入】→【插图】→【图片】命令，打开“插入图片”对话框。

③ 在“查找范围”中选择“我的文档”文件夹，选中“周年庆典”图片文件，如图 3-149 所示。

④ 单击【插入】按钮，插入所选的图片文件，如图 3-150 所示。

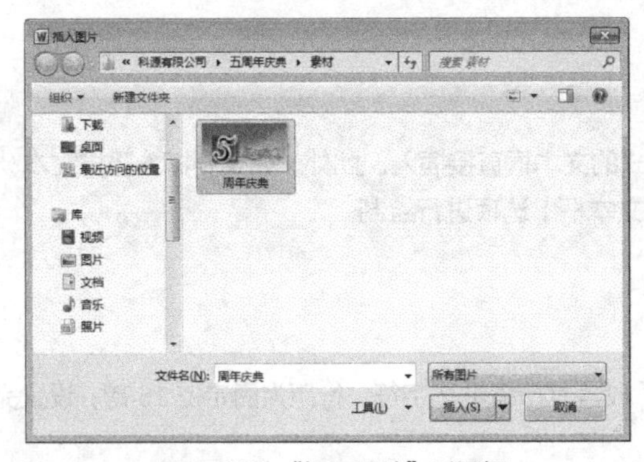

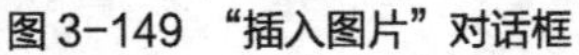

图 3-149 “插入图片”对话框

图 3-150 插入了来自文件的图片

（2）设置图片的大小。

① 双击插入的图片，显示“图片工具”选项卡。

② 选择【图片工具】→【格式】→【大小】命令，打开“布局”对话框。

③ 在“大小”选项卡中，取消“锁定纵横比”和“相对原始图片大小”复选框，设置“高度”的“绝对值”为 3.8 厘米，“宽度”的“绝对值”为 6.5 厘米，如图 3-151 所示。

④ 单击【确定】按钮，调整好图片的尺寸。

3. 添加文本框

（1）插入文本框。

① 选择【插入】→【文本】→【文本框】命令，打开图 3-152 所示的“文本框”下拉列表。

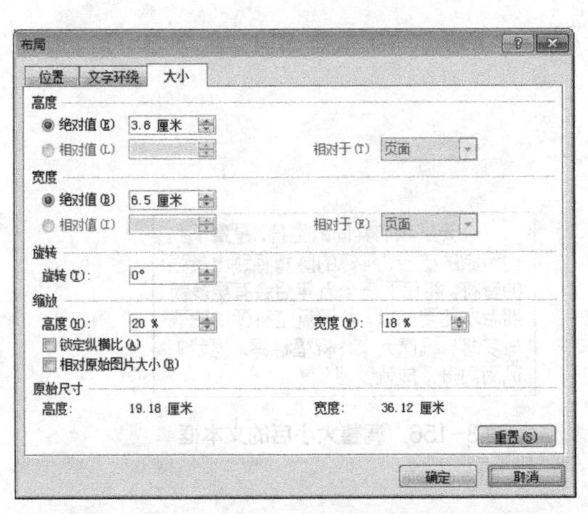

图 3-151 在“布局”对话框中设置图片尺寸

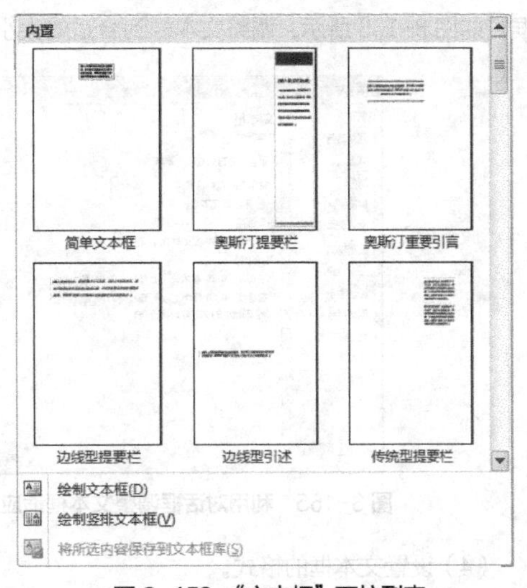

图 3-152 “文本框”下拉列表

② 从列表中选择【绘制文本框】选项，鼠标指针变成“十”形状，将鼠标指针移到周年庆典图片右侧区域，按住鼠标左键拖曳到合适位置，释放鼠标左键，得到横排文本框，如图 3-153 所示。

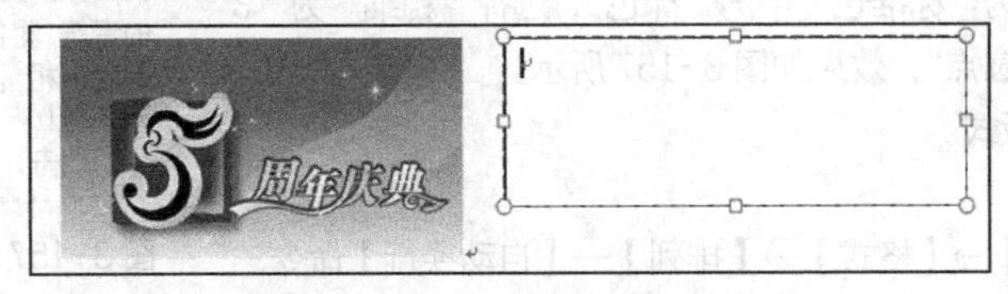

图 3-153 插入了一个横排文本框

提示

在“文本框”下拉列表中，也可选择“内置”样式的文本框直接插入。此外，如果要插入竖排文本框，可选择“文本框”下拉列表中的【绘制竖排文本框】选项进行绘制。

（2）编辑文本框。

① 在文本框中输入图 3-154 所示的文字。

② 设置文本框中文字格式为宋体、小四号、深蓝色、段落首行缩进 2 字符、行距为固定值 16 磅，设置完成后的效果如图 3-154 所示。

5
周年庆典
今天是我们共同的生日，是属于我
们大家的盛会，科源的脉搏将跳出最强
的音符。相信下一个五年后会有更多新
朋老友相聚一堂，共同见证科源的腾飞

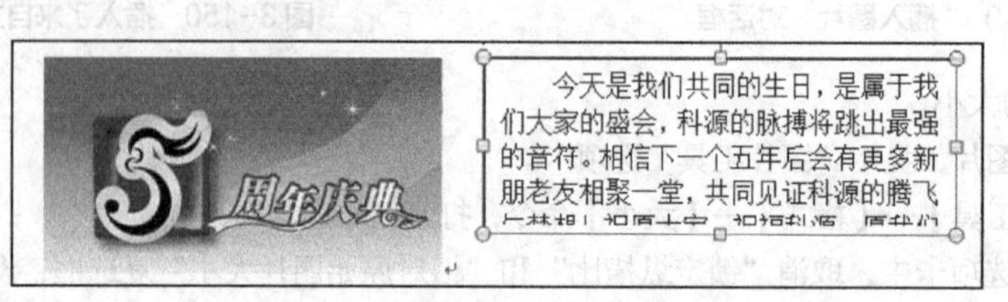

图 3-154　文本框中文字格式化后的效果

（3）调整文本框的大小。

① 用鼠标右键单击文本框的边框，从弹出的快捷菜单中选择【设置形状格式】命令，打开“设置形状格式”对话框。

② 从左侧的列表中选择“文本框”选项，选中右侧“自动调整”栏中的“根据文字调整图形大小”复选框，如图 3-155 所示，调整文本框到合适的大小，如图 3-156 所示。

设置形状格式
填充
线条颜色
线型
阴影
映像
发光和柔化边缘
三维格式
三维旋转
图片更正
图片颜色
艺术效果
裁剪
文本框
可选文字
文本框
文字版式
垂直对齐方式(V):
顶端对齐
文字方向(X):
横排
不旋转文本(D)
自动调整
根据文字调整形状大小(F)
内部边距
左(L):
0.25 厘米
上(T):
0.13 厘米
右(R):
0.25 厘米
下(B):
0.13 厘米
形状中的文字自动换行(W)
关闭

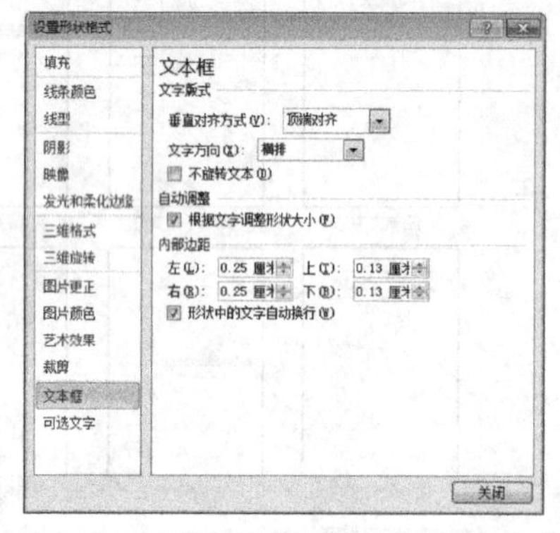

图 3-155　利用对话框调整文本框适应文字

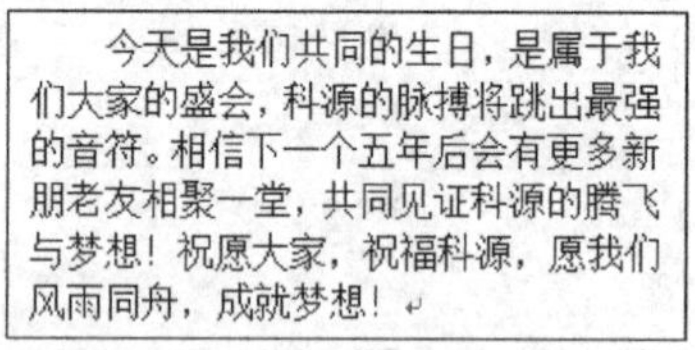
今天是我们共同的生日，是属于我
们大家的盛会，科源的脉搏将跳出最强
的音符。相信下一个五年后会有更多新
朋老友相聚一堂，共同见证科源的腾飞
与梦想！祝愿大家，祝福科源，愿我们
风雨同舟，成就梦想！

图 3-156　调整大小后的文本框

（4）设置文本框的格式。

① 双击文本框边框，显示“绘图工具”选项卡。

② 选择【绘图工具】→【格式】→【形状格式】→【形状轮廓】命令，打开“形状轮廓”下拉列表。

③ 将边框颜色设置为“标准色”中的“绿色”，选择“粗细”为“3 磅”，设置“虚线”为“圆点”，效果如图 3-157 所示。

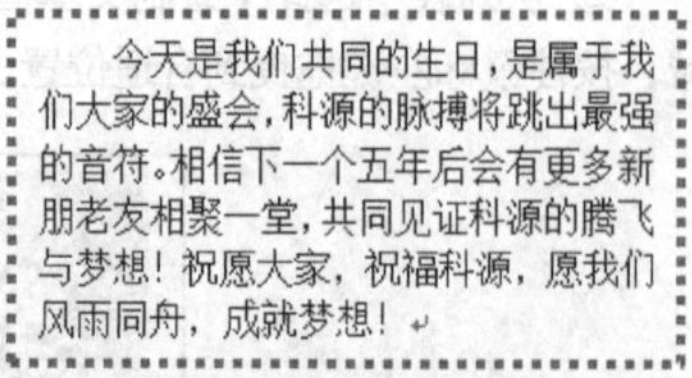
今天是我们共同的生日，是属于我
们大家的盛会，科源的脉搏将跳出最强
的音符。相信下一个五年后会有更多新
朋老友相聚一堂，共同见证科源的腾飞
与梦想！祝愿大家，祝福科源，愿我们
风雨同舟，成就梦想！

图 3-157　设置文本框边框的效果

（5）设置文本框的版式。

① 选中文本框。

② 选择【绘图工具】→【格式】→【排列】→【自动换行】命令，从下拉列表中选择【嵌入型】，将文本框的文字环绕方式设置为嵌入型，文本框出现在“周年庆典”图片的左侧。

（6）移动文本框的位置。

① 将鼠标指针移至文本框边框处，选中文本框，并按住鼠标左键将其拖曳至“周年庆典”图片的右侧后释放鼠标左键。

② 在图片与文本框中间插入一些空格，效果如图 3-158 所示。

今天是我们共同的生日，是属于我们大家的盛会，科源的脉搏将跳出最强的音符。相信下一个五年后会有更多新朋老友相聚一堂，共同见证科源的腾飞与梦想！祝愿大家，祝福科源，愿我们风雨同舟，成就梦想！

图 3-158　添加好的文本框效果

4. 插入 SmartArt 图形

在正文的第 2 段中提到了“公司目前的业务范围”，这里利用 SmartArt 图形绘制这个工作流程图。

（1）插入 SmartArt 图形。

① 将鼠标指针定位于正文第 2 段之后，按【Enter】键，增加 1 个段落，并将指针定位于新增的段落中。

② 选择【插入】→【插图】→【SmartArt】命令，打开“选择 SmartArt 图形”对话框。

③ 从左侧的列表中选择“流程”类型，在中间的列表中选择“连续块状流程”图形，右侧可预览其效果，如图 3-159 所示。

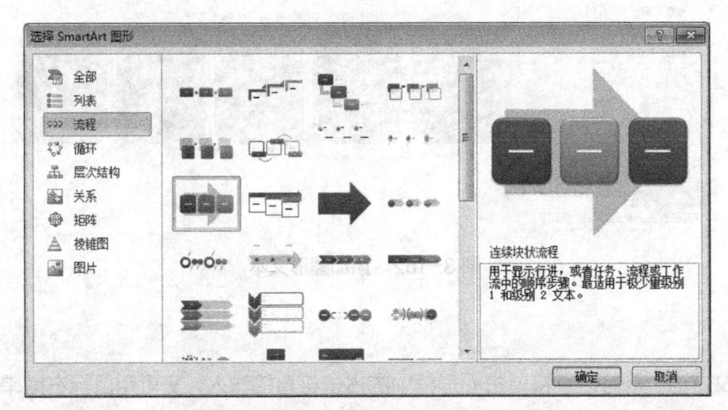

图 3-159　“选择 SmartArt 图形”对话框

④ 单击【确定】按钮，在文档中插入图 3-160 所示的流程图。

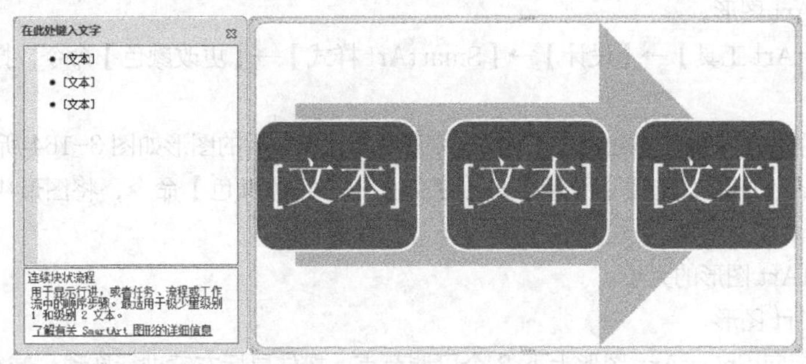

图 3-160　插入的流程图

（2）编辑 SmartArt 图形。

① 添加形状。

默认情况下，插入的连续块状流程包括 3 个基本图框，根据实际情况，需要 5 个这样的图框，因此再添加 2 个。

a. 选择【SmartArt 工具】→【设计】→【创建图形】→【添加形状】命令，增加 1 个形状。

b. 再单击 1 次【添加形状】按钮，添加需要的形状个数，如图 3-161 所示。

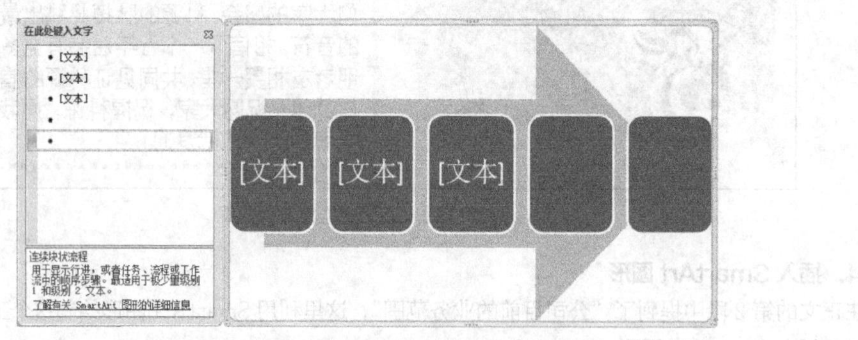

图 3-161　添加 SmartArt 图形形状

② 编辑图形文本。依次在形状中添加图 3-162 所示的图形文本。

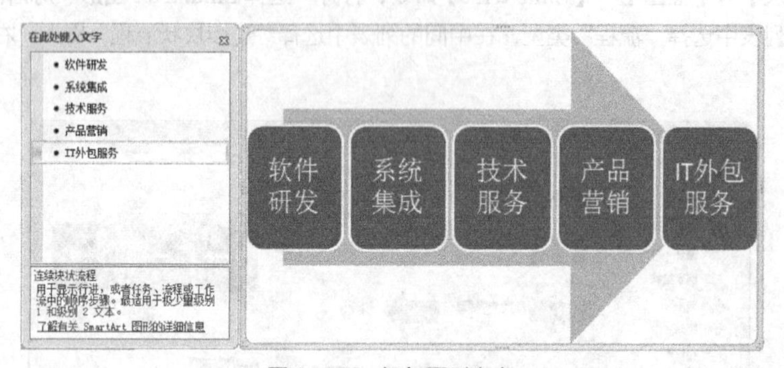

图 3-162　添加图形文本

提示

编辑图形文本时，既可以直接单击图形框中的占位符直接输入，又可用鼠标右键单击图形后从快捷菜单中选择【编辑文字】进行编辑，还可在图形左侧的“文本”窗格中进行输入。

（3）修饰 SmartArt 图形。

① 选中 SmartArt 图形。

② 选择【SmartArt 工具】→【设计】→【SmartArt 样式】→【更改颜色】命令，打开图 3-163 所示的“颜色”列表。

③ 选择“彩色”系列中的“彩色范围-强调文字颜色 5 至 6”后的图形如图 3-164 所示。

④ 选中 SmartArt 图形，选择【开始】→【字体】→【字体颜色】命令，将图形中的文字颜色设置为“黑色”。

（4）调整 SmartArt 图形的大小。

① 选中 SmartArt 图形。

② 将鼠标指针指向 SmartArt 图形上下 2 个可调节点，按住鼠标左键进行拖动，减小图框的高度，使其刚好能够容纳中间的图形，如图 3-165 所示。

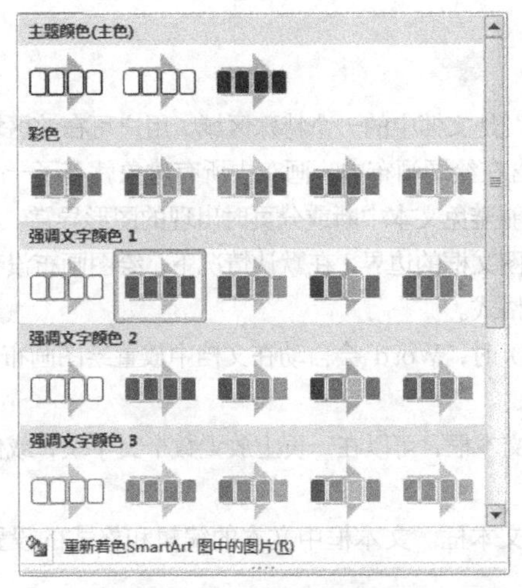

图 3-163 “颜色”列表

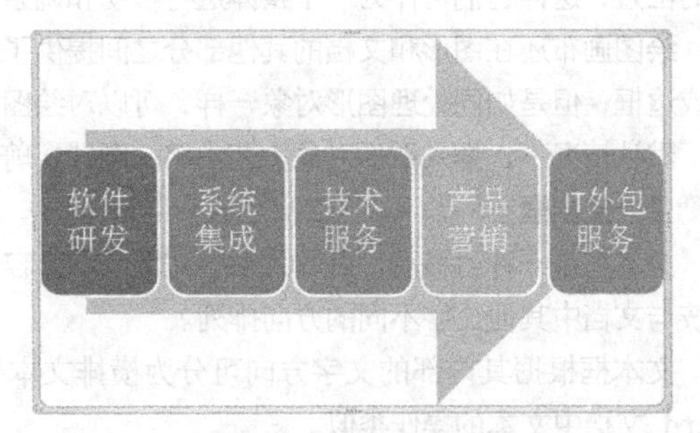

图 3-164 更改图形颜色

图 3-165 调整 SmartArt 图形图框大小后的效果

5. 添加“员工心语”艺术字

（1）在文档最后一段制作艺术字“员工心语”，艺术字样式为“渐变填充 - 橙色，强调文字颜色 6，内部阴影”。

（2）设置艺术字字体为华文行楷，字号为二号。

（3）设置艺术字环绕方式为“四周型环绕”，并移至最后一段右侧，如图 3-166 所示。

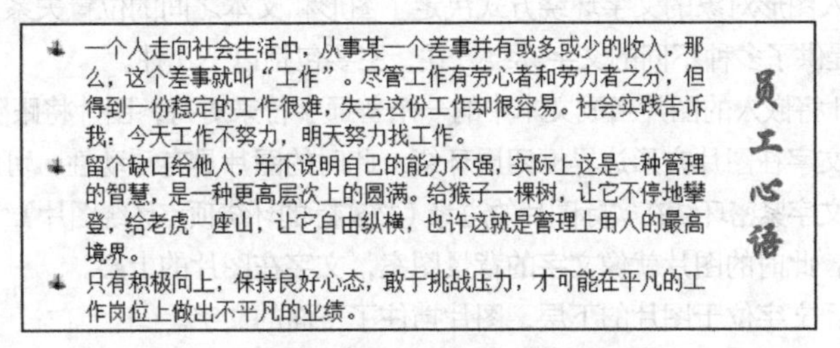

图 3-166 制作“员工心语”艺术字

步骤 7 处理“简报”整体效果

（1）调整整体效果。

为了确保简报的整体效果美观、大方，所有内容都安排在一页纸中，上、下、左、右各对象的位置和比例要合适。调整时，可使用鼠标或键盘，拖曳或移动不同对象的位置等。

在调整整体效果时，并不需要再看清楚每处文本的内容，只需要查看整体就可以了。调整 Word 程序窗口右下角的“显示比例”，如选择 50%，以纵观全局的调整效果，判断调整是否合适。

（2）保存文件。

【任务总结】

本任务通过制作“周年庆简报”，介绍了电子报刊版面的布局、页面设置、插入其他文件中的文字、分栏、首字下沉等操作。在此基础上，运用艺术字、剪贴画、图片、SmartArt 图形、文本框等图形对象实现图文混排，学会了制作电子报刊的基本方法。

【知识拓展】

1. 绘图画布

绘图画布是 Word 2002 以上版本加入的功能。“绘图画布”是文档中的一个特殊区域，用户可在该区域上绘制多个形状，其意义相当于一个“图形容器”。因为形状包含在绘图画布内，画布中所有对象就有了一个绝对的位置，这样它们可作为一个整体进行移动和调整大小，还能避免文本中断或分页时出现的图形异常。

绘图画布还在图形和文档的其他部分之间提供了一条类似图文框的边界。在默认情况下，绘图画布没有背景或边框，但是如同处理图形对象一样，可以对绘图画布应用格式。

默认情况下，插入图形对象（艺术字、图片、剪贴画除外）时，Word 会自动在文档中放置绘图画布。

2. 文本框

文本框是一种可移动、可调大小的文字或图形容器。使用文本框，可以在一页上放置数个文字块，或使文字按与文档中其他文字不同的方向排列。

文本框根据其内部的文字方向可分为横排文本框和竖排文本框。文本框中文本的编辑和格式的设置与 Word 文档中文本的操作类似。

3. 组合图形

如果在 Word 中绘制了多个图形，排版时，一般需要把这些简单的图形组合成 1 个对象整体操作。组合图形的操作如下。

（1）选择需要组合的图形。选择多个图形的方法如下。

① 按住【Shift】/【Ctrl】键的同时，逐个单击单个图形，选中所有的图形。

② 选择【开始】→【编辑】→【选择】命令，从下拉列表中选择【选择对象】选项，再拖曳鼠标在想要组合的图片周围画一个矩形框，则框中的图形全部被选中。

（2）组合图形。用鼠标右键单击选中的图形，从弹出的快捷菜单中选择【组合】→【组合】命令，或者选择【绘图工具】→【格式】→【排列】→【组合】命令，从下拉列表中选择【组合】命令。

4. 文字环绕

在 Word 文档中插入图形对象的文字环绕方式决定了图形和文本之间的位置关系、叠放次序和组织形式。Word 中对插入的图形提供了多种不同的文字环绕方式，主要包括以下几种。

（1）嵌入型：Word 将嵌入的图片当成文本中的一个普通字符来对待，图片将跟随文本的变动而变动。

（2）四周型环绕：文字在图片方形边界框四周环绕，此时的图片具有浮动性，可以在文档中自由移动。

（3）紧密型环绕：文字紧密环绕在实际图片的边缘（按实际的环绕顶点环绕图片），而不是环绕于图片边界。

（4）衬于文字下方：此时的图片就像文字的背景图案，文字在图片的上层。

（5）衬于文字上方：文字位于图片的下层，图片挡住了下面的文字。

（6）上下型环绕：文字位于图片的上部、下部，图片和文字泾渭分明，版面显得很整洁。

（7）穿越型环绕：文字沿着图片的环绕顶点环绕图片，且穿越凹进的图形区域。

5. 分页符

分页符是指上一页结束以及下一页开始的位置。在 Word 中可插入一个“自动”分页符（软分页符），或者通过插入手动分页符（硬分页符）在指定位置强制分页。

当文字或图形填满一页时，Word 会插入一个自动分页符并开始新的一页。要在特定位置插入分页符，可插入手动分页符，如可强制插入分页符以确保章节标题总从新的一页开始。

如果处理的文档有多页，并且插入了手动分页符，在编辑文档时，则可能经常需要重新分页。此时，可以删除手动分页符，即先把页面切换到普通视图方式下，将指针移动到硬分页符上，按【Delete】键完成删除分页符的操作，然后重新设置新的分页符。

6. 编辑公式

用 Word 编辑文档，有时需要在文档中插入数学公式。使用键盘，字体中的“上标”“下标”及插入菜单中的“符号”只能解决一些简单问题，利用 Word 2010 提供的“公式”功能，即可建立复杂的数学公式。

（1）使用内置公式。

① 将鼠标指针定位于要插入公式的位置。

② 选择【插入】→【符号】→【公式】下拉按钮，打开图 3-167 所示的“公式”下拉列表。

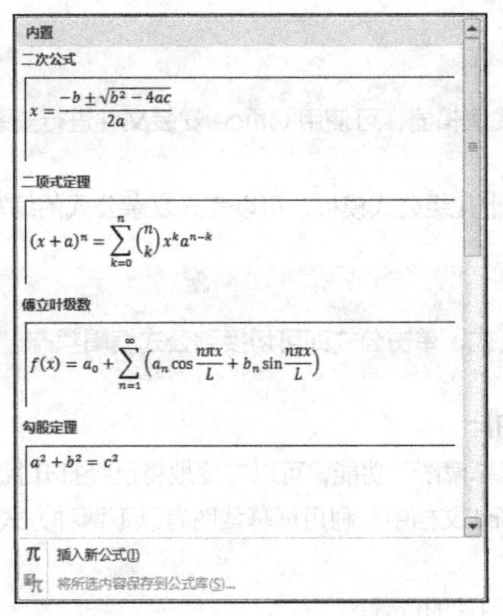

图 3-167 “公式”下拉列表

③ 选择内置的公式，可快速编辑常用数学公式。

（2）使用公式工具。

① 将鼠标指针定位于要插入公式的位置。

② 选择【插入】→【符号】→【公式】命令，打开图 3-168 所示的公式工具。

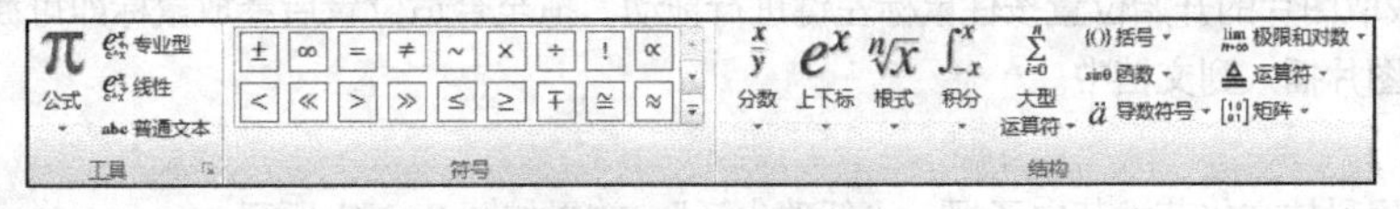

图 3-168 公式工具

③ 从“结构”中选择需要的公式结构，编辑需要的公式。

（3）使用公式编辑器“Microsoft 公式 3.0”。

① 将鼠标指针定位于要插入公式的位置。

② 选择【插入】→【文本】→【对象】命令，打开图 3-169 所示的“对象”对话框。

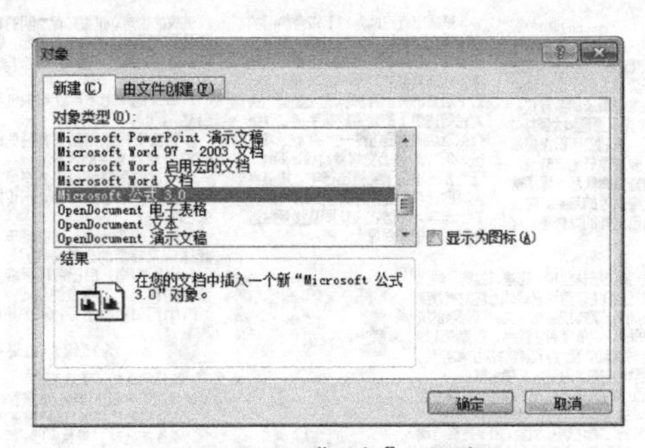

图 3-169 “对象”对话框

③ 从“新建”选项卡的“对象类型”列表框中选择“Microsoft 公式 3.0”选项。

④ 单击【确定】按钮，打开图 3-170 所示的“公式”编辑器。

图 3-170 “公式”编辑器

如果没有 Microsoft 公式编辑器，可使用 Office 安装文件进行安装。

⑤ 利用公式工具栏中提供的十几组公式模板，可以完成复杂公式的编写。

如果要重新编辑和修订公式，单击公式即可切换到公式编辑状态。

7. 利用“屏幕截图”插入图片

借助 Word 2010 提供的“屏幕截图”功能，可以方便地将已经打开且未处于最小化状态的窗口或者是当前页面中的某个图片截图插入 Word 文档中。利用屏幕截图有以下两种方式。

（1）插入屏幕窗口截图。

① 将鼠标指针定位于要插入图片的位置。

② 选择【插入】→【插图】→【屏幕截图】命令，从下拉列表中选择“可用视窗”中当前打开窗口的缩略图，将选中窗口的屏幕图片插入到文档中。

（2）自定义屏幕截图。

① 将鼠标指针定位于要插入图片的位置。

② 选择【插入】→【插图】→【屏幕截图】命令，从下拉列表中选择“屏幕剪辑”。

③ 在需要截取图片的开始位置按住鼠标左键进行拖动，拖至合适位置后释放鼠标即可截取所需的屏幕，并将截取的屏幕图片插入到文档中。

【实践训练】

制作“第六届科技文化艺术节电子报——低碳生活”，效果如图 3-171 所示。

MAY 20, 2013　低碳 · 绿色 · 环保　低碳专刊

低碳生活知多少

所谓“低碳生活（low-carbon life）”，就是把生活作息时间所耗用的能量要尽量减少，从而减低二氧化碳的排放量。低碳生活，对于我们这些普通人来说是一种生活态度，也成为人们推进潮流的新方式。它给我们提出的是一个愿不愿意和大家共同创造低碳生活的问题。我们应该积极提倡并去实践低碳生活，要注意节电、节气、熄灯一小时……从这些点滴做起。除了植树，还有人买运输里程很短的商品，有人坚持爬楼梯，形形色色，有的很有趣，有的不免有些麻烦。

低碳出行

低碳出行已成为时下较为热门的生活原则，旅途中如何减碳，倡导自然健康、环保节能的低碳出游方式是减少能源浪费的关键一环。记者发现，桔子酒店的每间客房以及大堂都为客人免费提供了的旅游攻略手册，详细介绍酒店周边最值得一提的“吃、喝、玩、乐”，以及公交搭乘路线。同时，还为客人准备了免费自行车，提倡客人以自行车和徒步等传统出游方式代替出租车。希望客人认同及接受贴近自然生态的环保理念。

应对全球气候变化把林业和生态建设推到了时代的最前沿，加强林业和生态建设已经成为应对气候变化的国家行为。我们一定要按照党中央、国务院的决策部署，依靠人民群众、依靠科学技术、依靠深化改革，扎实开展植造林活动，着力加强森林保护和经营，推动我国林业发展和生态建设又好又快发展。

人们可以通过植树消除自己的碳足迹，使生活既低碳又舒适。据测算，25 棵大树就可以吸收一个城市居民一年的二氧化碳排放量；如果把在电动跑步机上 45 分钟的锻炼改为到森林公园里的慢

低碳的生活方式

低碳的生活，是很环保文明的事。“低碳人”的理解就是要在日常生活中从我做起，最大限度地减少一切可能的消耗，当然“低碳”主要指的还是二氧化碳的排放。

1.每天的淘米水可以用来洗手擦家具，干净卫生，自然滋润；

2.将废旧报纸铺垫在衣橱的底层，不仅可以吸潮，还能吸收衣柜中的异味；

3.用过的面膜纸也不要扔掉，用它来擦首饰、擦家具的表面或者擦皮带，不仅擦得亮还能留下面膜纸的香气；

4.喝过的茶叶渣，把它晒干，做个茶叶枕头，既舒适，又能帮助改善睡眠；

5.出门购物，自己带环保袋，无论是免费或者收费的塑料袋，都减少使用；

6.出门自带喝水杯，减少使用一次性杯子。

畅写绿色&环保宣言

△环境保护，人人有责

△保护生物多样性 就是保护人类生存的伙伴

△在自然界任何打破平衡的行为都是危险的

△保护地球，爱我家园

△人类只有一个可生息的村庄——地球

图 3-171 “第六届科技文化艺术节电子报——低碳生活”展板

1. 收集展板素材

收集、整理以“低碳”“环保”“绿色”为主题的文本、图片、花边、边框等素材，保存在“我的文档”文件夹中。

2. 创建展板文档

（1）新建并保存文档。新建Word文档，并以“第六届科技文化艺术节电子报——低碳生活”为名保存在“我的文档”文件夹中。

（2）设置页面。将页面的纸张大小设置为A4，方向为横向，页边距上、下、左、右均为1.5厘米。

3. 编辑展板文档

（1）制作电子报刊头。从左至右分别添加日期、主题“低碳·绿色·环保”以及刊名“低碳专刊”，并设置合适的字体、字号。

（2）利用“直线”工具绘制刊头和正文的分隔线，线条颜色为“绿色”，粗细为4.5磅。

（3）编辑“低碳生活知多少”版块。

① 利用艺术字制作标题“低碳生活知多少”，艺术字形状为“波形1”，将艺术字放于页面左上角。

② 利用横排文本框制作“低碳生活知多少”的内容，文字为宋体、小四号。设置文本框为无轮廓。

（4）编辑“植树除碳”版块。

① 在页面左下角插入横排文本框，并输入“植树除碳”的内容，文字为宋体、小四号。第2段文字左缩进1.5字符，并将文本框设置为无轮廓。

② 在文档中插入“我的文档”文件夹中的图片文件“背景”，并将图片的环绕方式均设置为“衬于文字下方”，并适当调整图片的大小。

③ 插入艺术字标题“植树除碳”，艺术字字体为宋体，形状为“右牛角形”，艺术字的填充颜色为“蓝色”，文本轮廓为“黑色”，并适当旋转艺术字。

④ 将艺术字的文字环绕方式设置为“浮于文字上方”，并移至背景图片的左下角。

（5）编辑“低碳出行”版块。

① 插入一个圆角矩形，在圆角矩形中添加“低碳出行”文本，并设置文本段前间距1行。

② 设置矩形边框为绿色、圆点虚线、粗细为1磅。

③ 添加横排文本框，输入标题“低碳出行”，字体为方正舒体、二号。将文本框设置为无轮廓，并移至圆角矩形右上角。

（6）在页面中下方插入图片“低碳让生活更美好”，并调整好图片的大小和位置。

（7）编辑“低碳的生活方式”版块。

① 在页面右上角插入文本框，添加文本内容。

② 设置标题“低碳的生活方式”字体为华文行楷、二号、蓝色、居中。

③ 设置文本框内容字体为宋体、小四号、首行缩进1字符。

④ 设置文本框为无轮廓。

（8）编辑“畅写绿色&环保宣言”版块。

① 在页面右下角插入文本框，添加文本内容。

② 设置标题“畅写绿色&环保宣言”字体为宋体、四号、加粗、深红色、居中。

③ 设置文本框内容字体为宋体、小四号、左缩进1字符。

④ 在文档中插入“我的文档”文件夹中的图片文件“边框”，并将图片的环绕方式均设置为“衬于文字下方”，并适当调整图片的大小。

4. 调整展板的整体效果

调整展板中各对象的大小和位置，使展板的整体效果协调、美观、大方。

思考练习

一、单项选择题

1. 在Word的编辑状态，文档中的一部分内容被选择，执行【剪切】命令后，（　　）。

A. 被选择的内容被复制到插入点处

B. 被选择的内容被复制到剪贴板中

C. 被选择的内容被移到剪贴板中

D. 指针所在的段落内容被复制到剪贴板中

2. 打开Word文档一般是指（　　）。

A. 把文档的内容从内存中读入，并显示出来

B. 为指定文件开设一个新的、空的文档窗口

C. 把文档的内容从磁盘调入内存，并显示出来

D. 显示并打印出指定文档的内容

3. 在Word中，可用单击【新建】按钮打开一个文档窗口，在标题行中显示的“文档1”是该文档的（　　）文件名。

A. 新的　　B. 临时　　C. 正式　　D. 旧的

4. 以下正确的叙述是（　　）。

A. Word是一种电子表格软件　　B. Word是一种操作系统

C. Word是一种数据库管理系统　　D. Word是一种文字处理软件

5. 删除一个段落标记后，前后两段文字将合并成一个段落，原段落内容的字体格式（　　）。

A. 变成前一段落的格式　　B. 变成后一段落的格式

C. 没有变化　　D. 两段的格式变成一样

6. 当前插入点在表格中某行的最后一个单元格右边（外边），按【Enter】键后（　　）。

A. 插入点所在的行加高　　B. 插入点所在的列加宽

C. 在插入点下一行增加一行　　D. 对表格没起作用

7. 在Word的编辑状态，当前文档中有一个表格，选定表格后，按【Delete】键后（　　）。

A. 表格中的内容全部被删除，但表格还存在

B. 表格和内容全部被删除

C. 表格被删除，但表格中的内容未被删除

D. 表格中插入点所在的行被删除

8. 在Word的编辑状态，当前文档中有一个表格，选定列后，选择【表格工具】→【布局】→【行和列】→【删除】→【删除列】命令后，（　　）。

A. 表格中的内容全部被删除，但表格还存在

B. 表格和内容全部被删除

C. 表格被删除，但表格中的内容未被删除

D. 仅将表格中选定的列删除

9. 在Word的编辑状态，当前文档中有一个表格，选定表格中的一行后，选择【拆分表格】命令，表格被拆分成上、下两个表格，已选择的行（　　）。

A. 在上边的表格中　　B. 在下边的表格中

C. 不在这两个表格中　　D. 被删除

10. Word 表格通常是采用（　　）方式生成的。

A. 编程　　B. 插入　　C. 绘图　　D. 连接

11. 在 Word 表格中，拆分操作（　　）。

A. 对行/列或单一单元格均有效　　B. 只对行单元格有效

C. 只对列单元格有效　　D. 只对单一单元格有效

12. 用户若要在 Word 中使用信封制作向导批量制作信封，应该（　　）。

A. 选择【插入】→【文件】命令

B. 选择【插入】→【对象】命令

C. 选择【邮件】→【创建】→【中文信封】命令

D. 选择【插入】→【域】命令

13. 下面不是邮件合并文档类型的是（　　）。

A. 信函　　B. 电子邮件　　C. 信封　　D. 演示文稿

14. 下面不是邮件合并过程中的操作的是（　　）。

A. 插入合并域　　B. 建立主文档　　C. 插入日期　　D. 准备数据源

15. 下面不可以使用邮件合并来完成的操作是（　　）。

A. 制作标签　　B. 制作成绩单　　C. 编辑网页　　D. 制作工资条

二、操作题

在“考生”文件夹下新建文档“Word2.DOCX”，按照要求完成下列操作并以“Word2.DOCX”为文件名保存文档。

（1）建立图 3-172 所示的表格。

考生号	数学	外语	语文
12144091A	78	82	80
12144084B	82	87	80
12144087C	94	93	86
12144085D	90	89	91

图 3-172　Word2 文档内容

（2）在表格最右边插入一空列，输入列标题“总分”，在这一列下面的各单元格中计算其左边相应 3 个单元格中数据的总和。

（3）将表格设置为列宽 2.4 厘米；表格外框线为 3 磅单实线，表内线为 1 磅单实线；表内所有内容对齐方式为水平居中。

拓展练习

一、属性及页面设置

1. 文档属性设置

标题：文学概论。

2. 页面设置

纸张大小：B5。

页边距：上、下 2.5 厘米，左、右 3 厘米。

版式：页眉和页脚、奇偶页不同。

二、新建样式

新建一个名为“考生姓名”的样式，设置其格式：仿宋_GB2312，黑色，文字 1，五号；段前、段后 6 磅，1.5 倍行距，首行缩进 2 字符。

样式类型：段落。样式基于：正文。后续段落样式：正文。

三、应用样式

1. 将红色的文本设置为“标题 1”样式。
2. 将蓝色的文本设置为“标题 2”样式。
3. 将其余文字设置为新建的“考生姓名”样式。

四、修改样式、设置多级编号

1. 按要求修改“标题 1”“标题 2”样式。

样式名称	字体格式	段落格式
标题 1	幼圆，小二号，黑色，文字 1，字符间距：加宽 1.5 磅	段前、段后 15 磅，2 倍行距，居中
标题 2	隶书，小三号，黑色，文字 1，下画线，单线	段前、段后 10 磅，单倍行距

2. 按要求设置多级编号。

样式名称	多级编号
标题 1	一、二、三……
标题 2	1.1、1.2、1.3……

五、编辑长文档

1. 为文档添加目录。

（1）设置文字“目录”的格式：幼圆，小二号，加粗，段前 2 行、段后 1 行，居中对齐。

（2）在文字“目录“之后，利用二级标题样式生成目录。

2. 插入分页符。

参见样例将“封面”“目录”和“正文部分”各分为一节（总共分为 3 节）。

3. 为文档添加页眉页脚。

（1）删除文档页眉。

（2）封面页和目录页无页眉页脚。

（3）为正文部分添加页码，位置：底端、外侧。页码格式为-1-，-2-，-3-…起始页码为-1-。

（4）为正文部分添加页眉：要求必须利用“域.”完成。

（5）奇数页页眉：文档属性 DocProperty 中的“单位（Company）”，对齐方式为“居中”。

（6）偶数页页眉：左侧为文档属性 DocProperty 中的“标题（Title）”，右侧为样式的“标题 1 段落编号+标题 1”。

4. 封面的设置。

（1）参见样例，在封面第一段中插入图片“封面.jpg”，并调整图片大小、位置。

（2）将第二段《文学概论》标题设置为竖排艺术字，艺术字格式自定义。

（3）将封面中其他文字先消除格式，再设置为隶书，小二号，分两栏显示。

5. 更新目录。

综合训练

【任务描述】

张诚今年就要大学毕业了，他所在的学校要求学生在最后一学期进行毕业设计和毕业论文的撰写。毕业答辩的日期就要临近了，可看到学校关于毕业论文的要求，他不由地着急起来。学校关于毕业论文的格式版面要求如下。

论文格式要求

1. 封面

格式由模板提供，内容（姓名、专业班级、论文名称、指导教师）：小三号、仿宋_GB2312。

2. 目录

目录：标题、居中、小四号、黑体。

3. 论文格式

第1章　章名（标题1　居中、黑体、三号、段前段后各1行、1.5倍行距）

1.1　　节名（标题2　居中、宋体、四号、加粗、段前段后各13磅、1.25倍行距）

1.1.1　小节名（标题3　左对齐、宋体、小四号、加粗、段前段后各6磅、1.5倍行距）

正文内容（宋体、小四号、1.5倍行距、首行缩进2字符）

4. 其他格式

摘要：黑体、三号、居中。摘要内容：宋体、小四号。关键词：黑体、小四号。

致谢、参考文献：黑体、三号、居中。致谢、参考文献内容：宋体、小四号。

5. 页眉页脚

毕业论文从正文开始每页须有页眉和页脚。页眉统一为“济源职业技术学院毕业论文”字样；页脚为页码，从目录开始。目录、摘要、ABSTRACT用“I、II、III”，正文用“1、2、3”；目录从I开始，正文从-1-开始。页眉和页脚均用宋体、小五号、居中。

毕业论文文档长、样式多、格式复杂，处理起来比普通文档要复杂得多，如在论文中怎样设置正文样式和标题样式，如何自动生成目录，如何添加批注，以及如何设置不同章节的页眉和页脚，这些情况对于张诚来说都他以前未曾接触过的，不得已他只好去请教原来教他计算机基础课的任老师。经过任老师的指点，他顺利地完成了毕业论文的编排工作。

【任务设计思路】

任老师给张诚介绍毕业论文的编排特点、论文格式的设置情况以及利用样式快速设置格式的方法。总的说来，在论文内容输入完后，进入到毕业论文的排版过程，论文排版主要包括页面设置及纸张大小、页边距和版式信息（如奇偶页不同）的设置。

（1）使用样式：将定义好的各级样式分别应用到论文的各级标题和正文中。

（2）设置页眉页脚：分别设置不同章节的页眉、页脚内容。

（3）为毕业论文添加目录。

（4）根据需要插入合适的批注和尾注等。

（5）文档的预览和打印。

【任务解析】

1. 插入分节符

论文格式要求封面不要页眉、页脚，前言、目录和正文部分要设置不同的页眉和页脚，如目录部分的页码编号为“Ⅰ、Ⅱ、Ⅲ…”，而正文部分的页码编号为“1、2、3…”。如果直接设置页眉和页脚，则所有页的页眉和页脚都是一样的。那么如何为不同的部分设置不同的页眉和页脚呢？解决问题的关键就是使用“分节符”。

（1）分节。这里，对 Word 中“节”的概念及在插入“分节符”时应注意的问题做一说明。默认方式下，Word 将整个文档视为一“节”，故对文档的页面设置是应用于整篇文档的。若需要在一页之内或多页之间采用不同的版面布局，只需插入“分节符”将文档分成几“节”，然后根据需要设置每“节”的格式即可。

插入分节符的操作步骤如下。

首先，将鼠标指针放在需要插入分节符的位置，选择【页面布局】→【分隔符】命令，【分节符】下的各选项含义如下。“下一页”：分节符后的文本从新的一页开始。“连续”：新节与其前面一节同处于当前页中。“偶数页”：分节符后面的内容转入下一个偶数页。“奇数页”：分节符后面的内容转入下一个奇数页。

插入“分节符”后，要使当前“节”的页面设置与其他“节”不同，只要打开“页面设置”对话框，在“应用于”下拉列表框中选择“本节”选项即可。

分节后的页面设置可更改的内容有页边距、纸张大小、纸张的方向（纵横混合排版）、打印机纸张来源、页面边框、垂直对齐方式、页眉和页脚、分栏、页码编排、行号 、脚注和尾注等。

（2）分页。当我们利用计算机进行文字处理时，各种字处理软件一般都会自动按照用户所设置页面的大小进行分页，以美化文档的视觉效果、简化用户的操作，不过系统自动分页的结果并不一定符合用户的要求，这时我们就需要手工对文档的分页状况加以调整。

本例中，论文的中文摘要和英文摘要需要单独设置一页，可在中文摘要内容后插入一个分页符，以保证中文摘要和英文摘要在同一节不同页中。

插入分页符的操作步骤如下。

首先，将插入点移到新的一页的开始位置。

其次，按【Ctrl】+【Enter】组合键，也可以执行【页面布局】→【分隔符】→【分页符】命令。

本操作已经将整篇论文分为 3 节，下面就可以对封面、目录和正文部分进行不同的页面格式设置。

2. 页眉页脚设置

（1）设置第 1 节页眉页脚。本节只有一页，即封面，封面不需要页眉、页脚，操作步骤如下。

首先，将插入点定位在本节中，选择【插入】→【页眉和页脚】→【页眉】→【编辑页眉】命令；然后，在“页眉和页脚工具”功能区的“选项”组中选择“首页不同”复选框。

（2）设置第 2 节页眉页脚。本节包括目录和摘要，有多页，页眉内容为“西安翻译学院毕业论文”，页脚为“Ⅰ、Ⅱ、Ⅲ…”。操作步骤如下。

首先，将插入点置于本节中，选择【插入】→【页眉和页脚】→【页眉】→【编辑页眉】命令，在“页眉和页脚工具”功能区进行相关设置。由于第 1 节和第 2 节页眉在默认情况下是相同的，现在要取消“与上一节相同”，即断开第 2 节与第 1 节页眉的链接，因此单击“页眉和页脚工具”功能区“导航”组中的“下一节”，输入第 2 节的页眉内容。

其次，选择【插入】→【页眉和页脚】→【页脚】→【编辑页脚】命令，再选择【页眉和页脚工具】→【页码】→【设置页码格式】命令，打开“页码格式”对话框，选择需要的数字格式，然后单击【确定】按钮。

至此，第 2 节的页眉和页脚已经设置完毕。这时看到第 3 节的页眉和页脚默认与第 2 节相同，页脚内容是顺延的。对第 3 节页眉和页脚的设置就是取消与第 2 节的一致，再分别设置其页眉和页脚的内容。

（3）设置第 3 节页眉、页脚。本节主要是正文，有多页，页眉内容为“基于 B/S 的家居销售系统”，页脚为“1、2、3…”。操作步骤如下。

① 将插入点置于本节中，选择【插入】→【页眉和页脚】→【页眉】→【编辑页眉】命令，单击“页眉和页脚工具”功能区“导航”组中的“下一节”，输入第 3 节的页眉内容，如“基于 B/S 的家居销售系统”。

② 选择【插入】→【页眉和页脚】→【页脚】→【编辑页脚】命令，再选择【页眉和页脚工具】→【页码】→【设置页码格式】命令，打开“页码格式”对话框，选择需要的数字格式，在“页码编号”项中选择“起始页码”从“1”开始。

3. 使用样式

长文档内容篇幅长、格式多，如果沿用前面的方法排版，既费时又费力，要解决这类问题，就需要用到Word中的“样式”功能。

（1）使用内置样式。Word内置样式有很多，当该样式不符合要求时，就要对内置样式进行修改。操作步骤如下。

首先，在“开始”选项卡“样式”组中的“标题1”样式上单击鼠标右键，在弹出的快捷菜单中选择【修改】命令，打开“修改样式”对话框，在“格式”区域中，选择字体为“黑体、三号”。如果还需要设置字体的其他格式，可以单击该对话框中的【格式】按钮，在弹出的菜单中选择【字体】命令，在打开的“字体”对话框中进行相应的设置。同时选择【格式】按钮下的【段落】命令，在打开的“段落”对话框中设置段落格式为段前、段后“1行”，1.5倍行距。

重复上述步骤，修改标题2和标题3的样式。“修改样式”对话框如图3-173所示。

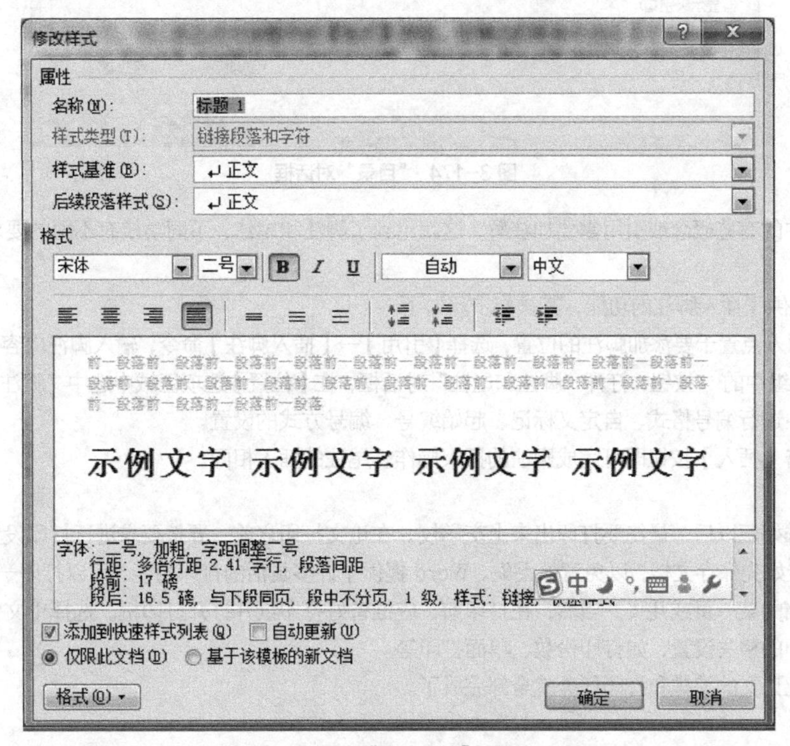

图3-173 “修改样式”对话框

（2）应用样式。若要应用样式，可分别选择文档中的内容，在“开始”选项卡“样式”组的“样式”列表框中选取相应的样式即可。

4. 自动生成目录

样式设置好并应用后，就可以在此基础上快速生成论文目录。操作步骤如下。

首先，将插入点置于生成目录的位置，选择【引用】→【目录】→【插入目录】命令，打开“目录”对话框。

其次，在该对话框中选择“目录”选项卡，显示当前文档中设置的样式、级别等，如图3-174所示。

最后，单击【确定】按钮即可生成默认格式的目录。

5. 插入尾注和脚注

脚注和尾注用于在打印文档中为文档中的文本提供解释、批注以及相关的参考资料。可用脚注对文档内容进行注释说明，而用尾注说明引用的文献。脚注或尾注由注释引用标记和与其对应的注释文本两个互相链接的部分组成。

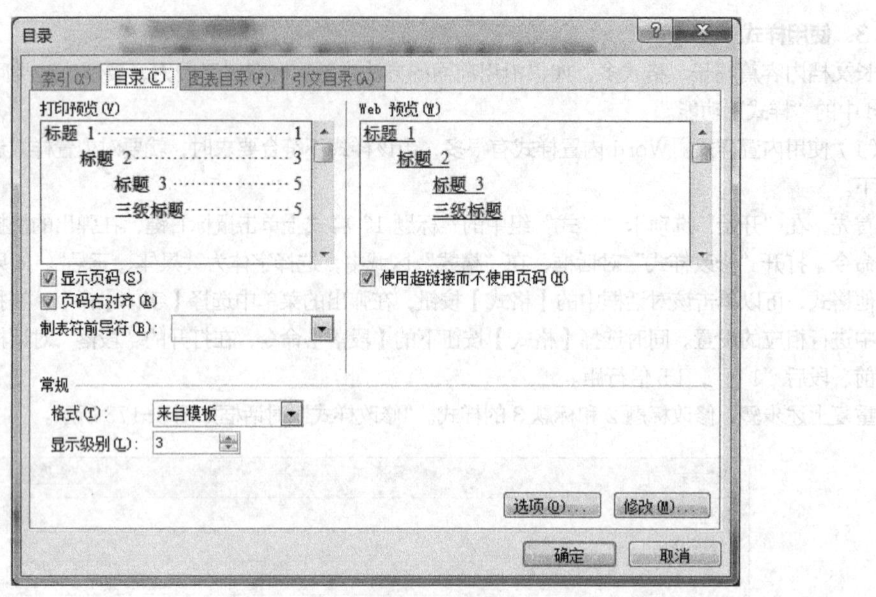

图 3-174 “目录”对话框

毕业论文中的有些概念或引用需要加注解，这就用到了脚注和尾注，不同学校有不同的要求，本例中需要加入脚注。

Word 中提供了插入脚注的功能，其操作步骤如下。

首先，将插入点置于要添加脚注的位置，选择【引用】→【插入脚注】命令，输入脚注内容；或者单击【引用】→【脚注】组中的按钮，打开“脚注和尾注”对话框，在【位置】选项区域中选中“脚注”选项；在【格式】选项区域中进行编号格式、自定义标记、起始编号、编号方式的设置。

最后，单击【插入】按钮即可完成脚注的插入操作。尾注的插入相同。

6. 打印

毕业论文排好版以后，最终要打印出来上交学校。在论文打印之前，要按要求进行打印设置。

打印前，最好先保存文档，以免意外丢失。Word 提供了许多灵活的打印功能，可以打印一份或多份文档，也可以打印文档的某一页或几页。当然，在打印前，应准备好打印纸并打开打印机。选择【文件】→【打印】命令，进行打印的相关设置，如打印份数、单面打印等。

至此，毕业论文的编排和打印任务就全部完成了。

PART04

项目四
数据处理

项目情境

■ 公司为了调动员工的工作积极性，激发工作热情，实现打造一支高素质员工队伍的建设目标，将对员工一定时期内的工作态度、职业素质、工作能力和工作业绩进行综合评价，把握每一位员工的实际工作状况，为员工岗位级别晋升以及奖励等提供客观公正的依据。公司人力资源部将利用 Excel 软件制作员工综合素质考评表，美化和打印考评表，并在此基础上对此次考评结果进行统一排序、筛选、汇总等分析工作，最终直观地展现考评结果。

案例 1　制作综合素质考评表

【任务描述】

为统计和查看公司员工综合素质考评的成绩状况，需要制作“员工综合素质考评表”。现由公司人力资源部工作人员负责将最初收集到的综合素质考评成绩制作成电子表格，如图 4-1 所示。通过修正、完善数据，增加列和调整列的位置，设置简单的格式，最后得到的效果如图 4-2 所示。

	A	B	C	D	E	F	G	H	I	J
1	编号	姓名	性别	部门	学历	职称	工作态度	职业素质	工作执行和	工作业绩
2	1	李林新	男	工程部	硕士	工程师	86	85	80	84
3	2	王文辉	女	开发部	硕士	工程师	65	60	48	50
4	3	张蕾	女	培训部	本科	高工	92	91	94	86
5	4	周涛	男	销售部	大专	工程师	89	84	86	77
6	5	王政力	男	培训部	本科	工程师	82	89	94	80
7	6	黄国立	男	开发部	硕士	工程师	82	80	90	89
8	7	孙英	女	行政部	大专	助工	91	82	84	83
9	8	张在旭	男	工程部	本科	工程师	84	93	97	86
10	9	金翔	男	开发部	博士	工程师	94	90	92	95
11	10	王春晓	女	销售部	本科	高工	95	80	90	80
12	11	王青林	男	工程部	本科	高工	83	86	88	91
13	12	程文	女	行政部	硕士	高工	77	86	91	85
14	13	姚林	男	工程部	本科	工程师	60	62	50	45
15	14	张雨涵	女	销售部	本科	工程师	93	86	86	91
16	15	钱述民	男	开发部	本科	助工	81	81	78	75

Sheet1　Sheet2　Sheet3

图 4-1　“公司员工综合素质考评表”初始数据

	A	B	C	D	E	F	G	H	I	J
1	**编号**	**姓名**	**性别**	**部门**	**学历**	**职称**	**工作态度**	**职业素质**	**工作执行和创新能力**	**工作业绩**
2	1	李林新	男	工程部	硕士	工程师	86	85	80	84
3	2	王文辉	女	开发部	硕士	工程师	65	60	48	50
4	3	张蕾	女	培训部	本科	高工	92	91	94	86
5	4	周涛	男	销售部	大专	工程师	89	84	86	77
6	5	王政力	男	培训部	本科	工程师	82	89	94	80
7	6	黄国立	男	开发部	硕士	工程师	82	80	90	89
8	7	孙英	女	行政部	大专	助工	91	82	84	83
9	8	张在旭	男	工程部	本科	工程师	84	93	97	86
10	9	金翔	男	开发部	博士	工程师	94	90	92	95
11	10	王春晓	女	销售部	本科	高工	95	80	90	80
12	11	王青林	男	工程部	本科	高工	83	86	88	91
13	12	程文	女	行政部	硕士	高工	77	86	91	85
14	13	姚林	男	工程部	本科	工程师	60	62	50	45
15	14	张雨涵	女	销售部	本科	工程师	93	86	86	91
16	15	钱述民	男	开发部	本科	助工	81	81	78	75
17										

图 4-2　“公司员工综合素质考评表”完成后的效果图

【任务目标】

- ◈ 能熟练地创建和保存工作簿，并对工作表重命名。
- ◈ 能熟练地输入几种典型的数据。
- ◈ 掌握自动填充功能。
- ◈ 能灵活地修改数据。
- ◈ 学会增加和删除行、列。
- ◈ 能进行常用的格式设置。

【任务流程】

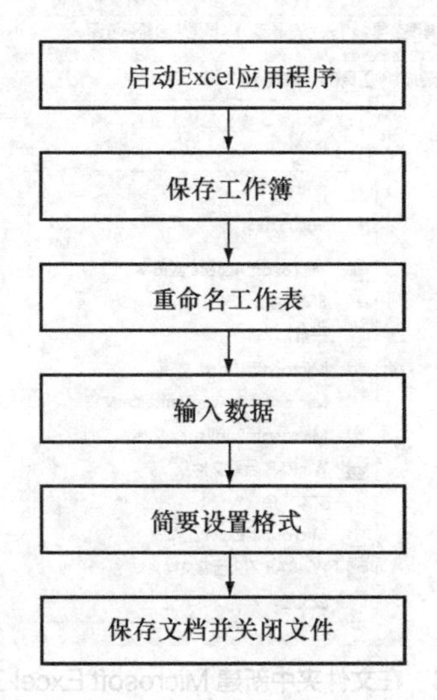

【任务解析】

1. 新建空白工作簿

新建空白工作簿的方法有以下几种。

（1）启动 Excel 2010 时，会自动新建一个空白工作簿。

（2）单击 Excel 2010 窗口左上角快速访问工具栏上的【新建】按钮，创建空白工作簿。

（3）在打开的 Excel 窗口中，单击【文件】按钮，打开 Microsoft Office Backstage 视图，选择【新建】命令，再选择“空白工作簿”图标，如图 4-3 所示，创建空白工作簿。

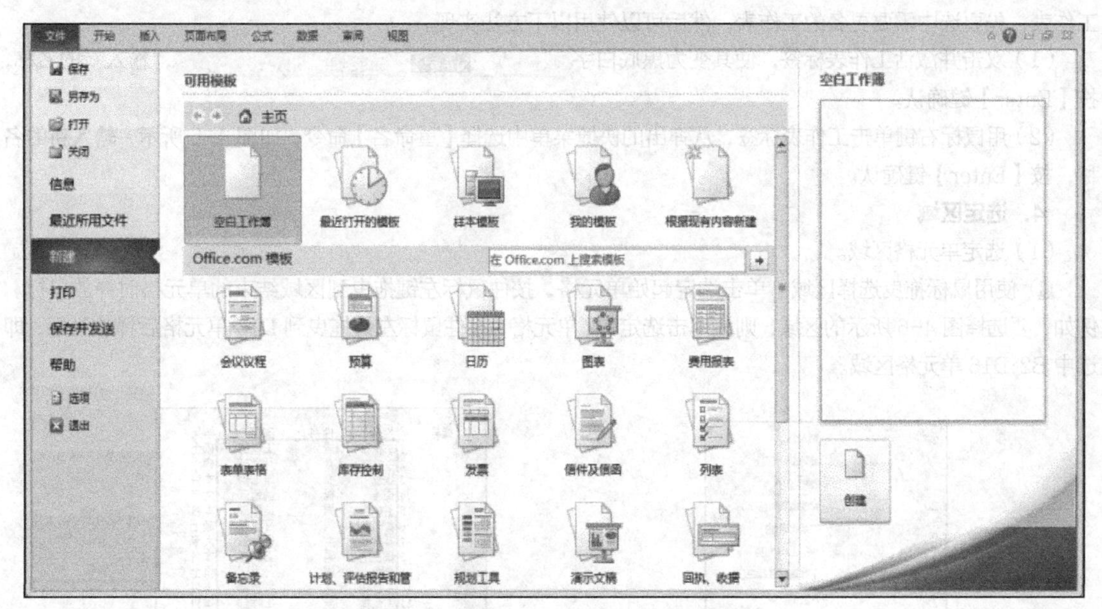

图 4-3　Microsoft Office Backstage 视图

（4）在打开的 Excel 窗口中，按【Ctrl】+【N】组合键，新建空白工作簿。

（5）打开“计算机”窗口的某个盘符或文件夹，选择【文件】→【新建】→【Microsoft Excel 工作表】命令，如图 4-4 所示，新建一个待修改文件名的 Excel 工作表文件 新建 Microsoft Excel 工作表，这时输入文件名，即可得到新建的空白工作簿。

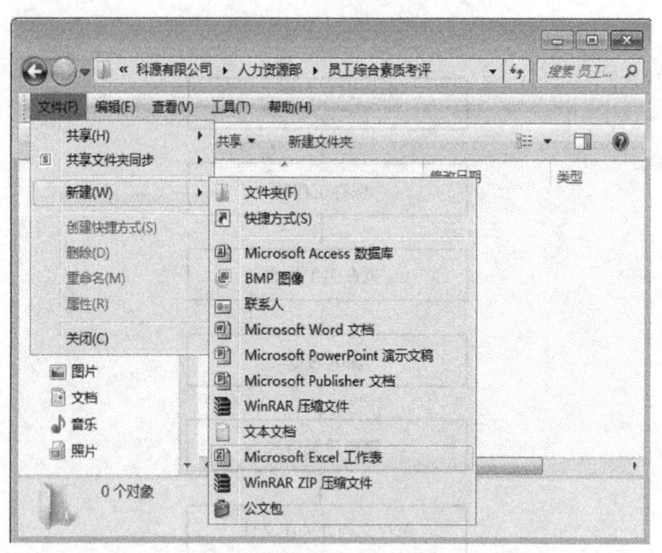

图 4-4 在文件夹中新建 Microsoft Excel 工作表

2. 保存、另存为和自动保存文件

保存、另存为和自动保存文件，与 Word 软件中的操作相同，可以实现对工作簿的保存、另外保存及每隔设定时间自动保存。Excel 所创建的文件为“工作簿”，在标题栏中可看到保存的文件名。

对工作簿进行了保存，即对工作簿中包含的所有工作表进行了保存。

3. 重命名工作表

默认情况下，工作表名称为 Sheet1、Sheet2……为了便于识别其内容，通常会将工作表重命名。重命名工作表，先要选中需要更名的工作表，然后可以使用以下方法实现。

（1）双击并激活工作表标签，使其变为黑底白字 Sheet1 Sheet2 Sheet3，输入新的名称，按【Enter】键确认。

（2）用鼠标右键单击工作表标签，从弹出的快捷菜单中选择【重命名】命令，如图 4-5 所示，输入新的名称，按【Enter】键确认。

4. 选定区域

（1）选定单元格区域。

① 使用鼠标拖曳选择区域。单击选定起始单元格，按住鼠标左键拖曳到区域结束的单元格时释放鼠标。例如，要选择图 4-6 所示的区域，则先单击选定 B2 单元格，按住鼠标左键拖曳到 D16 单元格后释放鼠标，即选中 B2:D16 单元格区域。

图 4-5 利用快捷菜单重命名工作表

	A	B	C	D	E
1	编号	姓名	性别	部门	学历
2	1	李林新	男	工程部	硕士
3	2	王文辉	女	开发部	硕士
4	3	张蕾	女	培训部	本科
5	4	周涛	男	销售部	大专
6	5	王政力	男	培训部	本科
7	6	黄国立	男	开发部	硕士
8	7	孙英	女	行政部	大专
9	8	张在旭	男	工程部	本科
10	9	金翔	男	开发部	博士
11	10	王春晓	女	销售部	本科
12	11	王青林	男	工程部	本科
13	12	程文	女	行政部	硕士
14	13	姚林	男	工程部	本科
15	14	张雨涵	女	销售部	本科
16	15	钱述民	男	开发部	本科

图 4-6 选择单元格区域

如果区域选择不正确，可单击任意单元格取消选择。

② 使用键盘选择区域。首先选择起始单元格，按住【Shift】键，再使用键盘上的方向键【→】键向右

选择连续的列，使用【↓】键向下选择连续的行。如果选多了，则使用【←】键和【↑】键恢复到合适的单元格处。

（2）选定行、列。

① 选定一行：将鼠标指针移至行号处，当指针变成“➡”形状时，单击选中指向的行，效果如图 4-7 所示。

	A	B	C	D	E	F	G	H	I	J
1	编号	姓名	性别	部门	学历	职称	工作态度	职业素质	工作执行和	工作业绩
2	1	李林新	男	工程部	硕士	工程师	86	85	80	84
3	2	王文辉	女	开发部	硕士	工程师	65	60	48	50

图 4-7　选中整行

② 选定连续多行：在起始行的行号处单击，按住鼠标左键拖曳至结束行，释放鼠标，效果如图 4-8 所示，这时会有提示“4R”，表示选中了 4 行（Row）。

	A	B	C	D	E	F	G	H	I	J
1	编号	姓名	性别	部门	学历	职称	工作态度	职业素质	工作执行和	工作业绩
2	1	李林新	男	工程部	硕士	工程师	86	85	80	84
3	2	王文辉	女	开发部	硕士	工程师	65	60	48	50
4	3	张蕾	女	培训部	本科	高工	92	91	94	86
4R	4	周涛	男	销售部	大专	工程师	89	84	86	77
6	5	王政力	男	培训部	本科	工程师	82	89	94	80

图 4-8　选中连续的多行

③ 选定不连续的行：按住【Ctrl】键的同时，在待选行的行号处分别单击，效果如图 4-9 所示。

	A	B	C	D	E	F	G	H	I	J
1	编号	姓名	性别	部门	学历	职称	工作态度	职业素质	工作执行和	工作业绩
2	1	李林新	男	工程部	硕士	工程师	86	85	80	84
3	2	王文辉	女	开发部	硕士	工程师	65	60	48	50
4	3	张蕾	女	培训部	本科	高工	92	91	94	86
5	4	周涛	男	销售部	大专	工程师	89	84	86	77
6	5	王政力	男	培训部	本科	工程师	82	89	94	80
7	6	黄国立	男	开发部	硕士	工程师	82	80	90	89
8	7	孙英	女	行政部	大专	助工	91	82	84	83
9	8	张在旭	男	工程部	本科	工程师	84	93	97	86
10	9	金翔	男	开发部	博士	工程师	94	90	92	95
11	10	王春晓	女	销售部	本科	高工	95	80	90	80

图 4-9　选中不连续的多行

④ 选定列：整列的选择与行类似，需要在列标处操作。

（3）选定整张工作表。单击工作表左上角列标和行号的交叉处（即全选按钮），选定整张工作表，如图 4-10 所示。

	A	B	C	D	E	F	G	H	I	J	K
1	编号	姓名	性别	部门	学历	职称	工作态度	职业素质	工作执行和	工作业绩	
2	1	李林新	男	工程部	硕士	工程师	86	85	80	84	
3	2	王文辉	女	开发部	硕士	工程师	65	60	48	50	
4	3	张蕾	女	培训部	本科	高工	92	91	94	86	
5	4	周涛	男	销售部	大专	工程师	89	84	86	77	
6	5	王政力	男	培训部	本科	工程师	82	89	94	80	
7	6	黄国立	男	开发部	硕士	工程师	82	80	90	89	
8	7	孙英	女	行政部	大专	助工	91	82	84	83	
9	8	张在旭	男	工程部	本科	工程师	84	93	97	86	
10	9	金翔	男	开发部	博士	工程师	94	90	92	95	
11	10	王春晓	女	销售部	本科	高工	95	80	90	80	
12	11	王青林	男	工程部	本科	高工	83	86	88	91	
13	12	程文	女	行政部	硕士	高工	77	86	91	85	
14	13	姚林	男	工程部	本科	工程师	60	62	50	45	
15	14	张雨涵	女	销售部	本科	工程师	93	86	86	91	
16	15	钱述民	男	开发部	本科	助工	81	81	78	75	
17											

图 4-10　选中整张工作表

5. 输入数据

（1）输入数据时，每输入一个数据，可按【Enter】键或单击其他单元格来确认录入。按【Enter】键，活动单元格默认向下移动，所以，如果是以列的方向从上到下地输入数据就很方便；如需以行的方向从左到右地输入数据，则可使用【Tab】键来移动活动单元格。

（2）输入已经输入过的文本时，只需要输入前面部分内容，Excel 会自动提示整个文本，如图 4-11 所示，如按此输入，则直接按【Enter】键确认。

6. 自动填充

多个单元格中输入相同的数据、序列或运算规律相同的公式时，可使用如下方法实现自动填充。

（1）填充柄。选中单元格或区域作为填充的依据后，将鼠标指针移至选中区域的右下角时，会变成“+”形状，这就是填充柄，拖曳填充柄，可以实现将该数据或公式往鼠标拖曳的方向填充。

填充时，填充柄处会出现图 4-12 所示的“自动填充选项”，可以选择填充的方式。默认情况为“复制单元格”，这时如果填充的数据是文本、数字，则实现原样复制粘贴；如果是公式，则根据填充方向，修改公式中的相对引用单元格的列标、行号后进行复制粘贴。

	A	B	C	D	E
1	编号	姓名	性别	部门	
2	1	李林新	1	工程部	
3	2	王文辉	2	开发部	
4	3	张蕾	2	培训部	
5	4	周涛	1	销售部	
6	5	王政力	1	培训部	
7	6	黄国立	1		
8	7	孙英	2		

图 4-11　自动提示可填充的文本

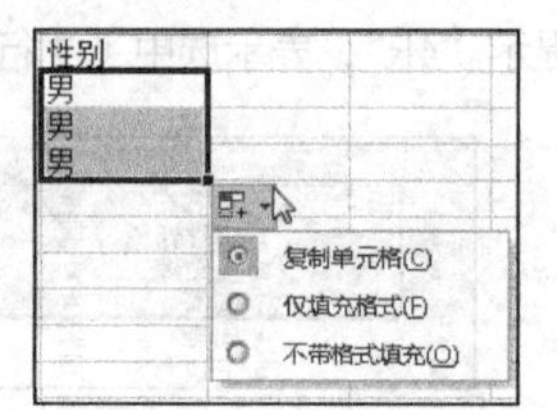

图 4-12　自动填充时的“自动填充选项”

提示

如果需要填充的数据左侧列或右侧列中数据是连续的，也可双击填充柄实现自动填充。

（2）【填充】菜单命令。单击【开始】→【编辑】→【填充】下拉按钮，可以实现多种方式的自动填充。

① 向下填充：将区域中第一个单元格的内容向下复制填充到选中的区域。如图 4-13 所示，在 N2 单元格中先输入文本“行政部”，然后选中需要填充的区域 N2:N7，选择【编辑】→【填充】→【向下】命令，则在 N2:N7 的所有单元格中均填入文本“行政部”。

② 向右、上、左填充：当选中的区域中需要参照填充的内容在最左侧单元格、最下方单元格、最右侧单元格时，对区域中其他单元格的填充，可以分别选择【向右】、【向上】或【向左】命令实现。

③ 以序列填充：当需要按规律变化的序列来填充区域时，可以使用【序列】命令来实现。如在 A2 中输入序列起始数字“1”，然后选中需要以等差序列填充的 A3:A13 区域，选择【开始】→【编辑】→【填充】→【系列】命令，打开“序列”对话框，设置“序列产生在”为【列】，选择“类型”为【等差序列】，“步长值”为“1”，如图 4-14 所示，单击【确定】按钮，完成序列“1，…，12”的填充。

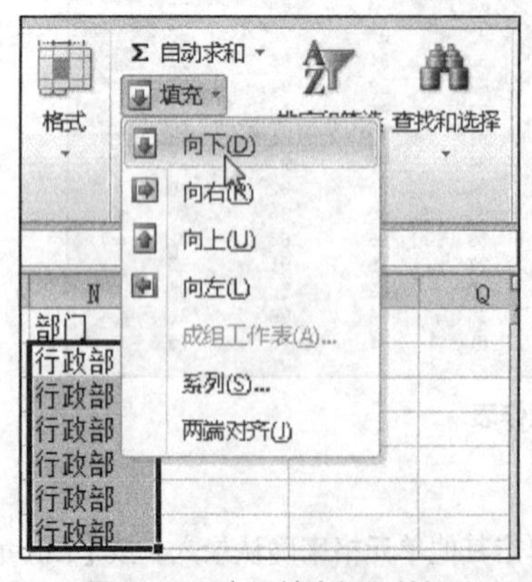

图 4-13　向下填充相同数据

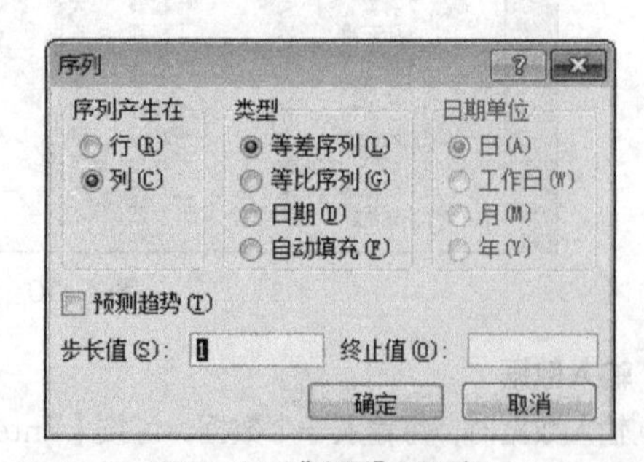

图 4-14　“序列”对话框

由于这里已经选中了需要填充的区域，因此会自动以最下方的单元格作为终止的单元格，无须设置自动填充的【终止值】了。

（3）组合键。按住【Ctrl】键一次性选中需要填充的连续或不连续的单元格区域，输入数据后按【Ctrl】+【Enter】组合键，选中的区域中将同时填充进这个数据。

7. 修改单元格中的数据

修改单元格中的数据，分为全部修改和部分修改两种常见操作。

（1）全部修改。单击需要修改的单元格使其成为活动单元格，这时直接输入新的内容，会覆盖原先的内容，实现全部修改；也可选定待修改单元格，在编辑栏中输入新的数据，按【Enter】键或编辑栏上修改数据时出现的 ×✓ 按钮中的 ✓ 按钮确认修改，按 × 按钮取消修改。

（2）部分修改。双击需要修改的单元格，将指针定位于单元格的数据中，这时可以修改其中的部分内容；也可以选定待修改的单元格，在编辑栏中修改部分内容，按【Enter】键或编辑栏上的 ✓ 按钮确认修改，或按 × 按钮取消修改。

8. 增删行、列、单元格或区域

（1）插入或删除整行或整列。

① 增加行。选中要插入行所在的任意单元格，选择【开始】→【单元格】→【插入单元格】→【插入工作表行】命令；也可先选中要在其上方插入行的那行，用鼠标右键单击行号，从弹出的快捷菜单中选择【插入】命令实现。

插入行，总是在当前行的上方增加空行。如果选中的是多行，则插入与选中行相同行数的空白行。

② 删除行。选中要删除的行，用鼠标右键单击选中行的行号，从弹出的快捷菜单中选择【删除】命令；也可以选择【开始】→【单元格】→【删除】命令实现。

③ 用鼠标右键单击目标位置的任意单元格，从弹出的快捷菜单中选择【插入...】命令，打开图 4-15 所示的"插入"对话框。选择【整行】单选按钮，可以在当前单元格所在行上方插入一个空白行。若在快捷菜单中选择【删除...】命令，则打开图 4-16 所示的"删除"对话框，选择【整列】单选按钮，可删除当前单元格所在的列。

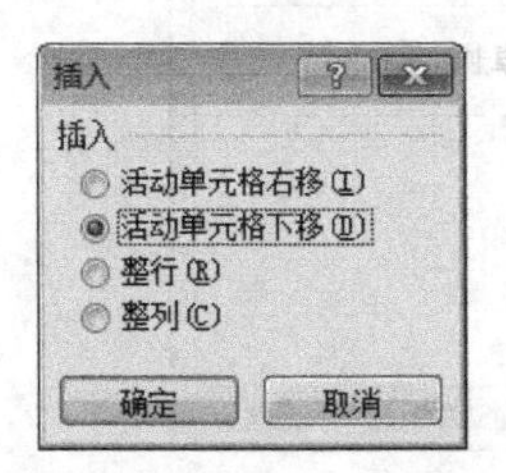

图 4-15 "插入"对话框

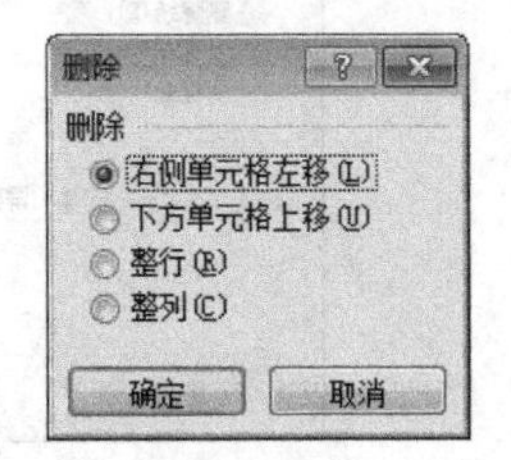

图 4-16 "删除"对话框

（2）插入、删除单元格或区域。

① 使用功能区。选中要在其左侧插入新单元格的单元格区域，选择【开始】→【单元格】→【插入】→【插入单元格】命令，打开"插入"对话框，选择【活动单元格右移】单选按钮，则原来该位置的区域内容自动右移；选择【活动单元格下移】单选按钮，会使选中区域向下移动以便插入单元格或区域。

删除单元格或区域，与插入的操作类似。

提示

删除的操作，不能仅使用键盘上的【Delete】键，因为这个键只是清除了单元格中的数据内容，并没有将其格式和所占的位置删除。要将单元格从表中去除，必须使用这里所说的方法，将这些单元格的内容和位置一起彻底删掉。

② 使用快捷菜单。选定要在其左侧或上方添加单元格的单元格区域，用鼠标右键单击选定区域，从弹出的快捷菜单中选择【插入...】或【删除...】命令，弹出对应的对话框，选择适当的选项实现。

9. 移动行、列、单元格或区域

在Excel中，要移动行、列、单元格或区域，必须先在目标位置留出空行、空列、空的单元格或区域，然后选中需要移动的行、列、单元格或区域，用鼠标拖曳或【剪切】+【粘贴】的方法实现。

若先按住【Ctrl】键，再进行上述操作，则复制这些内容到目标处。

完成移动后，原数据区域会出现空行、空列、空单元格或空的区域，需要将它们删除掉。

10. 常用的单元格格式设置

在Excel中，对单元格或区域进行常用的格式设置，如字体、对齐方式、数字格式等，都须先选中需要设置的单元格或区域，然后使用下列方法实现。

（1）字体设置。

① 字体的格式设置与Word中设置字体格式类似，可以选择【开始】→【字体】内的按钮实现【字体 宋体】、【字号 11】、【增大字号】、【减小字号】、【加粗】、【倾斜】、【下画线】、【边框】、【填充颜色】、【字体颜色】、【显示或隐藏拼音字段】等具体设置，所有按钮都可打开下拉列表以选择适合的命令。

② 也可以选择【开始】→【单元格】→【格式】→【设置单元格格式 设置单元格格式(E)...】命令，打开"设置单元格格式"对话框，在"字体"选项卡中进行设置，如图4-17所示。

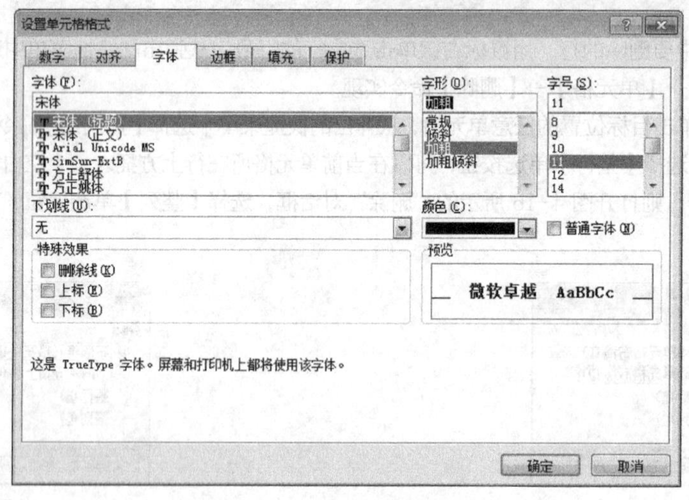

图4-17 "字体"选项卡

③ 用鼠标右键单击选中的单元格区域，从弹出的快捷菜单中选择需要的命令进行设置。

（2）对齐方式设置。

① 单元格的对齐方式设置，可以选择【开始】→【对齐方式】内的按钮，实现【垂直对齐】中的【顶端对齐】、【垂直居中】和【底端对齐】，【水平对齐】中的【文本左对齐】、【居中】或【文本右对齐】，还可以进行【对齐方向】、【增加或减少缩进量】、【自动换行 自动换行】和【合并后居中 合并后居中】

等具体设置。

② 也可以选择【开始】→【单元格】→【格式】→【设置单元格格式】命令，打开“设置单元格格式”对话框，在“对齐”选项卡中进行设置，如图 4-18 所示。

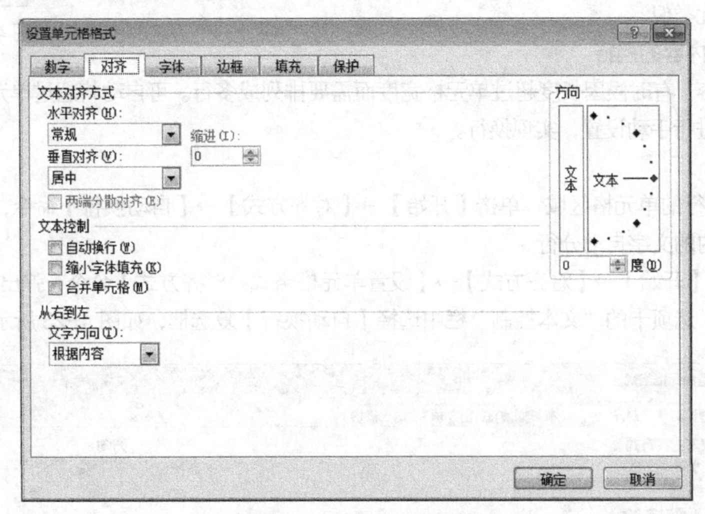

图 4-18 “对齐”选项卡

（3）数字格式设置。选择【开始】→【数字】内的按钮，包含【数字格式 常规 】、【会计数字格式 $ 】、【百分比样式 % 】、【千位分隔样式 , 】、【增加或减少小数位数 】命令，可实现常见的数字格式设置。其中【数字格式】和【会计数字格式】的下拉列表如图 4-19 和图 4-20 所示。

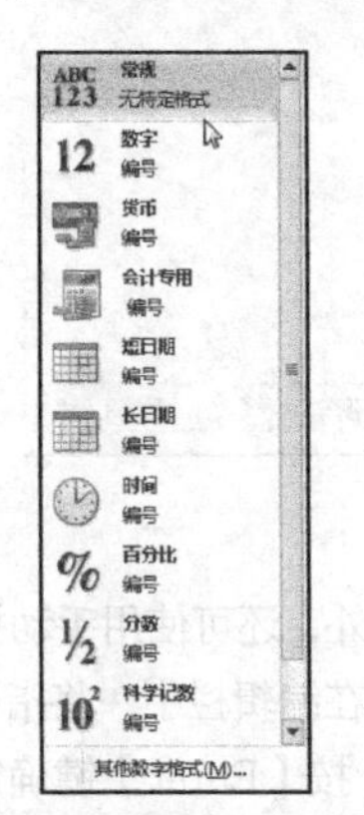

图 4-19 【数字格式】的下拉列表

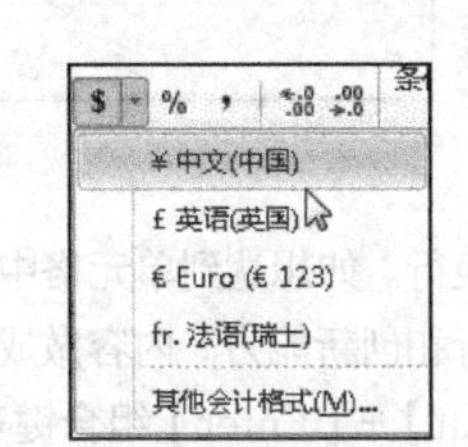

图 4-20 【会计数字格式】的下拉列表

11. 调整行高、列宽

在表格中，行高不合适，会使表格显得局促或宽松；列宽不合适，会导致部分数据显示不出来；如遇数字太长，则会出现图 4-21 所示的“###”。这些情况都需要调整行高或列宽。

	A	B
1	数字	分类
2	####	D
3	####	F

图 4-21 显示不完全的数字

（1）手动调整。

① 将鼠标指针移至待调整列与右侧列的列标（行与相邻行的行号）交叉处，鼠标指针变成双向箭头时，拖曳鼠标，出现虚线的对齐线辅助调整，可以实现列宽的左右（行高的上下）调整。

② 通过在相邻列标的交叉处双击，可获得以该列中内容最长的单元格宽度作为参考的最佳列宽。

③ 如果要一次性地将多行或多列设置成相同的行高或列宽，可以先选中要调整的多行或多列，再拖曳其中某一行或某一列的行线或列线，则选中的行或列就调整成了相同的行高或列宽。

（2）使用菜单命令调整。要精确设置行高的磅值，则选中待设置的行，选择【开始】→【单元格】→【格式】→【行高】命令，打开图 4-22 所示的“行高”对话框进行设置即可。

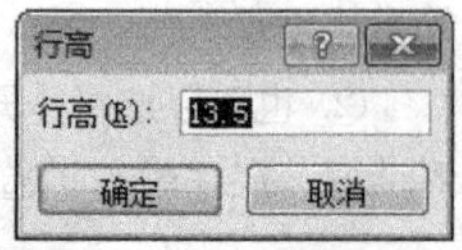

图 4-22 “行高”对话框

列宽的设置与此类似。

12. 单元格中内容的换行

单元格中的内容，有时候因长度超过单元格宽度而需要排列成多行。可自动将超过单元格宽度的文字排列到第 2 行去，也可进行手动设置，实现换行。

（1）自动换行。

① 选中需要换行的单元格区域，单击【开始】→【对齐方式】→【自动换行】命令，将该区域中有内容超过列宽的单元格内的文字自动分行。

② 也可以选择【开始】→【对齐方式】→【设置单元格格式：对齐方式】命令，弹出“设置单元格格式”对话框，在“对齐”选项卡的“文本控制”栏中选择【自动换行】复选框，如图 4-23 所示。

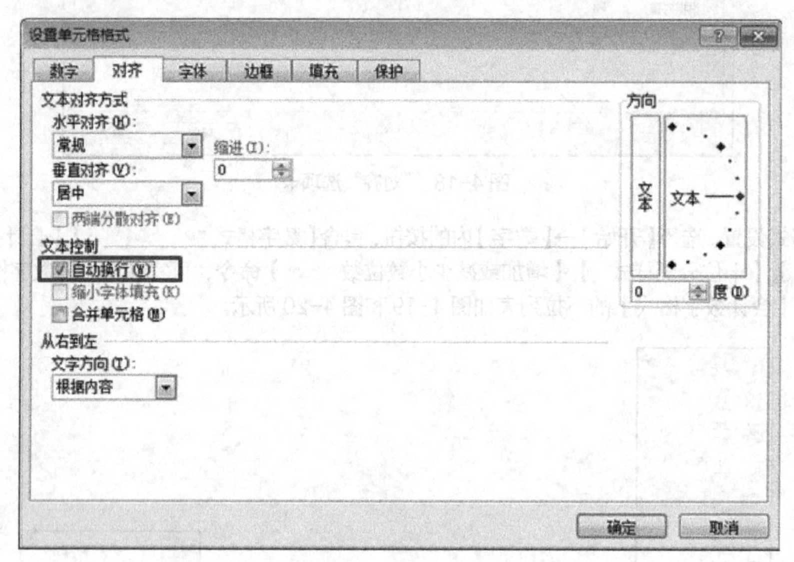

图 4-23 设置自动换行

（2）手动换行。如想达到单元格中文本的换行效果，除了使用自动换行外，还可使用手动换行的方式。如要将“工作执行和创新能力”内容做成两行效果，可先激活该单元格内容，在编辑栏中，将指针定位于“创”字左侧，按【Alt】+【Enter】组合键实现手动换行，效果如图 4-24 所示，按【Enter】键确定。

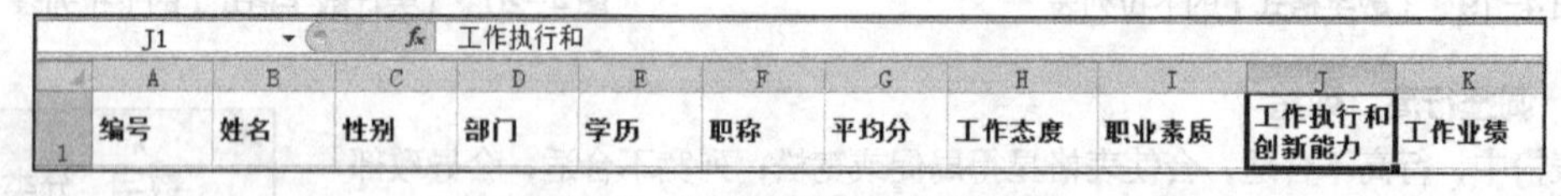

图 4-24 手动调整好换行后的效果

【任务实施】

步骤 1 启动 Excel 应用程序

（1）选择【开始】→【所有程序】→【Microsoft Office】→【Microsoft Excel 2010】命令，启动 Excel 2010 程序。

（2）系统自动创建了一个空白工作簿“工作簿 1”，如图 4-25 所示。Excel 程序的窗口由标题栏、快速访问工具栏、功能选项卡、名称框、编辑栏、列标、行号、工作表标签、工作表浏览按钮等部分组成。

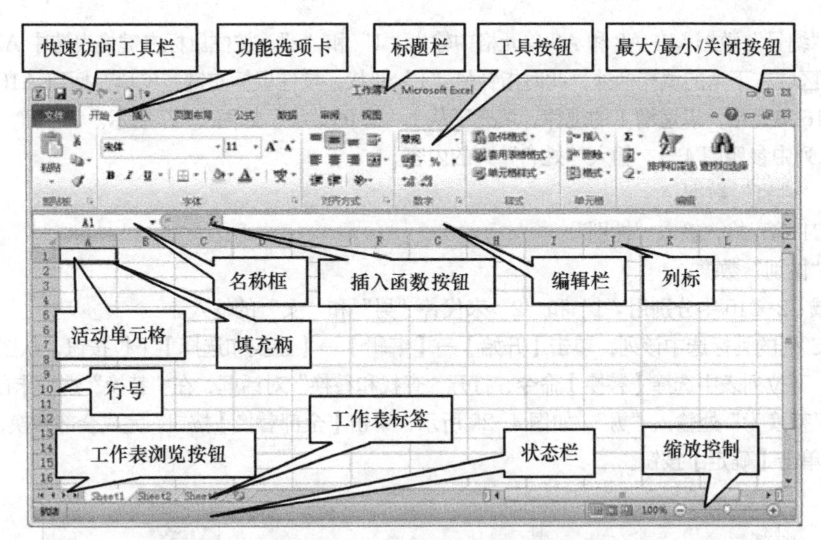

图 4-25　Excel 2010 的窗口组成

步骤 2　保存工作簿

（1）单击快速访问工具栏上的【保存】按钮，打开“另存为”对话框。

（2）选择保存位置为“D:\”。

（3）在“文件名”组合框中输入工作簿的名称“公司员工综合素质考评表”。

（4）在“保存类型”下拉列表框中，保持默认的“Excel 工作簿”类型，如图 4-26 所示。

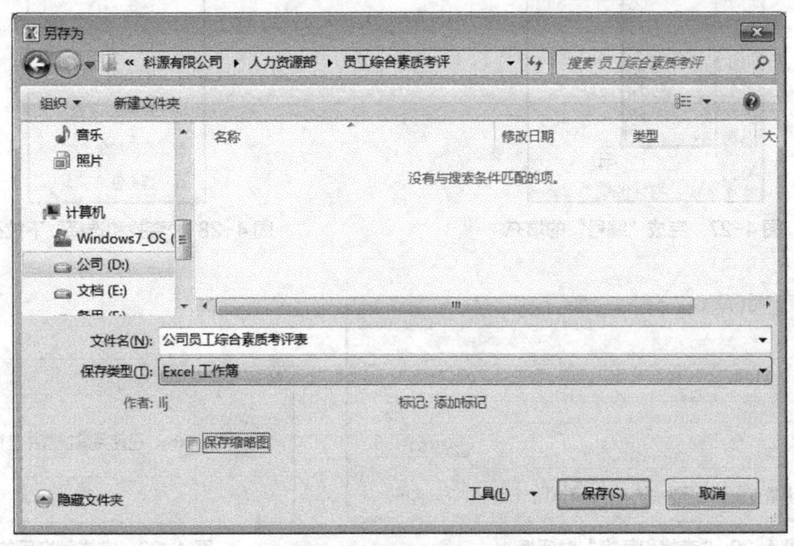

图 4-26　“另存为”对话框

（5）单击【保存】按钮，标题栏变为 公司员工综合素质考评表 - Microsoft Excel 。

步骤 3　重命名工作表

在工作表 Sheet1 的标签处双击，激活该工作表的名称，输入“考评成绩”作为新的名称，按【Enter】键确认，工作表名称变为 考评成绩 Sheet2 Sheet3 。

步骤 4　输入数据

（1）输入“编号”数据。

① 单击选中 A1 单元格，输入“编号”，按【Enter】键确认，活动单元格移至 A2。

② 输入“编号”数据。在A2和A3单元格中输入“1”和“2”，按住鼠标左键拖曳选中A2:A3，将鼠标指针移到选中区域右下角的填充柄处，此时指针呈“+”形状，按住鼠标左键拖曳填充柄到A16，释放鼠标，则从A2到A16单元格，以递增1的规律，填充了从1~15的数字，如图4-27所示。

（2）在B列中参照图4-1，输入“姓名”列的内容。

（3）输入“性别”数据。

① 选中C1单元格，输入“性别”。

② 输入“性别”数据。

a. 在区域C2:C16中分别用“1”和“2”来代替“男”和“女”的输入。

b. 单击C列的列标选中该列，单击【开始】→【编辑】→【查找和选择】下拉按钮，从图4-28所示的“查找和选择”下拉列表中选择【替换】命令，打开“查找和替换”对话框，在“替换”选项卡的“查找内容”处输入“1”，“替换为”处输入“男”，如图4-29所示，单击【全部替换】按钮，完成全部替换，弹出图4-30所示的提示，单击【确定】按钮。

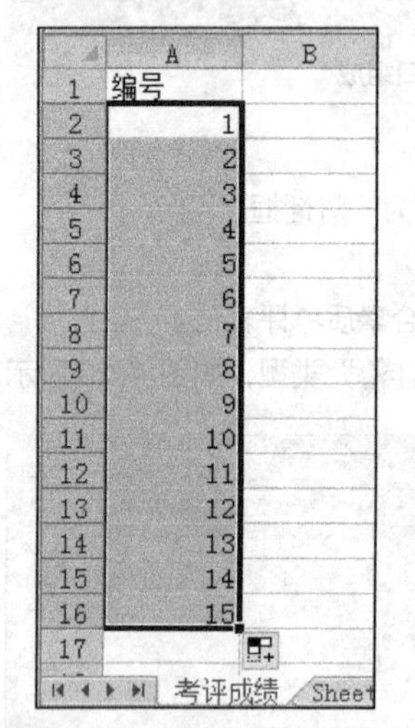

图4-27　完成“编号”的填充

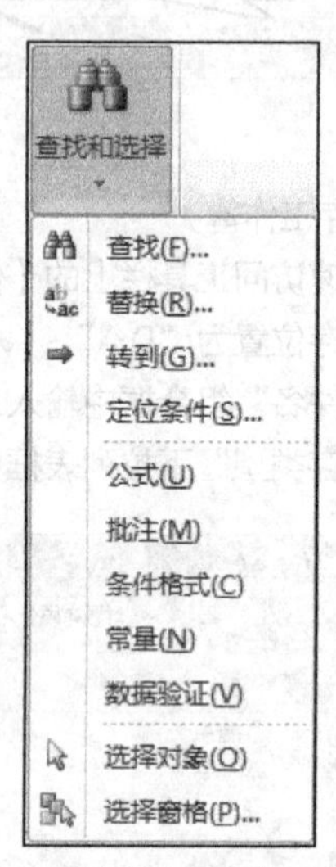

图4-28　“查找和选择”下拉列表

图4-29　“查找和替换”对话框

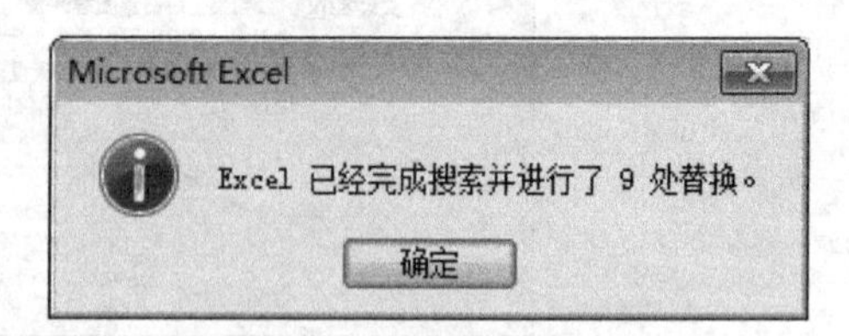

图4-30　完成替换后的提示

c. 同理，实现“女”字的替换，完成后关闭“查找和替换”对话框。

（4）输入“部门”数据。在D1和D2单元格中输入“部门”和“工程部”，选中D2单元格，复制后使用【粘贴】命令粘贴至D9、D12、D14单元格中，同理输入其他部门数据。

（5）参照图4-1，选择合适的方法输入“学历”和“职称”列的数据。

（6）参照图4-1，输入“工作态度”“职业素质”“工作执行和创新能力”“工作业绩”列的成绩数据。完成后整个电子表格如图4-1所示。

（7）按【Ctrl】+【S】组合键，保存编辑的工作簿。

步骤 5　简要设置格式

（1）设置字体及对齐方式。

① 选中区域 A1:J1，单击【开始】→【字体】→【字体】下拉按钮，从下拉列表中选择【宋体（标题）】字体；选择【开始】→【字体】→【加粗】命令实现文字加粗；选择【开始】→【对齐方式】→【垂直居中】命令和【居中】命令，实现文字水平和垂直居中，如图 4-31 所示。

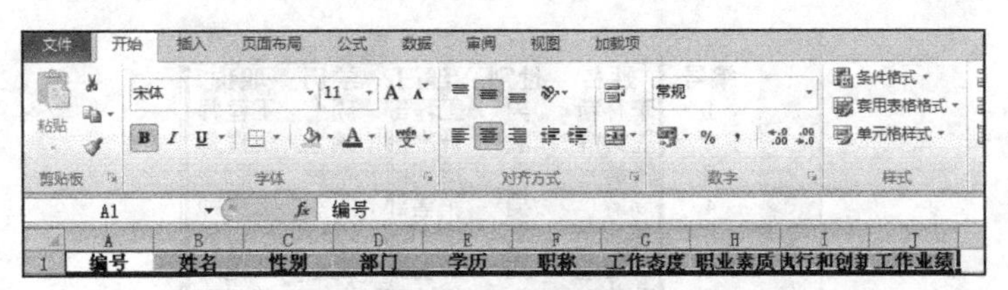

图 4-31　为第 1 行设置字体

② 选中 A 至 F 列，选择【开始】→【单元格】→【格式】→【设置单元格格式】命令，打开“设置单元格格式”对话框，在“对齐”选项卡中设置“水平对齐”方式为“居中”，如图 4-32 所示，单击【确定】按钮。

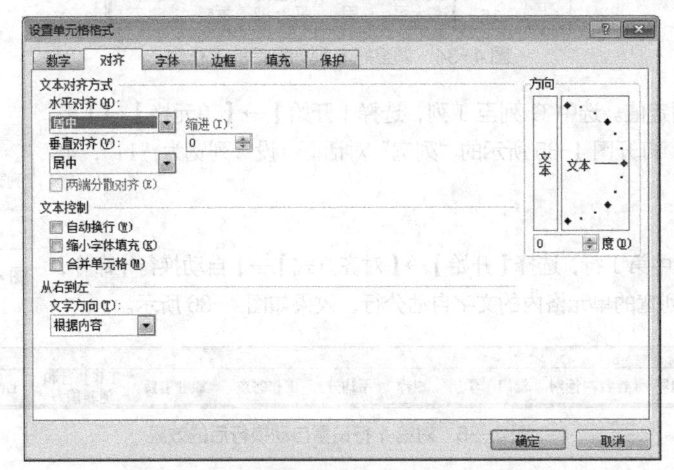

图 4-32　设置“水平对齐”方式为“居中”

（2）设置“工作态度”为 2 位小数并取消设置。

选中“工作态度”所在的区域 G2:G16，选择【开始】→【数字】→【增加小数位数】命令，将小数点的位数调整为统一的 2 位小数，如图 4-33 所示。之后设置数字格式为常规。

	A	B	C	D	E	F	G
1	编号	姓名	性别	部门	学历	职称	工作态度
2	1	李林新	男	工程部	硕士	工程师	86.00
3	2	王文辉	女	开发部	硕士	工程师	65.00
4	3	张蕾	女	培训部	本科	高工	92.00
5	4	周涛	男	销售部	大专	工程师	89.00
6	5	王政力	男	培训部	本科	工程师	82.00
7	6	黄国立	男	开发部	硕士	工程师	82.00
8	7	孙英	女	行政部	大专	助工	91.00
9	8	张在旭	男	工程部	本科	工程师	84.00
10	9	金翔	男	开发部	博士	工程师	94.00
11	10	王春晓	女	销售部	本科	高工	95.00
12	11	王青林	男	工程部	本科	高工	83.00
13	12	程文	女	行政部	硕士	高工	77.00
14	13	姚林	男	工程部	本科	工程师	60.00
15	14	张雨涵	女	销售部	本科	工程师	93.00
16	15	钱述民	男	开发部	本科	助工	81.00

图 4-33　设置为 2 位小数

（3）修改列宽。

① 手动设置列宽。将鼠标指针移至 A、B 列的列标交叉处，当指针变成双向箭头 ✛ 时，按住鼠标左键拖曳，将“编号”列调整窄一些。

② 自动设置合适的列宽。按住鼠标左键拖曳选中 B~F 列的连续列标，在其中任意 2 列的列标交叉处双击，将它们调整为根据内容的长度较为合适的列宽，如图 4-34 所示。

	A	B	C	D	E	F
1	编号	姓名	性别	部门	学历	职称
2	1	李林新	男	工程部	硕士	工程师
3	2	王文辉	女	开发部	硕士	工程师
4	3	张蕾	女	培训部	本科	高工
5	4	周涛	男	销售部	大专	工程师
6	5	王政力	男	培训部	本科	工程师
7	6	黄国立	男	开发部	硕士	工程师
8	7	孙英	女	行政部	大专	助工
9	8	张在旭	男	工程部	本科	工程师
10	9	金翔	男	开发部	博士	工程师
11	10	王春晓	女	销售部	本科	高工
12	11	王青林	男	工程部	本科	高工
13	12	程文	女	行政部	硕士	高工
14	13	姚林	男	工程部	本科	工程师
15	14	张雨涵	女	销售部	本科	工程师
16	15	钱述民	男	开发部	本科	助工

图 4-34　调整好 5 列列宽后的工作表

③ 设置列宽为固定值。选中 G 列至 J 列，选择【开始】→【单元格】→【格式】→【列宽】命令，打开图 4-35 所示的“列宽”对话框，设置列宽为“11”，单击【确定】按钮。

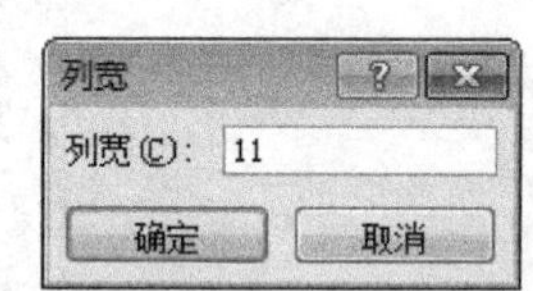

图 4-35　“列宽”对话框

（4）文字换行。

① 自动换行。选中第 1 行，选择【开始】→【对齐方式】→【自动换行】命令，将该行中有内容超过列宽的单元格内的文字自动分行，效果如图 4-36 所示。

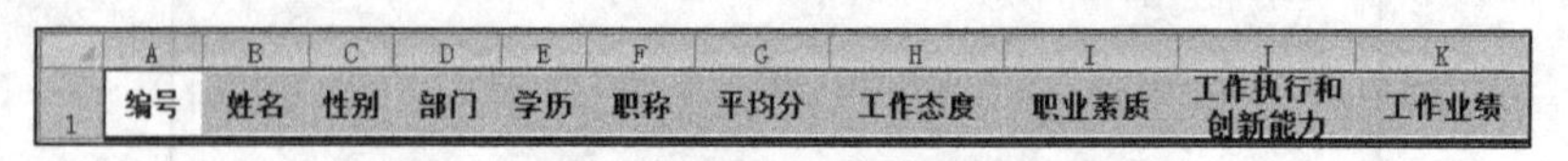

	A	B	C	D	E	F	G	H	I	J	K
1	编号	姓名	性别	部门	学历	职称	平均分	工作态度	职业素质	工作执行和 创新能力	工作业绩

图 4-36　对第 1 行设置自动换行后的效果

② 手工调整换行。激活 J1 单元格，在编辑栏中，将指针定位于“和”字左侧，按【Alt】+【Enter】组合键，再按【Enter】键确认，将“和创新能力”换到第 2 行。

步骤 6　保存并关闭文件

完成以上所有工作，单击窗口右上角的【关闭】按钮 ☒，弹出图 4-37 所示的保存提示框，单击【保存】按钮，保存该工作簿的所有修改并关闭应用程序窗口。

图 4-37　提示保存更改的对话框

【任务总结】

本任务中，我们通过制作“公司员工综合素质考评表”，学习了在 Excel 中创建工作表的方法，了解了工作簿、工作表、区域和单元格的使用，掌握了输入数据的几种方法，学会了增删行、列与移动和复制行、列的操作，并进行简单的格式设置，为进一步使用这些数据来展现美观的结果及进行数据分析打下了良好的基础。

【知识拓展】

1. Excel 中的几个概念

（1）工作簿。在 Excel 中，用来存储、组织和处理工作数据的文件称为工作簿。默认的工作簿名为工作簿 1，其文件的扩展名为.xlsx。每一个工作簿可以包含多张工作表。

（2）工作表。工作表是 Excel 工作簿中存储和处理数据最重要的部分，由排列成行或列的单元格组成，也称电子表格。可以用不同颜色来标记工作表标签，以使其更容易识别。

新建的工作簿中默认包含 3 张工作表 Sheet1、Sheet2 和 Sheet3，可以添加或删除工作表。活动工作表是指当前正在操作的，标签是白底黑字的工作表。默认情况下，活动工作表为 Sheet1。

（3）列和行。为了能标识和引用数据，Excel 中的列用大写英文字母 A，B，C，…，Z，AA，AB，…，ZZ，AAA，AAB，…，XFD 来表示列标；行用阿拉伯数字 1，2，…，1048576 来表示行号。

Excel 2003 及以前的版本，一个工作表最多含有 65 536 行、256 列；Excel 2010 工作表则可包含 1 048 576 行、16 384 列。

（4）单元格。行和列的交叉部分形成单元格，它是工作表的最小单位。输入的数据都保存在单元格中，其中数据可以是字符串、数字、公式、图形和声音等。

单元格根据其所处的列标和行号自动命名，列标在前、行号在后，如 A1，E19。我们可以为单元格重新命名，以特别标识特殊的单元格。活动单元格是指当前正在操作的、被黑线框住的单元格，其名称会出现在名称框中。

（5）区域。由一个或多个连续的单元格组成的矩形被称为区域。区域的表示方式为“起始单元格（左上角）的名称:结束单元格（右下角）的名称”，也可以根据需要为区域重命名。最小的区域是一个单元格，最大的区域是整张工作表。

2.【粘贴】命令

复制了数据之后，使用【粘贴】命令，粘贴到的单元格右下角会出现一个【粘贴选项】按钮，打开【粘贴选项】，可以实现多种形式的粘贴，如图 4-38 所示。此外，还可选择【开始】→【剪贴板】→【粘贴】→【选择性粘贴】命令，打开图 4-39 所示的“选择性粘贴”对话框进行粘贴设置。

图 4-38　粘贴选项

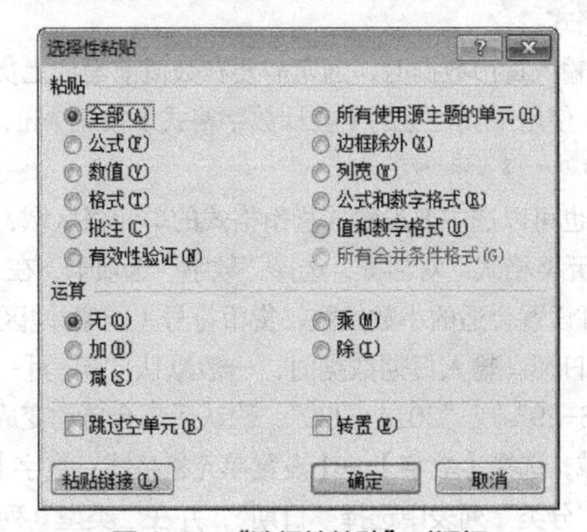

图 4-39　“选择性粘贴”对话框

（1）粘贴。使用这部分的命令可以实现粘贴、公式、公式和数字格式、保留源格式、无边框、保留源列宽、转置的操作。默认的操作是常见的粘贴，即使用【Ctrl】+【V】组合键实现的粘贴。

（2）粘贴数值。这部分命令中有值、值和数字格式、值和源格式的粘贴选项。

（3）其他粘贴选项。这部分包含格式、粘贴链接、图片、链接的图片选项。

3. 常见数据类型的输入技巧和设置

（1）文本输入技巧。

① 文本输入时，选择合适的输入法来进行中、英文的输入。特殊字符，可参照 Word 中的方法。

② 输入的字符比较长时，会出现以下情况：右侧单元格无内容时，超出单元格宽度的内容会占用右侧单元格显示；右侧单元格有内容时，超宽的内容部分隐藏，如图 4-1 所示的 I1 单元格的内容。

（2）数字输入技巧。Excel 默认的是常规数字格式。输入数字时，Excel 会根据输入的一些细节自动判断输入数字的类型，获得不同的格式，如自然整数、日期、时间、分数、百分比、货币样式等。我们可以根据实际需要，利用工具栏上相应的 $ - % , .00 .00 按钮，或选择【数字】→【设置单元格格式：数字】命令，打开的“设置单元格格式”对话框，在“数字”选项卡的“分类”中选择需要的类别，进行进一步设置。

① 当前日期的输入，可按【Ctrl】+【;】组合键。

② 当前时间的输入，可按【Ctrl】+【Shift】+【;】组合键。

③ 如需输入分数，则先输入 0，然后输入一个空格，再输入分数本身即可。例如，需输入 1/3，则可输入“0 1/3”，此时在编辑栏中可看到 0.333333333333333 的分数计算结果。

④ 输入类似电话号码、身份证号码之类长度超过 11 位的数字，但该数字又不需要进行运算时，为了与可以进行运算的数字区别开，在输入时应该先输入一个英文状态下的单引号“'”，将接着输入的数字内容作为文本处理。

提示

输入数值数据时，若单元格宽度不够，系统会自动将其转换为科学记数法表示，如 7.87879E+18，如果这些数字只是代表数值的文本字符，如身份证号码、编码等，可对单元格做文本处理。

（3）常用数字类型及设置。以下数字类型均可在“设置单元格格式”对话框的“数字”选项卡中进行选择和设置。

① 常规数字。这是不包含任何特定格式的数字格式。

② 数值。数值是可以有小数位数、千分位分隔符、负数格式设置的数字格式。

③ 货币和会计专用。货币和会计专用数字前带有不同国家或地区的货币符号，可选小数位数和负数格式的数字格式。

a. 输入货币数据时，通常需要在数值前面加上货币符号，一般不用手动输入货币符号，而是输入数值并选中后，使用工具栏上的【会计数字格式】按钮 $ ，将其改为带有货币符号且精确到 2 位小数的货币样式，如 ¥ 333.00 $ 666.00。

b. 也可以选中要设置成货币格式的单元格区域，选择【数字】→【设置单元格格式：数字】命令，打开“设置单元格格式”对话框，选择“数字”选项卡，在“分类”列表中选择“货币”或“会计专用”，如图 4-40 所示，并设置合适的小数位数、货币符号（国家/地区）和负数的显示格式。

④ 日期。输入日期数据时，一般默认“年-月-日”的格式，形如 2014-6-29，我们可以在键盘上输入“2014-6-29”或“2014/6/29”，确认后都会自动变成默认的格式 2014/6/29。如需修改日期格式，则选中单元格区域，选择【数字】→【设置单元格格式：数字】命令，打开“设置单元格格式”对话框，在“数字”选项卡的“分类”列表中选择“日期”，并在“类型”列表中选择合适的显示类型，如图 4-41 所示。

⑤ 时间。输入时间数据，一般使用“小时:分钟:秒”的格式，形如 12:20，如需修改成其他格式，可以使用“设置单元格格式”对话框，在其中进行合适的设置，如图 4-42 所示。

⑥ 百分比和分数。可选小数位数或分母类型的数字格式。

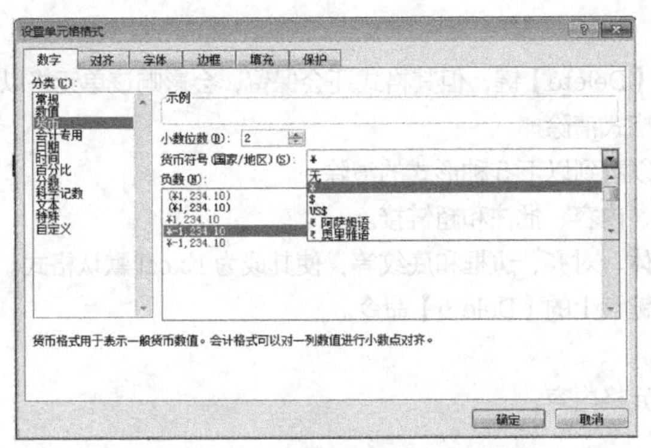
图 4-40 设置货币数字的格式

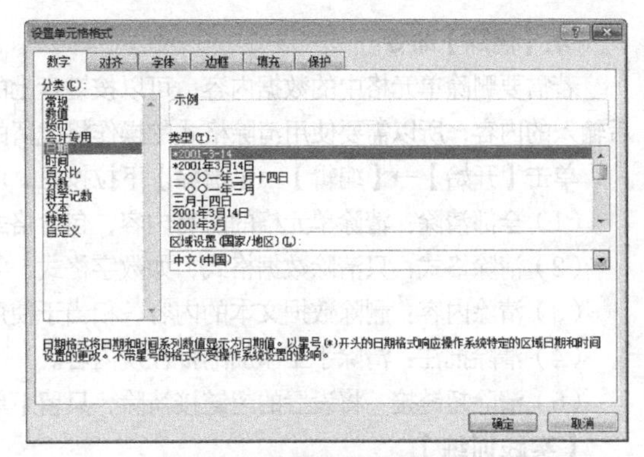
图 4-41 选择日期的显示类型

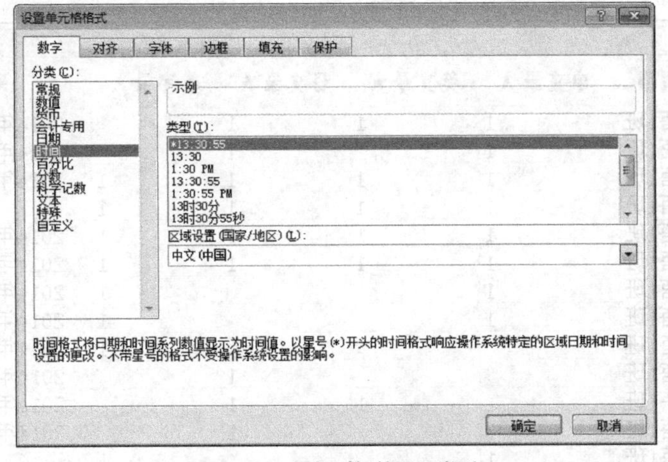
图 4-42 选择时间的显示类型

⑦ 科学计数。

⑧ 文本。在文本单元格格式中，数字作为文本处理，一般这类数字不参加数学和统计的运算。

⑨ 特殊。针对不同国家和地区的一些特殊数字固定用法，如中国的中文大写和小写数字。

对于如邮政编码、中文大写或小写的数字，可以先在单元格中输入数值，使用“设置单元格格式”对话框，选择需要的特殊类型，如图 4-43 所示。

⑩ 自定义。以现有格式为基础，修改或定义新的数据格式，如图 4-44 所示。

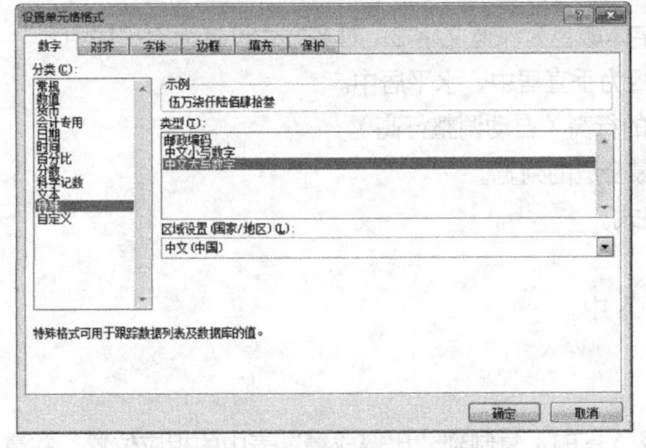
图 4-43 选择特殊数字的格式类型

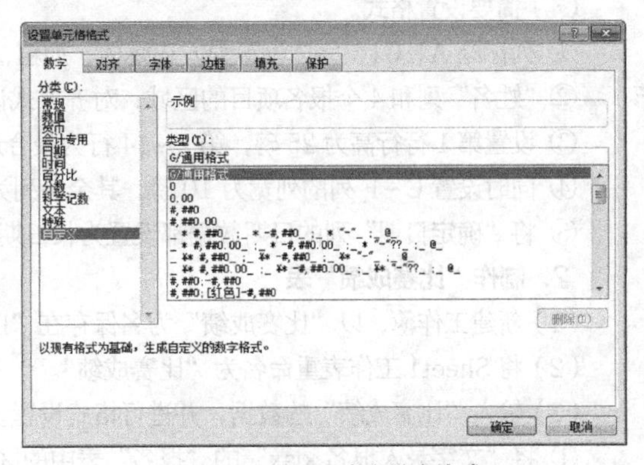
图 4-44 设置自定义数字格式

4.【清除】命令

若需要删除单元格中的数据内容，可以按键盘上的【Delete】键，但其格式还会保留，会影响该单元格以后输入的内容，所以需要使用清除格式的操作将残留的格式清除掉。

单击【开始】→【编辑】→【清除】下拉按钮，可以看到以下 5 种形式的清除。

（1）全部清除：清除单元格的所有内容，包含格式、内容、批注和超链接。

（2）清除格式：只清除数据格式，如数字格式、字体、对齐、边框和底纹等，使其成为 Excel 默认格式。

（3）清除内容：删除数据文本的内容，相当于使用键盘上的【Delete】命令。

（4）清除批注：清除手工添加的批注及内容。

（5）清除超链接：将设置的超链接清除，只留下单元格内容。

【实践训练】

制作第六届科技文化艺术节“文字录入报名”表和“比赛成绩”表，效果如图 4-45 和图 4-46 所示。

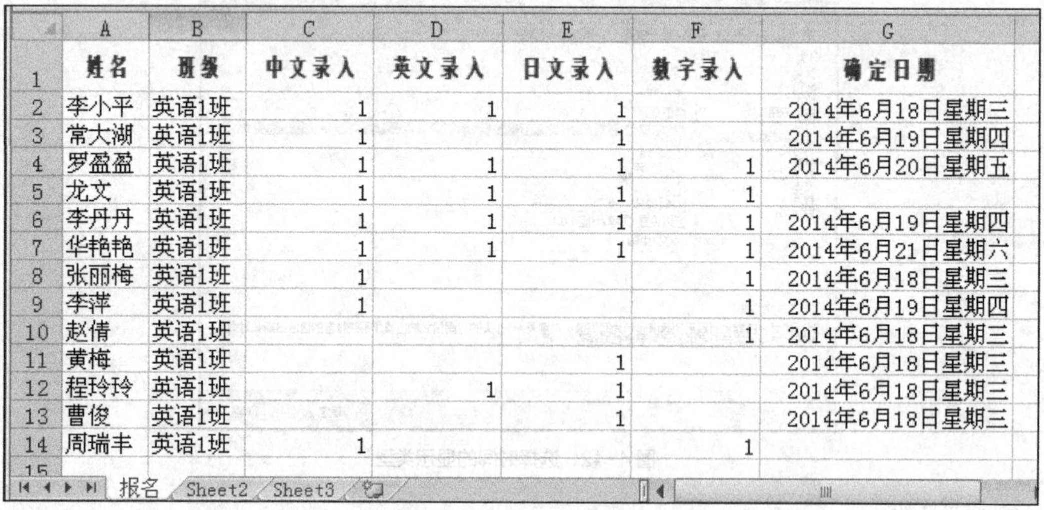

	A	B	C	D	E	F	G
1	姓名	班级	中文录入	英文录入	日文录入	数字录入	确定日期
2	李小平	英语1班	1	1	1		2014年6月18日星期三
3	常大湖	英语1班	1		1		2014年6月19日星期四
4	罗盈盈	英语1班	1	1	1	1	2014年6月20日星期五
5	龙文	英语1班	1	1	1	1	
6	李丹丹	英语1班	1	1	1	1	2014年6月19日星期四
7	华艳艳	英语1班	1	1	1	1	2014年6月21日星期六
8	张丽梅	英语1班	1			1	2014年6月18日星期三
9	李萍	英语1班	1			1	2014年6月19日星期四
10	赵倩	英语1班				1	2014年6月18日星期三
11	黄梅	英语1班			1		2014年6月18日星期三
12	程玲玲	英语1班		1	1		2014年6月18日星期三
13	曹俊	英语1班			1		2014年6月18日星期三
14	周瑞丰	英语1班	1			1	
15							

报名　Sheet2　Sheet3

图 4-45 “文字录入报名.xlsx”中的“报名”表

1. 制作“文字录入报名”表

（1）创建工作簿。新建 Excel 工作簿，以“文字录入报名”为名保存在“D:\”中。

（2）将 Sheet1 工作表重命名为“报名”。

（3）输入“报名”表的数据，日期以“2014-6-18”或“2014/6/18”的形式输入。

（4）简要设置格式。

① 列标题 A1:G1，字体设置为方正姚体、加粗，字体颜色为深蓝文字 2；对齐方式设置为水平居中。

② “姓名”列和 4 个报名项目的区域，对齐方式设置为垂直居中、水平居中。

③ 设置第 1 行行高为 25 磅，第 2~14 行为最合适的行高（自动调整行高）。

④ 同时设置 C~F 列的列宽为 10 磅，其余各列为最合适的列宽。

⑤ 将“确定日期”列的日期数据都设置为长日期格式。

2. 制作“比赛成绩”表

（1）新建工作簿，以“比赛成绩”为名保存在“D:\”中。

（2）将 Sheet1 工作表重命名为“比赛成绩”。

（3）输入“比赛成绩”的数据，并进行格式设置。

① 将“文字录入报名.xlsx”的“报名”表中的区域 A1:F14 复制到“比赛成绩”表中的相应位置，并清除格式。

② 将“龙文”和“周瑞丰”的数据行删除；修改“班级”列的内容。

③ 将“中文录入”列中的数字“1”全部替换成“中文录入”；“英文录入”“日文录入”“数字录入”列中的数字“1”分别替换成“英文录入”“日文录入”“数字录入”。

④ 将所有人的姓名和班级的内容往下复制 3 次（也可使用自动填充完成）。

⑤ 将 C1 单元格中的内容修改为“比赛项目”；将“英文录入”列的内容移至“中文录入”数据的下方，即 D2:D12 区域的内容移动至 C13:C21；同理将“日文录入”和“数字录入”的内容移至紧接的下方。

⑥ 将 D～F 列的内容和格式全部清除；将比赛项目为空白的行全部删除。

⑦ 添加“速度”和“正确率”列，输入数据，并设置“速度”为 1 位小数、“正确率”为百分比样式。

⑧ 在 C 列插入“性别”列，并输入性别列的内容。

	A	B	C	D	E	F
1	姓名	班级	性别	比赛项目	速度	正确率
2	李小平	英语1班	男	中文录入	97.0	93%
3	常大湖	英语1班	男	中文录入	77.0	91%
4	罗盈盈	英语2班	女	中文录入	78.0	93%
5	李丹丹	英语2班	女	中文录入	65.0	94%
6	华艳艳	英语2班	女	中文录入	66.0	89%
7	张丽梅	国贸1班	女	中文录入	78.0	90%
8	李萍	国贸1班	女	中文录入	73.0	97%
9	李小平	英语1班	男	英文录入	307.0	88%
10	罗盈盈	英语2班	女	英文录入	251.0	91%
11	李丹丹	英语2班	女	英文录入	245.0	92%
12	华艳艳	英语2班	女	英文录入	237.0	92%
13	程玲玲	日语1班	女	英文录入	212.0	96%
14	李小平	英语1班	男	日文录入	221.9	100%
15	常大湖	英语1班	男	日文录入	166.0	88%
16	罗盈盈	英语2班	女	日文录入	144.0	92%
17	李丹丹	英语2班	女	日文录入	132.3	93%
18	华艳艳	英语2班	女	日文录入	139.0	95%
19	黄梅	日语1班	女	日文录入	130.3	91%
20	程玲玲	日语1班	女	日文录入	146.0	96%
21	曹俊	英语3班	男	日文录入	151.0	73%
22	罗盈盈	英语2班	女	数字录入	145.0	95%
23	李丹丹	英语2班	女	数字录入	111.0	98%
24	华艳艳	英语2班	女	数字录入	139.3	68%
25	张丽梅	国贸1班	女	数字录入	245.7	94%
26	李萍	国贸1班	女	数字录入	237.0	92%
27	赵倩	国贸1班	女	数字录入	232.0	97%
28						

比赛成绩 Sheet2 Sheet3

图 4-46 “比赛成绩.xlsx”中的“比赛成绩”表

案例 2　美化考评表

【任务描述】

案例 1 中人力资源部的工作人员制作了“公司员工综合素质考评表”，现继续对其进行美化修饰。本案例将“公司员工综合素质考评表.xlsx”工作簿另存为“公司员工综合素质考评表-美化修饰版.xlsx”，并进行复制工作表、根据打印需要进行页面设置、美化表格、突出显示数据和打印表格等操作，最终得到可供打印的美观的表格，如图 4-47 所示。

公司员工综合素质考评表

编号	姓名	性别	部门	学历	职称	工作态度	职业素质	工作执行和创新能力	工作业绩
1	李林新	男	工程部	硕士	工程师	86	85	80	84
2	王文辉	女	开发部	硕士	工程师	65	60	48	50
3	张蕾	女	培训部	本科	高工	92	91	94	86
4	周涛	男	销售部	大专	工程师	89	84	86	77
5	王政力	男	培训部	本科	工程师	82	89	94	80
6	黄国立	男	开发部	硕士	工程师	82	80	90	89
7	孙英	女	行政部	大专	助工	91	82	84	83
8	张在旭	男	工程部	本科	工程师	84	93	97	86
9	金翔	男	开发部	博士	工程师	94	90	92	95
10	王春晓	女	销售部	本科	高工	95	80	90	80
11	王青林	男	工程部	本科	高工	83	86	88	91
12	程文	女	行政部	硕士	高工	77	86	91	85
13	姚林	男	工程部	本科	工程师	60	62	50	45
14	张雨涵	女	销售部	本科	工程师	93	86	86	91
15	钱述民	男	开发部	本科	助工	81	81	78	75

图 4-47　可供打印的“公司员工综合素质考评表”

【任务目标】

- 掌握切换和复制工作表的方法。
- 熟悉增加和删除工作表的方法。
- 能进行页面的相关设置。
- 了解打印预览及打印相关的设置和操作。
- 掌握快速设置表格格式的方法，能进行字体、对齐方式、底纹、行高和列宽的设置。
- 学会套用表格格式和设置条件格式。

【任务流程】

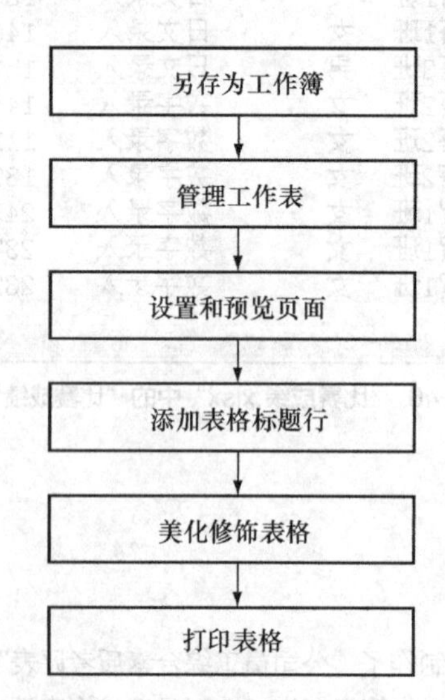

【任务解析】

1. 管理工作表

要多次使用一个表格的数据做不同的工作，我们通常会将该表复制几份来分别进行不同的操作，而不是每个工作表另存一个工作簿，这就需要使用到复制工作表或数据区域的操作；工作表较多时，会切换工作表以激活需要操作的工作表；要调整工作表的排列顺序，则需要移动工作表。Excel 工作簿默认包含 3 张工作表，根据需要，可以增加新的工作表或删除不再需要的工作表。

（1）切换工作表。当工作簿中工作表较多时，有些工作表标签显示不出来，可单击标签左侧的导航按钮 ，实现以第一张、前一张、后一张、最后一张的方式浏览工作表标签，单击某工作表的标签便可切换到其中，或使用【Ctrl】+【PageUp/PageDown】组合键来实现。

（2）移动或复制工作表。以下两种方法可以将一个工作表的内容和格式一起移动或复制。

① 用鼠标右键单击需要复制的工作表标签，从弹出的快捷菜单中选择【移动或复制…】命令，如图 4-48 所示，打开图 4-49 所示的“移动或复制工作表”对话框，在其中设置将选定工作表移动或复制（不勾选【建立副本】复选框为移动，勾选【建立副本】复选框为复制）到哪个工作簿（在下拉列表中选择已经打开的工作簿），移至下列选定工作表（列表框中列出的工作表）之前。

图 4-48　移动或复制工作表的快捷菜单

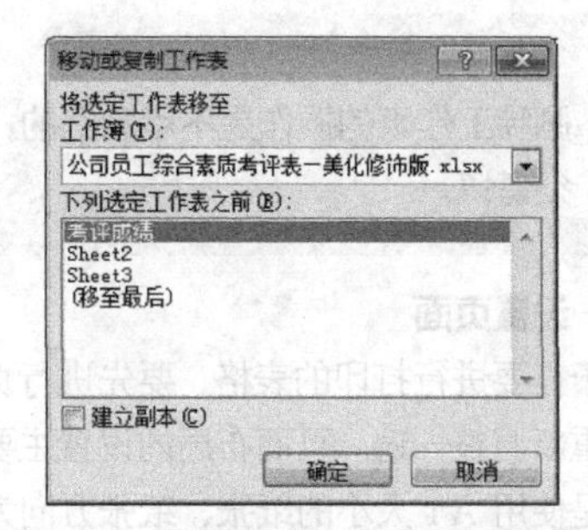

图 4-49　“移动或复制工作表”对话框

② 选择需要移动的工作表标签，按住鼠标左键将其拖曳到需要放置的位置，释放鼠标。如需复制工作表，则按住【Ctrl】键进行上述操作，复制出的工作表会在原工作表名称后自动加上编号“(1)”,“(2)”等。

（3）移动或复制工作表的数据区域。这种方式是将原数据表中需要移动或复制的数据区域选中后进行剪切或复制，然后单击目标工作表的标签切换到目标工作表中，在目标区域的起始单元格处粘贴即可。

需要注意的是，这样复制的好处是准确复制了需要的区域部分，原表其余部分不会跟随到目标表中。但是，有时无法保持原表中的全部数据格式。Excel 会自动在目标工作表中以合适的方式来排列数据，如果要与原表的格式一致，需要重新调整行高、列宽等。

（4）增加工作表。

① 在工作表的标签处，单击【插入工作表】按钮 ，在所有工作表的最后增加了一张工作表，自动命名为 Sheet*N*，*N* 为当前工作表的最后一个 Sheet 的数值+1。

② 单击【开始】→【单元格】→【插入】下拉按钮，从列表中选择【插入工作表】命令。

③ 用鼠标右键单击工作表标签，从弹出的快捷菜单中选择【插入】命令，打开图 4-50 所示的“插入”对话框，在“常用”选项卡中选择“工作表”，单击【确定】按钮，插入一张新工作表。

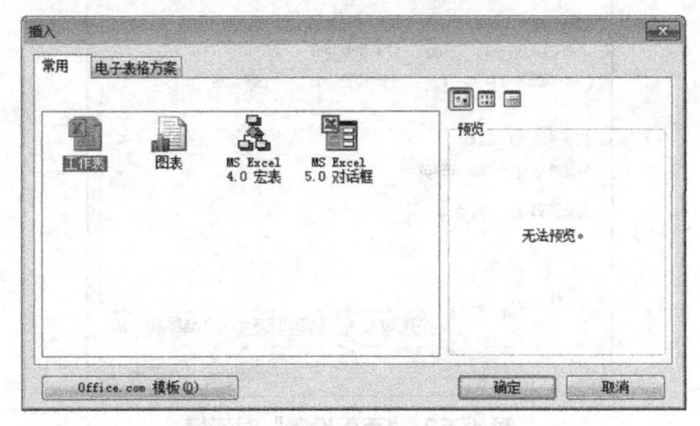

图 4-50　“插入”对话框

（5）删除工作表。

① 切换到待删除的工作表，选择【开始】→【单元格】→【删除】→【删除工作表】命令，若待删工作表中有数据，则弹出图4-51所示的提示对话框，单击【删除】按钮，可永久删除该工作表。

② 用鼠标右键单击待删工作表标签，从弹出的快捷菜单中选择【删除】命令，删除该工作表。

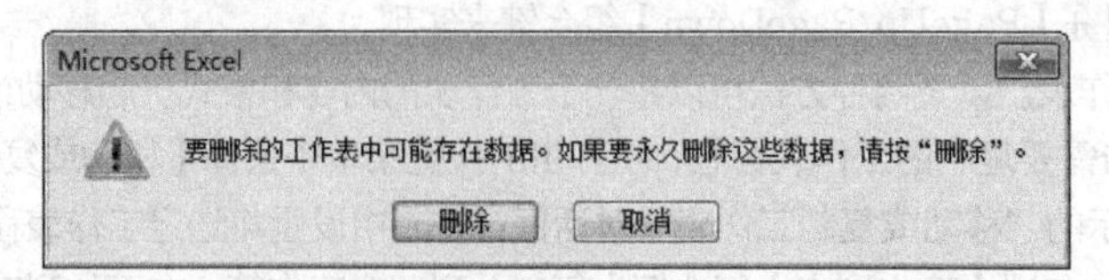

图4-51 提示删除工作表中存在数据的对话框

删除工作表的操作是不可撤销的，被删除的工作表从文件中彻底删除掉了，所以在进行该操作时必须谨慎。

2. 设置页面

对于需要进行打印的表格，要先进行页面设置，以免在未设置的情况下调整好格式后，因为不适应打印的纸张又重新调整一遍。页面布局的设置主要从纸张大小、纸张方向、页边距、打印相关设置等方面进行。一般默认的是使用A4大小的纸张，纸张方向为“纵向”，页边距为上1.91厘米、下1.91厘米、左1.78厘米，右1.78厘米、页眉0.76厘米、页脚0.76厘米。

可用以下两种方法进行设置，设置完成后表格中会出现虚线框来标识页面的分隔。

（1）工具按钮。在“页面布局”功能选项卡中，可对页面的多个方面进行设置，如图4-52所示。

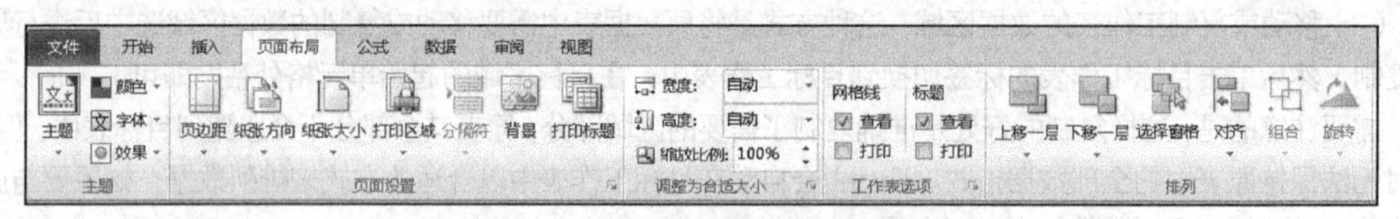

图4-52 “页面布局”功能选项卡

（2）选择【页面布局】→【页面设置】→【页面设置】命令，打开图4-53所示的“页面设置”对话框，在其中的“页面”“页边距”“页眉/页脚”“工作表”选项卡中分别进行对应设置。

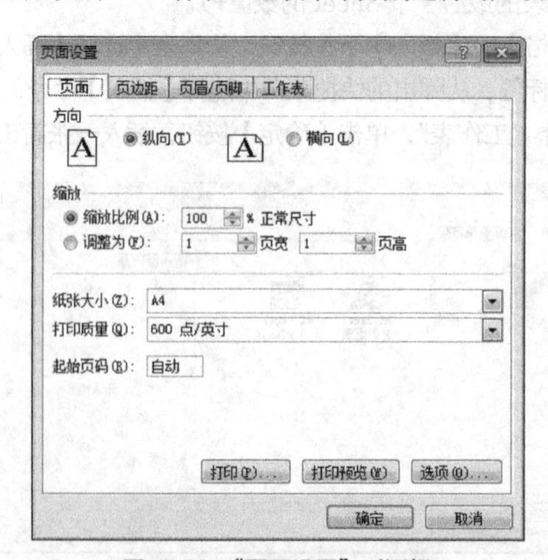

图4-53 “页面设置”对话框

页面设置对页边距、页眉/页脚等的设置，在工作表编辑时看不到效果，只有在打印预览视图时或打印出来后才能看到效果。

3. 打印预览

提示

工作表中没有输入任何内容，或没有连接设置了驱动程序的打印机时，打印预览无法实现。

使用打印预览，可以看到工作表付诸打印的效果；而分页预览可以查看和调整多页面的分页效果。

（1）单击快速访问工具栏右侧的【自定义快速访问工具栏】按钮，从下拉列表中选择【打印预览和打印】命令，如图 4-54 所示，将【打印预览】按钮添加至快速访问工具栏。

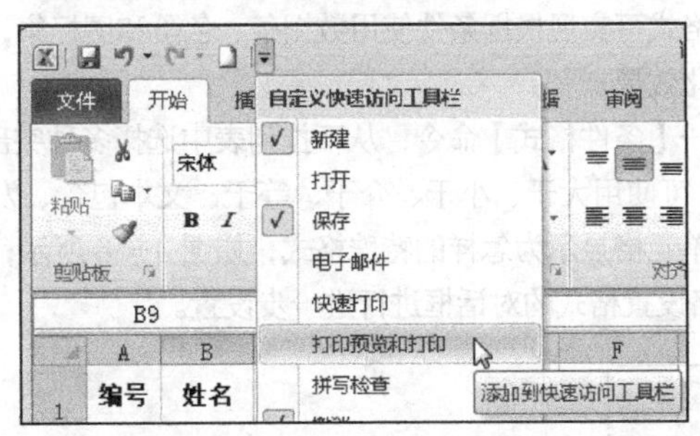

图 4-54　添加【打印预览】按钮

（2）单击快速访问工具栏中的【打印预览】按钮，切换到“打印”视图，如图 4-55 所示。需要按这样的布局打印，则单击【打印】按钮实现。若还需调整布局或内容，则单击除【文件】外的其他功能选项卡，回到工作表的编辑状态。

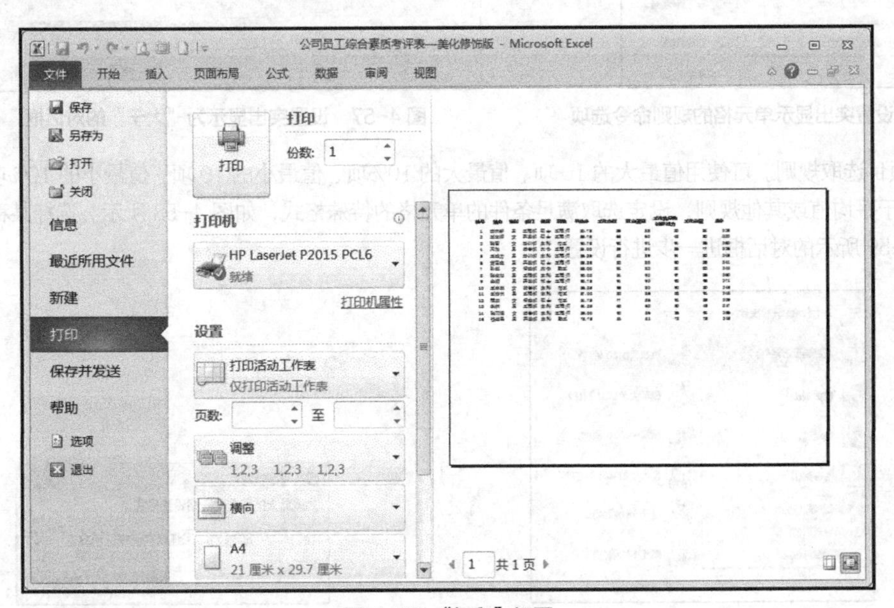

图 4-55　“打印”视图

4. 快速设置表格格式

从打印预览效果可见，默认情况下，Excel 表格是没有边框的，如果要打印表格，还须对字体、对齐、行高、列宽和底纹等进行设置。Excel 提供了 3 种自动设置和手动设置表格格式的方法。

（1）套用表格格式。通过选择预定义表样式，快速设置一组单元格的格式（字体设置、数字设置、边框和底纹设置等），并将其转换为表。选择【开始】→【样式】→【套用表格格式】命令，打开表格样式列表，选择适合的样式快速实现表格格式化。

Excel 2010 中的表（表格）是用于管理和分析相关数据的独立表格，通过使用表，可以方便地对数据表中的数据进行排序、筛选和设置格式。

（2）单元格样式。选择【开始】→【样式】→【单元格样式】命令，从表格样式列表中选择调用预定义的样式来快速设置单元格格式（字体设置、数字设置、边框和底纹设置等）。

（3）条件格式。使用条件格式可实现根据条件使用数据条、色阶和图标集，以突出显示相关单元格，强调异常值，以及实现数据的可视化效果。

选择【开始】→【样式】→【条件格式】命令，从下拉列表中选择多种突出显示单元格的方式。

① 突出显示单元格规则。可使用大于、小于、介于、等于、文本包含、发生日期、重复值或其他规则，设定要将满足以上设置条件的单元格显示为怎样的特殊格式，如图 4-56 所示；进行某种规则选择之后，打开图 4-57 所示的为该规则单元格设置格式的对话框进行进一步设置。

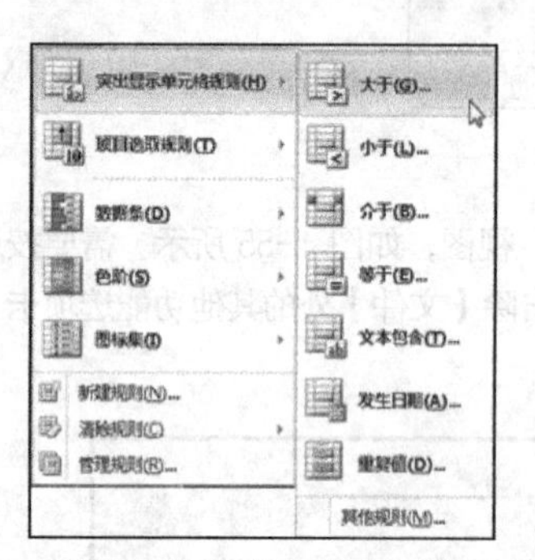

图 4-56 设置突出显示单元格的规则命令选项

图 4-57 设置突出显示为“大于”的对话框

② 项目选取规则。可使用值最大的 10 项、值最大的 10%项、值最小的 10 项、值最小的 10%项、高于平均值、低于平均值或其他规则，设定选取满足条件的单元格的特殊格式，如图 4-58 所示。选择某种规则后，打开图 4-59 所示的对话框进一步进行设置。

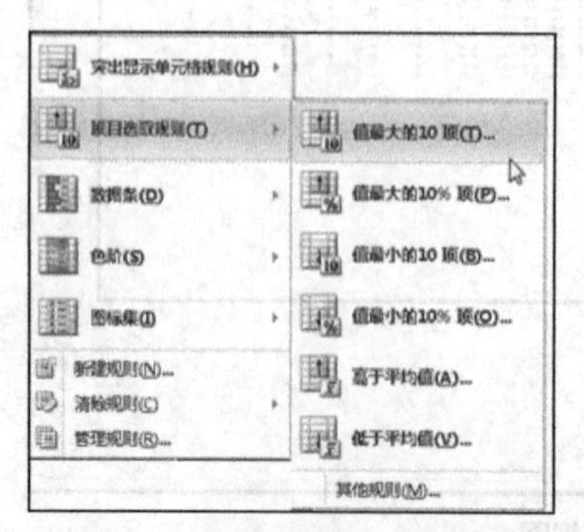

图 4-58 “项目选取规则”的命令选项

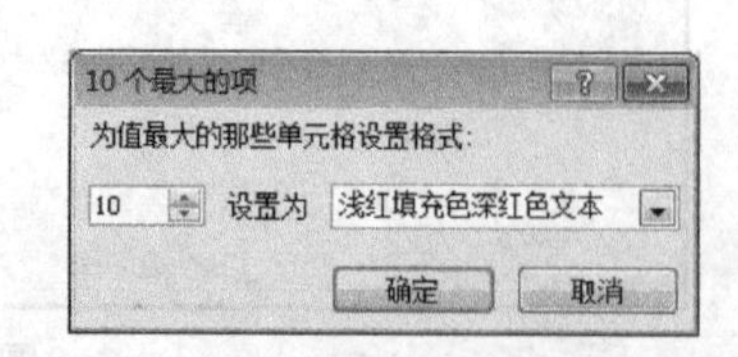

图 4-59 设置“10 个最大的项”对话框

③ 数据条。查看单元格中带颜色的数据条。数据条的长度表示单元格值的大小，如图 4-60 所示。

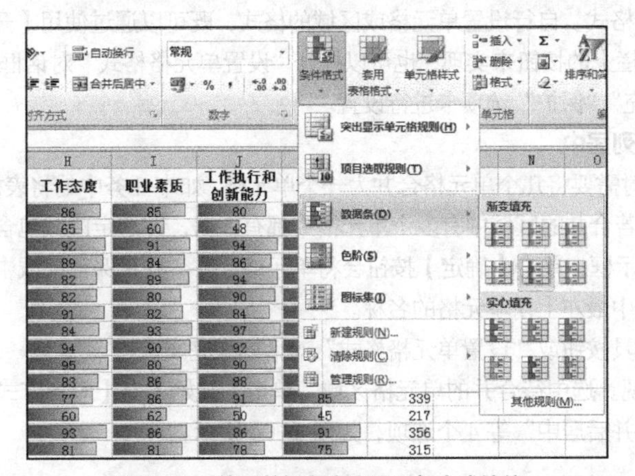

图 4-60 使用数据条突出显示每个成绩值

④ 色阶。在单元格区域中显示双色或三色渐变。颜色的底纹表示单元格中的值，如图 4-61 所示。

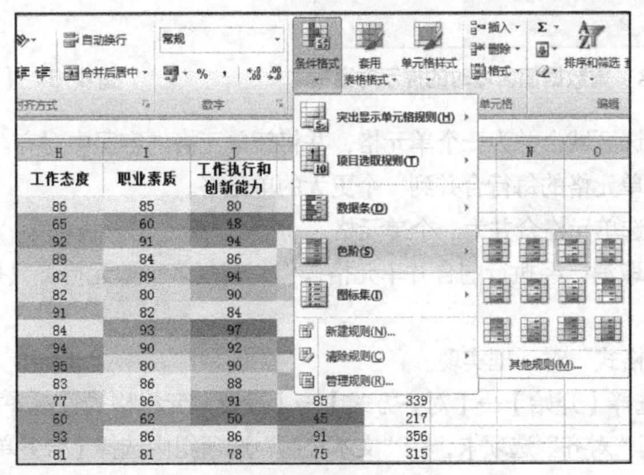

图 4-61 使用色阶突出显示每个成绩

⑤ 图标集。在每个单元格中显示图标集中的一个图标，如图 4-62 所示。

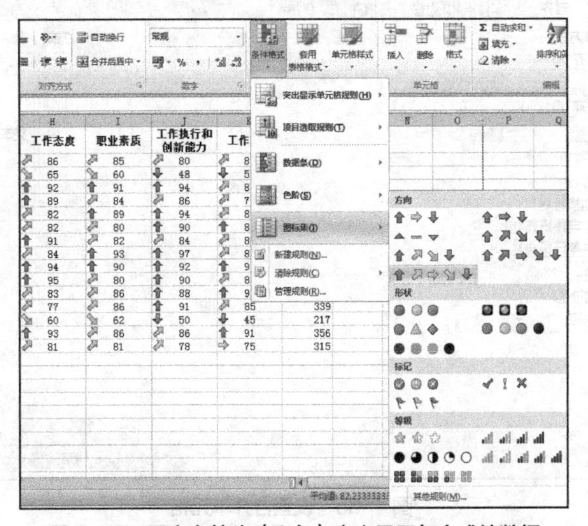

图 4-62 用方向箭头（彩色）突出显示每个成绩数据

⑥ 其他。可以新建规则、清除规则或管理规则。

（4）自行设置单元格格式。自行设置单元格或区域的格式，既可以通过使用【开始】功能选项卡中的【字体】和【对齐方式】工具栏上的按钮来实现，也可以打开“设置单元格格式”对话框，分别切换到“数字”“对齐”“字体”“边框”“填充”“保护”选项卡进行设置。

5. 合并单元格和跨列居中

（1）合并单元格。有时需要将几个单元格合并为一个单元格，如本任务中的将表格标题所在的区域 A1:M1 合并为一个 A1 单元格。若合并的区域中有多个单元格中都有数据，即选定区域包含多重数值，则执行合并时会弹出图 4-63 所示的提示框，单击【确定】按钮会将单元格合并，并只保留区域中最左上角的数据，而合并后的单元格名称为原区域中最左上角单元格的名称。

合并单元格可使用工具按钮或“设置单元格格式”对话框来完成。

① 利用工具按钮实现。选中待合并的单元格区域，单击【开始】→【对齐方式】→【合并后居中】下拉按钮，列表中列出了“合并后居中”等 4 个选项，如图 4-64 所示。

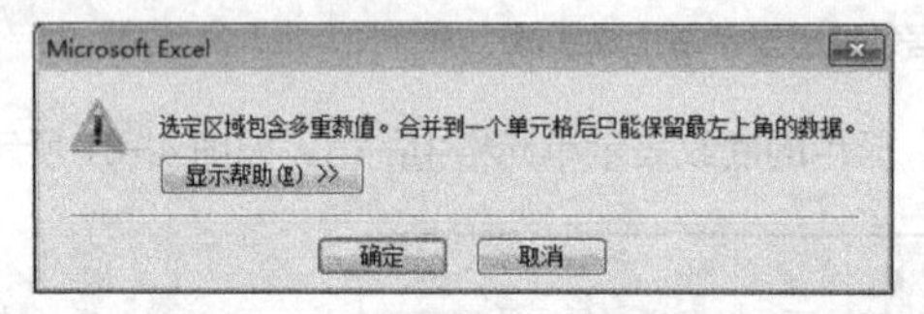

图 4-63　合并包含多重数据值区域时的提示对话框

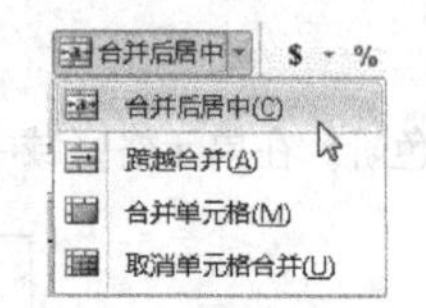

图 4-64　【合并后居中】的 4 个功能选项

a. 合并后居中：将所选区域合并为一个单元格，并将新单元格内容居中对齐。

b. 跨越合并：将所选单元格的每行合并到一个更大的单元格。

c. 合并单元格：将所选单元格合并为一个单元格。

d. 取消单元格合并：取消已经执行的合并单元格操作，恢复多个单元格。只是其中因合并而未保留的数据无法恢复。

② 利用“设置单元格格式”对话框实现。

选中待合并的区域，选择【开始】→【对齐方式】→【设置单元格格式：对齐方式】按钮，打开“设置单元格格式”对话框，切换到“对齐”选项卡，在“文本控制”选项组中选择【合并单元格】复选框，如图 4-65 所示，即可实现区域合并。

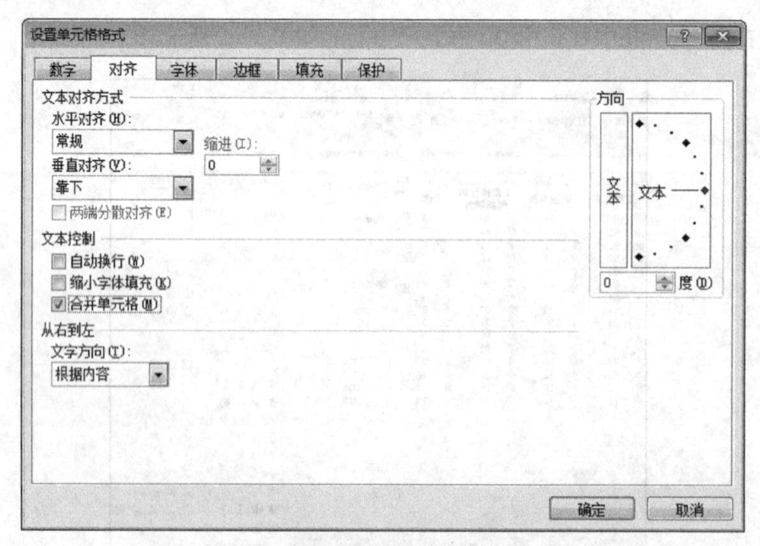

图 4-65　设置合并单元格

（2）跨列居中。要设置一个单元格的数据置于选中的多列范围的正中，但不合并单元格，可选择【开始】→【对齐方式】→【设置单元格格式：对齐方式】命令，打开“设置单元格格式”对话框，切换至“对齐”选项卡，在“文本对齐方式”选项组中选择“水平对齐”下拉列表中的“跨列居中”选项，如图 4-66 所示。

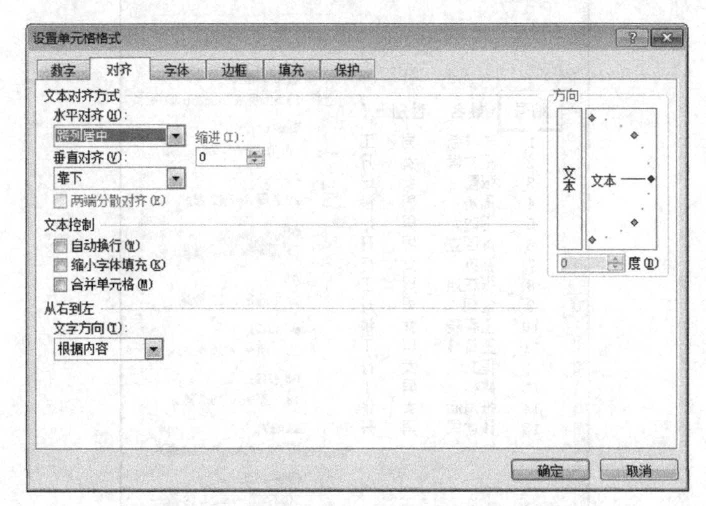

图 4-66　设置水平对齐方式为“跨列居中”

【任务实施】

步骤 1　另存工作簿

（1）打开“D:\公司员工综合素质考评表.xlsx”。

（2）选择【文件】→【另存为】命令，将该工作簿以“公司员工综合素质考评表-美化修饰版.xlsx”为名保存至原文件夹中。

步骤 2　复制并重命名工作表

（1）复制工作表。用鼠标右键单击“考评成绩”工作表标签，从弹出的快捷菜单中选择【移动和复制工作表】命令，打开“移动或复制工作表”对话框，其中“工作簿”保持本文档不变，在移至“下列选定工作表之前”列表中选择 Sheet2 工作表，选中“建立副本”选项，如图 4-67 所示，单击【确定】按钮实现工作表的复制，复制出的工作表自动命名为“考评成绩（2）”，如图 4-68 所示。

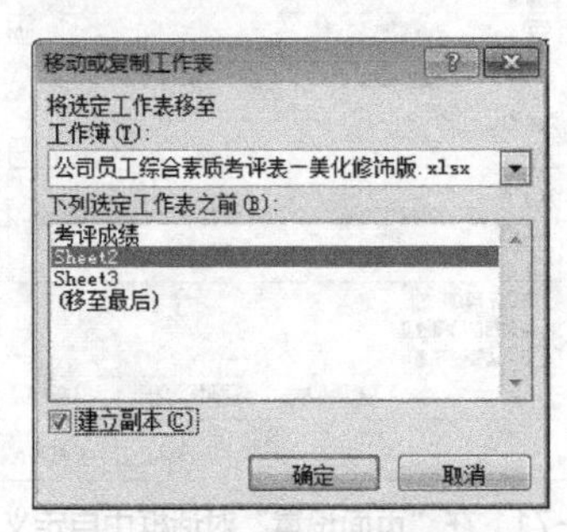

图 4-67　复制工作表的设置

图 4-68　复制后自动命名的工作表标签

（2）工作表重命名。双击以激活工作表标签“考评成绩（2）”，输入“打印”，按【Enter】键确认。

步骤 3　设置和预览页面

（1）设置页面。

① 切换到【页面布局】功能选项卡，单击【页面设置】→【纸张大小】下拉按钮，从下拉列表中选择“A4”命令，如图 4-69 所示。

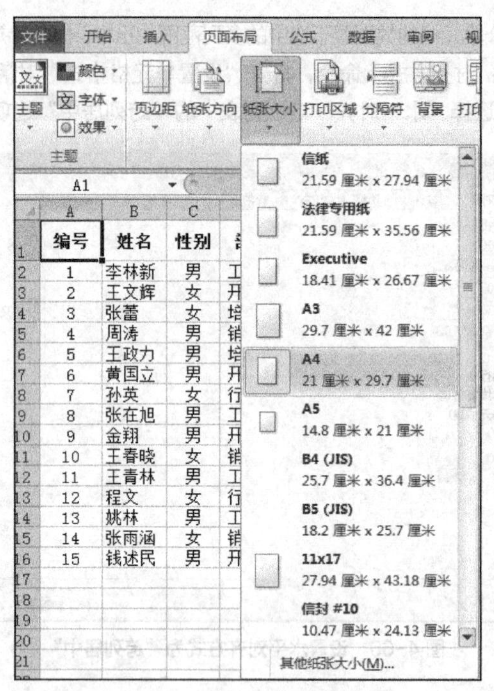

图4-69 选择“A4”大小的纸张

② 选择【页面设置】→【纸张方向】→【横向】命令，将纸张变为横向。

③ 选择【页面设置】→【页边距】→【自定义边距】命令，打开“页面设置”对话框，设置页边距上、下、左、右均为2厘米，如图4-70所示，单击【确定】按钮。

④ 切换到“页眉/页脚”选项卡，从“页脚”的下拉列表中选择“第1页，共？页”选项，如图4-71所示，其余默认，单击【确定】按钮。

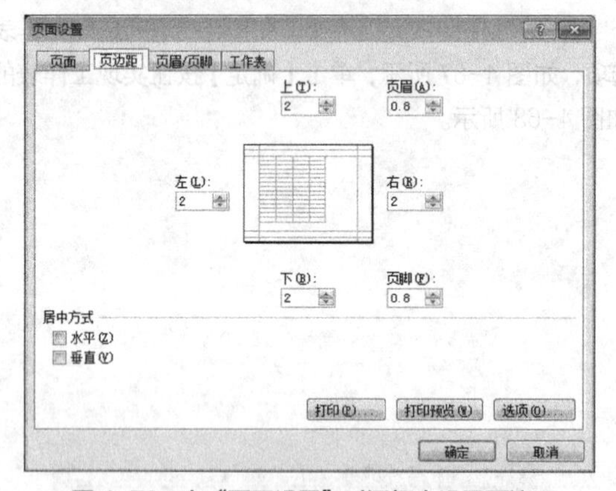

图4-70 在“页面设置”对话框中设置页边距

图4-71 在“页面设置”对话框中自定义页脚

⑤ 完成页面设置后，按住鼠标左键拖曳窗口右下角“缩放控制”的【缩放级别】→【显示比例】游标以缩放显示比例，可以看到页面设置的分页效果，查看完成恢复显示比例为100%。

（2）预览页面。

① 单击【自定义快速访问工具栏】按钮，从中选中【打印预览及打印】命令，将该按钮添加至快速访问工具栏。

② 单击【打印预览及打印】按钮，切换到打印视图，并单击窗口右下角的【显示边距】按钮，以将

页边距及页眉、页脚一起显示的方式查看工作表的打印效果，如图 4-72 所示。

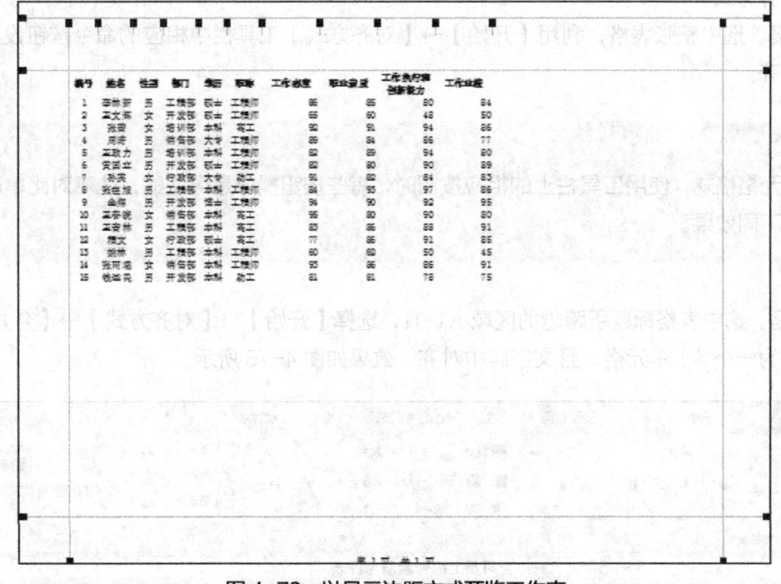

图 4-72　以显示边距方式预览工作表

③ 切换至【开始】功能选项卡，回到工作表的编辑状态，继续后面的工作。

步骤 4　添加表格标题行

（1）插入表格标题行。选中 A1 单元格，选择【开始】→【单元格】→【插入】→【插入工作表行】命令，插入一个空行。

（2）在 A1 单元格中输入表格标题“公司员工综合素质考评表”，如图 4-73 所示。

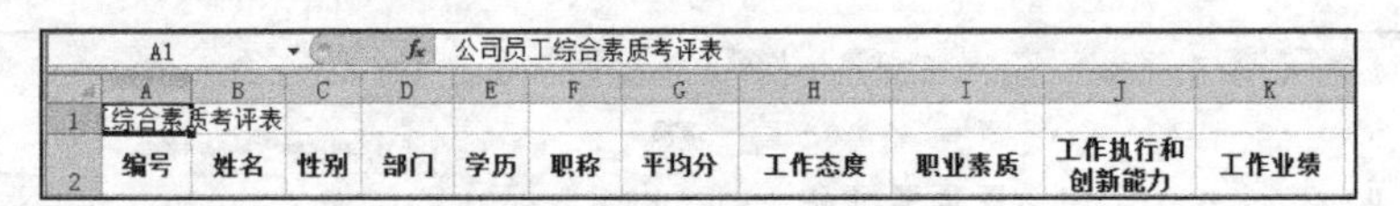

图 4-73　插入第 1 行表格标题

步骤 5　美化修饰表格

（1）设置字体格式。

① 单击全选按钮选中整张表格，利用【开始】→【字体】工具栏中相应的命令按钮设置字体为宋体、12 磅，字体颜色为自动（黑色），如图 4-74 所示。

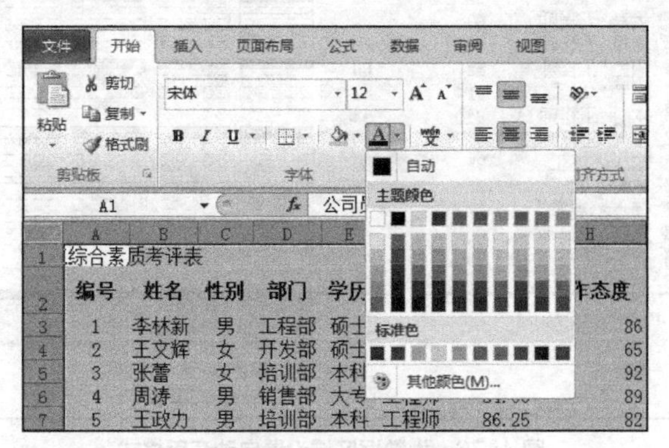

图 4-74　设置字体格式

② 选中表格标题 A1，设置字体为黑体、18 磅，字体颜色为“深蓝 文字 2，深色 50%”。

（2）设置对齐方式。

① 整张表格。选中整张表格，利用【开始】→【对齐方式】工具栏中相应的命令按钮设置单元格垂直居中、水平居中对齐。

设置单元格格式，使用工具栏上的相应按钮时，有些按钮操作是可逆的，注意对比单击一次和再次单击的不同效果。

② 表格标题。选中表格标题所跨越的区域 A1:J1，选择【开始】→【对齐方式】→【合并后居中】命令，将选定区域合并为一个 A1 单元格，且文字居中对齐，效果如图 4-75 所示。

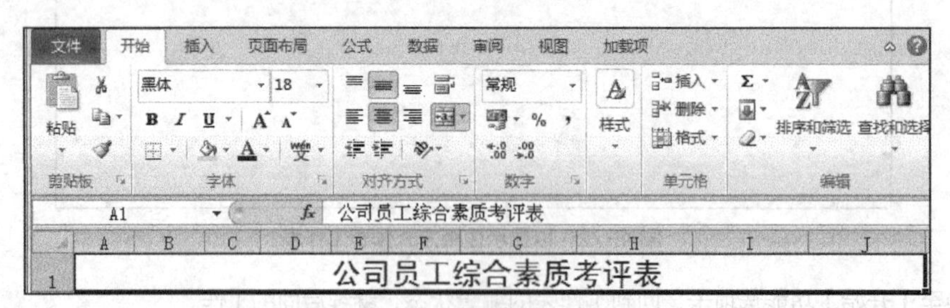

图 4-75 合并及居中的标题单元格

（3）套用表格格式。

① 选中区域 A2:J17，单击【开始】→【样式】→【套用表格格式】下拉按钮，从下拉列表中选择“表样式中等深浅 15”，如图 4-76 所示。

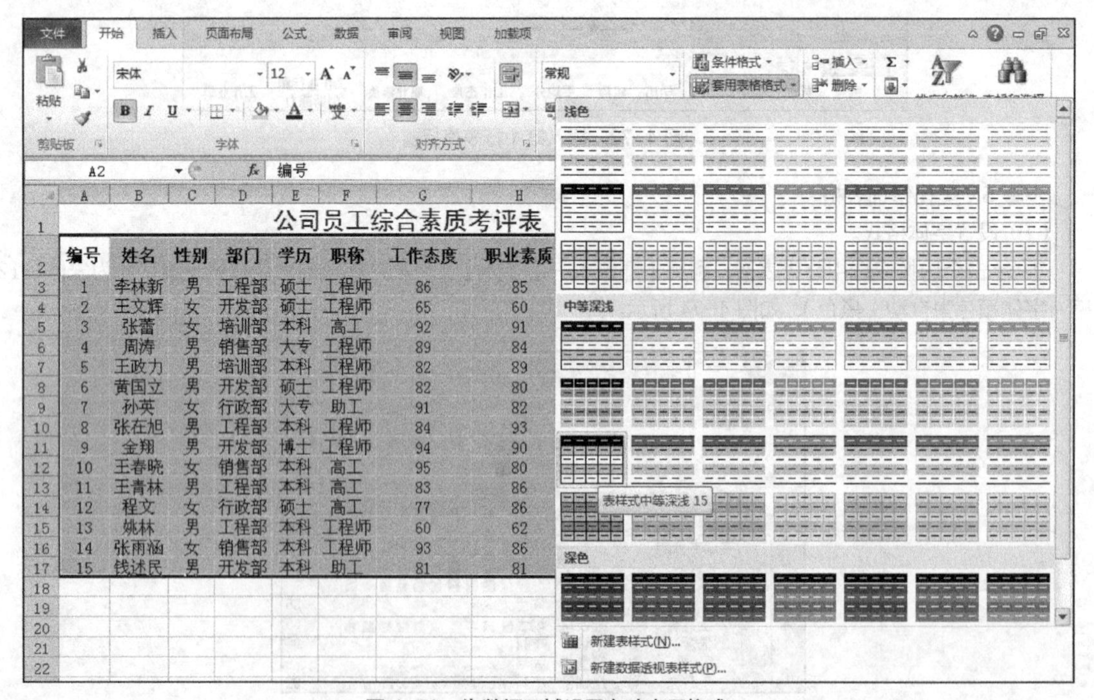

公司员工综合素质考评表

编号	姓名	性别	部门	学历	职称	工作态度	职业素质
1	李林新	男	工程部	硕士	工程师	86	85
2	王文辉	女	开发部	硕士	工程师	65	60
3	张蕾	女	培训部	本科	高工	92	91
4	周涛	男	销售部	大专	工程师	89	84
5	王政力	男	培训部	本科	工程师	82	89
6	黄国立	男	开发部	硕士	工程师	82	80
7	孙英	女	行政部	大专	助工	91	82
8	张在旭	男	工程部	本科	工程师	84	93
9	金翔	男	开发部	博士	工程师	94	90
10	王春晓	女	销售部	本科	高工	95	80
11	王青林	男	工程部	本科	高工	83	86
12	程文	女	行政部	硕士	高工	77	86
13	姚林	男	工程部	本科	工程师	60	62
14	张雨涵	女	销售部	本科	工程师	93	86
15	钱述民	男	开发部	本科	助工	81	81

图 4-76 为数据区域设置自动套用格式

② 打开图 4-77 所示的“套用表格式”对话框，保持默认设置不变，单击【确定】按钮，得到套用格式后的效果，如图 4-78 所示。

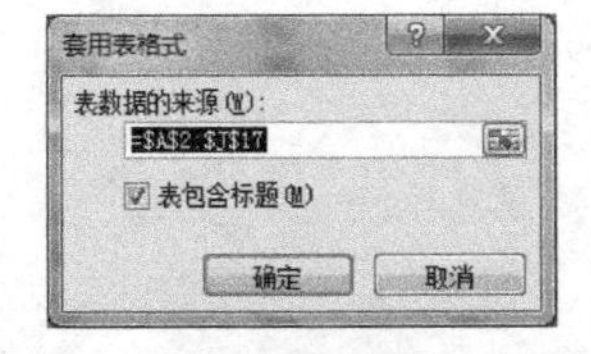

图 4-77 “套用表格式”对话框

	B	C	D	E	F	G	H	I	J
1	公司员工综合素质考评表								
2	姓名	性别	部门	学历	职称	工作态度	职业素质	工作执行和创新能力	工作业绩
3	李林新	男	工程部	硕士	工程师	86	85	80	84
4	王文辉	女	开发部	硕士	工程师	65	60	48	50
5	张蕾	女	培训部	本科	高工	92	91	94	86
6	周涛	男	销售部	大专	工程师	89	84	86	77
7	王政力	男	培训部	本科	工程师	82	89	94	80
8	黄国立	男	开发部	硕士	工程师	82	80	90	89
9	孙英	女	行政部	大专	助工	91	82	84	83
10	张在旭	男	工程部	本科	工程师	84	93	97	86
11	金翔	男	开发部	博士	工程师	94	90	92	95
12	王春晓	女	销售部	本科	高工	95	80	90	80
13	王青林	男	工程部	本科	高工	83	86	88	91
14	程文	女	行政部	硕士	高工	77	86	91	85
15	姚林	男	工程部	本科	工程师	60	62	50	45
16	张雨涵	女	销售部	本科	工程师	93	86	86	91
17	钱述民	男	开发部	本科	助工	81	81	78	75

图 4-78 套用表格格式后的效果

③ 选中列标题所在区域 A2:J2，修改字体颜色为“白色，背景 1”。

（4）设置底纹。选中区域 F3:F17，单击【开始】→【字体】→【填充颜色】下拉按钮，从“主题颜色”面板中选择“蓝色，强调文字颜色 1”，如图 4-79 所示。再将这部分区域的字体颜色改为“白色，背景 1”。

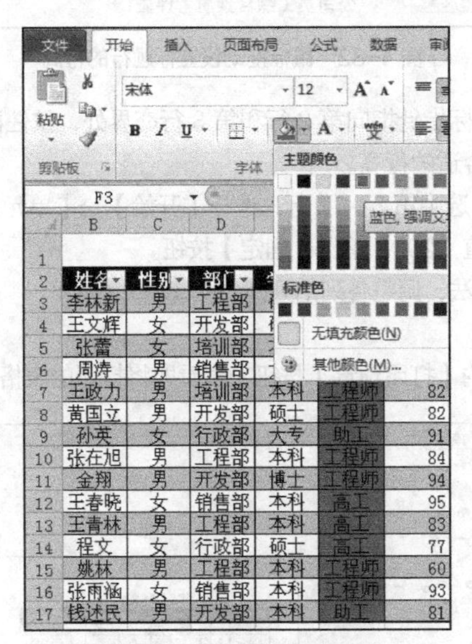

图 4-79 设置区域的填充颜色

（5）应用条件格式，将 4 门成绩中优秀（高于 90 分）的成绩特别标注出来。

① 选中 4 门成绩的区域 G3:J17，选择【开始】→【样式】→【条件格式】→【突出显示单元格规则】→【大于】命令，如图 4-80 所示。

② 打开“大于”对话框，设置对比值为“90”，格式设置为“浅红填充色深红色文本”，如图 4-81 所示，单击【确定】按钮即可。

（6）调整行高和列宽。

① 调整表格标题的行高。将鼠标指针指向第 1 行和第 2 行交界处，按住鼠标左键向下拖曳至行高标示为“42”时，释放鼠标，如图 4-82 所示，调整好表格标题行的行高为 42。

图 4-80　选择条件格式的规则

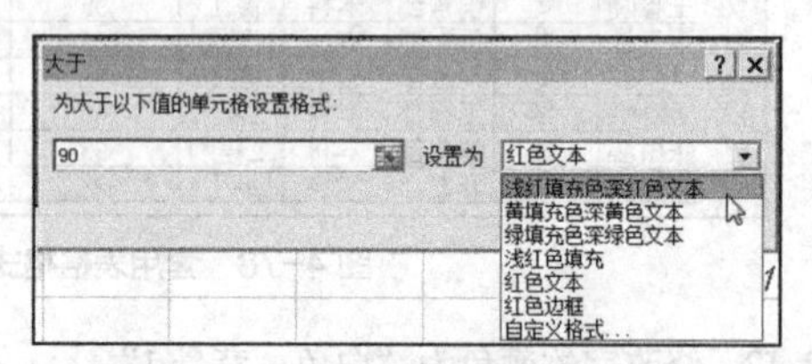

图 4-81　设置“大于”规则的对比值及满足条件单元格的格式

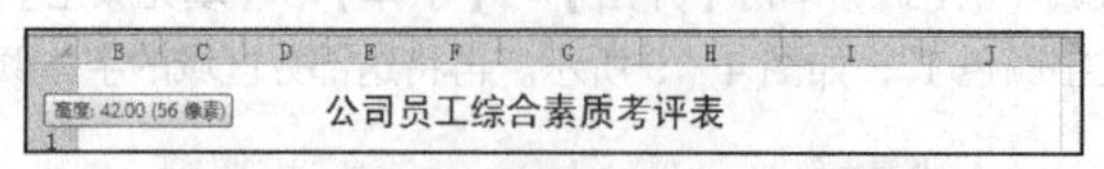

图 4-82　鼠标拖动设置标题行的行高

② 调整列标题的行高。将鼠标指针指向第 2 行和第 3 行交界处，按住鼠标左键向下拖曳至能容纳 2 行文字的高度，释放鼠标，得到比较合适的行高。

③ 调整第 3~17 行的行高。选中第 3~17 行，选择【开始】→【单元格】→【格式】→【行高】命令，打开“行高”对话框，输入行高值“20”，单击【确定】按钮。

④ 调整列宽。使用适当的方法，调整各列的列宽。

步骤 6　打印表格

（1）单击快速访问工具栏上的【打印预览】按钮，查看即将打印的表格效果，如图 4-83 所示。

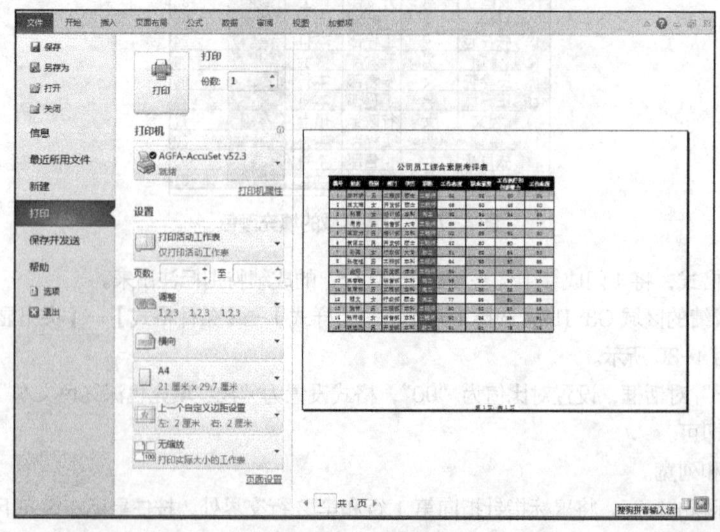

图 4-83　打印预览

（2）设置好打印机及打印份数，单击【打印】按钮，打印表格。

（3）保存文件的修改，关闭工作簿。

【任务总结】

本任务中，通过完成复制并重命名工作表、设置和预览页面、添加行和列、美化修饰表格和打印表格等操作，最终得到可供打印的美观的表格。我们学会了更灵活地使用多张工作表，根据需要进行页面设置和打印预览，编辑和修改数据，美化修饰表格并调整效果以便打印等操作。

【知识拓展】

1. 单元格区域的命名

在 Excel 中，区域的默认名称是“起始单元格（左上角）的名称:结束单元格（右下角）的名称”。有时为了操作方便，我们可以为选定区域定义有意义的名称，以便使用名称引用该区域。

（1）使用名称框命名。选中要命名的区域，如“考评成绩”表的 A2:A16 区域，单击编辑栏最左侧的名称框，在其中输入“编号”，按【Enter】键确定，如图 4-84 所示。

图 4-84 在编辑栏定义名称

（2）使用工具栏按钮命名。

① 选中要命名的单元格或区域，如选定“考评成绩”表的 B2:B16 区域，选择【公式】→【定义的名称】→【定义名称】命令，如图 4-85 所示，弹出图 4-86 所示的“新建名称”对话框。

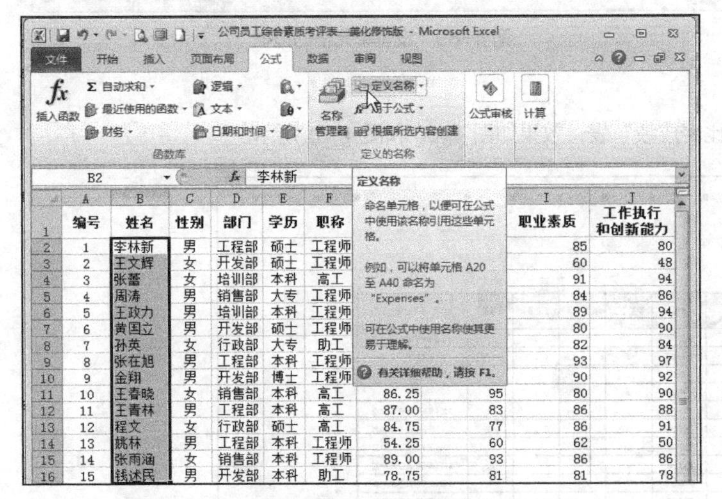

图 4-85 定义区域的名称

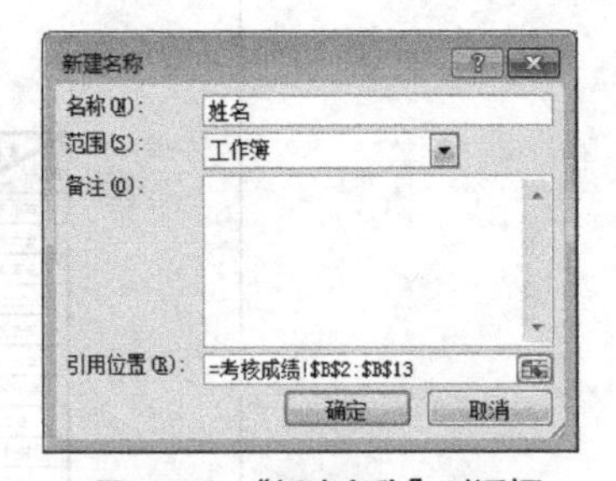

图 4-86 “新建名称”对话框

② 在“名称”文本框中输入“姓名”，“范围”保持“工作簿”，“引用位置”显示了选中的区域，单击【确定】按钮，确定上述名称定义。

（3）管理名称。单击名称框右侧的下拉按钮，列出已经定义好的名称，如图 4-87 所示，选择某区域的名称可在表格中将该区域框示出来。

编号
编号
姓名
表1

图 4-87 名称框选择区域名称

2. 设置边框

默认情况下，工作表中的边框实际上是虚框，打印时是不能显示的，仅用于区隔行、列和单元格。要想打印出表格的框线，需要对选中的区域设置边框，具体有以下 3 种方法。

（1）通过套用表格格式实现。

（2）单击【开始】→【字体】→【边框】下拉按钮，打开“边框”面板，如图 4-88 所示，选择需要的框线。

（3）在“设置单元格格式”对话框的【边框】选项卡中选择合适的线条，如图4-89所示，单击“预置”的【外边框】或【内部】按钮，或单击“边框”对应位置的按钮，将该线条应用于这些边框。

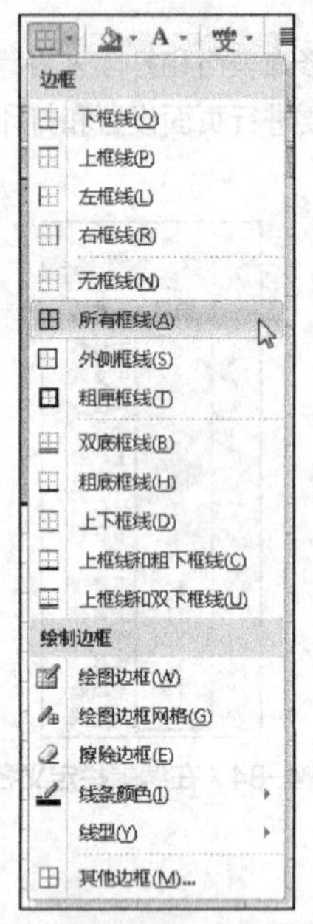

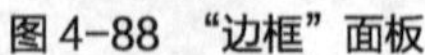

图4-88 “边框”面板

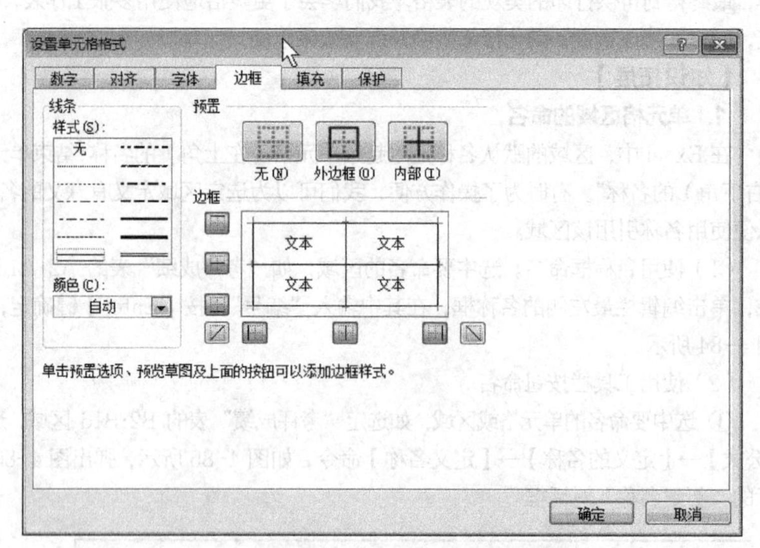

图4-89 设置单元格的边框

【实践训练】

制作用于打印的“报名”表和“比赛成绩”表，效果如图4-90和图4-91所示。

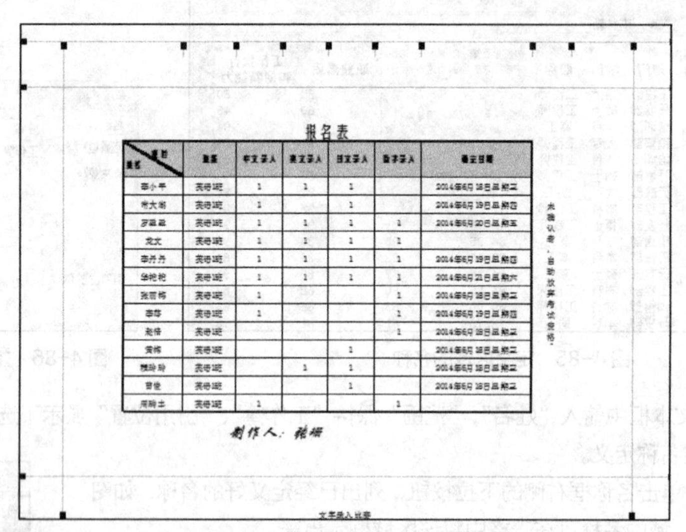

图4-90 用于打印的“报名”表

1. 复制和删除工作表

（1）将“比赛成绩.xlsx”中的“比赛成绩”工作表复制到“文字录入报名.xlsx”中“报名”表之后，关闭“比赛成绩.xlsx”。

（2）将“文字录入报名.xlsx”中的工作表Sheet2和Sheet3删除。

（3）将“文字录入报名.xlsx”工作簿另存为“页面设置.xlsx”。

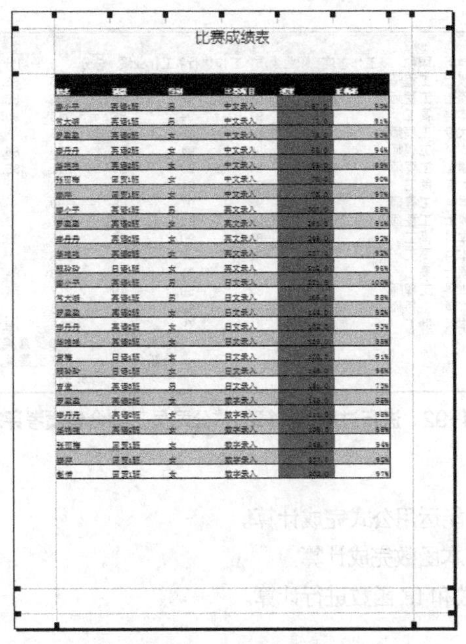

图 4-91 用于打印的“比赛成绩”表

2. 制作用于打印的“报名”表

（1）设置页面。设置纸张大小为 A4，方向为横向，页边距上、下、左、右均为 2 厘米，居中方式为水平、垂直；添加页脚，居中显示文字“文字录入比赛”。

（2）添加数据，并设置格式。

① 在第 1 行添加表格标题“报名表”，合并后居中，设置字体为方正姚体、20 磅。

② 合并区域 B17:E17，并在合并后的 B17 单元格中，输入“制作人：张珊”，设置字体为华文行楷、20 磅、倾斜，对齐方式为居中对齐。

③ 合并区域 H2:H15，并在合并后的 H2 单元格中输入“未确认者，自动放弃考试资格。”，设置字体为宋体、红色，对齐方式为竖排文字。

④ 设置表格内框线为细实线、外框线为粗匣框线，并制作斜线表头 A2 的框线和内容；将列标题行的填充颜色设置为“白色，背景 1，深色 15%”，设置 A3:G15 单元格内的内容垂直居中、水平居中。

⑤ 将 C ~ F 列的列宽设置为 11 磅，其余行高和列宽自行调整，以适应纸张打印需要。

3. 制作用于打印的“比赛成绩”表

（1）设置页面。设置纸张大小为 A4，方向为纵向，页边距除上边距为 3 厘米外，其余均为 2 厘米；添加页眉，居中显示文字“比赛成绩表”，并设置字体为幼圆、20 磅。

（2）设置格式。将区域 A1:F27 中的数据套用表格格式“表样式中等深浅 1”，“速度”列的数据设置为“蓝色，强调文字颜色 1 填充”。

（3）将第 1 行行高设置为 30 磅，各列的列宽调整为 13，2 ~ 27 行的行高调整为 20，以适应纸张打印需要。

案例 3 数据计算

【任务描述】

案例 1 中人力资源部的工作人员制作了“公司员工综合素质考评表”，现继续对其进行数据计算。本案例将“公司员工综合素质考评表.xlsx”工作簿另存为“公司员工综合素质考评表-数据计算版.xlsx”，并进行利用函数计算数据（最高总分、最低总分、总分平均值、受嘉奖人数和人次、统计名次和考评结果）等操作，如图 4-92 所示。

	A	B	C	D	E	F	G	H	I	J	K	L	M	N	O
1	编号	姓名	性别	部门	学历	职称	工作态度	职业素质	工作执行和	工作业绩	总分	平均分	受嘉奖次数	名次	考评结果
2	1	李林新	男	工程部	硕士	工程师	86	85	80	84	335	83.75	2	12	称职
3	2	王文辉	女	开发部	硕士	工程师	65	60	48	50	223	55.75		14	不称职
4	3	张蕾	女	培训部	本科	高工	92	91	94	86	363	90.75	3	2	优秀
5	4	周涛	男	销售部	大专	工程师	89	84	86	77	336	84	1	11	称职
6	5	王政力	男	培训部	本科	工程师	82	89	94	80	345	86.25	1	6	称职
7	6	黄国立	男	开发部	硕士	工程师	82	80	90	89	341	85.25		8	称职
8	7	孙英	女	行政部	大专	助工	91	82	84	83	340	85		9	称职
9	8	张在旭	男	工程部	本科	工程师	84	93	97	86	360	90	1	3	优秀
10	9	金翔	男	开发部	博士	工程师	94	90	92	95	371	92.75	2	1	优秀
11	10	王春晓	女	销售部	本科	高工	95	80	90	80	345	86.25		6	称职
12	11	王青林	男	工程部	本科	高工	83	86	88	91	348	87	1	5	称职
13	12	程文	女	行政部	硕士	高工	77	86	91	85	339	84.75		10	称职
14	13	姚林	男	工程部	本科	工程师	60	62	50	45	217	54.25		15	不称职
15	14	张雨涵	女	销售部	本科	工程师	93	86	86	91	356	89	2	4	称职
16	15	钱述民	男	开发部	本科	助工	81	81	78	75	315	78.75	1	13	称职
17										最高	371	受嘉奖人数	9		
18										最低	217	受嘉奖人次	14		
19										平均	328.933				

图 4-92 进行过数据计算的“公司员工综合素质考评表”

【任务目标】

◈ 理解公式的组成结构，能运用公式完成计算。

◈ 理解和熟练使用 5 种基本函数完成计算。

◈ 理解和使用 RANK 函数和 IF 函数进行计算。

【任务流程】

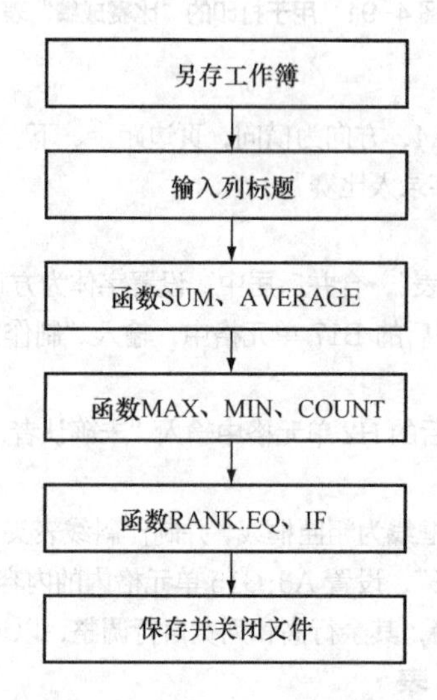

【任务解析】

1. 输入公式

我们常构造公式来完成计算。在编辑栏中，会看到单元格的公式，如图 4-93 所示，K2 单元格的数据是由公式“=G2+H2+I2+J2”获得的，也就是 G2+H2+I2+J2 的结果赋予了 K2 单元格。

K2 fx =G2+H2+I2+J2

	A	B	C	D	E	F	G	H	I	J	K
1	编号	姓名	性别	部门	学历	职称	工作态度	职业素质	工作执行和	工作业绩	总分
2	1	李林新	男	工程部	硕士	工程师	86	85	80	84	335
3	2	王文辉	女	开发部	硕士	工程师	65	60	48	50	

图 4-93 查看单元格的公式

在 Excel 中，当用鼠标双击一个由公式计算得到的结果单元格时，参与计算的单元格或区域自动以不同的颜色框示，可以通过颜色对应的单元格区域来观察和确认公式是否正确。如图 4-94 所示，我们可以看到 G2、H2、I2 和 J2 单元格分别是用蓝色、绿色、紫色和棕色显示的。

AVERAGE　=G2+H2+I2+J2

	A	B	C	D	E	F	G	H	I	J	K	L
1	编号	姓名	性别	部门	学历	职称	工作态度	职业素质	工作执行和	工作业绩	总分	
2	1	李林新	男	工程部	硕士	工程师	86	85	80	84	=G2+H2+I2+J2	
3	2	王文辉	女	开发部	硕士	工程师	65	60	48	50		

图 4-94　编辑单元格的公式时突出显示来源单元格区域

如需修改公式，双击单元格，使该单元格的数据处于编辑状态，再进行修改，如图 4-95 所示。

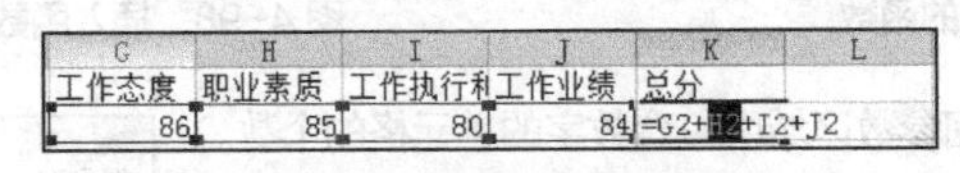

图 4-95　编辑单元格的公式

也可以选中单元格后，在编辑栏中修改公式，如图 4-96 所示。

图 4-96　在编辑栏中修改公式

提示

输入运算公式时，一定不要忘记首先输入一个“=”，然后再输入计算公式。“=”表示将其后公式的结果赋予该单元格，所以很多时候将其称为“赋值号”。如果使用函数进行运算，系统会自动产生“=”、函数结构和默认参数区域，只需确认是否正确或进行修改即可。

计算“总分”时，在结果单元格中手工输入计算公式“=G2+H2+I2+J2”；也可以先输入“=”，然后单击选取 G2 单元格，输入“+”，选取 H2 单元格，输入“+”，选取 I2 单元格，输入“+”，选取 J2 单元格完成公式，最后按【Enter】键确定，得到运算结果。

2. 使用函数

（1）函数的含义。函数一般是由函数名、小括号和参数组成的，格式为“函数名（参数）”。函数名一般是英文单词或缩写，参数即参加该函数运算的单元格、区域、数值或表达式，参数一般会是单元格名称、区域名称、具体的数值或运算符号。若不连续的区域参加运算，用英文状态下的逗号“，”分隔开多个区域的名称。

如函数 SUM(G2:J2)，表示 G2:J2 区域中的数据参加求和的运算。

选中单元格，插入函数，系统自动在函数前添加“=”，表示将“=”后函数计算的结果返回该单元格。

（2）插入函数。

① 使用工具栏按钮实现。选中需要使用函数的单元格，单击【开始】→【编辑】→【Σ自动求和】Σ 自动求和 ▾ 下拉按钮，可调用求和、平均值、计数、最大值和最小值这 5 种最常用的函数，如图 4-97 所示。这时 Excel 会自动识别该单元格上方或左侧内容为数字的连续单元格区域（类似于 Word 中构造公式时自动识别的 Above 和 Left 范围），如图 4-98 所示，若不是要参与计算的区域，需要使用鼠标左键拖曳以选取正确的区域。确定函数和区域正确后，按【Enter】键确定，得到结果。

5 种常用函数分别如下。

a. 求和函数 SUM：返回参数区域中所有数值之和。

语法：SUM(number1,number2,…)

number1,number2,…为 1～255 个需要求和的参数区域。

b. 平均值函数 AVERAGE：返回参数区域中所有数值的平均值（算术平均值）。

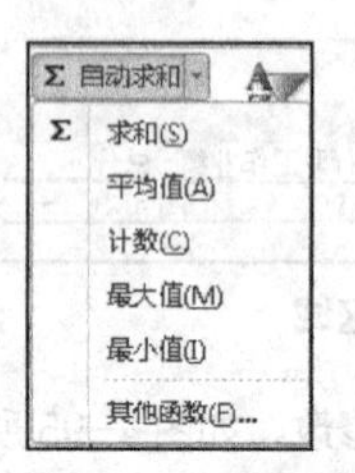

图 4-97　调用 5 种最常用的函数

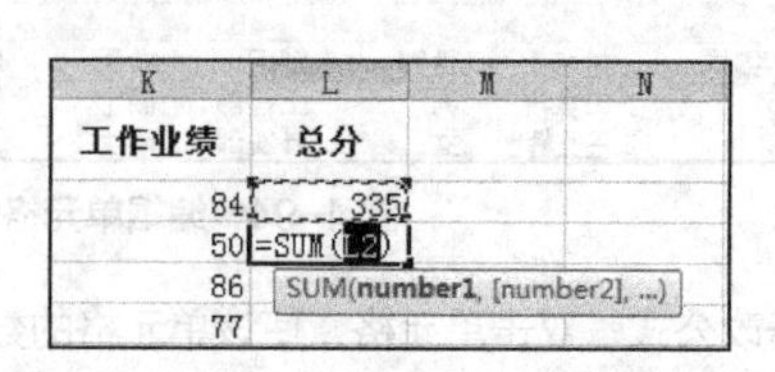

图 4-98　插入函数后自动识别参数区域

c. 计数函数 COUNT：返回参数区域中包含数字的单元格的个数。

d. 最大值函数 MAX：返回参数区域中值最大的单元格数值。

e. 最小值函数 MIN：返回参数区域中值最小的单元格数值。

② 使用编辑栏【插入函数】按钮实现。选中需要使用函数的单元格，单击编辑栏左侧的【插入函数】按钮 *fx*，可以打开“插入函数”对话框，在“或选择类别”的下拉列表中选择函数类别，再从“选择函数”列表中选择需要使用的函数，如图 4-99 所示。

插入函数后，打开图 4-100 所示的“函数参数”对话框，在其中看到函数的参数区域数值及该函数的运算结果。可在对参数区域进行确认或重选后单击【确定】按钮，以得到运算结果。

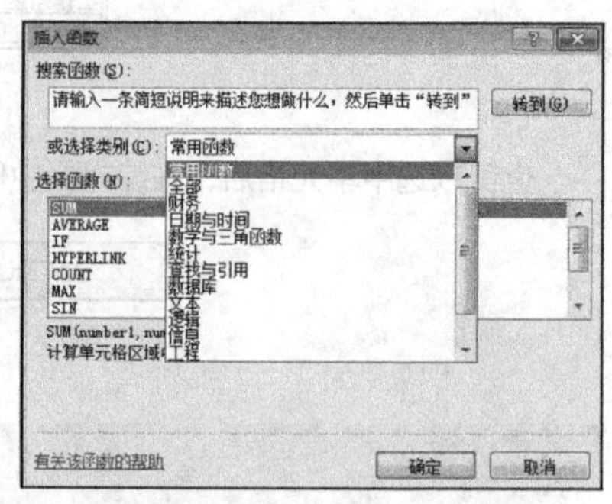

图 4-99　“插入函数”对话框

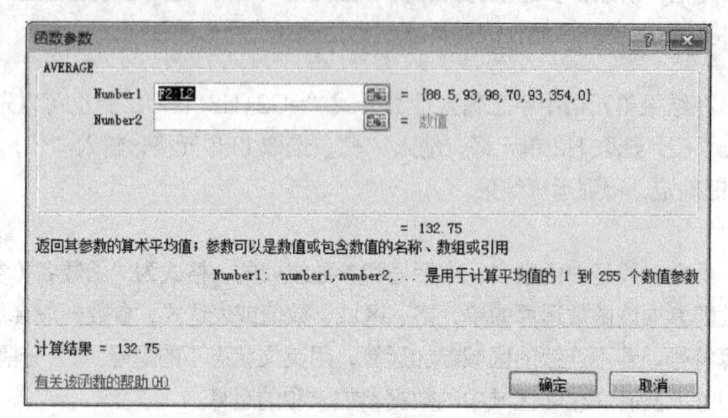

图 4-100　“函数参数”对话框

③ 使用【公式】功能选项卡实现。选中需要使用函数的单元格，单击【公式】→【函数库】中的各类函数按钮或【插入函数】按钮，如图 4-101 所示，调用此类函数中的某个具体函数，打开“插入函数”对话框，进一步设置后得到计算结果。

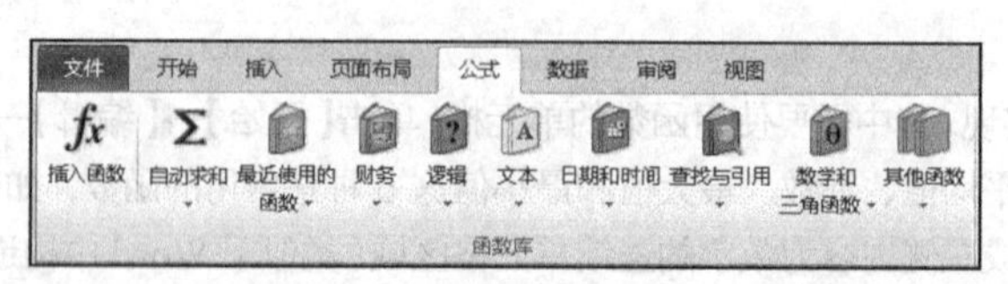

图 4-101【公式】功能选项卡【函数库】中的函数按钮

④ 重新设置参数区域时，有以下两种情况。

a. 若重新拾取参数区域，可将“函数参数”对话框中的参数区域“Number1”处的区域删除，重新使用鼠标左键拖曳工作表中准确的参数区域，或单击区域的【拾取】按钮，至工作表中，重新用鼠标左键拖曳选取参数区域，此时“函数参数”对话框变为图 4-102 所示的样子，选择完区域后自动回到图 4-100 所示“函数参数”对话框。

图 4-102 重新拾取参数区域

b. 若需要添加不连续的区域，在选取好“Number1”后，在“Number2”的区域文本框中单击，自动出现“Number3”的区域待选区，以供选择区域，如图 4-103 所示，若要再增加区域，以此类推。

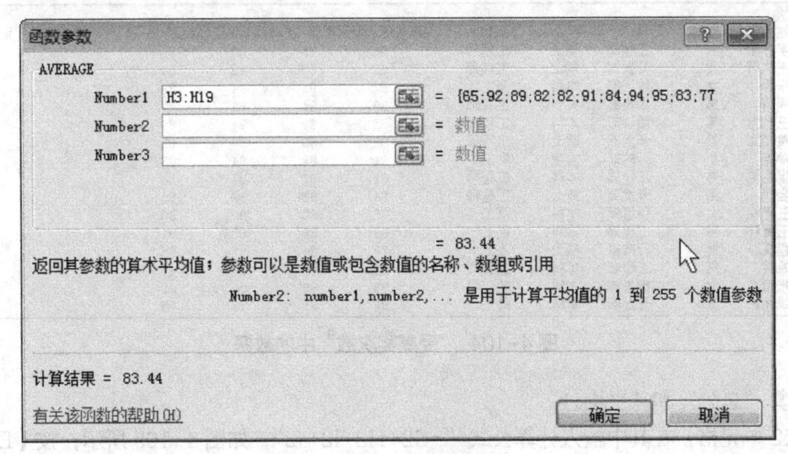

图 4-103 增加参数区域

3. RANK.EQ 函数和 IF 函数

（1）RANK.EQ 函数。RANK.EQ 函数用于返回一个数字在数字列表中的排位。其大小与列表中的其他值相关。如果多个值具有相同的排位，则返回该组数值的最高排位。

> **提示**
> 为了使函数的功能与预期保持一致并让函数名称更准确地描述其功能，Excel 2010 中对一些函数进行了更新和重命名，并新增了一些函数，如这里的 RANK.EQ 函数。为了保持向后的兼容性，重命名前的函数仍会以原来的名称提供，如 RANK 函数。

语法：RANK.EQ(Number,Ref,[Order])

① Number：需要找到排位的数字。

② Ref：数字列表数组或对数字列表的引用。Ref 中的非数值型值将被忽略。

③ Order：指明数字排位的方式。如果 Order 为 0（零）或省略，对数字的排位是基于 Ref 按照降序排列的列表；如果 Order 不为零，对数字的排位是基于 Ref 按照升序排列的列表。

（2）IF 函数。IF 函数，用于根据指定条件满足与否而返回不同的结果。如果指定条件的计算结果为 TRUE，IF 函数将返回某个值；如果该条件的计算结果为 FALSE，则返回另一个值。例如，IF(A1=0,"零","非零")，若 A1 等于 0，返回“零”；若 A1 大于 0，将返回“非零”。

语法：IF(Logical_test,[Value_if_true],[Value_if_false])

① Logical_test：计算结果可能为 TRUE 或 FALSE 的任意值或表达式。例如，A1=0 就是一个逻辑表达式；若 A1 单元格中的值为 0，表达式的结果为 TRUE；若 A1 单元格中的值为其他值，结果为 FALSE。

② Value_if_true：当 Logical_test 参数的计算结果为 TRUE 时所要返回的值。若省略，则返回 0（零）。

③ Value_if_false：当 Logical_test 参数的计算结果为 FALSE 时所要返回的值。

这里，由于返回值是文本，所以用英文状态下的双引号括起来；如果返回值是数字、日期、公式的计算结果，则不用任何符号括起来。

【任务实施】

步骤1　输入列标题“总分”“平均分”和“受嘉奖次数”

（1）在K1单元格中输入列标题“总分”。

（2）在L1单元格中输入列标题“平均分”。

（3）在M1单元格中输入列标题“受嘉奖次数”，并根据图4-104所示输入受嘉奖次数中的数据。

	A	B	C	D	E	F	G	H	I	J	K	L	M
1	编号	姓名	性别	部门	学历	职称	工作态度	职业素质	工作执行和	工作业绩	总分	平均分	受嘉奖次数
2	1	李林新	男	工程部	硕士	工程师	86	85	80	84			2
3	2	王文辉	女	开发部	硕士	工程师	65	60	48	50			
4	3	张蕾	女	培训部	本科	高工	92	91	94	86			3
5	4	周涛	男	销售部	大专	工程师	89	84	86	77			1
6	5	王政力	男	培训部	本科	工程师	82	89	94	80			1
7	6	黄国立	男	开发部	硕士	工程师	82	80	90	89			
8	7	孙英	女	行政部	大专	助工	91	82	84	83			
9	8	张在旭	男	工程部	本科	工程师	84	93	97	86			1
10	9	金翔	男	开发部	博士	工程师	94	90	92	95			2
11	10	王春晓	女	销售部	本科	高工	95	80	90	80			
12	11	王青林	男	工程部	本科	高工	83	86	88	91			1
13	12	程文	女	行政部	硕士	高工	77	86	91	85			
14	13	姚林	男	工程部	本科	工程师	60	62	50	45			
15	14	张雨涵	女	销售部	本科	工程师	93	86	86	91			2
16	15	钱述民	男	开发部	本科	助工	81	81	78	75			1

图4-104　“受嘉奖次数”中的数据

步骤2　计算“总分”和“平均分”

（1）选中K2单元格，在其中输入计算公式“=G2+H2+I2+J2”，如图4-105所示，按【Enter】键确定，得到运算结果，如图4-106所示。

SUM　=G2+H2+I2+J2

	B	C	D	E	F	G	H	I	J	K	L
1	姓名	性别	部门	学历	职称	工作态度	职业素质	工作执行和	工作业绩	总分	平均分
2	李林新	男	工程部	硕士	工程师	86	85	80	84	=G2+H2+I2+J2	

图4-105　手工输入总分的计算公式

	B	C	D	E	F	G	H	I	J	K
1	姓名	性别	部门	学历	职称	工作态度	职业素质	工作执行和	工作业绩	总分
2	李林新	男	工程部	硕士	工程师	86	85	80	84	335
3	王文辉	女	开发部	硕士	工程师	65	60	48	50	

图4-106　总分的计算结果

（2）选中K2单元格，将鼠标指针移至右下角填充柄处单击并按住鼠标左键拖曳至K16单元格实现自动填充，如图4-107所示。

K2　=G2+H2+I2+J2

	B	C	D	E	F	G	H	I	J	K	L
1	姓名	性别	部门	学历	职称	工作态度	职业素质	工作执行和	工作业绩	总分	平均分
2	李林新	男	工程部	硕士	工程师	86	85	80	84	335	
3	王文辉	女	开发部	硕士	工程师	65	60	48	50	223	
4	张蕾	女	培训部	本科	高工	92	91	94	86	363	
5	周涛	男	销售部	大专	工程师	89	84	86	77	336	
6	王政力	男	培训部	本科	工程师	82	89	94	80	345	
7	黄国立	男	开发部	硕士	工程师	82	80	90	89	341	
8	孙英	女	行政部	大专	助工	91	82	84	83	340	
9	张在旭	男	工程部	本科	工程师	84	93	97	86	360	
10	金翔	男	开发部	博士	工程师	94	90	92	95	371	
11	王春晓	女	销售部	本科	高工	95	80	90	80	345	
12	王青林	男	工程部	本科	高工	83	86	88	91	348	
13	程文	女	行政部	硕士	高工	77	86	91	85	339	
14	姚林	男	工程部	本科	工程师	60	62	50	45	217	
15	张雨涵	女	销售部	本科	工程师	93	86	86	91	356	
16	钱述民	男	开发部	本科	助工	81	81	78	75	315	
17											

图4-107　自动填充得到所有人的总分

（3）利用鼠标和键盘配合输入李林新的平均分公式。选中 L2 单元格，在其中输入公式的开头“=”，再单击拾取 K2 单元格，继续输入“/4”，如图 4-108 所示，输入了完整的公式“=K2/4”后，按【Enter】键确认，得到运算结果。

SUM　=K2/4

	B	C	D	E	F	G	H	I	J	K	L
1	姓名	性别	部门	学历	职称	工作态度	职业素质	工作执行和	工作业绩	总分	平均分
2	李林新	男	工程部	硕士	工程师	86	85	80	84	335	=K2/4

图 4-108　利用鼠标和键盘配合输入计算平均分的公式

（4）自动填充其余人员的平均分。选中 L2 单元格，将鼠标指针移至填充柄处，双击以完成公式的自动填充，计算出所有人的平均分，如图 4-109 所示。

L2　=K2/4

	B	C	D	E	F	G	H	I	J	K	L
1	姓名	性别	部门	学历	职称	工作态度	职业素质	工作执行和	工作业绩	总分	平均分
2	李林新	男	工程部	硕士	工程师	86	85	80	84	335	83.75
3	王文辉	女	开发部	硕士	工程师	65	60	48	50	223	55.75
4	张蕾	女	培训部	本科	高工	92	91	94	86	363	90.75
5	周涛	男	销售部	大专	工程师	89	84	86	77	336	84
6	王政力	男	培训部	本科	工程师	82	89	94	80	345	86.25
7	黄国立	男	开发部	硕士	工程师	82	80	90	89	341	85.25
8	孙英	女	行政部	大专	助工	91	82	84	83	340	85
9	张在旭	男	工程部	本科	工程师	84	93	97	86	360	90
10	金翔	男	开发部	博士	工程师	94	90	92	95	371	92.75
11	王春晓	女	销售部	本科	高工	95	80	90	80	345	86.25
12	王青林	男	工程部	本科	高工	83	86	88	91	348	87
13	程文	女	行政部	硕士	高工	77	86	91	85	339	84.75
14	姚林	男	工程部	本科	工程师	60	62	50	45	217	54.25
15	张雨涵	女	销售部	本科	工程师	93	86	86	91	356	89
16	钱述民	男	开发部	本科	助工	81	81	78	75	315	78.75

图 4-109　计算出所有人的平均分

步骤 3　插入函数完成计算

这里需要统计最高总分、最低总分、所有人总分的均值、受嘉奖的人数和人次。

（1）在 J17:J19 单元格中分别输入“最高”“最低”“平均”，在 L17:L18 单元格中分别输入“受嘉奖人数”和“受嘉奖人次”。

（2）计算最高总分。选中 K17 单元格，选择【开始】→【编辑】→【Σ自动求和】→【最大值（M）】命令，自动构造公式如图 4-110 所示，确认参数区域正确，按【Enter】键，得到计算结果“371”。

SUM　=MAX(K2:K16)

	A	B	C	D	E	F	G	H	I	J	K	L	M
1	编号	姓名	性别	部门	学历	职称	工作态度	职业素质	工作执行和	工作业绩	总分	平均分	受嘉奖次
2	1	李林新	男	工程部	硕士	工程师	86	85	80	84	335	83.75	
3	2	王文辉	女	开发部	硕士	工程师	65	60	48	50	223	55.75	
4	3	张蕾	女	培训部	本科	高工	92	91	94	86	363	90.75	
5	4	周涛	男	销售部	大专	工程师	89	84	86	77	336	84	
6	5	王政力	男	培训部	本科	工程师	82	89	94	80	345	86.25	
7	6	黄国立	男	开发部	硕士	工程师	82	80	90	89	341	85.25	
8	7	孙英	女	行政部	大专	助工	91	82	84	83	340	85	
9	8	张在旭	男	工程部	本科	工程师	84	93	97	86	360	90	
10	9	金翔	男	开发部	博士	工程师	94	90	92	95	371	92.75	
11	10	王春晓	女	销售部	本科	高工	95	80	90	80	345	86.25	
12	11	王青林	男	工程部	本科	高工	83	86	88	91	348	87	
13	12	程文	女	行政部	硕士	高工	77	86	91	85	339	84.75	
14	13	姚林	男	工程部	本科	工程师	60	62	50	45	217	54.25	
15	14	张雨涵	女	销售部	本科	工程师	93	86	86	91	356	89	
16	15	钱述民	男	开发部	本科	助工	81	81	78	75	315	78.75	
17										最高	=MAX(K2:K16)		数
18										最低	MAX(number1, [number2], ...)		
19										平均			

图 4-110　调用函数自动构造的求最大值的公式

（3）计算最低总分。选中 K18 单元格，选择【开始】→【编辑】→【Σ自动求和】→【最小值（I）】命令，自动构造公式如图 4-111 所示。默认选取的参数区域不正确，使用鼠标拖曳重新选择准确的参数区域 K2:K16，如图 4-112 所示，单击编辑栏上的【插入】按钮✓确认，得到计算结果“217”。

图 4-111　自动构造的求最小值的函数公式

图 4-112　重新选择参数区域

（4）计算所有人总分的均值。

① 选中 K19 单元格，单击编辑栏中的【插入函数】按钮 *fx*，打开“插入函数”对话框，选择“常用函数”类别，从“选择函数”列表中选择函数“AVERAGE”，如图 4-113 所示，单击【确定】按钮。

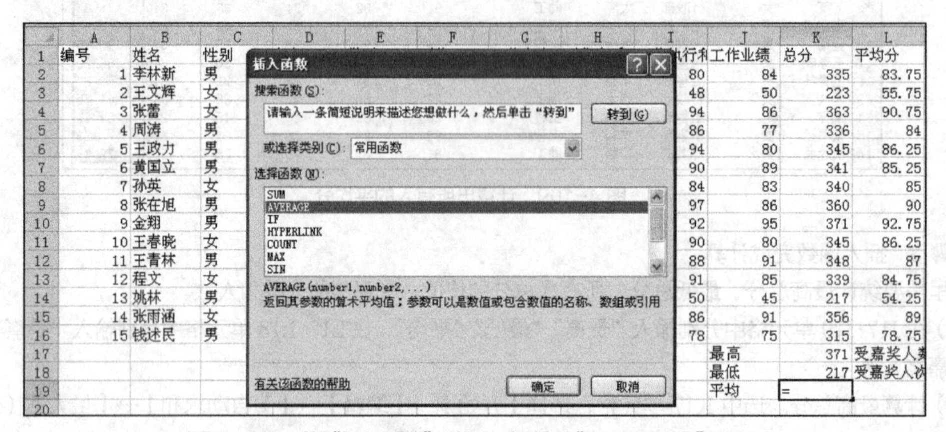

图 4-113　从“插入函数”对话框中选择“AVERAGE”函数

② 打开图 4-114 所示的“函数参数”对话框，删除自动获取的参数区域“K2:K18”，在工作表中按住鼠标左键拖曳选择“K2:K18”，释放鼠标。

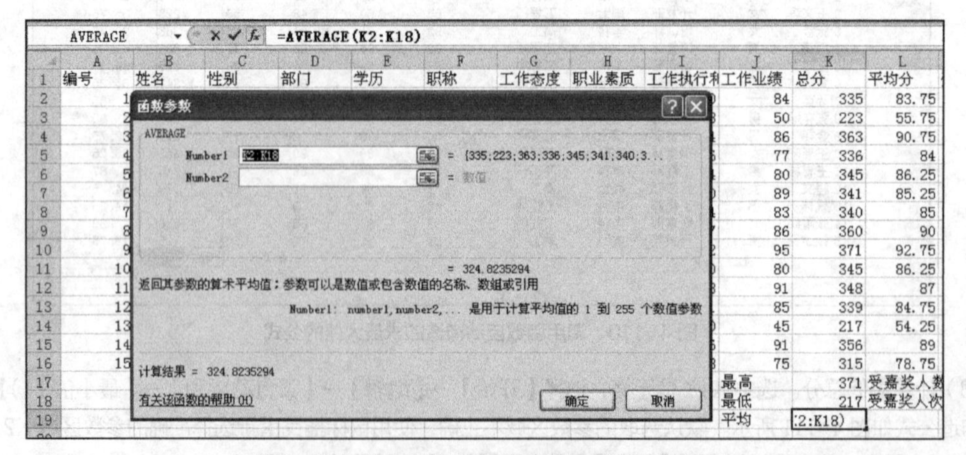

图 4-114　插入函数后对函数参数进行选取或确定

③ 单击【确定】按钮，在 K19 单元格中返回该函数的计算结果“328.933”。

（5）计算“受嘉奖人数”。

① 选中显示受嘉奖人数的 M17 单元格，选择【公式】→【函数库】→【最近使用的函数】→【COUNT】命令，如图 4-115 所示，弹出图 4-116 所示的“函数参数”对话框。

	A	B	C	D	E	F	G	H	I	J	K	L	M
1	编号		性别	部门	学历	职称	工作态度	职业素质	工作执行和	工作业绩	总分	平均分	受嘉奖次数
2			男	工程部	硕士	工程师	86	85	80	84	335	83.75	2
3					硕士	工程师	65	60	48	50	223	55.75	
4					本科	高工	92	91	94	86	363	90.75	3
5					大专	工程师	89	84	86	77	336	84	1
6					本科	工程师	82	89	94	80	345	86.25	1
7					硕士	工程师	82	80	90	89	341	85.25	
8					大专	助工	91	82	84	83	340	85	
9			男	工程部	本科	工程师	84	93	97	86	360	90	1
10			男	开发部	博士	工程师	94	90	92	95	371	92.75	2
11	10	王春晓	女	销售部	本科	高工	95	80	90	80	345	86.25	
12	11	王青林	男	工程部	本科	高工	83	86	88	91	348	87	1
13	12	程文	女	行政部	硕士	高工	77	86	91	85	339	84.75	
14	13	姚林	男	工程部	本科	工程师	60	62	50	45	217	54.25	
15	14	张雨涵	女	销售部	本科	工程师	93	86	86	91	356	89	2
16	15	钱述民	男	开发部	本科	助工	81	81	78	75	315	78.75	1
17										最高	371	受嘉奖人数	
18										最低	217	受嘉奖人次	
19										平均	328.9333		

AVERAGE
SUM
IF
HYPERLINK
COUNT
MAX
SIN
SUMIF
PMT
STDEV
插入函数(F)...

COUNT(value1,value2,)
计算区域中包含数字的单元格的个数
有关详细帮助，请按 F1。

图 4-115　使用【公式】功能选项卡中的【最近使用的函数】调用函数

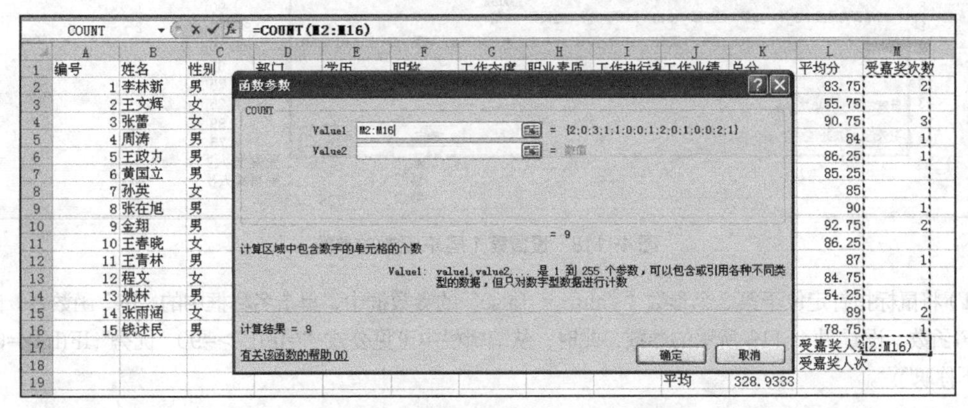

图 4-116　调用计数的“COUNT”函数

② 按住鼠标左键拖曳重新选择准确的参数区域 M2:M16，单击【确定】按钮，得到计算结果“9”。

（6）计算“受嘉奖人次”。选中 M18 单元格，选择【公式】→【函数库】→【Σ自动求和】→【求和】命令，自动构造公式，重新拾取参数区域 M2:M16，按【Enter】键，返回结果“14”。

步骤 4　统计名次和考评结果

在工作表的最后添加“名次”和“考评结果”两列，利用 RANK.EQ 函数和 IF 函数（规则：平均分≥90 分为优秀，平均分在 60 ~ 89 分为称职，平均分<60 分为不称职），将统计结果填入相应的单元格。

（1）在 N1 和 O1 单元格中分别输入列标题“名次”和“考评结果”。

（2）单击选中 N2 单元格，从【公式】→【函数库】→【其他函数】→【统计】命令的列表中选择函数“RANK.EQ”，打开“函数参数”对话框，在“Number”处选择 L2 单元格，在“Ref”处选择区域 L2:L16，并按【F4】键将区域修改为绝对引用“$L$2:$L$16”，如图 4-117 所示，单击【确定】按钮，得到该区域中第一个人的名次结果。

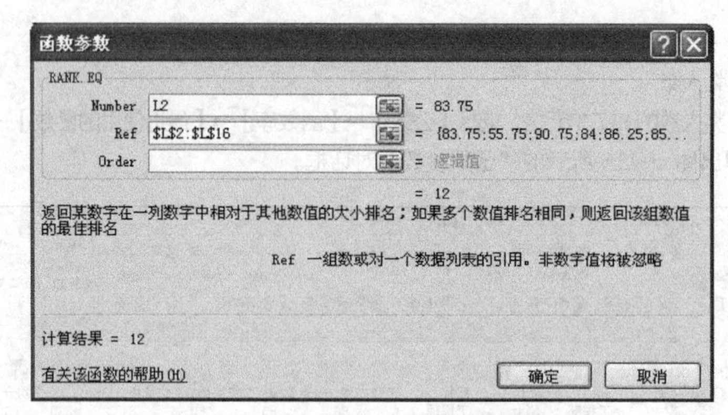

图 4-117　设置 RANK.EQ 函数的参数

（3）选中 O2 单元格，选择【公式】→【函数库】→【逻辑函数】→【IF】命令，打开“函数参数”对话框，按图 4-118 所示设置第 1 个考评规则的参数。

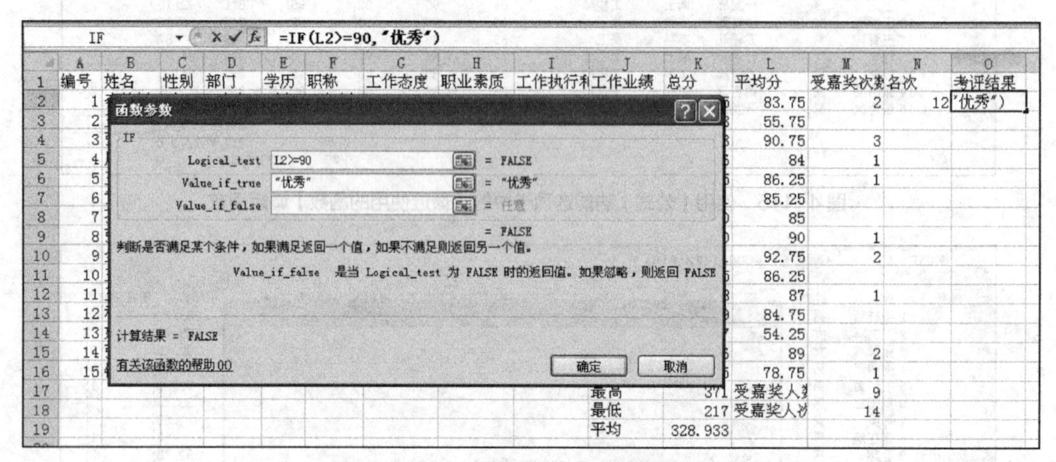

图 4-118　设置第 1 层 IF 函数的参数

（4）将鼠标指针定位于第 3 个参数“Value_if_false”的参数框中，单击名称框中的“IF”函数名，嵌入第 2 层 IF 函数，设置图 4-119 所示的参数，此时，从编辑栏中可见公式“=IF(L2>=90,"优秀",IF(L2>=60,"称职","不称职"))”。

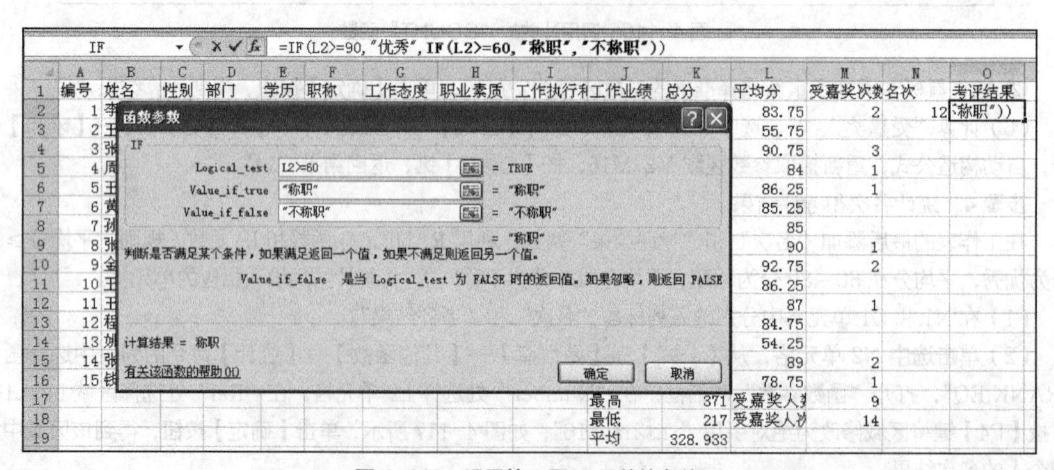

图 4-119　设置第 2 层 IF 函数的参数

（5）单击【确定】按钮，得到该区域中第 1 个人的考评结果。

（6）选中区域 N2:O2，使用填充柄自动填充其他人的名次和考评结果，如图 4-120 所示。

	A	B	C	D	E	F	G	H	I	J	K	L	M	N	O
1	编号	姓名	性别	部门	学历	职称	工作态度	职业素质	工作执行和	工作业绩	总分	平均分	受嘉奖次数	名次	考评结果
2	1	李林新	男	工程部	硕士	工程师	86	85	80	84	335	83.75	2	12	称职
3	2	王文辉	女	开发部	硕士	工程师	65	60	48	50	223	55.75		14	不称职
4	3	张蕾	女	培训部	本科	高工	92	91	94	86	363	90.75	3	2	优秀
5	4	周涛	男	销售部	大专	工程师	89	84	86	77	336	84	1	11	称职
6	5	王政力	男	培训部	本科	工程师	82	89	94	80	345	86.25	1	6	称职
7	6	黄国立	男	开发部	硕士	工程师	82	80	90	89	341	85.25		8	称职
8	7	孙英	女	行政部	大专	助工	91	82	84	83	340	85		9	称职
9	8	张在旭	男	工程部	本科	工程师	84	93	97	86	360	90	1	3	优秀
10	9	金翔	男	开发部	博士	工程师	94	90	92	95	371	92.75	2	1	优秀
11	10	王春晓	女	销售部	本科	高工	95	80	90	80	345	86.25		6	称职
12	11	王青林	男	工程部	本科	高工	83	86	88	91	348	87	1	5	称职
13	12	程文	女	行政部	硕士	高工	77	86	91	85	339	84.75		10	称职
14	13	姚林	男	工程部	本科	工程师	60	62	50	45	217	54.25		15	不称职
15	14	张雨涵	女	销售部	本科	工程师	93	86	86	91	356	89	2	4	称职
16	15	钱述民	男	开发部	本科	助工	81	81	78	75	315	78.75	1	13	称职
17										最高	371	受嘉奖人数	9		
18										最低	217	受嘉奖人次	14		
19										平均	328.933				

图 4-120　填充好所有人的名次和考评结果数据

【知识拓展】

1. 公式的结构

Excel 中的公式通常以等号（=）开始，用于表明之后的字符为公式。紧随等号之后的是需要进行计算的元素（操作数），各操作数之间以运算符分隔。Excel 通常根据公式中的运算符从左到右计算公式，如遇小括号，则先计算括号里的部分。

例如，公式“=5+2×3”表示将 2 乘 3 再加 5 的结果放入公式所在的单元格中。

公式可以包括函数、引用、运算符和常量。

（1）函数。函数是一些预定义的公式，可用于执行简单或复杂的计算，通过使用一些被称为参数的特定数值来按特定的顺序或结构执行计算。在案例 2 中我们将利用函数计算结果。

（2）运算符。使用运算符可对公式中的元素进行特定类型的运算。Excel 包含 4 种类型的运算符：算术运算符、比较运算符、文本运算符和引用运算符。

① 算术运算符：用于完成基本的数学运算（如加法、减法和乘法）、连接数字和产生数字结果等。

② 比较运算符：如=、>、<、>=、<=、<>。当用运算符比较两个值时，结果是一个逻辑值（TRUE 或 FALSE）。

③ 文本连接运算符：使用和号（&）加入或连接一个或多个文本字符串，以产生一串文本。

④ 引用运算符：如区域运算符（:）、联合运算符（,）、交叉运算符（空格），使用引用运算符可以表示单元格区域，进行区域的联合引用或交叉引用。

（3）常量。常量是不用计算的值。例如，日期“2008-10-9”、数字“210”以及文本“季度收入”。表达式或由表达式得出的结果不是常量。如果在公式中使用常量而不是对单元格的引用（例如，=30+70+110），则只有在手工更改公式中这几个数字时，其结果才会更改。

2. 单元格的引用

在构造公式和函数时，会引用单元格的名称，表示取该名称所在的单元格内的数据来参加计算。当被引用的单元格中的数据变化时，公式和函数的结果会自动得到相应的修改。

（1）引用本工作表和其他工作表的区域。

① 若要引用本工作表的某个区域，则直接使用区域的名称，如 B1:B10。

② 若要引用同一个工作簿中其他工作表的单元格，使用格式为“工作表名!区域名”，如 Sheet2!B1:B10。

③ 若要引用其他工作簿中某个工作表中的区域，使用格式为“[工作簿名]工作表名!区域名”，如[公司员工综合素质考评表.xlsx]考评成绩!$D$16。一般情况下，Excel 会自动将区域变为绝对引用。

（2）相对引用和绝对引用。

① 相对引用。相对单元格引用（如 A1）是基于包含公式和单元格引用的单元格的相对位置，如果公式所在单元格的位置改变，引用也随之改变。如果多行或多列地复制公式，引用会自动调整。

例如，将 B2 单元格中的相对引用复制到 B3 单元格中，将自动从“=A1”调整到“=A2”；如我们计算“总分”，只需要计算第一个人的总分，自动向下填充，则公式自动调整引用单元格的名称（行号递增）。

默认情况下，在一个工作簿中进行单元格的引用，自动为相对引用。

② 绝对引用。绝对单元格引用（如$A$1）总是引用指定位置的单元格。如果公式所在单元格的位置改变，绝对引用仍会保持不变。如果多行或多列地复制公式，绝对引用将不做调整。

如需将公式使用的相对引用转换为绝对引用，可以使用【F4】键，或编辑公式时在列标和行号前输入“$”，使其变为“绝对引用”。

③ 混合引用。混合引用具有绝对列和相对行，或是绝对行和相对列。绝对引用列采用$A1、$B1 的形式。绝对引用行采用 A$1、B$1 的形式。如果公式所在单元格的位置改变，则相对引用改变，而绝对引用不变。如果多行或多列地复制公式，相对引用自动调整，而绝对引用不做调整。

④ 在相对引用、绝对引用和混合引用间切换。选中包含公式的单元格，在编辑栏中，选择要更改的引用，按【F4】键在 3 种状态中切换。

【实践训练】

对第六届科技文化艺术节文字录入比赛成绩做多角度数据计算，如图 4-121 所示。

	A	B	C	D	E	F	G	H	I
1	第六届科技文化艺术节文字录入比赛成绩								
2	姓名	班级	性别	比赛项目	速度	正确率	速度*正确率	名次	等级
3	李小平	英语1班	男	中文录入	97.0	93%	90.2	11	B
4	常大湖	英语1班	男	中文录入	77.0	91%	70.1	18	B
5	罗盈盈	英语2班	女	中文录入	78.0	93%	72.5	11	B
6	李丹丹	英语2班	女	中文录入	65.0	94%	61.1	9	B
7	华艳艳	英语2班	女	中文录入	66.0	89%	58.7	22	B
8	张丽梅	国贸1班	女	中文录入	78.0	90%	70.2	21	B
9	李萍	国贸1班	女	中文录入	73.0	97%	70.8	3	A
10	李小平	英语1班	男	英文录入	307.0	88%	270.2	23	B
11	罗盈盈	英语2班	女	英文录入	251.0	91%	228.4	18	B
12	李丹丹	英语2班	女	英文录入	245.0	92%	225.4	14	B
13	华艳艳	英语2班	女	英文录入	237.0	92%	218.0	14	B
14	程玲玲	日语1班	女	英文录入	212.0	96%	203.5	5	A
15	李小平	英语1班	男	日文录入	221.9	100%	221.9	1	A
16	常大湖	英语1班	男	日文录入	166.0	88%	146.1	23	B
17	罗盈盈	英语2班	女	日文录入	144.0	92%	132.5	14	B
18	李丹丹	英语2班	女	日文录入	132.3	93%	123.0	11	B
19	华艳艳	英语2班	女	日文录入	139.0	95%	132.1	7	A
20	黄梅	日语1班	女	日文录入	130.3	91%	118.6	18	B
21	程玲玲	日语1班	女	日文录入	146.0	96%	140.2	5	A
22	曹俊	英语3班	男	日文录入	151.0	73%	110.2	25	D
23	罗盈盈	英语2班	女	数字录入	145.0	95%	137.8	7	A
24	李丹丹	英语2班	女	数字录入	111.0	98%	108.8	2	A
25	华艳艳	英语2班	女	数字录入	139.3	68%	94.7	26	D
26	张丽梅	国贸1班	女	数字录入	245.7	94%	231.0	9	B
27	李萍	国贸1班	女	数字录入	237.0	92%	218.0	14	B
28	赵倩	国贸1班	女	数字录入	232.0	97%	225.0	3	A
29	正确率最好					100%			
30	正确率最差					68%			
31	正确率平均					91%			
32	比赛人次					26			

图 4-121 设置好格式的成绩表

1. 将“比赛成绩.xlsx”另存为“比赛成绩-数据计算.xlsx”

（1）在第一行之前插入一行，合并 A1:I1 单元格，并输入标题“第六届科技文化艺术节文字录入比赛成绩”，设置字体为华文行楷、20 磅、倾斜、“紫色、强调文字颜色 4”。

（2）分别在 G2、H2、I2 单元格中输入“速度×正确率”“名次”“等级”，分别合并区域 A29:E29、A30:E30、A31:E31、A32:E32，并在合并后的单元格中，分别输入“正确率最好”“正确率最差”“正确率平均”“比赛人次”。

（3）设置表格内框线为橙色细虚线、外框线为蓝色双实线，表格内所有内容垂直居中、水平居中；将列标题行设置为隶书、16磅、红色，填充颜色设置为黄色；各列调整为最适合的列宽。

2. 利用公式或函数计算

（1）在G3单元格中利用公式计算并填充所有人“速度×正确率”的数据，结果保留1位小数。

（2）在H3单元格中利用RANK.EQ函数根据“正确率”计算并填充所有人“名次”的数据。

（3）在I3单元格中利用IF函数计算并填充所有人“等级”的数据。如果正确率大于等于95%，等级为A；如果正确率大于等于85%，等级为B；如果正确率大于等于75%，等级为C；否则为D。

（4）分别在F29、F30、F31、F32单元格中利用函数计算“正确率最好”“正确率最差”“正确率平均”“比赛人次”。

案例4　分析考评数据

【任务描述】

表格除了管理和存储数据外，还要进行数据分析，如排序、自动筛选、高级筛选、分类汇总，以及使用数据透视表来查看和筛选数据。使用图表能够更加直观地反映数据以及对比情况。

案例1中人力资源部工作人员制作了“公司员工综合素质考评表”，本任务将继续对其进行数据统计分析。现按照其他部门的要求，进行如下工作。

（1）两种排序：按平均分的升序排序；查看各部门的平均分高低情况。

（2）两个自动筛选：自动筛选性别为“男”、平均分大于等于85分的数据；查看平均分介于80分（含80分）和90分之间的高工和助工人员的数据。

（3）两个高级筛选：高级筛选平均分90分（含）以上的男职工数据，并将筛选结果置于原数据区域下方；查看所有本科职工和女职工的数据，结果在原数据区域显示。

（4）分类汇总：汇总各职称工作业绩的均值，并只查看2级，如图4-122所示。

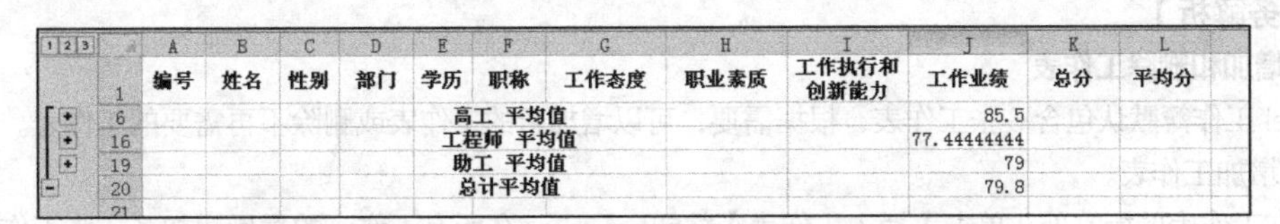

	A	B	C	D	E	F	G	H	I	J	K	L
1	编号	姓名	性别	部门	学历	职称	工作态度	职业素质	工作执行和创新能力	工作业绩	总分	平均分
6						高工 平均值				85.5		
16						工程师 平均值				77.44444444		
19						助工 平均值				79		
20						总计平均值				79.8		

图4-122　汇总各职称工作业绩均值并只查看2级数据

（5）数据透视表：查看各部门女职工的最高总分，如图4-123所示。

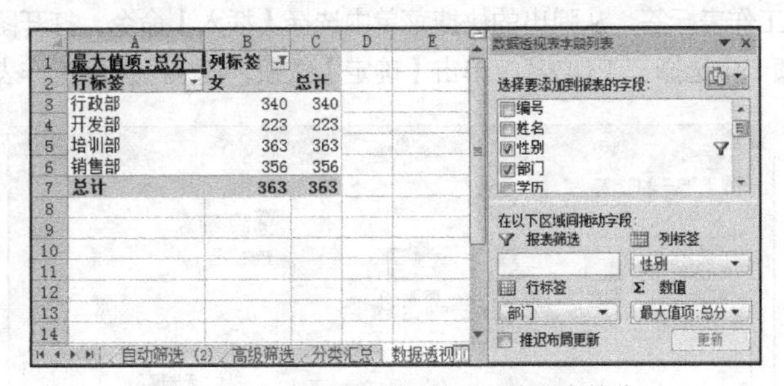

	A	B	C
1	最大值项:总分	列标签	
2	行标签	女	总计
3	行政部	340	340
4	开发部	223	223
5	培训部	363	363
6	销售部	356	356
7	总计	363	363

图4-123　查看各部门女职工的最高总分

（6）制作两个图表：制作参评人员平均分对比图；查看李林新4个项目成绩对比图。

【任务目标】

◈　熟悉增加和删除工作表的方法。

◈ 理解并掌握一个关键字或多个关键字排序的操作。
◈ 掌握自动筛选和高级筛选的启用和条件的构造。
◈ 能进行分类汇总。
◈ 理解和熟练制作及运用数据透视表。
◈ 熟练掌握图表的制作。

【任务流程】

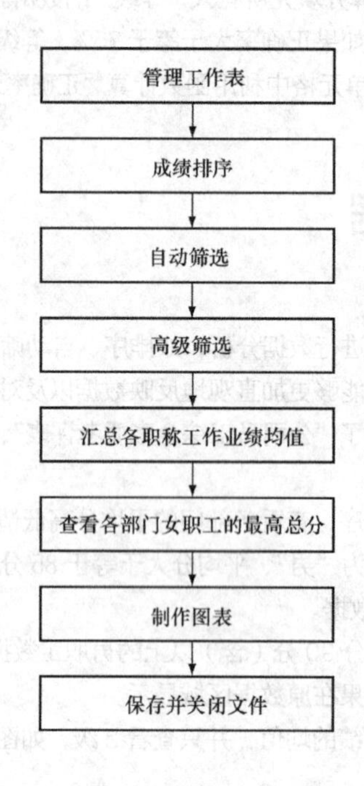

【任务解析】

1. 增加和删除工作表

Excel 工作簿默认包含 3 张工作表，根据需要，可以增加新的工作表或删除不再需要的工作表。

（1）增加工作表。

① 在工作表的标签处，单击【插入工作表】按钮，在所有工作表的最后增加了一张工作表，自动命名为 Sheet *N*，*N* 为当前工作表的最后一个 Sheet 的数值+1。

② 单击【开始】→【单元格】→【插入】下拉按钮，从列表中选择【插入工作表】命令。

③ 用鼠标右键单击工作表标签，从弹出的快捷菜单中选择【插入】命令，打开图 4-124 所示的"插入"对话框，在"常用"选项卡中选择"工作表"，单击【确定】按钮，插入一张新工作表。

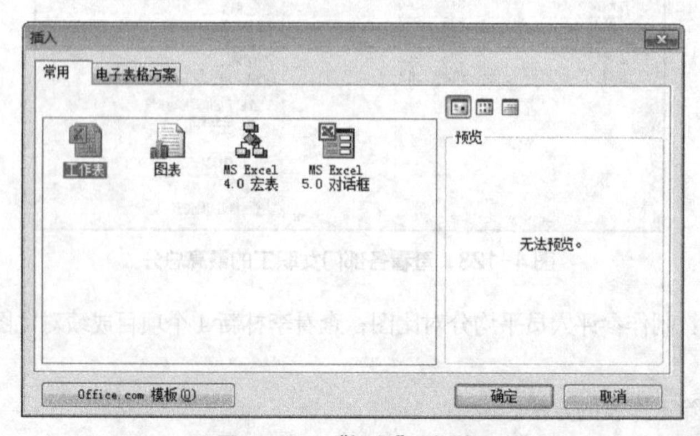

图 4-124 "插入"对话框

（2）删除工作表。

① 切换到待删除的工作表，选择【开始】→【单元格】→【删除】→【删除工作表】命令，若待删工作表中有数据，则会弹出图 4-125 所示的提示对话框，单击【删除】按钮，可永久删除该工作表。

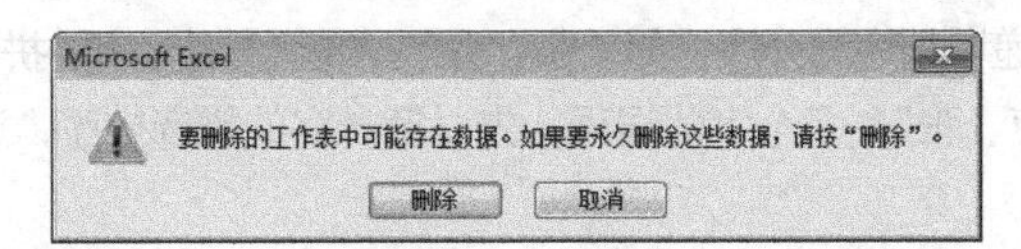

图 4-125　提示删除工作表中存在数据的对话框

② 用鼠标右键单击待删工作表标签，从弹出的快捷菜单中选择【删除】命令，删除该工作表。

删除工作表的操作是不可撤销的，被删除的工作表从文件中彻底删除掉了，所以在进行该操作时须谨慎。

2. 排序

排序是将数据区域按照指定某列（关键字）的升序（从小到大递增）或降序（从大到小递减）为依据，重新排列数据行的顺序。

（1）以一个关键字排序。将鼠标指针定位于排序依据的数据列中的任意单元格，单击【开始】→【编辑】→【排序和筛选】下拉按钮，从下拉列表中选择【升序】或【降序】命令，也可以选择【数据】→【排序和筛选】→【升序】或【降序】命令实现。

（2）以多个关键字排序。将鼠标指针定位于数据区域内任意单元格，选择【开始】→【编辑】→【排序和筛选】→【自定义排序】命令，在弹出的“排序”对话框中设置“主要关键字”“次要关键字”和更多的“次要关键字”及顺序来实现。

为了获得最佳结果，要排序的区域应该有列标题。排序时，在“排序”对话框中的“数据包含标题”处可以勾选 ☑ 数据包含标题(H) 以使关键字的下拉列表中可以将数据区域第一行作为选项列出。

若没有标题行，则在选择关键字时，我们只能看到图 4-126 所示的“列 A”“列 B”这样的选项，不利于选择关键字。

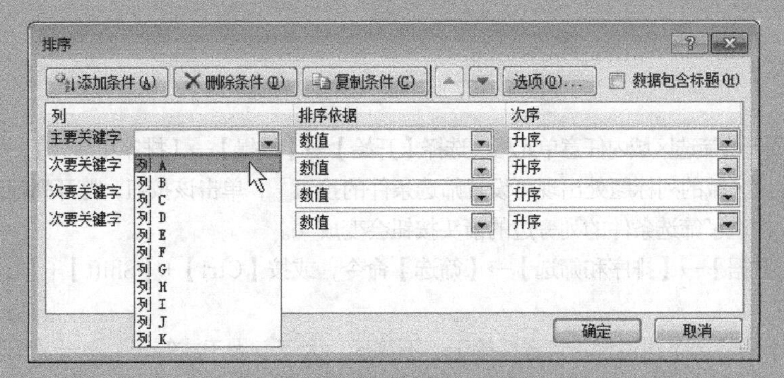

图 4-126　无标题行的关键字下拉列表

有多个排序关键字时，先按主要关键字的指定顺序排序，若这个关键字没有相同的值，则后面的关键字都不起作用；若这个关键字有相同的值，则以次要关键字的指定顺序排序；若主要和次要关键字都相同，则以再次要关键字的指定顺序排序。

（3）排序关键字的顺序。

① 数字：以 0、1、2、3、4、5、6、7、8、9 的自然数顺序为升序。

② 日期：先发生的日期小于在其后的日期。日期是特殊的数字。

③ 文本：单字以拼音的递增顺序为升序，如“张”“卢”“李”“刘”字的拼音分别为“zhang”“lu”“li”“liu”，故升序为“李、刘、卢、张”。多个字的词语，先以第一字的拼音排序，遇相同，则以第二字的拼音排序，以此类推。

④ 优先级：由低到高为无字符、空格、数字、文本字符。

3. 筛选

执行筛选操作，可将满足筛选条件的行保留，其余行隐藏以便查看满足条件的数据。筛选完成后，保留的数据行的行号会变成蓝色。筛选可以分为自动筛选和高级筛选两种。

一次只能对工作表中的一个区域应用筛选。若要在一张工作表中的多个区域实现筛选，可以使用“表格”功能。

（1）自动筛选。自动筛选适用于简单条件的筛选，可实现升序排序、降序排序、按颜色排序、筛选该列中的某值或按自定义条件进行筛选，如图 4-127 所示。Excel 会根据应用筛选的列中的数据类型，自动变为“数字筛选”“文本筛选”“日期筛选”。

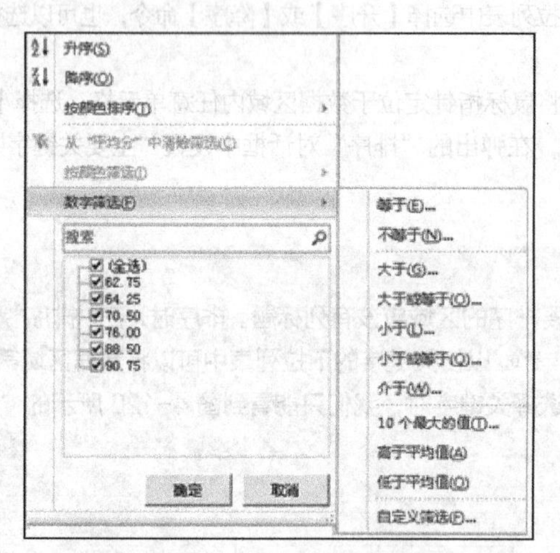

图 4-127　自动筛选的列筛选器

① 将指针定位于待筛选区域内任意单元格。选择【开始】→【编辑】→【排序和筛选】→【筛选】命令，启用自动筛选，在数据区域的列标题处出现可设置筛选条件的按钮▾，单击该按钮，打开列筛选器，在其中选择需要进行的操作。构造了筛选条件的列旁边的箭头按钮会变成▾。

也可以单击【数据】→【排序和筛选】→【筛选】命令，或按【Ctrl】+【Shift】+【L】组合键来启用自动筛选。

② 如进行数字的筛选条件设置，可选择等于、不等于、大于、大于或等于、小于、小于或等于、介于、10 个最大的值（*N* 个最大或最小的项或百分比）、高于平均值、低于平均值或自定义筛选。

构造筛选条件有以下两点需要特别说明。

a. 10 个最大的值用于筛选最大或最小的 *N* 个项，或百分之 *N*，选择这个选项，打开图 4-128 所示的“自动筛选前 10 个”对话框，可在其中进行筛选设置。

b. 大部分的筛选条件都要利用“自定义自动筛选方式”对话框来进行设置。

自定义的条件可以进行等于、不等于、大于、大于或等于、小于、小于或等于、开头是、开头不是、结尾是、结尾不是、包含、不包含等条件的构造。同一列若为两个条件，可利用“与”或“或”关系来连接，若为多个条件，还可以使用通配符。图 4-129 所示为筛选同时满足平均分大于或等于 60 分，“与”平均分小于 90 分的数据，即筛选 60 分≤平均分＜90 分的数据。

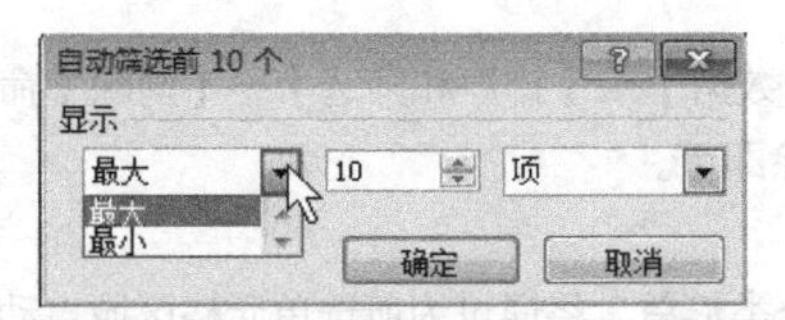

图 4-128 “自动筛选前 10 个”对话框

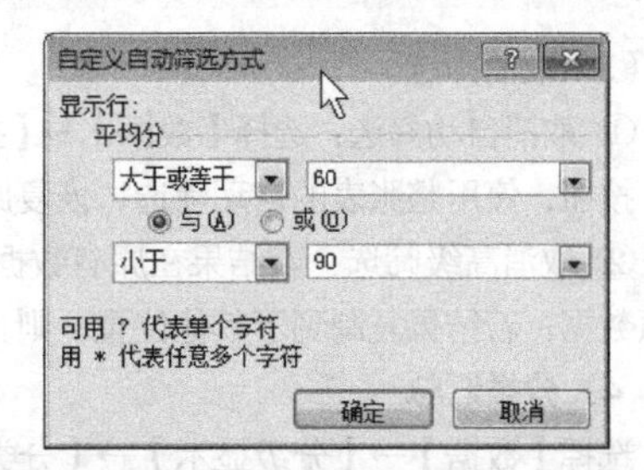

图 4-129 60 分≤平均分＜90 分的条件表示

提示

分析和构造条件，要善于区别和总结中文说法与计算机表达式之间的不同和规律。

表 4-1 中列出的通配符可作为筛选以及查找和替换内容时的比较条件。

表 4-1 条件中可使用的通配符

通配符	含义	举例
?（问号）	任何单个字符	sm?th ：查找“smith”和“smyth”
*（星号）	任何字符数	*east ：查找“Northeast”和“Southeast”
~（波形符）后跟 ?、* 或 ~	问号、星号或波形符	fy91~?：查找“fy91?”

③ 若多列中设置了筛选条件，则各条件之间为“与”的关系，即保留同时满足各列条件的数据行；若要不同列之间满足任意条件的“或”关系，则只能使用高级筛选完成。

（2）高级筛选。高级筛选可以指定复杂条件，限制查询结果集中要包括的记录，常用于多个条件满足“或”关系的情况。单击【数据】→【排序和筛选】→【高级】按钮，启用高级筛选。

如本任务中的“本科职工和女职工”，可以将条件分别表示为“本科职工”或“女职工”，均为筛选要保留的数据。

① 高级筛选需要先在原始数据区域之外的单元格区域中输入筛选条件，条件必须包含所在列的列标题和条件表达式。书写条件时，若两（多）个条件写在同一行，表示两（多）个条件同时满足，即为“与”的关系；若写在不同行，则表示两（多）个条件任意满足一个，即“或”的关系。

如图 4-130 所示，区域 A1:B2 表示本科的女职工（同时满足性别为“女”与学历为“本科”）；区域 D1:D3 表示本科和大专的职工（学历为本科或大专）；区域 F1:G3 表示本科女职工和大专女职工。

	A	B	C	D	E	F	G
1	性别	学历		学历		性别	学历
2	女	本科		本科		女	本科
3				大专		女	大专

图 4-130 筛选条件的构造

② 可将筛选的结果放置于原有数据区域或其他区域。若选择【在原有区域显示筛选结果】选项，则原数据区域中会将满足条件的数据行保留并以蓝色标识行标题，隐藏不满足条件的数据行；若选择【将筛选结果复制到其他位置】选项，则从选定的单元格开始将筛选结果排列出来。

提示

将结果复制到其他位置时，由于不知道结果会有多少行，因此我们通常选择数据的起始单元格，即结果区域最左上角的单元格，结果数据会自动向下向右排列。

（3）取消筛选。

① 取消自动筛选：选择【数据】→【排序和筛选】→【清除】命令，清除某列的筛选效果；再次单击【筛选】按钮，停用整张表的自动筛选，恢复原始数据的状态。

② 取消高级筛选：若结果在原有数据区域显示，则可选择【数据】→【排序和筛选】→【清除】命令恢复原数据；若结果复制到了其他位置，则直接将结果区域全部删除即可。

4. 分类汇总

选择【数据】→【分级显示】→【分类汇总】命令，可调用分类汇总，将通过为所选单元格区域自动插入小计和合计，汇总多个相关数据行。

（1）该命令是分类和汇总（统计）两个操作的集合，故须先按分类字段排序，将该字段中相同值的数据行排列到一起后，再执行分类汇总命令，确定分类字段和进行汇总字段及方式的设置。

（2）得到分类汇总的结果后，Excel 将分级显示列表、小计和合计，以便显示和隐藏明细数据行。工作表左上角会出现一个 3 级的分级显示符号，单击 1 2 3 按钮可以分别查看 1 级汇总情况、2 级汇总情况和 3 级明细情况，也可以通过单击 + 和 - 按钮来收拢或展开各级明细数据。

5. 数据透视表

数据透视表是交互式报表，可以方便地排列和汇总复杂数据，并可进一步查看详细信息。可以将原表中某列的不同值作为查看的行或列，在行和列的交叉处体现另外一个列的数据汇总情况。

数据透视表可以动态地改变版面布局，以便按照不同方式分析数据，也可以重新安排行标签、列标签和值字段及汇总方式。每一次改变版面布局，数据透视表都会立即按照新的布局重新显示数据。

数据透视表的使用中需要注意以下操作。

（1）选择要分析的表或区域：既可以使用本工作簿中的表或区域，又可以使用外部数据源（其他文件）的数据。

（2）选择放置数据透视表的位置：既可以生成一张新工作表，并从该表 A1 单元格开始放置生成的数据透视表，又可以选择现有工作表的某单元格开始的位置来放置。

（3）设置数据透视表的字段布局：选择要添加到报表的字段，并在行标签、列标签、数值的列表框中拖动字段来修改字段的布局。

（4）修改数值汇总方式：一般数值自动默认汇总方式为求和，文本默认为计数，如需修改，可单击“数值”处的字段按钮，从弹出的快捷菜单中选择【值字段设置】命令，打开“值字段设置”对话框，在其中进行选择或修改。

（5）对数据透视表的结果进行筛选：对于上述设置完成的数据透视表，还可以单击行标签和列标签处的下拉按钮，打开筛选器，进行筛选设置。

6. 制作图表

图表具有较好的视觉效果，可直观地查看和对比数据的差异和预测趋势。制作图表要注意以下环节。

（1）选择图表类型和子图表的类型。

（2）选择制作图表的数据源，一般使用【Ctrl】键选择连续或不连续的多个区域作为数据源。

提示

选择列作为数据源，最好将列标题一起选中，它们会用于坐标轴或图示的文字显示。

（3）确定系列产生在“行”，还是“列”。图表中的每个数据系列具有唯一的颜色或图案，并且在图表的图例中表示，可以在图表中绘制一个或多个数据系列。

（4）插入图表后，会激活【图表工具】的【设计】、【布局】和【格式】3个功能选项卡，如图4-131～图4-133所示，可以分别对图表的具体细节进行设置和修改。

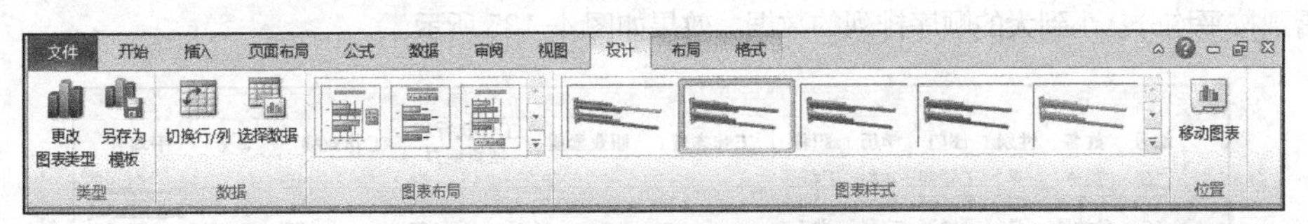

图4-131　图表的【设计】功能选项卡

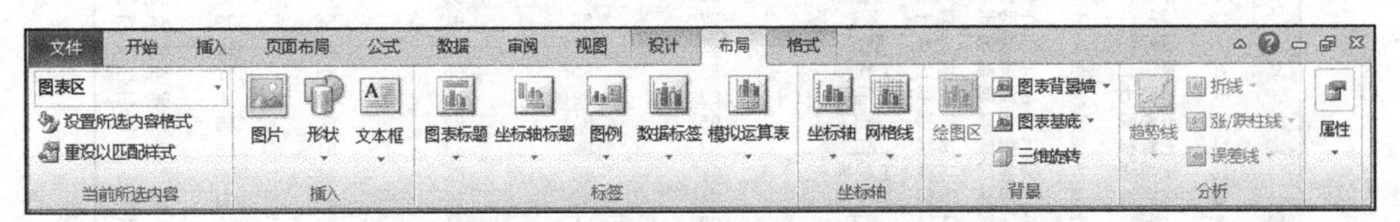

图4-132　图表的【布局】功能选项卡

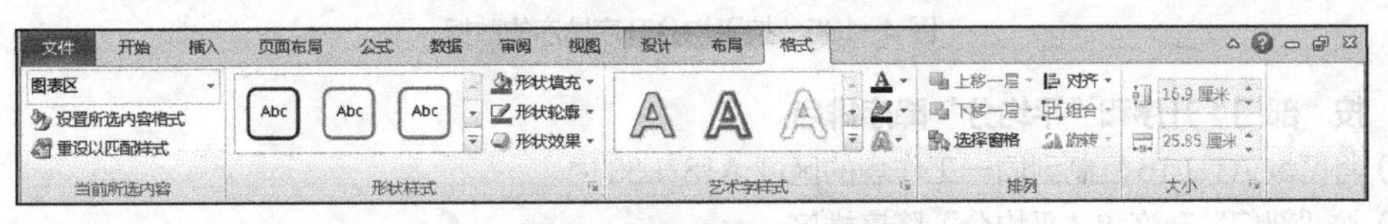

图4-133　图表的【格式】功能选项卡

【任务实施】

步骤1　管理工作表

（1）从“公司员工综合素质考评表”中复制“考评成绩”工作表。

① 新建工作簿“公司员工综合素质考评表-数据分析.xlsx”，保存至计算机中的“D：\”中。

② 将“公司员工综合素质考评表.xlsx”的“考评成绩”工作表复制到“公司员工综合素质考评表-数据分析.xlsx”的Sheet1工作表之前，并自动切换到“公司员工综合素质考评表-数据分析.xlsx”工作簿中。

③ 关闭“公司员工综合素质考评表.xlsx”。

④ 在“考评成绩”工作表的K1、L1单元格中分别输入列标题“总分”“平均分”，并利用案例3中学习的公式函数将其值填入，如图4-109所示；将“平均值”的数值设置为2位小数。

（2）复制并重命名工作表。

① 复制“考评成绩”整张工作表的数据区域，再切换到Sheet1工作表，选中A1单元格，将所有数据粘贴至Sheet1工作表；将Sheet1工作表重命名为“排序”。

② 复制“考评成绩”工作表，将复制出的“考评成绩（2）”工作表放于“Sheet2”工作表之前，并将“考评成绩（2）”重命名为“自动筛选”。

③ 按住【Ctrl】键，按住鼠标左键向右拖曳“自动筛选”工作表标签，释放鼠标，复制出“自动筛选（2）”工作表，将其重命名为“高级筛选”。

④ 使用适当的方法复制“高级筛选”工作表，并重命名为“分类汇总”。

⑤ 将工作表Sheet2重命名为“数据透视表”。

（3）删除工作表。用鼠标右键单击Sheet3工作表标签，从弹出的快捷菜单中选择【删除】命令，将Sheet3永久删除，效果如图4-134所示。

考评成绩　排序　自动筛选　高级筛选　分类汇总　数据透视表

图4-134　复制并重命名工作表效果

步骤2 成绩排序

1. 按“平均分”升序排序数据

（1）切换到“排序”工作表中。

（2）将指针定位于“平均分”列中的任意单元格，选择【开始】→【编辑】→【排序和筛选】→【升序】命令，得到按平均分从小到大的顺序排列的数据，效果如图 4-135 所示。

	A	B	C	D	E	F	G	H	I	J	K	L
1	编号	姓名	性别	部门	学历	职称	工作态度	职业素质	工作执行和创新能力	工作业绩	总分	平均分
2	13	姚林	男	工程部	本科	工程师	60	62	50	45	217	54.25
3	2	王文辉	女	开发部	硕士	工程师	65	60	48	50	223	55.75
4	15	钱述民	男	开发部	本科	助工	81	81	78	75	315	78.75
5	1	李林新	男	工程部	硕士	工程师	86	85	80	84	335	83.75
6	4	周涛	男	销售部	大专	工程师	89	84	86	77	336	84.00
7	12	程文	女	行政部	硕士	高工	77	86	91	85	339	84.75
8	7	孙英	女	行政部	大专	助工	91	82	84	83	340	85.00
9	6	黄国立	男	开发部	硕士	工程师	82	80	90	89	341	85.25
10	5	王政力	男	培训部	本科	工程师	82	89	94	80	345	86.25
11	10	王春晓	女	销售部	本科	高工	95	80	90	80	345	86.25
12	11	王青林	男	工程部	本科	高工	83	86	88	91	348	87.00
13	14	张雨涵	女	销售部	本科	工程师	93	86	86	91	356	89.00
14	8	张在旭	男	工程部	本科	工程师	84	93	97	86	360	90.00
15	3	张蕾	女	培训部	本科	高工	92	91	94	86	363	90.75
16	9	金翔	男	开发部	博士	工程师	94	90	92	95	371	92.75

图 4-135 按平均分升序排序的数据

2. 按“部门”升序和“平均分”降序排序

（1）将区域 A1:L16 复制到同一工作表的区域 A18:L33 中。

（2）按“部门”升序和“平均分”降序排序。

① 将鼠标指针定位于区域 A18:L33 中的任意单元格中，选择【数据】→【排序和筛选】→【排序】命令，打开“排序”对话框，设置主关键字为“部门”，排序依据为“数值”，次序为“升序”。

② 单击【添加条件】按钮 添加条件(A)，出现次要关键字，设置为“平均分”“数值”“降序”，构建好两个排序关键字，如图 4-136 所示。

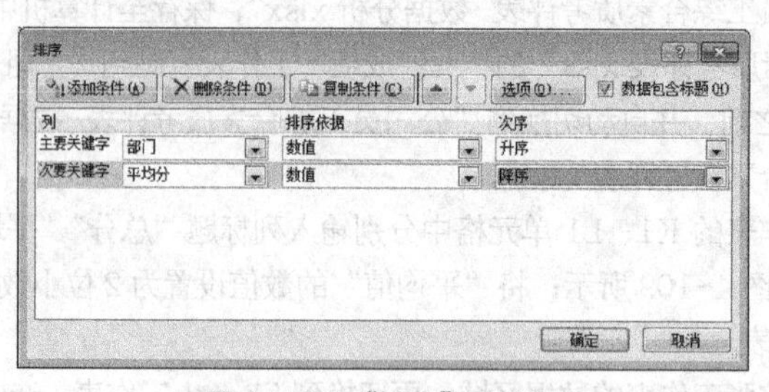

图 4-136 “排序”对话框

单击【确定】按钮，排序结果如图 4-137 所示。

	A	B	C	D	E	F	G	H	I	J	K	L
18	编号	姓名	性别	部门	学历	职称	工作态度	职业素质	工作执行和创新能力	工作业绩	总分	平均分
19	8	张在旭	男	工程部	本科	工程师	84	93	97	86	360	90.00
20	11	王青林	男	工程部	本科	高工	83	86	88	91	348	87.00
21	1	李林新	男	工程部	硕士	工程师	86	85	80	84	335	83.75
22	13	姚林	男	工程部	本科	工程师	60	62	50	45	217	54.25
23	9	金翔	男	开发部	博士	工程师	94	90	92	95	371	92.75
24	6	黄国立	男	开发部	硕士	工程师	82	80	90	89	341	85.25
25	15	钱述民	男	开发部	本科	助工	81	81	78	75	315	78.75
26	2	王文辉	女	开发部	硕士	工程师	65	60	48	50	223	55.75
27	3	张蕾	女	培训部	本科	高工	92	91	94	86	363	90.75
28	5	王政力	男	培训部	本科	工程师	82	89	94	80	345	86.25
29	14	张雨涵	女	销售部	本科	工程师	93	86	86	91	356	89.00
30	10	王春晓	女	销售部	本科	高工	95	80	90	80	345	86.25
31	4	周涛	男	销售部	大专	工程师	89	84	86	77	336	84.00
32	7	孙英	女	行政部	大专	助工	91	82	84	83	340	85.00
33	12	程文	女	行政部	硕士	高工	77	86	91	85	339	84.75

图 4-137 按“部门”升序和“平均分”降序排序的结果

步骤 3　自动筛选

1. 自动筛选性别为“男”、平均分大于等于 85 分的数据

(1) 切换到“自动筛选”工作表中，将指针定位于数据区域中任意单元格，选择【开始】→【编辑】→【排序和筛选】→【筛选】命令启用自动筛选，如图 4-138 所示。

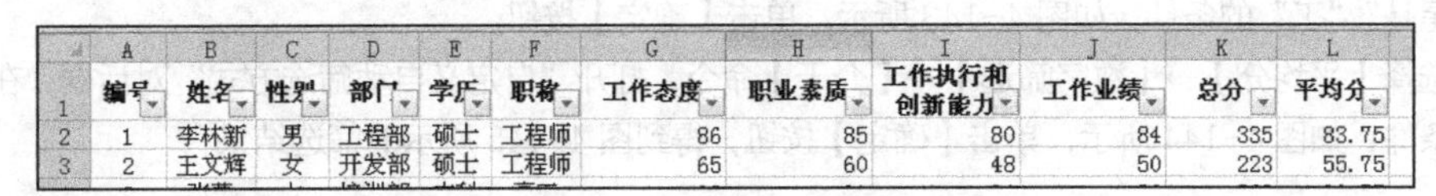

	A	B	C	D	E	F	G	H	I	J	K	L
1	编号	姓名	性别	部门	学历	职称	工作态度	职业素质	工作执行和创新能力	工作业绩	总分	平均分
2	1	李林新	男	工程部	硕士	工程师	86	85	80	84	335	83.75
3	2	王文辉	女	开发部	硕士	工程师	65	60	48	50	223	55.75

图 4-138　启用自动筛选

(2) 单击“性别”列的下拉按钮，从列筛选器中选择“男”，如图 4-139 所示。

(3) 选择【平均分】→【数字筛选】→【大于或等于】命令，如图 4-140 所示，打开“自定义自动筛选方式”对话框，在其中构造“平均分”大于或等于 85 分的条件，如图 4-141 所示。

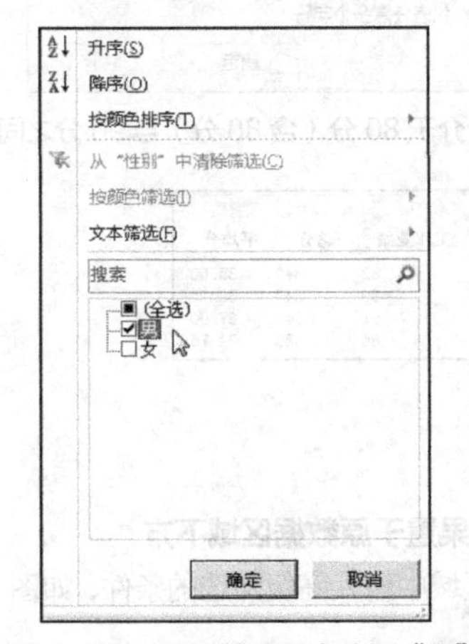

图 4-139　从列筛选器中选择“男”

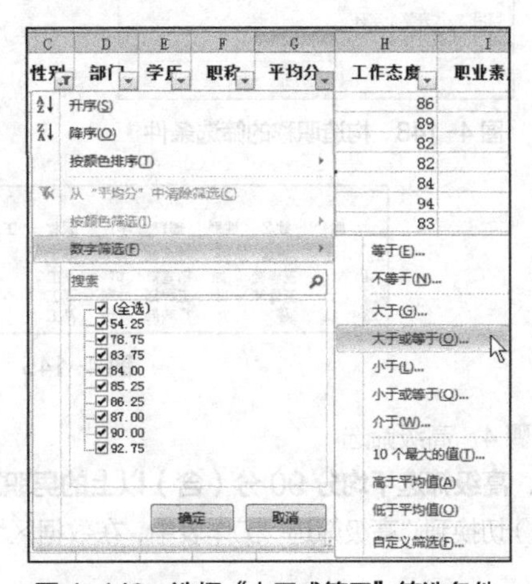

图 4-140　选择“大于或等于”筛选条件

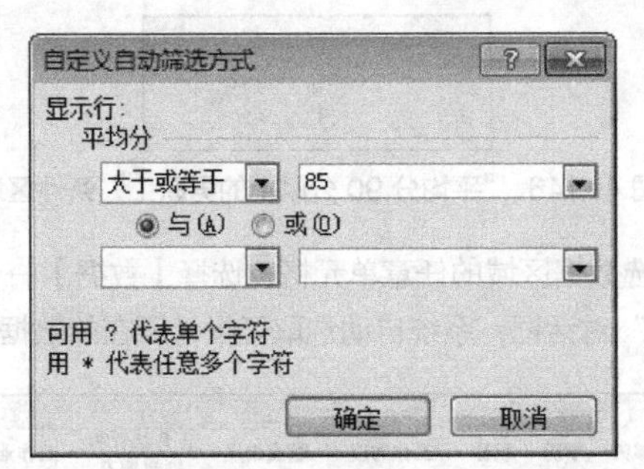

图 4-141　“平均分”大于或等于 85 分的自定义条件

(4) 单击【确定】按钮，得到图 4-142 所示的筛选结果。

	A	B	C	D	E	F	G	H	I	J	K	L
1	编号	姓名	性别	部门	学历	职称	工作态度	职业素质	工作执行和创新能力	工作业绩	总分	平均分
6	5	王政力	男	培训部	本科	工程师	82	89	94	80	345	86.25
7	6	黄国立	男	开发部	硕士	工程师	82	80	90	89	341	85.25
9	8	张在旭	男	工程部	本科	工程师	84	93	97	86	360	90.00
10	9	金翔	男	开发部	博士	工程师	94	90	92	95	371	92.75
12	11	王青林	男	工程部	本科	高工	83	86	88	91	348	87.00

图 4-142　自定义条件的筛选结果

2. 查看平均分介于 80 分（含 80 分）和 90 分之间的高工和助工人员数据

（1）复制“自动筛选”工作表为“自动筛选（2）”，并切换到“自动筛选（2）”工作表中。

（2）选择【数据】→【排序和筛选】→【清除】命令，清除已有的自动筛选效果。

（3）选择【职称】→【文本筛选】→【结尾是】命令，打开“自定义自动筛选方式”对话框，在其中构造职称“结尾是”“工”的条件，如图 4-143 所示，单击【确定】按钮。

（4）选择【平均分】→【数字筛选】→【介于】命令，打开“自定义自动筛选方式”对话框，在其中构造平均分的条件，如图 4-144 所示，单击【确定】按钮，得到图 4-145 所示的筛选结果。

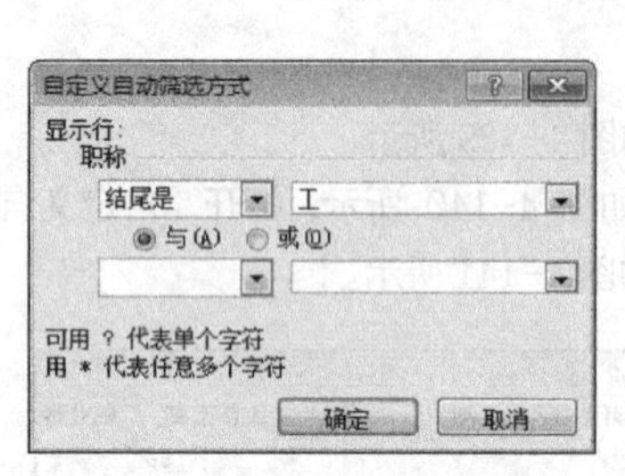

图 4-143 构造职称的筛选条件

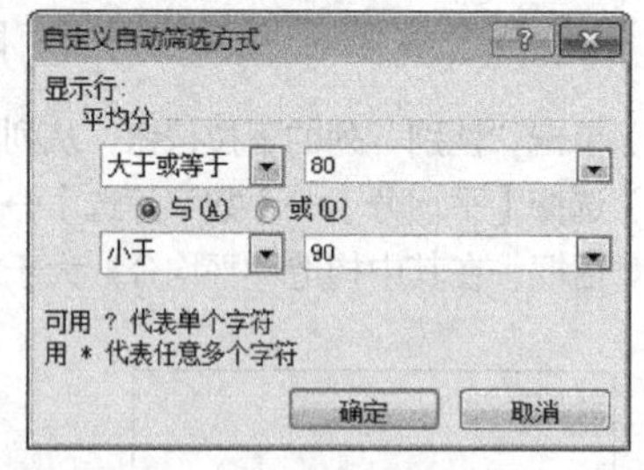

图 4-144 平均分介于 80 分（含 80 分）与 90 分之间的条件

	A	B	C	D	E	F	G	H	I	J	K	L
1	编号	姓名	性别	部门	学历	职称	工作态度	职业素质	工作执行和创新能力	工作业绩	总分	平均分
8	7	孙英	女	行政部	大专	助工	91	82	84	83	340	85.00
11	10	王春晓	女	销售部	本科	高工	95	80	90	80	345	86.25
12	11	王青林	男	工程部	本科	高工	83	86	88	91	348	87.00
13	12	程文	女	行政部	硕士	高工	77	86	91	85	339	84.75

图 4-145 自定义条件的筛选结果

步骤 4 高级筛选

1. 高级筛选平均分 90 分（含）以上的男职工数据，并将筛选结果置于原数据区域下方

（1）切换到“高级筛选”工作表中，在数据区域下方的 B18:C19 区域中输入高级筛选的条件，如图 4-146 所示。

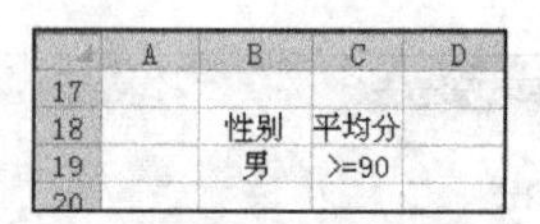

	A	B	C	D
17				
18		性别	平均分	
19		男	>=90	

图 4-146 “平均分 90 分以上的男职工”条件区域

（2）将鼠标指针定位于待筛选数据区域的任意单元格，选择【数据】→【排序和筛选】→【高级】命令，打开图 4-147 所示的“高级筛选”对话框，系统自动选取了指针所在的数据区域作为列表区域。

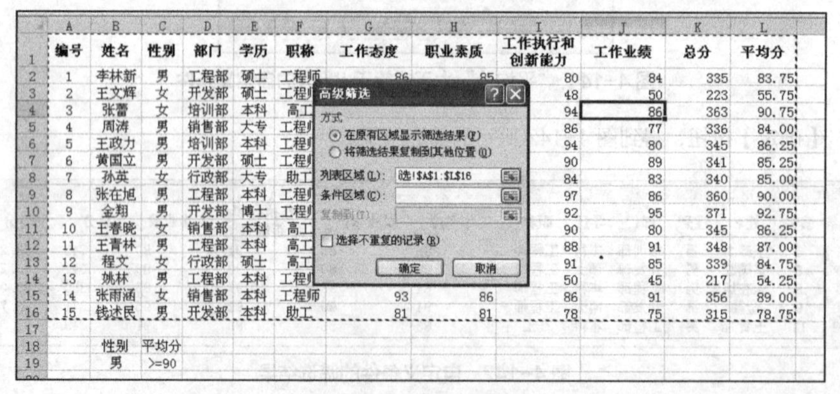

图 4-147 启用高级筛选

（3）将鼠标指针置于“条件区域”文本框中，并用鼠标选取条件区域 B18:C19，选取准确后单击【拾取】按钮，回到“高级筛选”对话框。

（4）在“方式”中选择“将筛选结果复制到其他位置”选项，激活“复制到”文本框，将鼠标指针置于其中，用鼠标在工作表中单击结果数据区域的起始 A21 单元格，如图 4-148 所示。

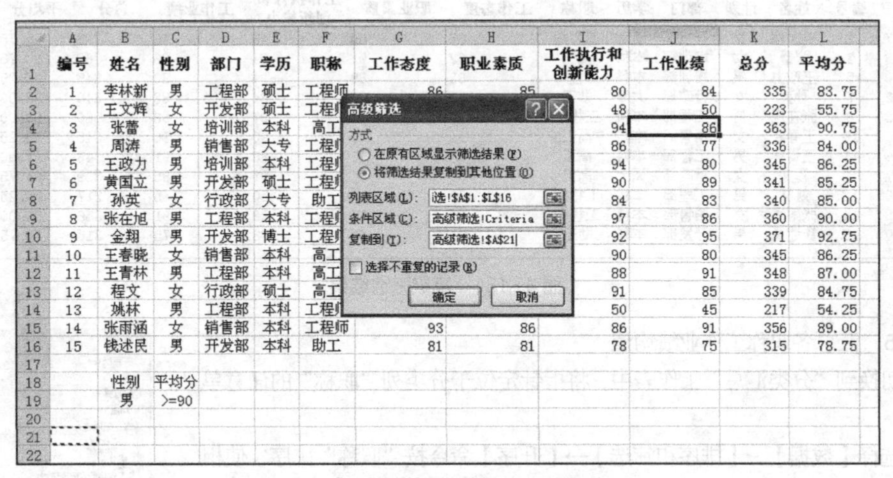

图 4-148 选择筛选结果复制到的起始单元格

（5）单击【确定】按钮，实现筛选，结果如图 4-149 所示，其中的 A21:L23 区域为筛选结果。

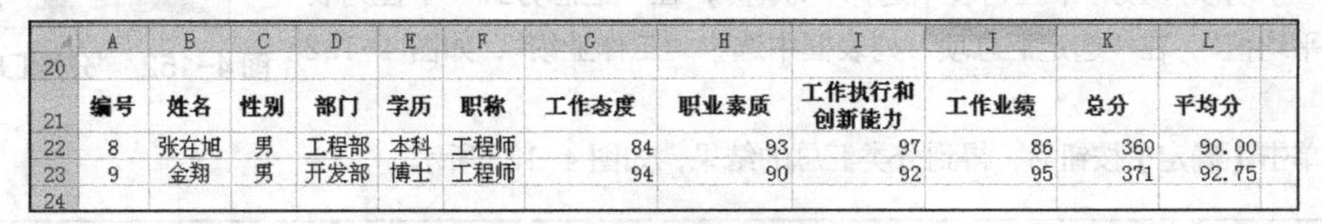

编号	姓名	性别	部门	学历	职称	工作态度	职业素质	工作执行和创新能力	工作业绩	总分	平均分
8	张在旭	男	工程部	本科	工程师	84	93	97	86	360	90.00
9	金翔	男	开发部	博士	工程师	94	90	92	95	371	92.75

图 4-149 高级筛选结果

2. 查看所有本科职工和女职工的数据，结果在原数据区域显示

（1）将区域 A1:L16 复制到 A25:L40，在 B42:C44 数据区域输入高级筛选的条件。

（2）将鼠标指针定位于待筛选数据区域的任意单元格，选择【数据】→【排序和筛选】→【高级】命令，打开“高级筛选”对话框，删除系统自动选取的列表区域$A$1:$L$16，按住鼠标左键拖曳选择正确的区域“高级筛选!$A$25:$L$40”。

（3）同样地，重新选择条件区域 B42:C44，如图 4-150 所示。

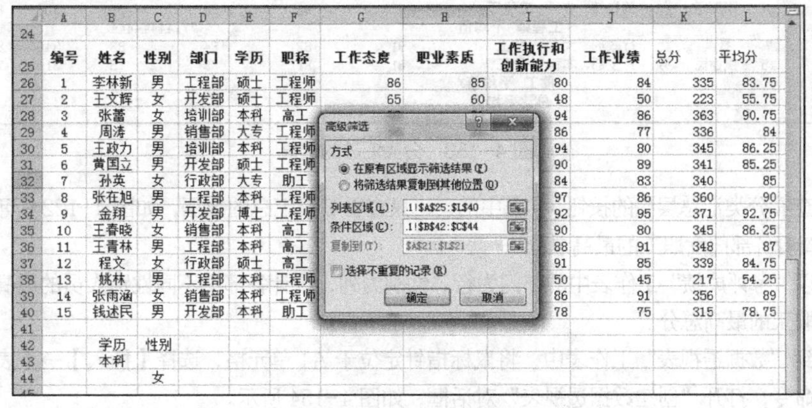

图 4-150 高级筛选

（4）在“方式”中选择“在原有区域显示筛选结果”选项，单击【确定】按钮，得到图4-151所示的结果。

	A	B	C	D	E	F	G	H	I	J	K	L
24												
25	编号	姓名	性别	部门	学历	职称	工作态度	职业素质	工作执行和创新能力	工作业绩	总分	平均分
27	2	王文辉	女	开发部	硕士	工程师	65	60	48	50	223	55.75
28	3	张蕾	女	培训部	本科	高工	92	91	94	86	363	90.75
30	5	王政力	男	培训部	本科	工程师	82	89	94	80	345	86.25
32	7	孙英	女	行政部	大专	助工	91	82	84	83	340	85.00
33	8	张在旭	男	工程部	本科	工程师	84	93	97	86	360	90.00
35	10	王春晓	女	销售部	本科	高工	95	80	90	80	345	86.25
36	11	王青林	男	工程部	本科	高工	83	86	88	91	348	87.00
37	12	程文	女	行政部	硕士	高工	77	86	91	85	339	84.75
38	13	姚林	男	工程部	本科	工程师	60	62	50	45	217	54.25
39	14	张雨涵	女	销售部	本科	工程师	93	86	86	91	356	89.00
40	15	钱述民	男	开发部	本科	助工	81	81	78	75	315	78.75
41												

图4-151 高级筛选结果

步骤5 汇总各职称工作业绩均值

（1）切换到“分类汇总”工作表中，将指针定位于分类列“职称”的任意单元格。

（2）选择【数据】→【排序和筛选】→【升序】命令按“职称”排序，使相同职称的行汇聚到一起。

（3）选择【数据】→【分级显示】→【分类汇总】命令，打开“分类汇总”对话框，在“分类字段”下拉列表中选择“职称”，在“汇总方式”下拉列表中选择“平均值”，在“选定汇总项”列表框中选中“工作业绩”，如图4-152所示。

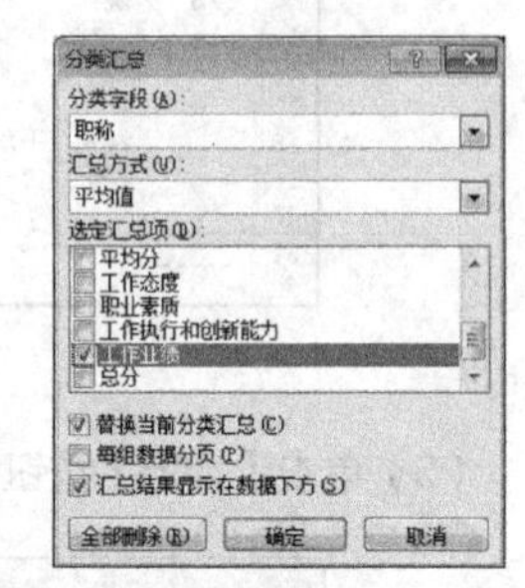

图4-152 “分类汇总”对话框

（4）单击【确定】按钮后，得到分类汇总的结果，如图4-153所示。

	A	B	C	D	E	F	G	H	I	J	K	L
1	编号	姓名	性别	部门	学历	职称	工作态度	职业素质	工作执行和创新能力	工作业绩	总分	平均分
2	3	张蕾	女	培训部	本科	高工	92	91	94	86	363	90.75
3	10	王春晓	女	销售部	本科	高工	95	80	90	80	345	86.25
4	11	王青林	男	工程部	本科	高工	83	86	88	91	348	87.00
5	12	程文	女	行政部	硕士	高工	77	86	91	85	339	84.75
6						高工 平均值				85.5		
7	1	李林新	男	工程部	硕士	工程师	86	85	80	84	335	83.75
8	2	王文辉	女	开发部	硕士	工程师	65	60	48	50	223	55.75
9	4	周涛	男	销售部	大专	工程师	89	84	86	77	336	84.00
10	5	王政力	男	培训部	本科	工程师	82	89	94	80	345	86.25
11	6	黄国立	男	开发部	硕士	工程师	82	80	90	89	341	85.25
12	8	张在旭	男	工程部	本科	工程师	84	93	97	86	360	90.00
13	9	金翔	男	开发部	博士	工程师	94	90	92	95	371	92.75
14	13	姚林	男	工程部	本科	工程师	60	62	50	45	217	54.25
15	14	张雨涵	女	销售部	本科	工程师	93	86	86	91	356	89.00
16						工程师 平均值				77.44444444		
17	7	孙英	女	行政部	大专	助工	91	82	84	83	340	85.00
18	15	钱述民	男	开发部	本科	助工	81	81	78	75	315	78.75
19						助工 平均值				79		
20						总计平均值				79.8		
21												

图4-153 分类汇总的结果

（5）单击查看分类汇总层次的按钮 1 2 3 中的 2，只查看2级汇总的数据，如图4-122所示。

步骤6 查看各部门女职工的最高总分

这里，将以“考评成绩”工作表中的部门为行、性别为列，统计各部门不同性别人员的最高总分，并最终查看各部门女职工的最高总分。

（1）切换到“数据透视表”工作表中，将鼠标指针定位于A1单元格，选择【插入】→【表格】→【插入数据透视表】命令，打开“创建数据透视表”对话框，如图4-154所示。

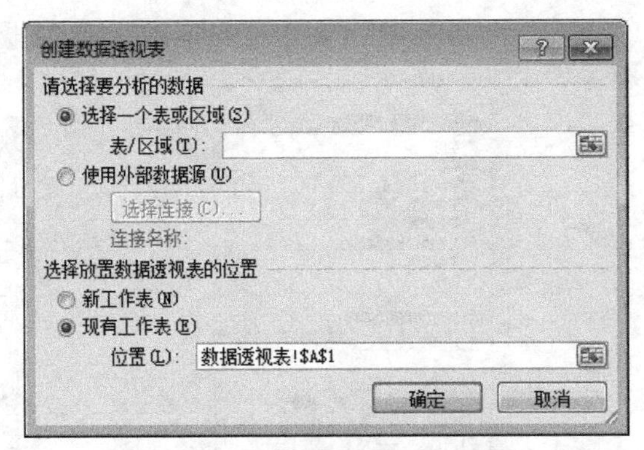

图 4-154 “创建数据透视表”对话框

（2）在“选择一个表或区域”的文本框中单击，并切换至“考评成绩”工作表，按住鼠标左键拖曳选择区域 A1:L16，如图 4-155 所示。

编号	姓名	性别	部门	学历	职称	平均分	工作态度	职业素质	工作执行和创新能力	工作业绩	总分
1	李林新	男	工程部	硕士	工程师	83.75	86	85	80	84	335
2	王文辉	女	开发部	硕士	工程师	55.75	65	60	48	50	223
3	张蕾	女	培	[illegible]	[illegible]	[illegible]	[illegible]	[illegible]	94	86	363
4	周涛	男	销	[illegible]	[illegible]	[illegible]	[illegible]	[illegible]	86	77	336
5	王政力	男	培	[illegible]	[illegible]	[illegible]	[illegible]	[illegible]	94	80	345
6	黄国立	男	开发部	硕士	工程师	85.25	82	80	90	89	341
7	孙英	女	行政部	大专	助工	85.00	91	82	84	83	340
8	张在旭	男	工程部	本科	工程师	90.00	84	93	97	86	360
9	金翔	男	开发部	博士	工程师	92.75	94	90	92	95	371
10	王春晓	女	销售部	本科	高工	86.25	95	80	90	80	345
11	王青林	男	工程部	本科	高工	87.00	83	86	88	91	348
12	程文	女	行政部	硕士	高工	84.75	77	86	91	85	339
13	姚林	男	工程部	本科	工程师	54.25	60	62	50	45	217
14	张雨涵	女	销售部	本科	工程师	89.00	93	86	86	91	356
15	钱述民	男	开发部	本科	助工	78.75	81	81	78	75	315

创建数据透视表
考评成绩!$A$1:$L$16

考评成绩 / 排序 / 名次和考评结果 / 自动筛选 / 自动筛选（2） / 高级筛选 / 分类汇总 / 数据透视表

图 4-155 选择数据透视表的数据区域

（3）确定“选择放置数据透视表的位置”为“现有工作表”的位置“A1”，如图 4-156 所示，单击【确定】按钮，在“数据透视表”工作表中插入一个数据透视表，如图 4-157 所示。

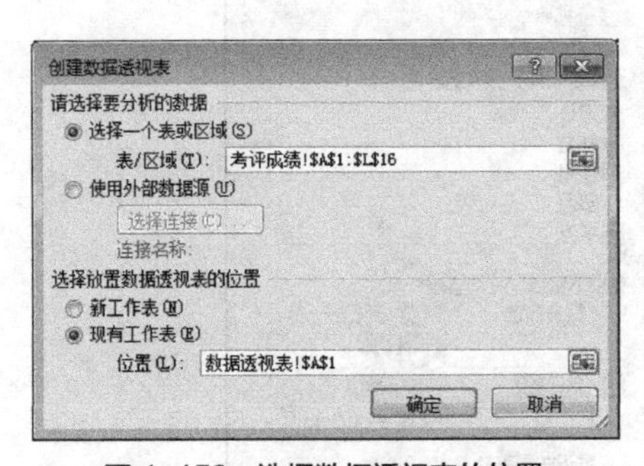

图 4-156 选择数据透视表的位置

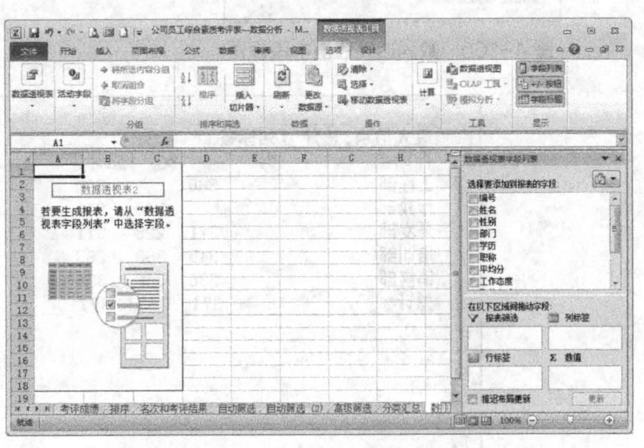

图 4-157 插入数据透视表

（4）在右侧的“数据透视表字段列表”对话框中，选择要添加到报表中的字段“部门”“性别”和“总分”，透视表自动将 3 个字段排列，如图 4-158 所示。

（5）按住鼠标左键拖曳“性别”字段按钮至“列标签”的列表框中，如图 4-159 所示。

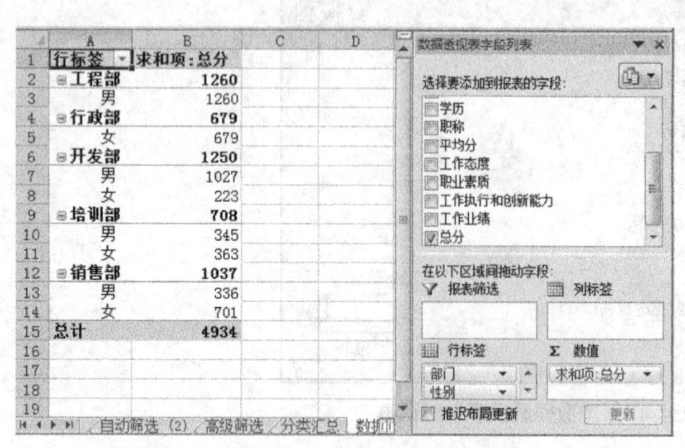

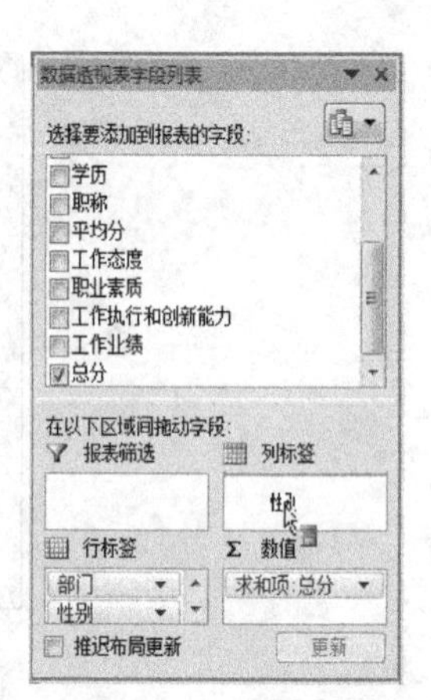

图 4-158　添加字段至数据透视表　　　　图 4-159　修改数据透视表的布局

（6）单击“求和项：总分”字段按钮，从弹出的快捷菜单中选择【值字段设置】命令，如图 4-160 所示，打开“值字段设置”对话框，在“值汇总方式”选项卡的“计算类型”列表框中选择“最大值”，如图 4-161 所示。单击【确定】按钮，得到数据透视表，如图 4-162 所示。

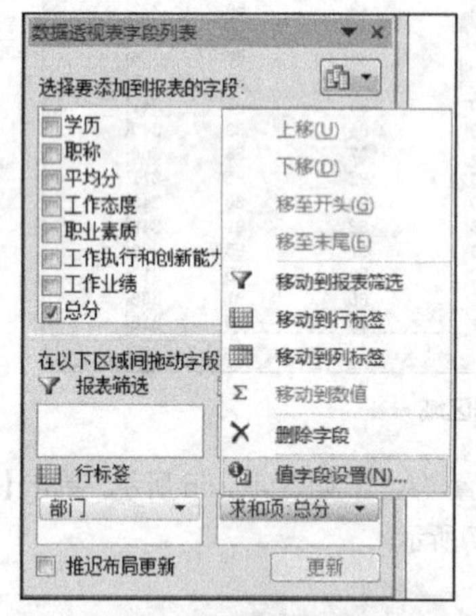

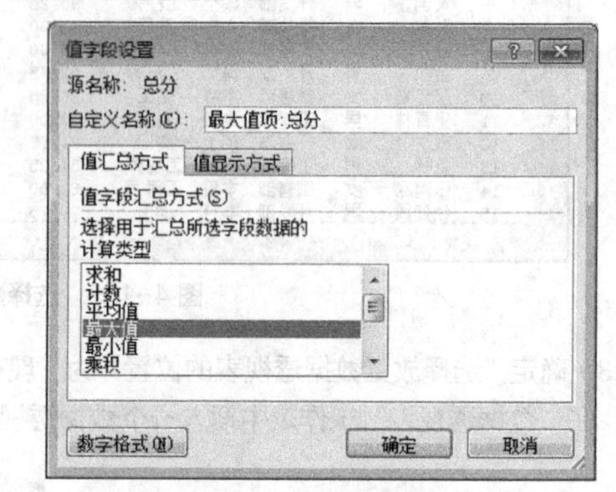

图 4-160　数据透视表值字段设置　　　　图 4-161　“值字段设置”对话框

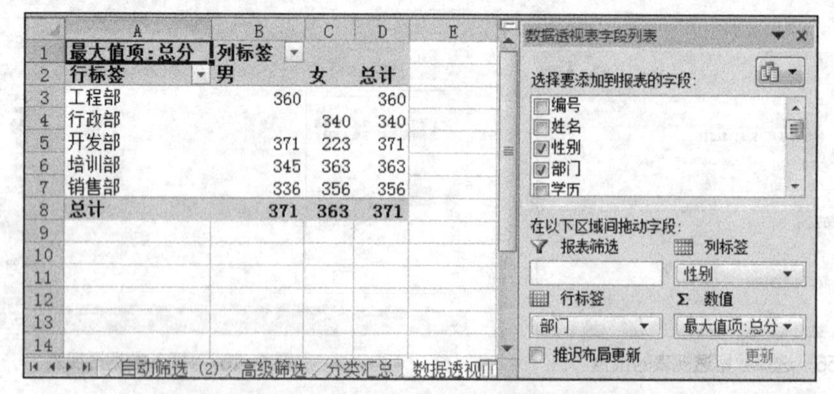

图 4-162　设置行、列和值字段后的数据透视表

（7）单击“列标签”右侧的下拉按钮，在其中取消“男”的选项，单击【确定】按钮，得到图 4-123 所示的查看各部门女职工最高总分的透视结果。

步骤 7　制作图表

1. 制作参评人员总分对比图

（1）将鼠标指针定位于“考评成绩”工作表的数据区域内，选择【插入】→【图表】→【条形图】→【簇状水平圆柱图】命令，自动生成一个基于所有数据的簇状水平圆柱图，如图 4-163 所示。

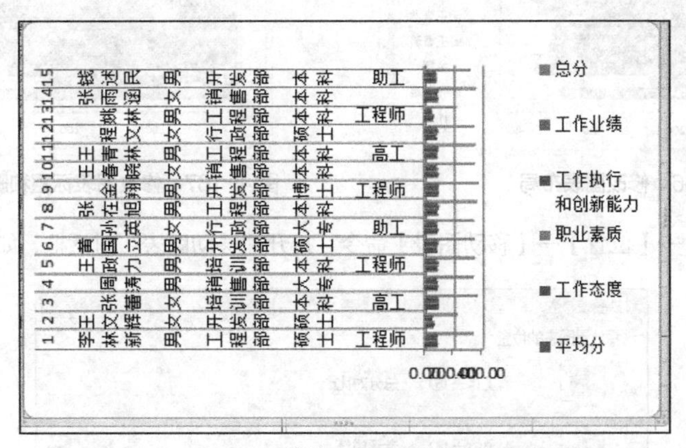

图 4-163　自动生成的基于所有数据的簇状水平圆柱图

（2）单击该图，激活图表工具，选择【设计】→【数据】→【选择数据】命令，打开“选择数据源”对话框，将自动获取的图表数据区域删除，使用鼠标重新选取数据区域为“姓名”列和“总分”列，这时得到的图表如图 4-164 所示。

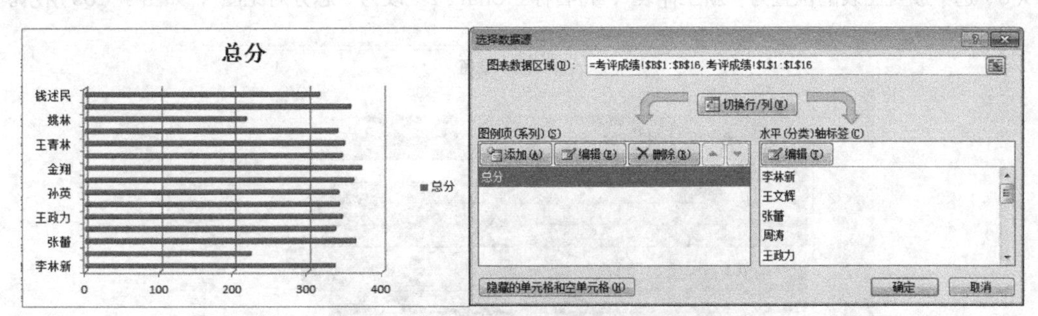

图 4-164　重新选择图表数据区域后的图表

（3）单击【切换行/列】按钮，将行和列互换，如图 4-165 所示，单击【确定】按钮。

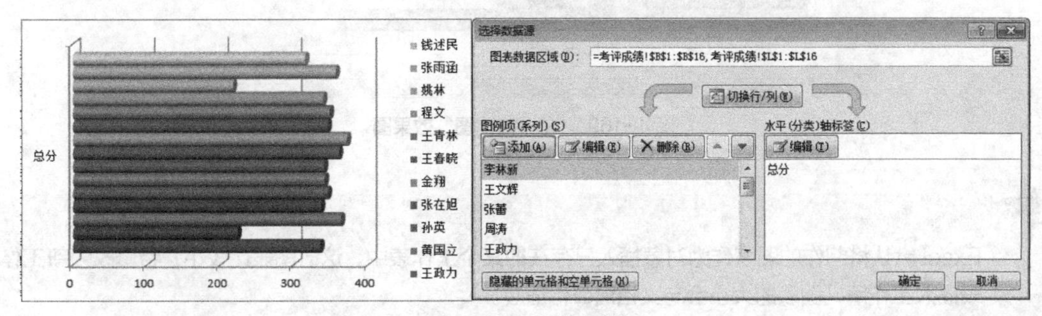

图 4-165　切换行/列

（4）从【设计】→【图表布局】的列表中选择“布局 1”，修改图表布局如图 4-166 所示，修改图表标题为“总分对比图”，将垂直（类别）轴的标志“总分”删除，如图 4-167 所示。

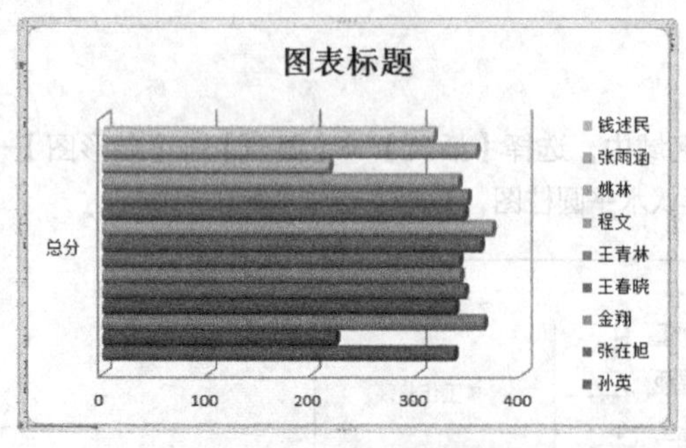

图 4-166　修改图表布局

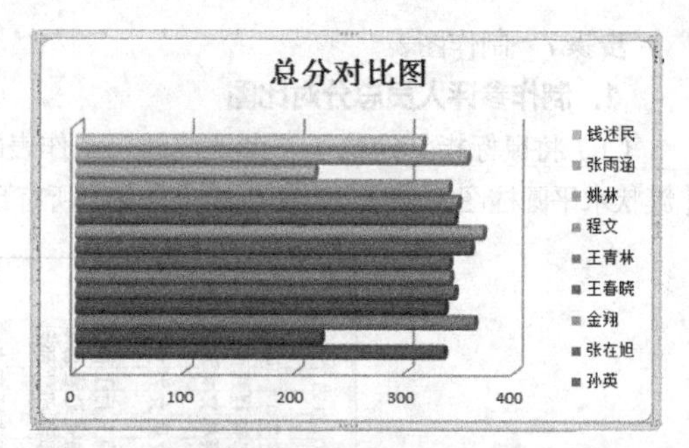

图 4-167　修改图表标题和删除垂直（类别）轴标志

（5）选择【设计】→【位置】→【移动图表】命令，打开“移动图表”对话框，如图 4-168 所示。

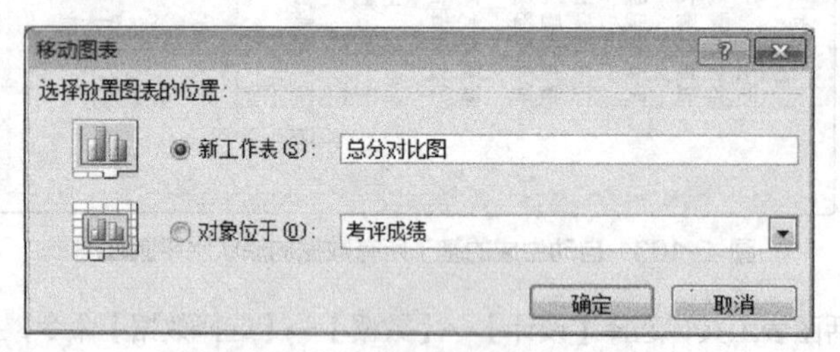

图 4-168　“移动图表”对话框

（6）选中放置图表的位置为“新工作表”，将名称“Chart 1”改为“总分对比图”，如图 4-169 所示。

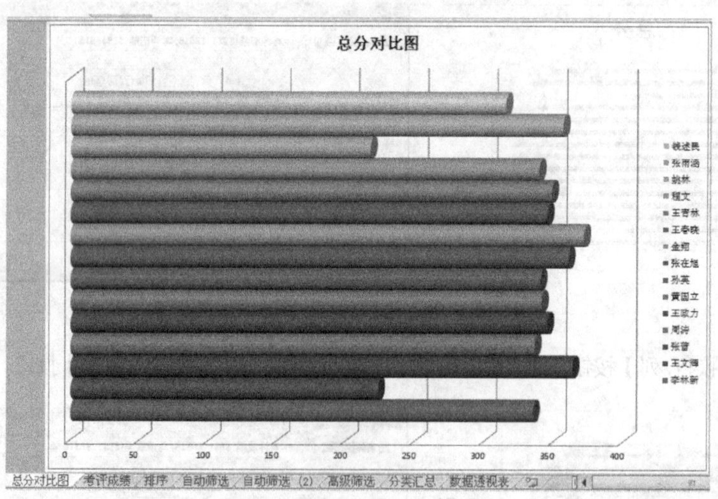

图 4-169　“总分对比图”效果图

提示

Excel 默认将制作的图表作为对象插入已存在的某个工作表中，这时图表比较小；若修改为新工作表插入工作簿，图表的大小会与文档窗口相适应。

2. 制作对比李林新 4 个项目成绩的分离型三维饼图

（1）切换到“考评成绩”工作表，按住【Ctrl】键，按住鼠标左键拖曳选中列标题和李林新的数据区域 B1:B2 和 G1:J2，选择【插入】→【图表】→【饼图】→【分离型三维饼图】命令，如图 4-170 所示。

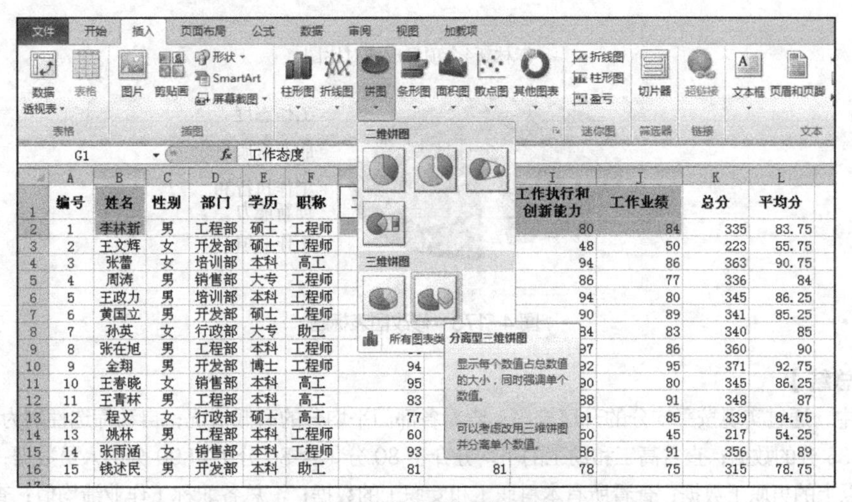

图 4-170　选中不连续的数据来源区域后插入饼图

（2）在“考评成绩”工作表中插入了一个分离型三维饼图，按住鼠标左键拖曳该图的外框，将其放置于 A17:H33 区域，如图 4-171 所示。

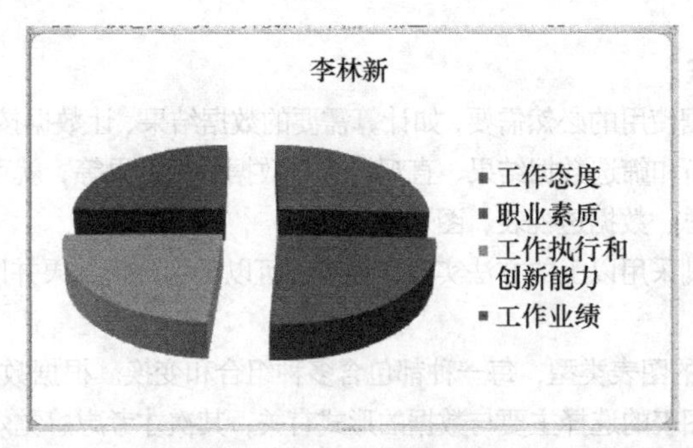

图 4-171　生成的对比李林新 4 个项目成绩的分离型三维饼图

（3）按住鼠标左键向饼图的中心拖曳任意扇形，使分离型饼图变为饼图，如图 4-172 所示。

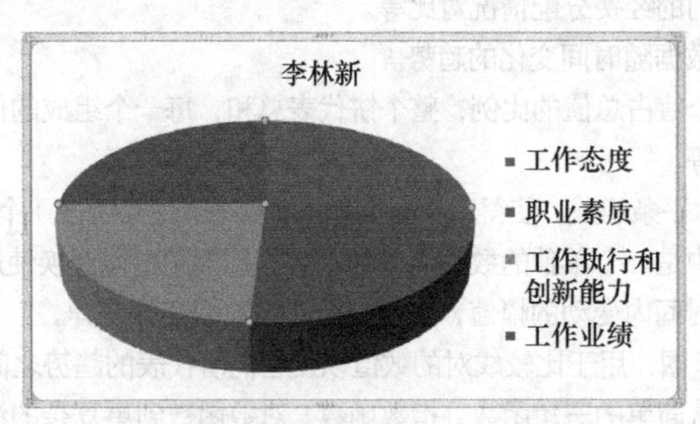

图 4-172　将分离的饼图变为合并的饼图

（4）单击“职业素质”的扇形，按住鼠标左键向外拖曳，使其脱离开来，形成分离的扇形。

（5）单击选中图表标题“李林新”，再次单击进入编辑状态，修改标题为“李林新 4 个项目成绩对比图”，如图 4-173 所示，即完成。

步骤 8　保存并关闭文件

保存文件的修改，关闭工作簿。

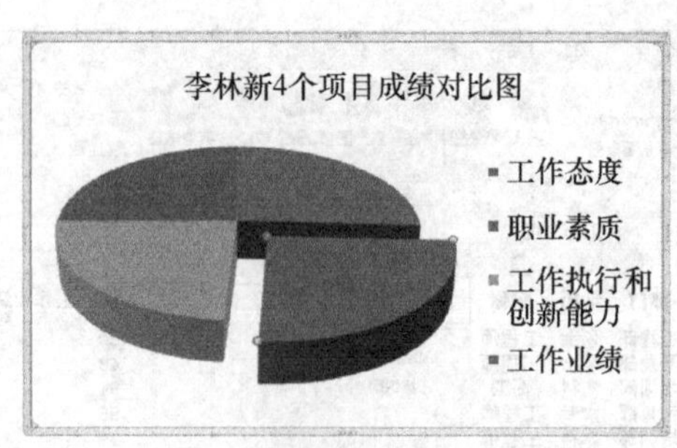

图4-173　修改图表标题

【任务总结】

本任务中，通过实现按平均分的升序排序；查看各部门平均分的高低情况；自动筛选性别为“男”、平均分大于等于85分的数据；查看高工和助工的平均分介于80分（含80分）和90分的人员数据；高级筛选平均分90分以上的男职工数据；查看所有本科职工和女职工的数据；汇总各职称工作业绩均值；查看各部门女职工的最高总分；制作李林新4个项目成绩对比图、参评人员总分对比图的操作，学会了多工作表的复制和切换，理解和掌握了多种数据使用和分析的方法，运用【数据】、【插入】和“图表工具”功能选项卡中的各命令，实现排序、自动筛选、高级筛选、分类汇总、数据透视表和图表制作。

【知识拓展】

1. 常用的数据分析方法

数据的统计和分析是数据使用的必然需要，如计算需要的数据结果、让数据按需排序、根据条件筛选数据、统计汇总各类数据、动态分析和筛选数据结果、直观地查看数据分析结果等，就可以选择采用函数、排序、自动筛选和高级筛选、分类汇总、数据透视表、图表等实现。

有时候同样的工作可分别采用以上的方法实现，最终都可以得到分析结果并以较好的方式呈现。

2. 常用图表类型

Excel提供了14种标准的图表类型，每一种都包含多种组合和变换。根据数据的不同和使用要求的不同，可以选择不同类型的图表。图表的选择主要与数据的形式有关，其次才考虑感觉效果和美观性。下面给出了一些常见的图表类型。

（1）柱形图：由一系列垂直条组成，通常用于比较一段时间内多个项目的相对尺寸，如不同产品年销售量对比、在几个项目中不同部门的经费分配情况对比等。

（2）折线图：用于显示数据随时间变化的趋势。

（3）饼图：用于显示每个值占总值的比例，整个饼代表总和，每一个组成的值由扇形代表，如不同产品的销售量占总销售量的百分比等。

（4）条形图：由一系列水平条组成，使得对于时间轴上的某一点，两（多）个项目的相对尺寸具有可比性。条形图中的每一条在工作表中是一个单独的数据点或数。它与柱形图可以互换使用。

（5）面积图：显示一段时间内变动的幅值，以便突出几组数据间的差异。

（6）散点图：也称为XY图，用于比较成对的数值以及它们所代表的趋势之间的关系。散点图的重要作用是可以用来绘制函数曲线，从简单的三角函数、指数函数、对数函数到更复杂的混合型函数，都可以准确地绘制出曲线，在教学、科学领域经常用到它。

（7）其他图表：包括股价图、曲面图、圆环图、气泡图或雷达图等图表。

【实践训练】

对第六届科技文化艺术节文字录入的比赛成绩做多角度数据分析，实现以下操作。

（1）打开“比赛成绩.xlsx”，另存为“比赛成绩-数据分析.xlsx”，并将工作表“比赛成绩”复制为“排序”“自动筛选”“高级筛选”“分类汇总”“数据透视表”“图表”，删除工作表Sheet2和Sheet3。

（2）实现如下操作。

① 在“排序”工作表中，根据班级升序、姓名降序和比赛项目升序排序，效果如图 4-174 所示。

	A	B	C	D	E	F
1	姓名	班级	性别	比赛项目	速度	正确率
2	赵倩	国贸1班	女	数字录入	232.0	97%
3	张丽梅	国贸1班	女	数字录入	245.7	94%
4	张丽梅	国贸1班	女	中文录入	78.0	90%
5	李萍	国贸1班	女	数字录入	237.0	92%
6	李萍	国贸1班	女	中文录入	73.0	97%
7	黄梅	日语1班	女	日文录入	130.3	91%
8	程玲玲	日语1班	女	日文录入	146.0	96%
9	程玲玲	日语1班	女	英文录入	212.0	96%
10	李小平	英语1班	男	日文录入	221.9	100%
11	李小平	英语1班	男	英文录入	307.0	88%
12	李小平	英语1班	男	中文录入	97.0	93%
13	常大湖	英语1班	男	日文录入	166.0	88%
14	常大湖	英语1班	男	中文录入	77.0	91%
15	罗盈盈	英语2班	女	日文录入	144.0	92%
16	罗盈盈	英语2班	女	数字录入	145.0	95%
17	罗盈盈	英语2班	女	英文录入	251.0	91%
18	罗盈盈	英语2班	女	中文录入	78.0	93%
19	李丹丹	英语2班	女	日文录入	132.3	93%
20	李丹丹	英语2班	女	数字录入	111.0	98%
21	李丹丹	英语2班	女	英文录入	245.0	92%
22	李丹丹	英语2班	女	中文录入	65.0	94%
23	华艳艳	英语2班	女	日文录入	139.0	95%
24	华艳艳	英语2班	女	数字录入	139.3	68%
25	华艳艳	英语2班	女	英文录入	237.0	92%
26	华艳艳	英语2班	女	中文录入	66.0	89%
27	曹俊	英语3班	男	日文录入	151.0	73%

图 4-174 “排序”工作表

② 在“自动筛选”工作表中查看参加英文或日文录入的英语 2 班女同学的成绩，如图 4-175 所示。

③ 在“高级筛选”工作表中实现在原位置查看正确率介于 80%~90%（含）的女生成绩，如图 4-176 所示。

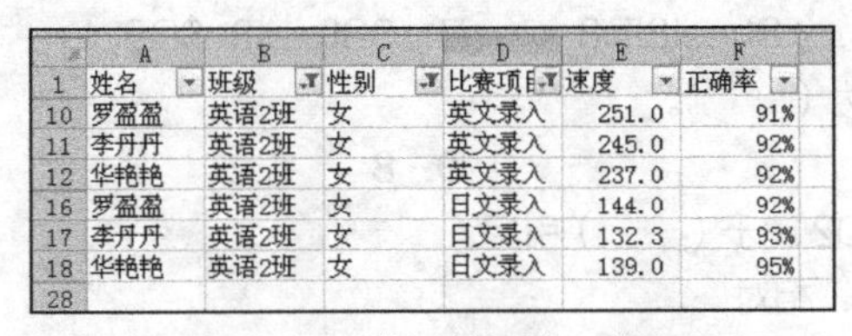

	A	B	C	D	E	F
1	姓名	班级	性别	比赛项目	速度	正确率
10	罗盈盈	英语2班	女	英文录入	251.0	91%
11	李丹丹	英语2班	女	英文录入	245.0	92%
12	华艳艳	英语2班	女	英文录入	237.0	92%
16	罗盈盈	英语2班	女	日文录入	144.0	92%
17	李丹丹	英语2班	女	日文录入	132.3	93%
18	华艳艳	英语2班	女	日文录入	139.0	95%
28						

图 4-175 “自动筛选”工作表

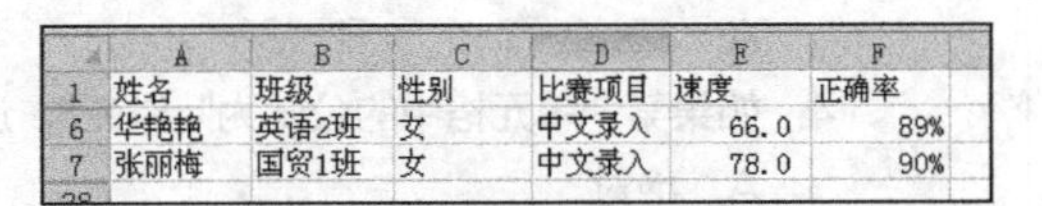

	A	B	C	D	E	F
1	姓名	班级	性别	比赛项目	速度	正确率
6	华艳艳	英语2班	女	中文录入	66.0	89%
7	张丽梅	国贸1班	女	中文录入	78.0	90%

图 4-176 “高级筛选”工作表

④ 在“分类汇总”工作表中查看各比赛项目的速度和正确率的最好成绩，如图 4-177 所示。

	A	B	C	D	E	F
1	姓名	班级	性别	比赛项目	速度	正确率
9				中文录入 最大值	97.0	97%
15				英文录入 最大值	307.0	96%
24				日文录入 最大值	221.9	100%
31				数字录入 最大值	245.7	98%
32				总计最大值	307.0	100%

图 4-177 “分类汇总”工作表

⑤ 在“数据透视表”工作表中，以 H1 单元格为起始单元格制作数据透视表，其中以班级为行标签、比赛项目为列标签，查看速度的最高值，并筛选出日文和英文项目的对比数据，效果如图 4-178 所示。

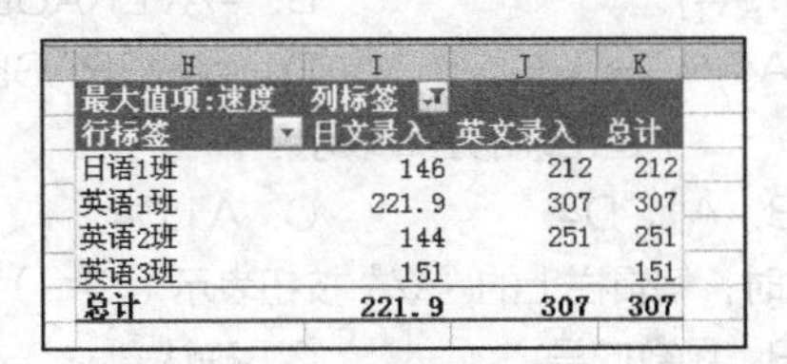

最大值项:速度	列标签		
行标签	日文录入	英文录入	总计
日语1班	146	212	212
英语1班	221.9	307	307
英语2班	144	251	251
英语3班	151		151
总计	**221.9**	**307**	**307**

图 4-178 “数据透视表”工作表

⑥ 利用“分类汇总”工作表中的 2 级数据，制作三维簇状柱形图，并修改图表的选项，添加图表标题“文字录入比赛成绩对比图”，效果如图 4-179 所示，将图表放置于工作表“图表”中。

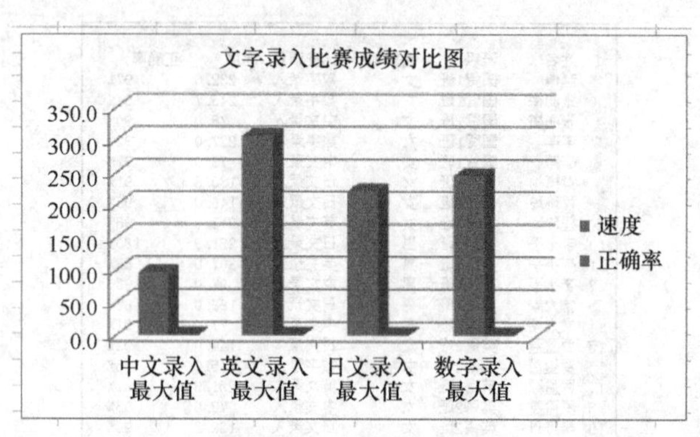

图 4-179 “图表”工作表

思考练习

一、单项选择题

1. 在 Excel 的工作表中，每一行和列的交叉处为（　　）。

A. 表格　B. 单元格　C. 工作表　D. 工作簿

2. 在同一个工作簿中要引用其他工作表某个单元格的数据（如 Sheet8 中 D8 单元格中的数据），下面的表达方式中正确的是（　　）。

A. =Sheet8!D8　B. =D8(Sheet8)　C. +Sheet8!D8　D. $Sheet8>$D8

3. 在 A1 单元格中输入=SUM(8,7,8,7)，则其值为（　　）。

A. 15　B. 30　C. 7　D. 8

4. 如果某个单元格中的公式为"=$D2"，这里的$D2 属于（　　）引用。

A. 绝对　B. 相对

C. 列绝对行相对的混合　D. 列相对行绝对的混合

5. 若 A1 单元格中的字符串是"暨南大学"，A2 单元格中的字符串是"计算机系"，希望在 A3 单元格中显示"暨南大学计算机系招生情况表"，则应在 A3 单元格中输入的公式为（　　）。

A. =A1&A2&"招生情况表"　B. =A2&Al&"招生情况表"

C. =A1+A2+"招生情况表"　D. =A1–A2–"招生情况表"

6. 在 Excel 中，如果要在同一行或同一列的连续单元格中使用相同的计算公式，可以先在第一个单元格中输入公式，然后按住鼠标左键拖曳单元格的（　　）来实现公式复制。

A. 列标　B. 行标　C. 填充柄　D. 框

7. 在 Excel 中，如果 A5 单元格的值是 A1、A2、A3、A4 单元格的平均值，则不正确的输入公式为（　　）。

A. =AVERAGE(A1:A4)　B. =AVERAGE(A1,A2,A3,A4)

C. =(A1+A2+A3+A4)/4　D. =AVERAGE(A1+A2+A3+A4)

8. 在 Excel 中，下列（　　）是正确的区域表示法。

A. A1#B4　B. A1、D4　C. A1:D4　D. A1>D4

9. 在单元格中输入公式时，编辑栏上的“√”按钮表示（　　）操作。

A. 拼写检查　B. 函数向导　C. 确认　D. 取消

10. 下列说法中不正确的是（　　）。

A. 在默认情况下，一个工作簿由 3 个工作表组成

B. 可以调整工作表的排列顺序

C. 一个工作表对应一个磁盘文件

D. 一个工作簿对应一个磁盘文件

11. 在 Excel 的工作表中，每个单元格都有其固定的地址，如“A5”表示（　　）。

A. “A”代表“A”列，“5”代表第“5”行

B. “A”代表“A”行，“5”代表第“5”列

C. “A5”代表单元格的数据

D. 以上都不是

12. 新建工作簿文件后，默认第一张工作簿的名称是（　　）。

A. Book　　B. 表　　C. Book1　　D. 表 1

13. Excel 工作表是一个很大的表格，其左上角的单元是（　　）。

A. 11　　B. AA　　C. A1　　D. 1A

14. 若在数值单元格中出现一连串的“###”符号，希望正常显示则需要（　　）。

A. 重新输入数据　　B. 调整单元格的宽度

C. 删除这些符号　　D. 删除该单元格

15. 在 Excel 操作中，将单元格指针移到 AB220 单元格的最简单的方法是（　　）。

A. 拖动滚动条

B. 按【Ctrl】+【AB220】组合键

C. 在名称框中输入 AB220 后按回车键

D. 先用【Ctrl】+【→】组合键移到 AB 列，然后用【Ctrl】+【↓】组合键移到第 220 行

16. 当前工作表的第 7 行、第 4 列，其单元格地址为（　　）。

A. 74　　B. D7　　C. E7　　D. G4

17. 在 Excel 工作表单元格中，系统默认的数据对齐是（　　）。

A. 数值数据左对齐，正文数据右对齐　　B. 数值数据右对齐，文本数据左对齐

C. 数值数据、正文数据均为右对齐　　D. 数值数据、正文数据均为左对齐

18. 如下正确表示 Excel 工作表单元绝对地址的是（　　）。

A. C125　　B. $BB$59　　C. $DI36　　D. FE$7

19. 在 A1 单元格中输入 2，在 A2 单元格中输入 5，然后选中 A1:A2 区域，拖动填充柄到单元格 A3:A8，则得到的数字序列是（　　）。

A. 等比序列　　B. 等差序列　　C. 数字序列　　D. 小数序列

20. 在同一个工作簿中区分不同工作表的单元格，要在地址前面增加（　　）来标识。

A. 单元格地址　B. 公式　　C. 工作表名称　　D. 工作簿名称

21. 已知 C2:C6 输入数据 8、2、3、5、6，函数 AVERAGE(C2:C5)=（　　）。

A. 24　　B. 12　　C. 6　　D. 4.5

22. Excel 函数的参数可以有多个，相邻参数之间可用（　　）分隔。

A. 空格　　B. 分号　　C. 逗号　　D. /

23. 在 Excel 工作表中，正确表示 IF 函数的表达式是（　　）。

A. IF("平均成绩">60,"及格","不及格")

B. IF(E2>60,"及格","不及格")

C. IF(F2>60,及格,不及格)

D. IF(E2>60,及格,不及格)

24. 在Excel工作表中，A1、A2、B1、B2单元格的数据分别是11、12、13、"x"，函数SUM(A1:A2)的值是（　　）。

A. 18　　B. 0　　C. 20　　D. 23

25. 下面是几个常用的函数名，其中功能描述错误的是（　　）。

A. SUM用来求和　　B. AVERAGE用来求平均值

C. MAX用来求最小值　　D. MIN用来求最小值

二、操作题

打开"成绩统计表 素材.xlsx"，按下列要求完成操作。

1. 使用数组公式，对Sheet1计算总分和平均分，将其计算结果保存到表中的"总分"列和"平均分"列当中。

2. 使用RANK函数，对Sheet1中每个同学的排名情况进行统计，并将排名结果保存到表中的"排名"列当中。

3. 使用逻辑函数判断Sheet1中每个同学的每门功课是否均高于平均分，如果是，保存结果为TRUE，否则保存结果为FALSE，将结果保存在表中的"三科成绩是否均超过平均"列当中。

4. 根据Sheet1中的结果，使用统计函数，统计"数学"考试成绩各个分数段的同学人数，将统计结果保存到Sheet2中的相应位置。

5. 将Sheet1复制到Sheet3中，并对Sheet3进行高级筛选，要求：

（1）筛选条件："语文">=75，"数学">=75，"英语">=75，"总分">=250。

（2）将结果保存在Sheet3中。

6. 根据Sheet1中的结果，在Sheet4中创建一张数据透视表，要求：

（1）显示是否三科均超过平均分的学生人数。

（2）行区域设置为："三科成绩是否均超过平均"。

（3）计数项为三科成绩是否均超过平均。

拓展练习一

1. 打开"电话号码分析表 素材.xlsx"，按下列要求完成操作。

（1）使用时间函数，对Sheet1中用户的年龄进行计算。

要求：计算用户的年龄，并将其计算结果填充到"年龄"列当中。

（2）使用REPLACE函数，对Sheet1中用户的电话号码进行升级。

要求：对"原电话号码"列中的电话号码进行升级。升级方法是在区号（0571）后面加上"8"，并将其计算结果保存在"升级电话号码"列的相应单元格中。

（3）使用逻辑函数，判断Sheet1中的"大于等于40岁的男性"，将结果保存在Sheet1中的"是否>=40男性"。

（4）对Sheet1中的数据，根据以下条件，利用函数进行统计。

① 统计性别为"男"的用户人数，将结果填入Sheet2的B1单元格中。

② 统计年龄为">40岁"的用户人数，将结果填入Sheet2的B2单元格中。

（5）将Sheet1复制到Sheet3，并对Sheet3进行高级筛选。

① 筛选条件为："性别"——女、"所在区域"——西湖区。

② 将筛选结果保存在Sheet3中。

（6）根据Sheet1的结果，创建一数据透视图Chart1，要求如下。

① 显示每个区域所拥有的用户数量。

② X坐标设置为“所在区域”。

③ 计数项为“所在区域”。

④ 将对应的数据透视表保存在 Sheet4 中。

2. 打开“房产销售表 素材.xlsx”，按下列要求完成操作。

（1）利用公式，计算 Sheet1 中的房价总额。

房价总额的计算公式为：“面积*单价”。

（2）使用公式，计算 Sheet1 中的契税总额。

契税总额的计算公式为：“契税*房价总额”。

（3）使用函数，根据 Sheet1 中的结果，统计每个销售人员的销售总额，将结果保存在 Sheet2 中相应的单元格中。

（4）使用 RANK 函数，根据 Sheet2 的结果，对每个销售人员的销售情况进行排序，并将结果保存在“排名”列当中。

（5）将 Sheet1 复制到 Sheet3 中，并对 Sheet3 进行高级筛选，要求如下。

① 筛选条件为：“户型”为两室一厅，“房价总额”>>1000000。

② 将结果保存在 Sheet3 中。

（6）根据 Sheet1 的结果，创建一张数据透视图 Chart1，要求如下。

① 显示每个销售人员销售房屋所缴纳的契税总额。

② 行区域设置为“销售人员”。

③ 计数项设置为“契税总额”。

④ 将对应的数据透视表保存在 Sheet4 中。

3. 打开“温度分析表 素材.xlsx”，按下列要求完成操作。

（1）使用 IF 函数，对 Sheet1 中的“温度较高的城市”列进行自动填充。

（2）对 Sheet1 中的相差温度值（杭州相对于上海的温差）进行填充，均取正值。

（3）利用函数，根据 Sheet1 中的结果，符合以下条件的进行统计。

① 杭州这半个月以来的最高气温和最低气温。

② 上海这半个月以来的最高气温和最低气温。

（4）将 Sheet1 复制到 Sheet2 中，并对 Sheet2 进行高级筛选，要求如下。

筛选条件：“杭州平均气温”>=20，“上海平均气温”<20。

（5）根据 Sheet1 中的结果，在 Sheet3 中创建一张数据透视表，要求如下。

① 显示杭州气温高于上海气温的天数和上海气温高于杭州气温的天数。

② 行区域设置为“温度较高的城市”。

③ 计数项设置为“温度较高的城市”。

拓展练习二

打开“学生体检表（素材）.xlsx”，按以下要求完成操作。

1. 对“已体检学生结果表”工作表进行格式化设置。

（1）将标题行“2006 年某校某年级已体检学生体格检查结果表”在 A~L 列合并居中，并将标题文字设置为“宋体、18 号、加粗、蓝色”。

（2）将表头行（第二行）的行高设置为 22，并设置水平、垂直方向均“居中”对齐。

（3）A2:L79 设置内外边框，内框为单实线，外框为双实线，边框颜色为橄榄色，强调文字颜色 3，淡色 25%。

（4）冻结表头行（第二行）的数据。

（5）将“龋齿”列有龋齿的数据用“黄色底纹红色文字”突出显示。

2. 建立数据透视表。

根据“已体检学生结果表”工作表生成数据透视表，并将生成的数据透视表命名为“沙眼统计表”。

要求：把“班级”放到行上，“血型”放到列上，“沙眼”放到数据区中，汇总方式为计数。

3. 分类汇总。

（1）建立“已体检学生结果表”工作表的副本“已体检学生结果表（2）”，将其更名为“体检结果分类汇总”。

（2）在“体检结果分类汇总”工作表中用分类汇总统计出各班平均身高与平均体重的情况，并屏蔽明细数据。要求：汇总后数据保留 2 位小数。

4. 图表制作。

打开“身高与体重最大值”工作表，用“两轴线—柱图”来表示各班的身高与体重的最大值，要求如下。

（1）图表类型：簇状圆柱图。

（2）图例位置：底部。

（3）图表布局：布局 5。

（4）图表标题：“2006 级各班的身高与体重最大值统计图”。字号为 14，加粗，字体为楷体_GB2312；分类（X）轴：班级。数值（Y）轴：身高；体重。

（5）将图表作为对象插入到“身高与体重最大值”工作表中。

（6）设置“图表区”的填充效果为“渐变填充—预设—红木”，方向：线性对角-左上到右下。

（7）设置“绘图区”的填充效果为“填充—预设—心如止水”，方向：线性对角-左上到右下。

5. “一班体检结果”工作表的单元格数据填充。

（1）根据“已体检学生结果表”工作表中的数据，利用 VLOOKUP 函数填写“一班体检结果”工作表中的“姓名”“身高”“体重”列。

要求：VLOOKUP 函数的第二个参数要使用区域命名的方法实现，区域名必须为自己的中文姓名，如“学生体格检查”。

（2）根据“一班体检结果”工作表中“血色素（克）”的值，利用 IF 函数的嵌套填写“一班体检结果”工作表中的“检查结果提示”列。提示标准如下。

①“血色素（克）”列数据>=13.5 克，评定为“血色素偏高”。

②“血色素（克）”列数据>=11 克且“血色素（克）”列数据<13.5 克，评定为“血色素正常”。

③“血色素（克）”列数据<11 克，评定为“血色素偏低”。

（3）在“一班体检结果”工作表中，根据“已体检学生结果表”工作表中的“血型”列数据利用 COUNTIF 函数统计各血型人数，填写到“人数”列。

（4）填写“一班体检结果”工作表中的“一班身高最高（厘米）”、“一班体重最轻（公斤）”及“一班已体检学生总人数”。

要求：利用 MAX 函数、MIN 函数计算“一班身高最高（厘米）”、“一班体重最轻（公斤）”，利用 COUNTA 函数统计“一班已体检学生总人数”。

综合训练

【任务描述】

学期结束后，需要利用 Excel 所学习的知识来制作班级的成绩分析统计表，要求对表格进行最基本的格式设置，如设置字符格式、数字格式，设置表格边框和底纹等；并利用公式或函数进行数据的分析计算，对数据进行排序、筛选和分类汇总，使用图表和透视表分析数据等。

【任务目标】

◈ 了解工作簿、工作表和单元格的概念，能够用正确的地址标识单元格，掌握工作簿和工作表的基础操作。

◈ 掌握在工作中输入和编辑数据的方法和技巧，如选择单元格、自动填充数据、输入序列数据等；掌握编辑工作表的方法，如调整行高和列宽、合并单元格等。

◈ 掌握美化工作表的方法，如设置字符格式、数字格式，设置表格边框和底纹等。

◈ 掌握公式和函数的使用方法，了解常用函数的作用，了解单元格引用的类型。

◈ 掌握对数据进行处理与分析的方法，如对数据进行排序、筛选和分类汇总，使用图表和透视表分析数据等。

【任务流程】

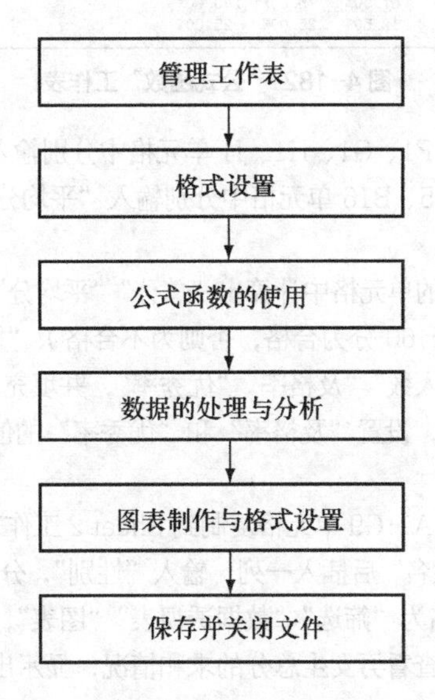

【任务解析】

步骤 1 启动 Excel 应用程序，输入基本数据，如图 4-180 所示，以“学生成绩表”为名保存到 D 盘。

	A	B	C	D	E
1	学号	姓名	高数	英语	计算机
2		李丽丽	75	92	86
3		陈雨	58	80	81
4		张雪菲	86	93	89
5		欧阳燕子	74	50	69
6		白云飞	79	80	91
7		龙少华	94	87	95
8		黄杰	68	51	75
9		刘晓梅	78	81	76
10					

图 4-180 “学生成绩表”的基本数据

	A	B	C	D	E
1	学生成绩表				
2	学号	姓名	高数	英语	计算机
3	001	李丽丽	75	92	86
4	002	陈雨	58	80	81
5	003	张雪菲	86	93	89
6	004	欧阳燕子	74	50	69
7	005	白云飞	79	80	91
8	006	龙少华	94	87	95
9	007	黄杰	68	51	75
10	008	刘晓梅	78	81	76
11					

图 4-181 “格式设置”工作表

步骤2 格式设置（见图4-181）

（1）在A2:A9单元格中输入学号“001～008”，将Sheet 1重命名为“格式设置”，并将该表复制一份为“公式函数”。

（2）在“格式设置”工作表中的第一行之前插入一行，在A1单元格中输入表格标题“学生成绩表”，设置表格标题行行高为36，并设置A1:E1单元格区域合并且居中；字体为宋体，字号为24号，加粗。

（3）设置表内所有单元格水平居中，垂直居中，表头行字体为华文仿宋，字号为14号，加粗，套用表格格式“表样式浅色16”。

（4）给C3:E10区域添加条件格式：介于70～80的浅红色填充，小于60的红色边框。

步骤3 公式函数（见图4-182）

	A	B	C	D	E	F	G	H	I
1	学号	姓名	高数	英语	计算机	总分	平均分	等级	排名
2	001	李丽丽	75	92	86	253	84.33	良好	3
3	002	陈雨	58	80	81	219	73.00	合格	6
4	003	张雪菲	86	93	89	268	89.33	良好	2
5	004	欧阳燕子	74	50	69	193	64.33	合格	8
6	005	白云飞	79	80	91	250	83.33	良好	4
7	006	龙少华	94	87	95	276	92.00	优秀	1
8	007	黄杰	68	51	75	194	64.67	合格	7
9	008	刘晓梅	78	81	76	235	78.33	良好	5
10		平均分	76.50	76.75	82.75				
11		最高分	94	93	95				
12		最低分	58	50	69				
13		总人数	8	8	8				
14		及格人数	7	6	8				
15		及格率	87.50%	75.00%	100.00%				
16		优秀率	12.50%	25.00%	25.00%				
17									

图4-182 “公式函数”工作表

（1）在“公式函数”工作表中的F1、G1、H1、I1单元格中分别输入“总分”“平均分”“等级”“排名”，在B10、B11、B12、B13、B14、B15、B16单元格中分别输入“平均分”“最高分”“最低分”“总人数”“及格人数”“及格率”“优秀率”。

（2）分别利用公式或函数在相应的单元格中计算出“总分”“平均分”“等级”（平均分大于等于90分为优秀，大于等于75分为良好，大于等于60分为合格，否则为不合格）、“排名”（根据平均分排名）、“平均分”“最高分”“最低分”“总人数”“及格人数”“及格率”“优秀率”，并填充。

（3）设置平均分的值为2位小数，设置“及格率”和“优秀率”的值为百分比，并保留2位小数。

步骤4 数据分析。

（1）将“公式函数”工作表中的A1:G9单元格复制到Sheet 2工作表的A1起始单元格处，并将Sheet 2工作表重命名为“排序汇总”，在“姓名”后插入一列，输入“性别”，分别为“女、女、女、女、男、男、男、女”；将该工作表复制3次，分别命名为“筛选”“数据透视表”“图表”，删除Sheet 3工作表。

（2）在“排序汇总”工作表中，查看男女生总分的求和情况，显示出2级数据，如图4-183所示。

	A	B	C	D	E	F	G	H
1	学号	姓名	性别	高数	英语	计算机	总分	平均分
5			男 汇总				720	
11			女 汇总				1168	
12			总计				1888	
13								

图4-183 “排序汇总”工作表

（3）在“筛选”工作表中，实现在A15单元格查看平均分为70～80分（含）的女生成绩，如图4-184所示。

14								
15	学号	姓名	性别	高数	英语	计算机	总分	平均分
16	002	陈雨	女	58	80	81	219	73.00
17	008	刘晓梅	女	78	81	76	235	78.33
18								

图4-184 “筛选”工作表

（4）在“数据透视表”工作表中，以 A12 为起始单元格制作数据透视表，其中以姓名为行标签、性别为列标签，查看平均分的平均值，并筛选出男生的数据，效果如图 4-185 所示。

11			
12	平均值项:平均分	列标签	
13	行标签	男	总计
14	白云飞	83.33333333	83.33333333
15	黄杰	64.66666667	64.66666667
16	龙少华	92	92
17	**总计**	**80**	**80**

图 4-185 “数据透视表”工作表

（5）按图 4-186 所示在“图表”工作表中根据所有人的三科成绩创建一个簇状柱行图，添加图表标题“学生成绩图表”，主要刻度单位为 20，图表区填充为“新闻纸”的纹理，绘图区无填充；再根据李丽丽的三科成绩创建一个分离型饼图，图例在底部显示，数据标签居中显示，效果如图 4-187 所示。

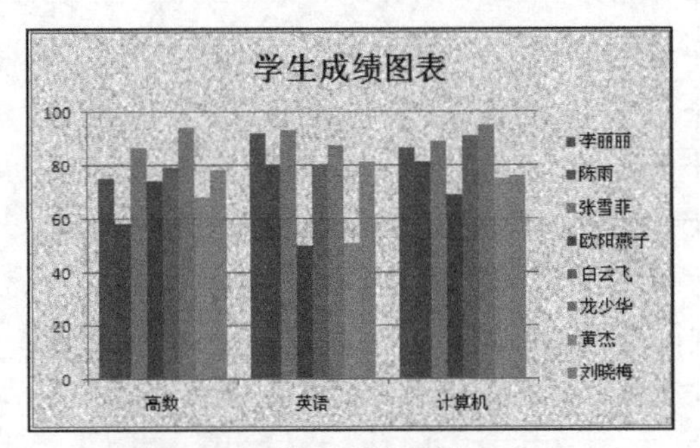

图 4-186 “学生成绩图表”工作表

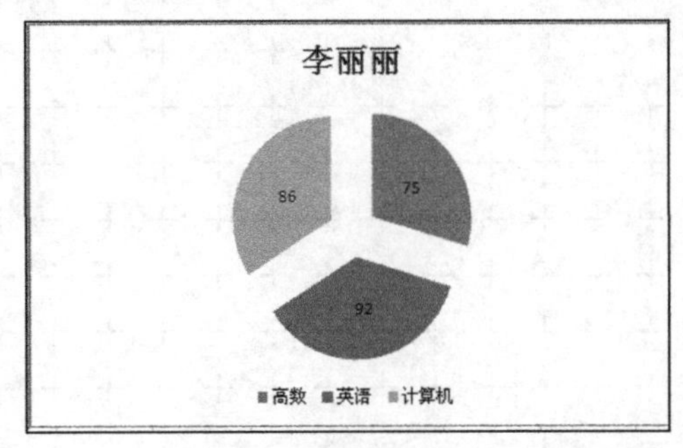

图 4-187 “李丽丽”图表工作表

【项目总结】

本项目学习了使用 Excel 制作电子表格的操作，包括工作簿和工作表的基本操作、输入数据和编辑工作表、美化工作表、使用公式和函数、管理数据、制作图表和数据透视表。其中，需要重点掌握使用公式和函数、对数据进行排序、筛选和分类汇总，以及制作图表和数据透视表的操作。

PART05

项目五

演示文稿制作

项目情境

■ 科源公司组织了一系列活动庆祝即将到来的公司成立五周年。承担此次庆典活动主要任务的庆典领导小组及各职能组将利用PowerPoint软件制作庆典活动所需的演示文稿。

案例 1　制作公司五周年庆典演示文稿

【任务描述】

为了活跃公司五周年庆典活动现场的气氛，现由公司宣传部负责完成庆典演示文稿的制作和编辑等工作，效果如图 5-1 所示。

图 5-1　“五周年庆典”演示文稿效果图

【任务目标】

◈ 熟练掌握创建、保存、关闭演示文稿的方法。
◈ 掌握幻灯片主题、版式的应用。
◈ 掌握幻灯片的新建、复制、删除等基本操作。
◈ 熟练掌握幻灯片中占位符、文本框的应用。
◈ 掌握艺术字、图片、剪贴画、形状、SmartArt 图形、图表、表格等对象的插入方法及编辑操作。

【任务流程】

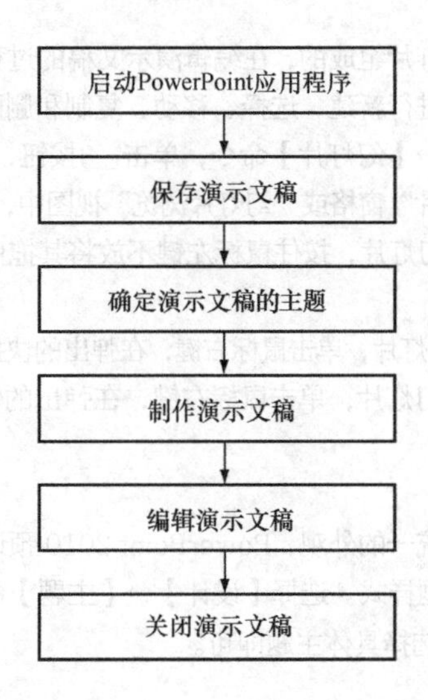

【任务解析】

1. 新建演示文稿

（1）启动 PowerPoint 2010 后，系统会自动新建一个空白演示文稿。

（2）单击“自定义快速访问工具栏”上的【新建】按钮，可快速创建空白演示文稿。

（3）按【Ctrl】+【N】组合键，直接新建空白演示文稿。

（4）选择【文件】→【新建】命令，打开图 5-2 所示的“可用的模板和主题”设置区域，从中选择“空白演示文稿”选项，再单击【创建】按钮，即可创建空白演示文稿。

（5）打开“计算机”窗口的某个盘符或文件夹，选择【文件】→【新建】→【Microsoft PowerPoint 演示文稿】命令，如图 5-3 所示，新建一个待修改文件名的 PowerPoint 演示文稿，这时输入文件名，即可得到新的空白演示文稿。

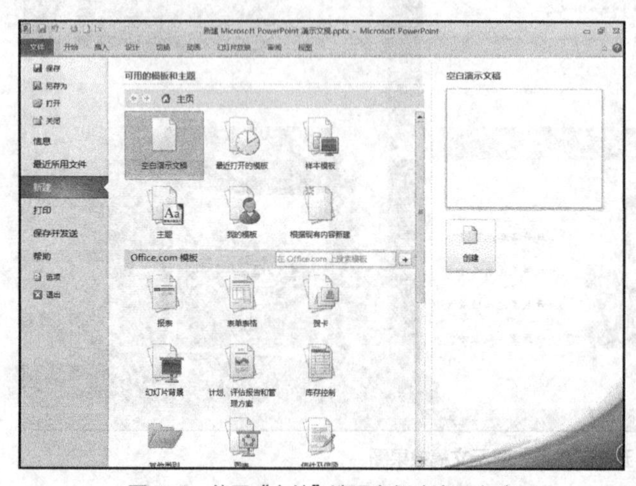

图 5-2 使用“文件”选项卡新建演示文稿

图 5-3 在文件夹中新建演示文稿

2. 保存演示文稿

（1）保存新建演示文稿。选择【文件】→【保存】命令，打开【另存为】对话框，在左侧的“保存位置”列表中选择文档的保存位置，在“文件名”文本框中输入演示文稿的名称，最后单击【保存】按钮。

（2）保存已有演示文稿。可单击“自定义快速访问工具栏”上的【保存】按钮，或者按【Ctrl】+【S】组合键，将新修改的内容直接保存到原来创建的演示文稿中。

3. 幻灯片的基本操作

一个完整的演示文稿是由多张幻灯片组成的，在编辑演示文稿的过程中，幻灯片的数量或顺序可能会不符合用户的需要，此时就需要对幻灯片进行新建、选择、移动、复制和删除等操作。

（1）新建幻灯片。选择【开始】→【幻灯片】命令，单击按钮，即添加了一张新的幻灯片。

（2）选择幻灯片。在“大纲/幻灯片”窗格或“幻灯片浏览”视图中，单击幻灯片缩略图，可选中该幻灯片。

（3）移动幻灯片。选择需移动的幻灯片，按住鼠标左键不放将其拖曳到目标位置，待出现一条黑色横线时释放鼠标即可。

（4）复制幻灯片。选择需复制的幻灯片，单击鼠标右键，在弹出的快捷菜单中选择“复制幻灯片”命令即可。

（5）删除幻灯片。选择需删除的幻灯片，单击鼠标右键，在弹出的快捷菜单中选择“删除幻灯片”命令；或按【Delete】键也可删除。

4. 应用主题

主题样式可以让演示文稿有一个统一的外观，PowerPoint 2010 预设了多种主题样式，用户可根据需要为当前幻灯片应用主题，或更改当前主题样式。选择【设计】→【主题】命令，单击“主题”列表框右下方的按钮，打开图 5-4 所示的下拉列表，选择具体主题即可。

5. 幻灯片版式

幻灯片版式决定了幻灯片的结构，应用版式布局可以使演示文稿的内容更丰富，一个演示文稿通常存在多种幻灯片版式。幻灯片版式可以在添加新幻灯片时进行选择，方法是选择【开始】→【幻灯片】组→【版式】命令，在弹出的列表中选择需要的版式，如图 5-5 所示。

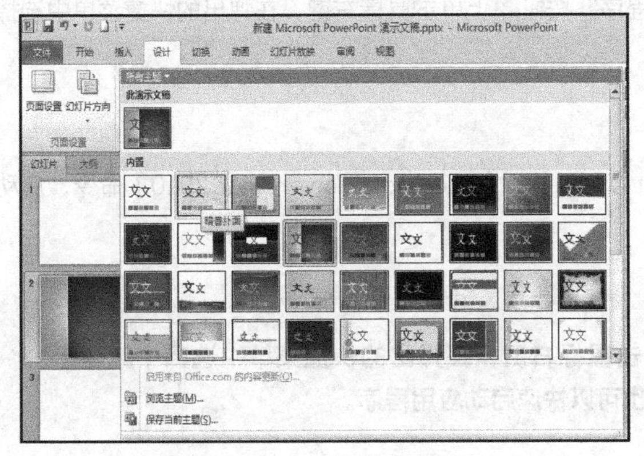

图 5-4 幻灯片“主题”列表

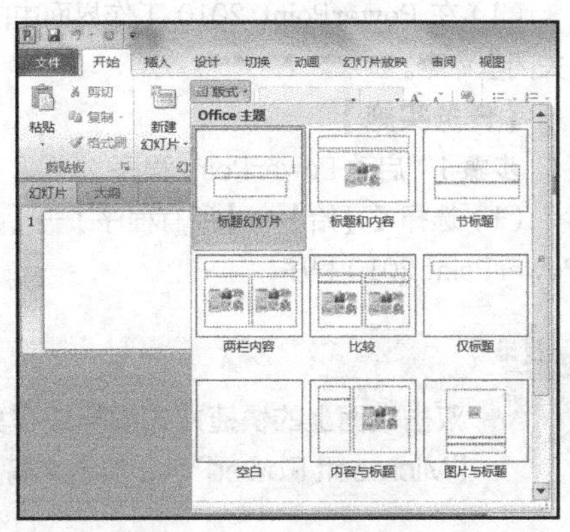

图 5-5 幻灯片“版式”列表

6. 输入文本

在 PowerPoint 2010 中输入文字是最基本的操作，使用占位符和文本框输入文字是最常用的方法。

（1）在占位符中输入文本。幻灯片占位符中已经预设了文字的属性和样式，用户根据需要在相应的占位符中添加内容，将鼠标指针定位到占位符中，输入所需文本。

（2）利用文本框输入文本。选择【插入】→【文本】组→【文本框】命令，选择“横排”或“垂直”文本框，按住鼠标左键在幻灯片上拖出合适大小的矩形，释放鼠标完成文本的输入。

7. 插入图像

在幻灯片中插入图像不仅可以让幻灯片更具有可观性，还能起到辅助文字说明和丰富演示文稿内容的作用。选择【插入】→【图像】组→【图片】/【剪贴画】等命令，选择所需图片。“插入”选项卡功能区如图 5-6 所示。

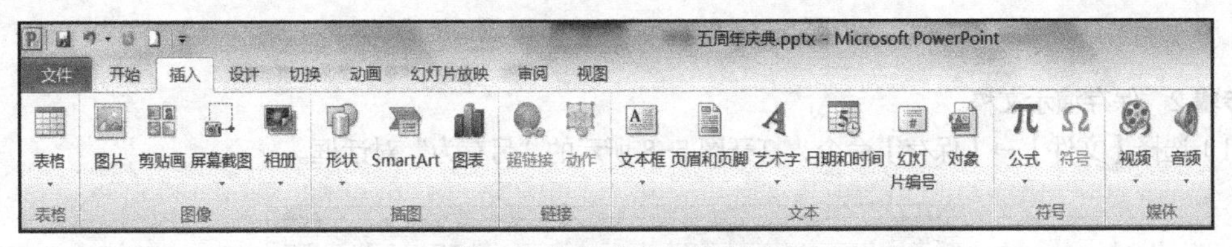

图 5-6 “插入”选项卡功能区

8. 插入形状与 SmartArt

（1）插入形状。选择【插入】→【插图】组→【形状】命令，在弹出的列表中选择所需形状，按住鼠标左键不放在需要绘制形状的位置进行拖动，即可完成绘制。

（2）插入 SmartArt。选择【插入】→【插图】组→【SmartArt】命令，在打开的对话框中选择所需选项即可。

9. 插入表格和图表

（1）插入表格。选择【插入】→【表格】组→【表格】命令，在弹出的列表中选择“插入表格”选项，在打开的对话框内输入行数和列数，单击【确定】按钮。

（2）插入图表。选择【插入】→【插图】组→【图表】命令，在打开的对话框中选择所需选项，单击【确定】按钮，在打开的 Excel 蓝色框线内输入数据，单击【关闭】按钮 。

10. 关闭演示文稿

（1）单击 PowerPoint 2010 工作界面标题栏右上角的 按钮。

（2）在打开的演示文稿中选择【文件】→【关闭】命令。

（3）在 PowerPoint 2010 工作界面标题栏上单击鼠标右键，在弹出的快捷菜单中选择【关闭】命令。

（4）在 PowerPoint 2010 工作界面中的“应用程序”按钮 上单击鼠标右键，在弹出的快捷菜单中选择【关闭】命令。

【任务实施】

步骤 1 启动 PowerPoint 程序

（1）选择【开始】→【所有程序】→【Microsoft Office】→【Microsoft PowerPoint 2010】命令，启动 PowerPoint 2010 程序。

双击桌面上的快捷方式图标或在桌面上单击鼠标右键，在弹出的快捷菜单中选择【新建】→【Microsoft PowerPoint 演示文稿】命令，也可以快速启动应用程序。

（2）启动 PowerPoint 程序后，系统将自动新建一个空白演示文稿，如图 5-7 所示。其窗口由标题栏、功能选项卡、功能区、快速访问工具栏、“大纲/幻灯片”窗格、幻灯片编辑区、“备注”窗格、状态栏等部分组成。

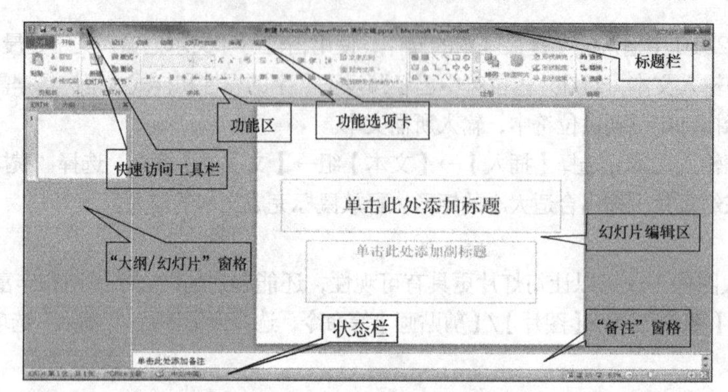

图 5-7 PowerPoint 2010 窗口组成

步骤 2 保存演示文稿

（1）选择【文件】→【保存】命令，打开图 5-8 所示的“另存为”对话框。

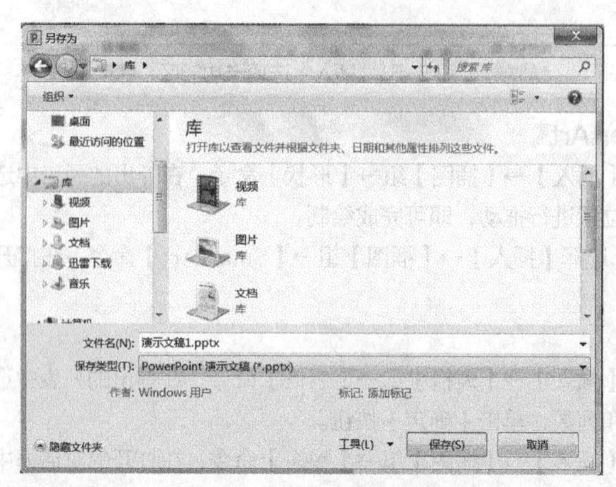

图 5-8 “另存为”对话框

（2）选择演示文稿保存的位置。这里选择保存的位置为“D:\”。

（3）在“文件名”文本框中输入演示文稿的名称“五周年庆典.pptx”。

（4）在“保存类型”列表框中选择合适的保存类型，如“PowerPoint 演示文稿”。

（5）单击【保存】按钮。演示文稿标题栏上的名称随之更改。

在演示文稿的制作过程中，应养成随时单击“自定义快速访问工具栏”上的【保存】按钮或按【Ctrl】+【S】组合键及时保存演示文稿的习惯。

步骤 3　确定演示文稿的主题

选择【设计】→【主题】命令，单击“主题”列表框右下方的按钮，在打开的下拉列表中选择主题样式“华丽”。

选定主题样式后，还可以更改主题的颜色、字体及效果。

步骤 4　制作演示文稿

（1）制作标题幻灯片。

① 在标题占位符内输入文本“科源公司五周年庆典”。

② 在副标题占位符内输入“2013 年 10 月 18 日”。最终效果如图 5-9 所示。

图 5-9　标题幻灯片效果图

（2）制作“活动安排”幻灯片。

① 选择【开始】→【幻灯片】组→【新建幻灯片】命令，在弹出的下拉列表中选择“标题和内容”选项，作为该幻灯片的版式。

在上一张幻灯片上单击鼠标右键，在弹出的快捷菜单中选择“新建幻灯片”命令，也可以快速地创建新幻灯片。通过这种方法同样可以实现复制、删除幻灯片的操作。

② 在标题占位符内输入文本“活动安排”。

③ 在内容占位符内输入图 5-10 所示的文本，一行文字输入完成后按【Enter】键可定位至下一行。

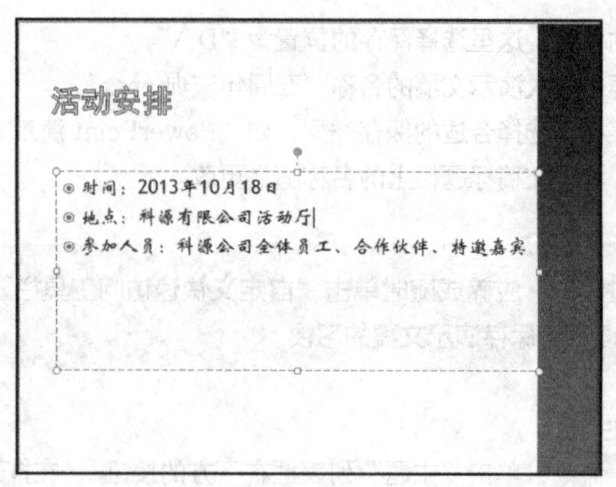

图 5-10 “活动安排”幻灯片文本内容

④ 添加剪贴画。选择【插入】→【图像】组→【剪贴画】命令，如图 5-11 所示，在右侧“剪贴画”窗格下方“搜索文字”文本框中输入文本“绿色的花卉”，单击【搜索】按钮，双击搜索到的第二幅剪贴画，并将其置于幻灯片右上角。

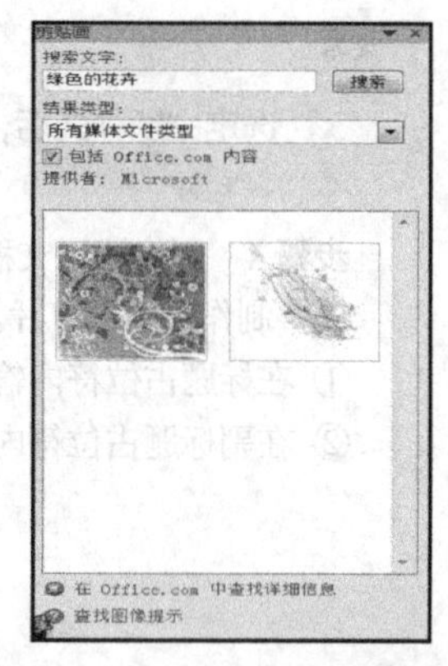

图 5-11 “剪贴画”窗格

（3）制作“活动内容”幻灯片。

① 在上一张幻灯片上单击鼠标右键，在弹出的快捷菜单中选择【新建幻灯片】命令，即创建新的幻灯片。

② 选择【开始】→【幻灯片】组→【版式】命令，在下拉列表中选择“仅标题”的版式，在标题占位符内输入文本“活动内容”。

③ 选择【插入】→【插图】组→【SmartArt】命令，打开图 5-12 所示的对话框，在左侧的列表中选择“流程”，在右侧的列表中选择“连续块状流程”，单击【确定】按钮。选择 SmartArt 工具【设计】→【创建图形】组，单击两次【添加形状】命令，在形状中依次输入图 5-13 所示的文字。

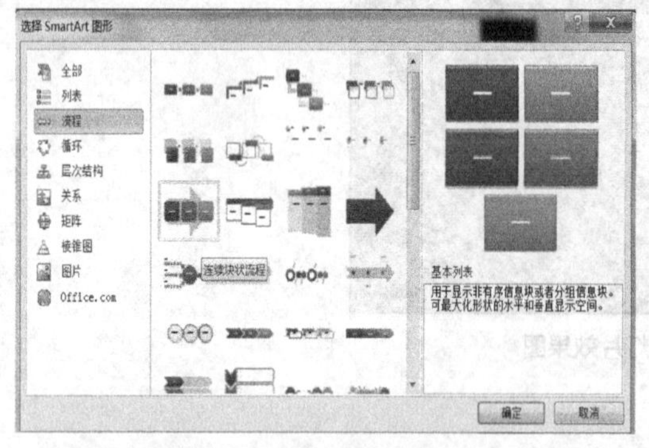

图 5-12 “选择 SmartArt 图形”对话框

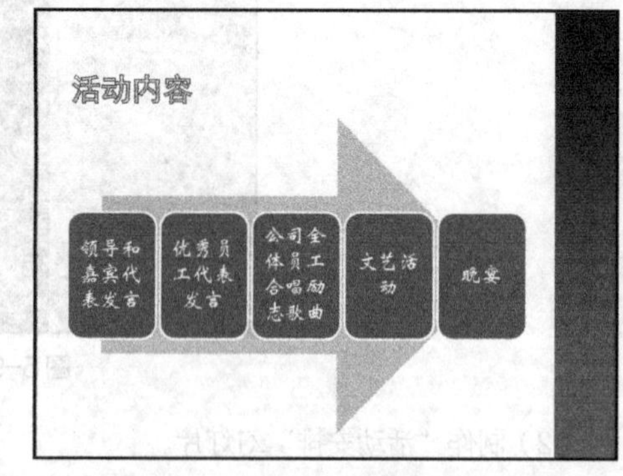

图 5-13 “SmartArt 图形”文本内容

（4）制作“回顾过去”幻灯片。

① 新建幻灯片，选择“标题和内容”的版式，在标题占位符内输入文本“回顾过去”。

② 在内容占位符内选择“插入表格”的图标，在弹出的对话框中设置列数为 2、行数为 6，单击【确定】按钮。

③ 在表格中输入图 5-14 所示的文本内容。

（5）制作“展望未来”幻灯片。

① 新建幻灯片，选择“两栏内容”的版式，在标题占位符内输入文本“展望未来”。

回顾过去

年度	销售额（万元）
2008	1800
2009	2600
2010	4100
2011	6000
2012	7500

图 5-14 “表格”内容

② 在左侧占位符中选择“插入来自文件的图片”的图标，在弹出的对话框中选择“\项目四\图片\1.jpg”，单击【插入】按钮，适当调整图片的大小。

③ 在右侧占位符内输入图 5-15 所示的文本。

图 5-15 “展望未来”幻灯片文本内容

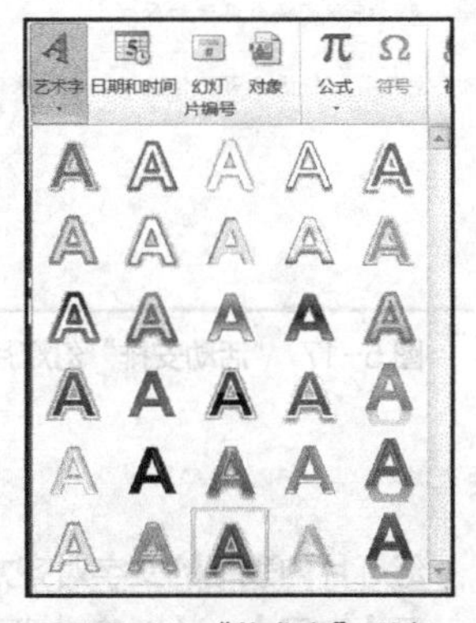

图 5-16 “艺术字”列表

（6）制作“谢谢”幻灯片。

① 新建幻灯片，选择“图片与标题”的版式。

② 左侧插入图片“\项目四\图片\2.jpg”，单击【插入】按钮。

③ 删除右侧占位符。

④ 插入艺术字。选择【插入】→【文本】组→【艺术字】命令，在图 5-16 所示的下拉列表中选择第 6 行第 3 列的样式，在艺术字文本框中输入文字“谢谢!”。

幻灯片上插入、编辑艺术字的操作同 Word 文档中插入编辑艺术字的方法是一致的。

步骤 5 编辑演示文稿

（1）编辑“活动安排”幻灯片。

① 选定内容文本，选择【开始】→【字体】命令，将字号改为 24，颜色改为深蓝；选择【开始】→【段落】命令，将行间距改为 2.0。调整占位符的大小及位置。

利用鼠标在占位符边缘拖曳，可更改占位符的大小；鼠标指针在占位符边缘处变为“十”字符号时，按住鼠标左键拖曳可更改占位符的位置。

② 在剪贴画上单击鼠标右键，在弹出的快捷菜单中选择【设置图片格式】命令，在打开的对话框左侧列表中选择“大小”，右侧列表中设置旋转“270°”，单击【关闭】按钮。调整剪贴画至合适的位置，幻灯片的最终效果如图5-17所示。

（2）在“活动内容”幻灯片中选定SmartArt图形，选择SmartArt工具【设计】→【SmartArt样式】组，更改为“优雅”样式；单击【更改颜色】命令，在下拉列表中选择“彩色”范围的第4个样式“强调文字颜色4至5”，并适当调整大小。幻灯片的最终效果如图5-18所示。

（3）在“回顾过去”幻灯片中选定表格，选择表格工具【设计】选项卡，在【表格样式】右侧单击按钮，在下拉列表中选择“中度样式2-强调3”，利用鼠标调整表格的大小及位置。幻灯片的最终效果如图5-19所示。

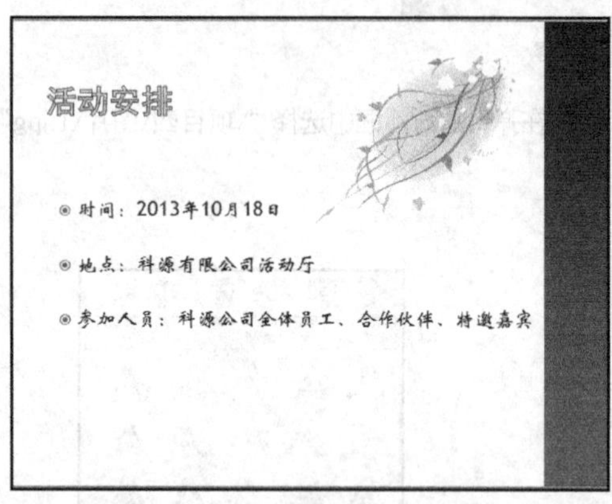

图5-17 “活动安排”幻灯片效果图

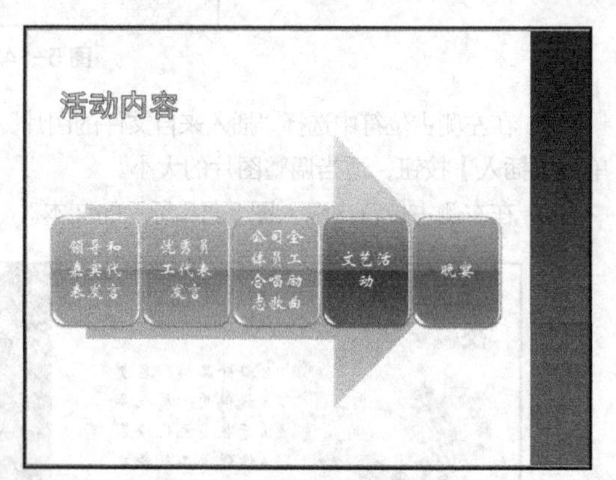

图5-18 “活动内容”幻灯片效果图

提示

幻灯片内表格的文字对齐方式用户可以根据需要进行修改。选中表格或表格内的文字，选择表格工具【布局】→【对齐方式】组，文本的水平对齐方式通过按钮设置；垂直对齐方式通过按钮设置。

（4）编辑“展望未来”幻灯片。

① 设置文本字号为28，颜色为深蓝，行间距为2倍。

② 更改项目符号。单击【开始】→【段落】组→【项目符号】下拉按钮，在列表下方选择“项目符号和编号”，在弹出的对话框中单击【自定义】按钮，打开图5-20所示的“符号”对话框，选择相应的符号，单击【确定】按钮。幻灯片的最终效果如图5-21所示。

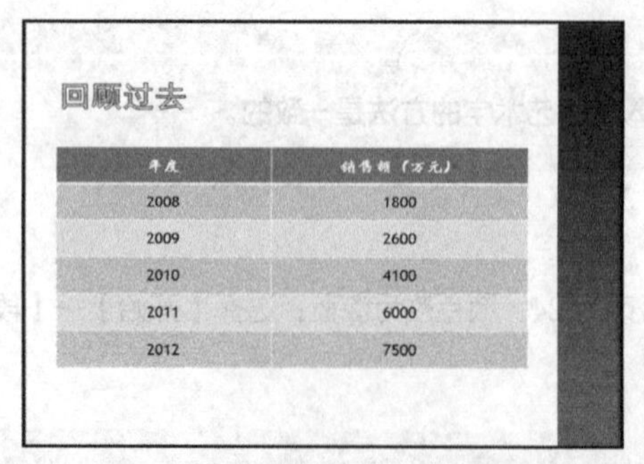

图5-19 “回顾过去”幻灯片效果图

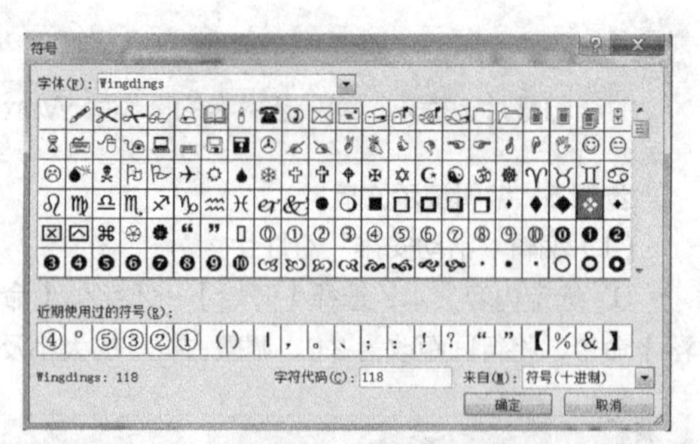

图5-20 “符号”对话框

（5）在“谢谢”幻灯片中选定艺术字，选择【格式】→【艺术字样式】组→【文本效果】命令，在下拉列表“映像”中选择“半映像，8pt 偏移量”，“转换”选择“倒 V 形”；通过【大小】命令更改艺术字的高度为 3.2 厘米、宽度为 6.4 厘米。幻灯片的最终效果如图 5-22 所示。

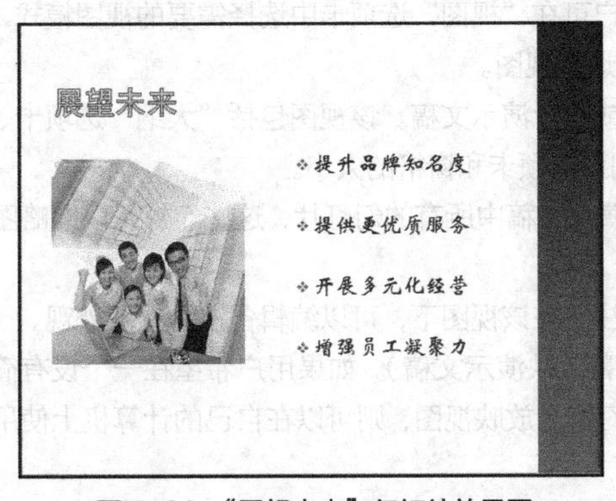

图 5-21 “展望未来”幻灯片效果图

图 5-22 “谢谢”幻灯片效果图

步骤 6　关闭演示文稿

（1）按【Ctrl】+【S】组合键保存制作好的演示文稿。

（2）单击标题栏右侧的【关闭】按钮关闭演示文稿。

【任务总结】

本案例通过制作“五周年庆典”演示文稿，主要介绍了演示文稿的创建、保存、关闭，幻灯片的基本操作，添加图像等对象的操作。在此基础上对幻灯片进行了简单的编辑修饰。

【知识拓展】

1. 公式和符号

在演示文稿的幻灯片上有的字符无法通过键盘输入，这时可以借助 PowerPoint 2010 中的“插入”选项卡插入需要的公式和符号。

插入公式和符号的方法是：选择【插入】→【符号】组→【公式】/【符号】命令，在图 5-23 和图 5-24 所示的列表和对话框中选择需要的公式或符号。

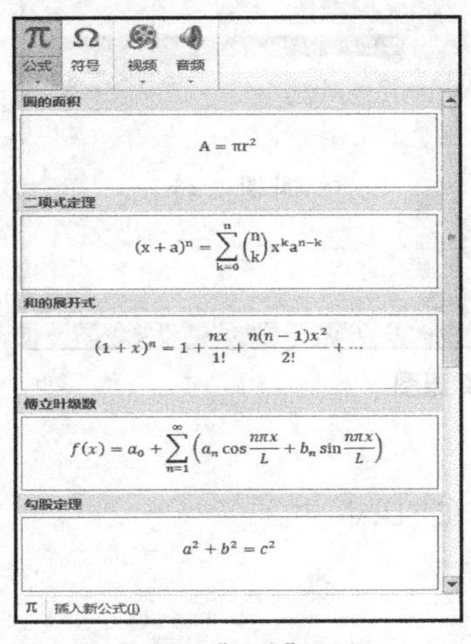

图 5-23 “公式”列表

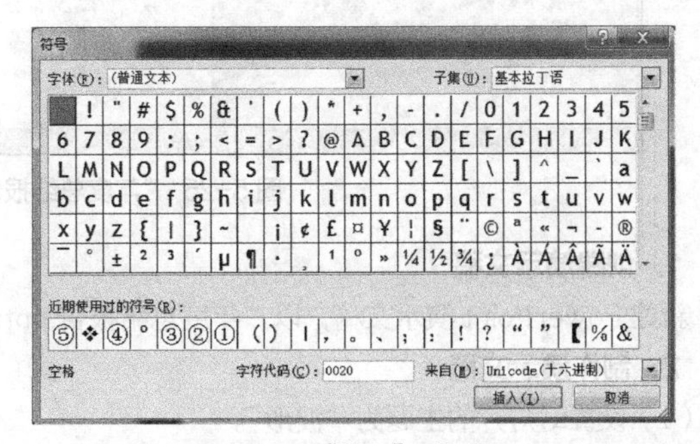

图 5-24 “符号”对话框

2. 页面设置

一般来说，PowerPoint 2010 幻灯片的页面大小都是固定的，如果有需要可对幻灯片的页面进行设置。通过选择【设计】→【页面设置】组→【页面设置】/【幻灯片方向】命令来调整幻灯片的大小和方向。

3. 演示文稿视图

在 PowerPoint 2010 中提供了多种视图模式供用户选择，主要包括普通视图、幻灯片浏览视图、备注页视图、阅读视图、幻灯片放映视图和母版视图 6 种视图模式。用户可在“视图”选项卡中选择需要的视图模式，也可在 PowerPoint 2010 演示文稿窗口的右下方单击视图按钮选择视图。

（1）普通视图。普通视图是主要的编辑视图，可用于编辑或设计演示文稿。该视图包括“大纲”选项卡、“幻灯片”选项卡、幻灯片窗格和备注窗格，通过拖动边框可调整选项卡和窗格的大小。

（2）幻灯片浏览视图。在幻灯片浏览视图中，可同时看到演示文稿中所有的幻灯片，这些幻灯片以缩略图的方式显示，能轻松地对演示文稿的顺序进行排列和组织。

（3）备注页视图。备注页视图以整页的格式查看和使用备注。在该视图下，可以编辑备注的打印外观。

（4）阅读视图。阅读视图用于查看演示文稿（如通过大屏幕放映演示文稿）。如果用户希望在一个设有简单控件以方便审阅的窗口中查看演示文稿，而不想使用全屏的幻灯片放映视图，则可以在自己的计算机上使用阅读视图。

（5）幻灯片放映视图。幻灯片放映视图用于放映演示文稿。该视图会占据整个计算机屏幕，通过它可以看到图形、电影、动画效果和切换效果等在实际演示中的具体效果。

（6）母版视图。母版视图包括幻灯片母版视图、讲义母版视图和备注母版视图。它们是存储有关演示文稿信息的主要幻灯片，包括背景、颜色、字体、效果、占位符大小和位置。关于该视图的应用将在下一案例中进行讲解。

【实践训练】

制作“年度总结报告”演示文稿，效果如图 5-25 所示。

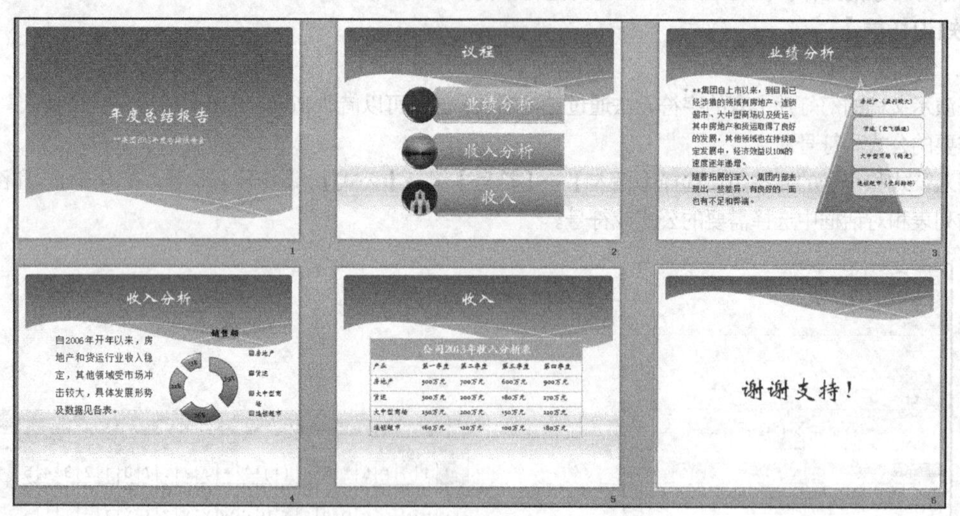

图 5-25 “年度总结报告”演示文稿效果图

1. 创建演示文稿

新建 PowerPoint 演示文稿，以“年度总结报告.pptx”为名保存在“D:\”中。

2. 制作演示文稿

（1）设置幻灯片的主题为“波形”。

（2）标题幻灯片的标题为“年度总结报告”，副标题为“**集团 2013 年度总结报告会”。

（3）制作第 2 张幻灯片。

① 新建幻灯片，版式为“标题和内容”，幻灯片标题为“议程”。

② 在内容处插入“SmartArt”中的“垂直图片重点列表”。其中“文本”分别为：业绩分析、收入分析、

收入，在文本左侧的图标处插入任意 3 张图片。

（4）制作第 3 张幻灯片。

① 新建幻灯片，版式为“两栏内容”，幻灯片标题为“业绩分析”。

② 在幻灯片左栏输入文字内容。在右栏插入“SmartArt”中的“棱锥型列表”，列表内容为 4 项，如图 5-26 所示。

（5）制作第 4 张幻灯片。

① 新建幻灯片，版式为“两栏内容”，幻灯片标题为“收入分析”。

② 在幻灯片左栏输入文字内容。在右栏插入“图表”中的“分离型圆环图”，图表数据如图 5-27 所示。

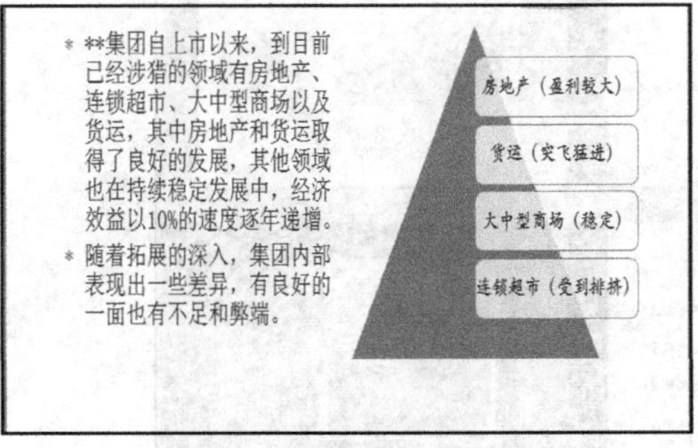

图 5-26 “业绩分析”幻灯片内容

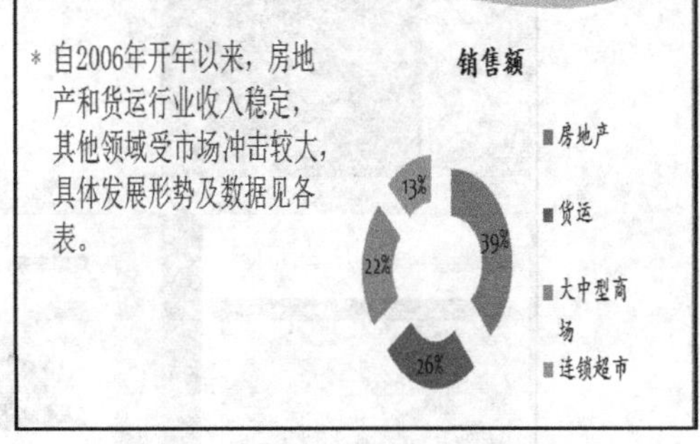

图 5-27 “收入分析”幻灯片内容

（6）制作第 5 张幻灯片。

① 新建幻灯片，版式为“标题和内容”，幻灯片标题为“收入”。

② 插入 6 行 5 列表格，表格数据如图 5-28 所示，其中第 1 行合并单元格。

公司2013年收入分析表				
产业	第一季度	第二季度	第三季度	第四季度
房地产	500万元	700万元	600万元	900万元
货运	300万元	200万元	180万元	270万元
大中型商场	250万元	200万元	150万元	220万元
连锁超市	160万元	120万元	100万元	180万元

图 5-28 “收入”幻灯片表格数据

（7）新建第 6 张幻灯片，版式为“空白”。利用文本框输入文字“谢谢支持!”，将字体设置为华文新魏，字号为 66 号，颜色为深蓝色，居中对齐。

3. 编辑演示文稿

（1）选中第 2 张幻灯片中的“SmartArt”，将其颜色改为“彩色范围-强调文字颜色 5 至 6”，样式为“优雅”。

（2）选中第 3 张幻灯片左侧的文本，将字体设置为宋体，字号为 20 号，行间距为 1.25 倍，颜色为深蓝色。右侧“SmartArt”颜色为“彩色范围-强调文字颜色 3 至 4”，样式为“嵌入”。

（3）选中第 4 张幻灯片左侧的文本，将字体设置为宋体，字号为 24 号，行间距为 1.5 倍，颜色为深蓝色，无项目符号。右侧“图表”样式为“样式 26”。

（4）选中第 5 张幻灯片中的表格，适当调整大小。表格样式为“浅色样式 2-强调 5”，第 1 行文本字体为华文楷体，字号为 28 号，居中对齐。

4. 关闭演示文稿

（1）按【Ctrl】+【S】组合键再次保存演示文稿。

（2）单击 PowerPoint 标题栏右侧的 按钮，关闭演示文稿。

案例2　修饰与播放公司五周年庆典演示文稿

【任务描述】

公司宣传部已经初步制作好庆典所需的演示文稿。为了增强演示文稿播放过程的可观性，现需完成演示文稿的修饰工作。效果如图5-29所示。

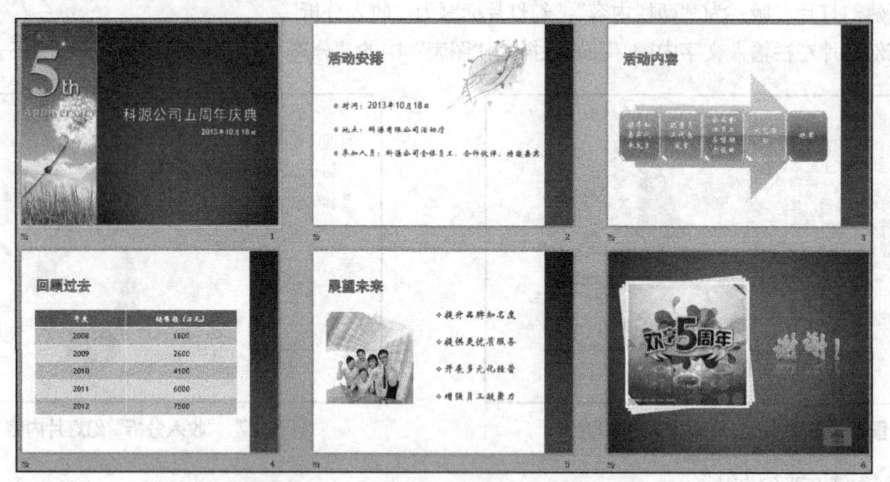

图5-29　“五周年庆典”演示文稿效果图

【任务目标】

◈　熟练掌握打开已有演示文稿的方法。
◈　掌握幻灯片母版的应用。
◈　掌握在幻灯片中创建超链接的方法。
◈　熟练掌握添加及编辑动画效果的操作。
◈　熟练掌握幻灯片切换效果的设置方法。
◈　掌握幻灯片放映的方法。

【任务流程】

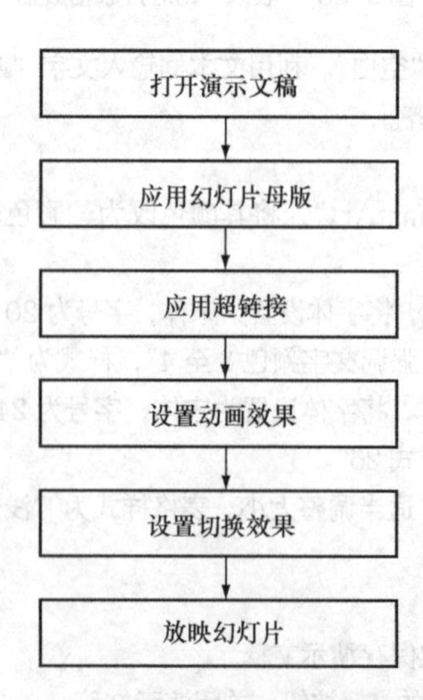

【任务解析】

1. 打开演示文稿

当需要对现有的演示文稿进行编辑和查看时，就须将其打开。打开演示文稿的方法有多种。

（1）直接双击需要打开的演示文稿图标。

（2）启动 PowerPoint 2010 后，选择【文件】→【打开】命令，在“打开”对话框中选择需要的演示文稿，单击【打开】按钮。

（3）打开最近使用的演示文稿。选择【文件】→【最近所用文件】命令，在打开的页面中将显示最近使用的演示文稿名称和路径，选择需打开的演示文稿即可。

（4）以只读方式打开演示文稿。以只读方式打开的演示文稿只能浏览，不能修改。单击【文件】→【打开】命令，在“打开”对话框中选择需要的演示文稿，单击【打开】按钮右侧的▾按钮，在弹出的列表中选择“以只读方式打开”选项，最后单击【打开】按钮。

提示 通过类似（4）的方法也可以副本的方式打开演示文稿。

2. 应用幻灯片母版

母版就是演示文稿中的固定格式模板，在母版中，用户可自定义设置整个演示文稿的背景格式和占位符版式等。

若要对母版进行编辑，首先须进入母版。在 PowerPoint 2010 中，选择【视图】→【母版视图】命令，在其中单击相应的按钮即可进入相应的母版。图 5-30 所示为幻灯片母版选项卡功能区，一般对母版的编辑主要包括设置母版背景、母版样式、母版页眉页脚和母版颜色等几个方面。

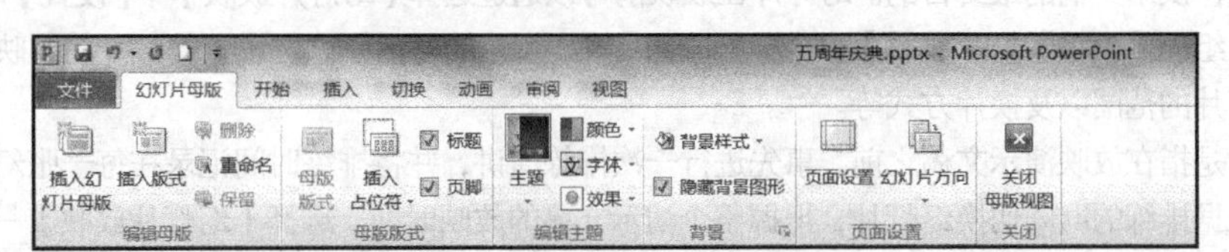

图 5-30 “幻灯片母版”选项卡功能区

母版中的编辑完成后，必须退出母版才能回到默认幻灯片编辑状态。选择【幻灯片母版】→【关闭】组→【关闭母版视图】命令，即可退出母版视图。

3. 应用超链接

在幻灯片中创建超链接不仅可以扩充幻灯片的内容，还可以实现幻灯片页面的快速跳转。创建超链接常用的方法如下。

（1）直接创建。选定要创建超链接的对象，选择【插入】→【链接】→【超链接】命令，在打开的对话框中选择要链接的位置或对象。

（2）通过动作按钮创建。选定要创建超链接的对象，选择【插入】→【链接】→【动作】命令，在打开的对话框中进行链接动作的设置。

4. 设置动画效果

幻灯片动画是指在幻灯片放映过程中，幻灯片和幻灯片中的对象进入屏幕时显示的动画效果，添加动画效果可以增加演示文稿的生动性。选定添加动画的对象，选择【动画】→【动画】命令，选择动画样式；或选择【动画】→【高级动画】组→【添加动画】命令，在图 5-31 所示的下拉列表中选择所需的动画效果。在【动画】→【计时】组中可以设置动画开始播放的时间、持续时间及延迟。

5. 设置切换效果

幻灯片的切换效果是指幻灯片在切换时的动画效果。在 PowerPoint 2010 中提供了多种预设切换效果，如图 5-32 所示，包括细微型、华丽型及动态内容等。

图 5-31 “动画效果”列表

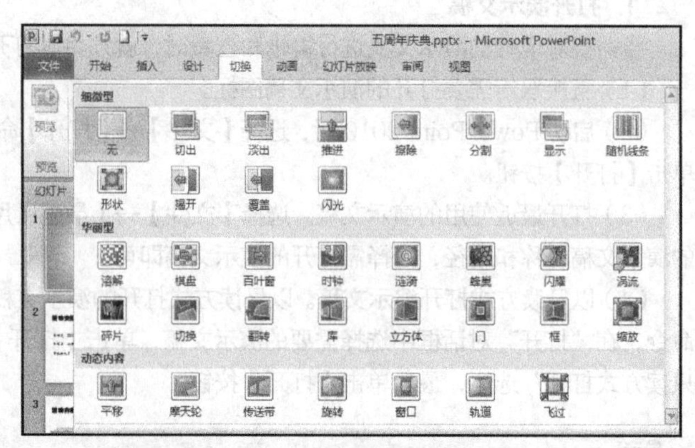

图 5-32 “幻灯片切换效果”列表

应用幻灯片切换效果的方法是：选定要应用的幻灯片，选择【切换】→【切换到此幻灯片】命令，单击列表框右侧的 按钮，在弹出的下拉列表中选择所需的选项。在【切换】→【计时】组中可以编辑幻灯片切换的声音、速度、播放方式等。如果切换效果要应用给演示文稿的所有幻灯片，可选择【切换】→【计时】组→【全部应用】命令。

6. 放映幻灯片

放映是制作演示文稿的最终目的。幻灯片在放映前可以通过选择【幻灯片放映】→【设置】命令进行设置。选择【设置】组→【设置幻灯片放映】命令，打开图 5-33 所示的对话框，可设置幻灯片的放映类型、放映选项、放映幻灯片的范围以及换片方式等。

排练计时是指在放映演示文稿之前，事先进行一次排练演讲，并将排练时间记录在每一张幻灯片中，以便放映时可以根据排练的时间切换幻灯片，把握整个演示文稿的放映时间。选择【幻灯片放映】→【设置】组→【排练计时】命令，进入放映排练状态，在图 5-34 所示的“录制”工具栏中自动计时，录制完成后确认保存。

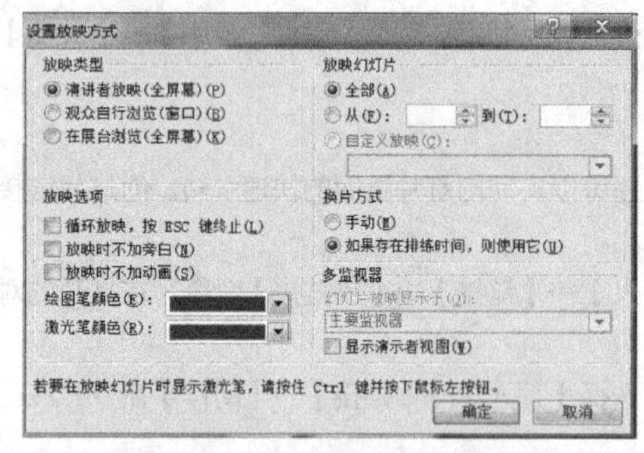

图 5-33 “设置放映方式”对话框

图 5-34 “录制”工具栏

常用的放映幻灯片的方法如下。

（1）选择【幻灯片放映】→【开始放映幻灯片】命令放映。

（2）单击演示文稿窗口右下方的“幻灯片放映”视图放映。

（3）按【F5】键放映。

【任务实施】

步骤 1 打开演示文稿

选择【文件】→【打开】命令，在“打开”对话框中选择演示文稿“五周年庆典.pptx”，单击【打开】按钮。

步骤 2 应用幻灯片母版

（1）选择【视图】→【母版视图】组→【幻灯片母版】命令，进入幻灯片母版。

（2）更改主题颜色。选择【幻灯片母版】→【编辑主题】组→【颜色】命令，在下拉列表中更改颜色为“基本”。

（3）应用背景。

① 选中标题幻灯片，选择【幻灯片母版】→【背景】组→【背景样式】命令，在图 5-35 所示的列表中单击“设置背景格式”。

② 打开图 5-36 所示的对话框，在右侧列表中选择【图片或纹理填充】单选按钮，单击【文件】按钮，选择图片“\项目四\图片\3.jpg”，单击【插入】按钮。

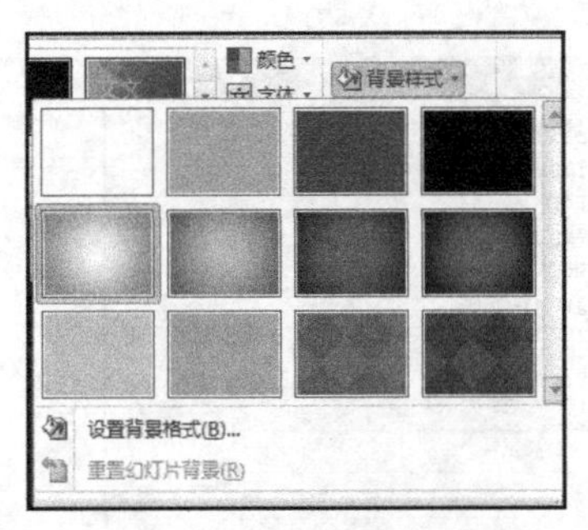

图 5-35 “背景样式”列表

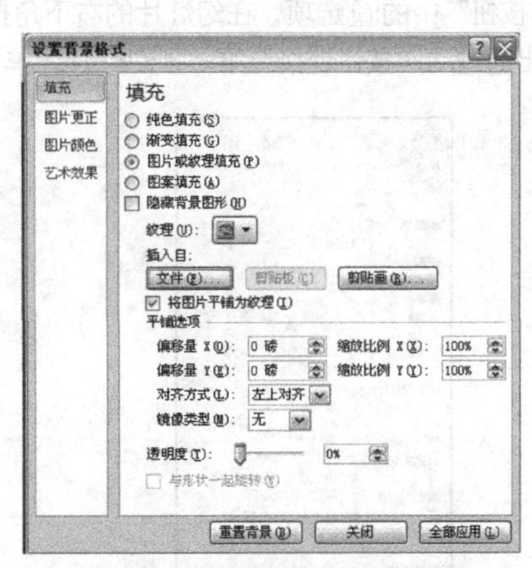

图 5-36 “设置背景格式”对话框

③ 在“设置背景格式”对话框中单击【关闭】按钮。

（1）幻灯片的背景除图片外，还可以是纯色、渐变色、纹理、图案及剪贴画等，添加的方法和图片填充一样。

（2）在普通视图中添加背景和在幻灯片母版中设置背景的方法一致。

（4）添加页眉页脚。选择【插入】→【文本】组→【页眉和页脚】命令，打开图 5-37 所示的对话框，在“幻灯片”选项卡内，分别勾选“日期和时间”“幻灯片编号”“页脚”“标题幻灯片中不显示”复选框，其中日期和时间选择“自动更新”单选按钮，在“页脚”处输入“科源公司五周年庆典”，单击【全部应用】按钮。

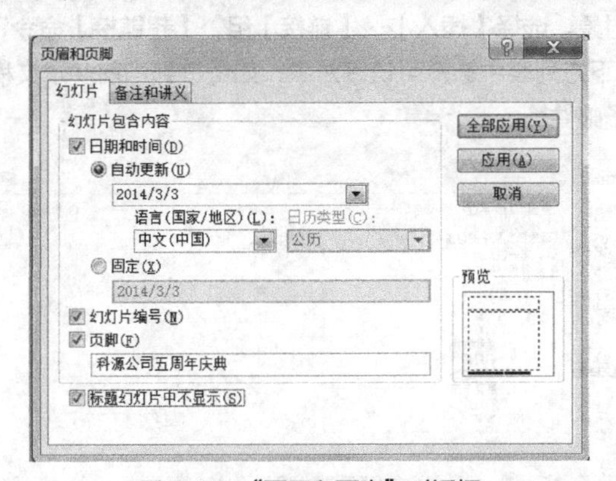

图 5-37 “页眉和页脚”对话框

提示

（1）在“页眉和页脚”对话框中若没有勾选“标题幻灯片中不显示”复选框，则页眉页脚信息在标题幻灯片中显示。

（2）母版中页脚、日期时间、编号占位符可根据需要编辑样式及调整位置。

（5）选择【幻灯片母版】→【关闭】组→【关闭母版视图】命令，退出母版。

步骤3 应用超链接

选择最后一张幻灯片，选择【插入】→【插图】组→【形状】命令，打开图5-38所示的下拉列表，选择“动作按钮”中的选项，在幻灯片的右下角按住鼠标左键拖出该动作按钮，弹出图5-39所示的对话框，可以看出通过动作按钮链接至第一张幻灯片，单击【确定】按钮。

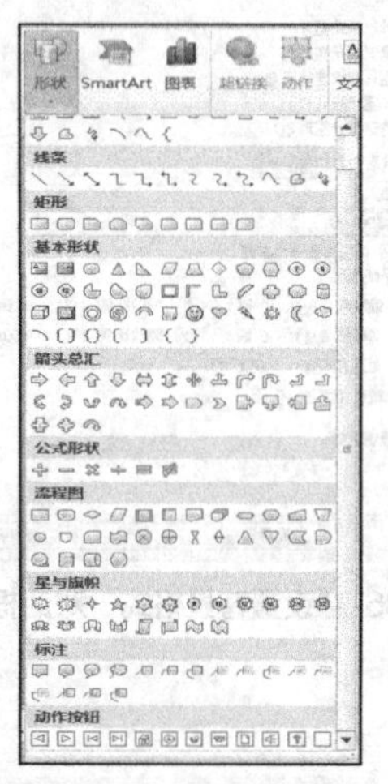

图5-38 “形状”列表

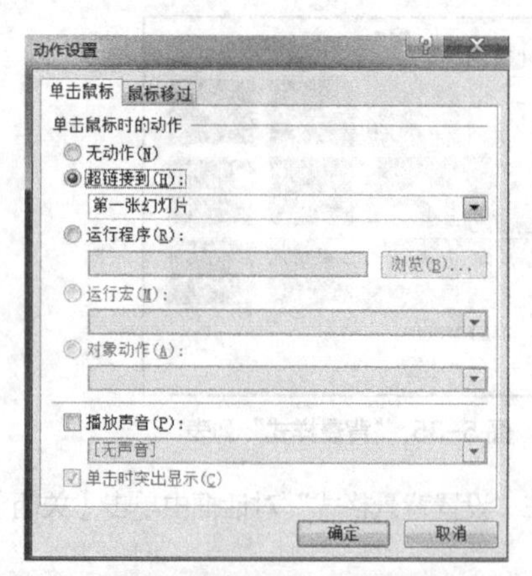

图5-39 “动作设置”对话框

提示

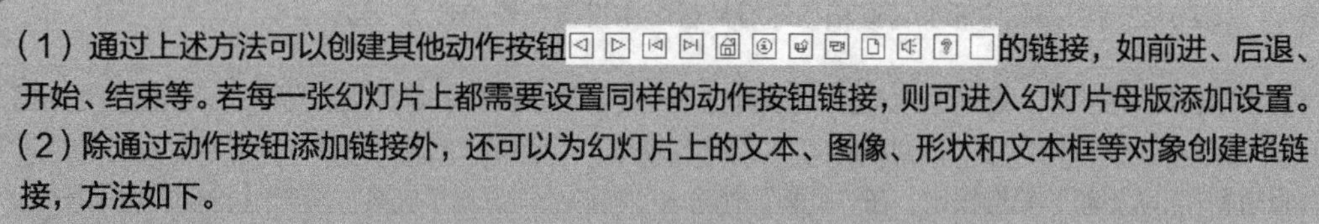

（1）通过上述方法可以创建其他动作按钮的链接，如前进、后退、开始、结束等。若每一张幻灯片上都需要设置同样的动作按钮链接，则可进入幻灯片母版添加设置。

（2）除通过动作按钮添加链接外，还可以为幻灯片上的文本、图像、形状和文本框等对象创建超链接，方法如下。

选中需创建链接的对象，选择【插入】→【链接】组→【超链接】命令，打开图5-40所示的对话框，在“链接到:”下方列表中选择可链接对象，如链接到当前演示文稿、链接到其他文件、链接到网页、链接到电子邮件等。

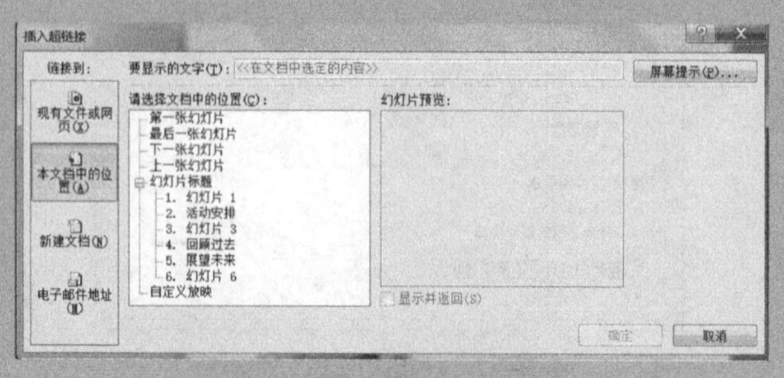

图5-40 “插入超链接”对话框

① 链接到当前演示文稿。如图 5-40 所示，在“链接到:”下方列表中选择“本文档中的位置”，在右侧选择具体链接的幻灯片，单击【确定】按钮。

② 链接到其他文件。如图 5-41 所示，在“链接到:”下方列表中选择“现有文件或网页”，在右侧选择具体要链接的文件，单击【确定】按钮。

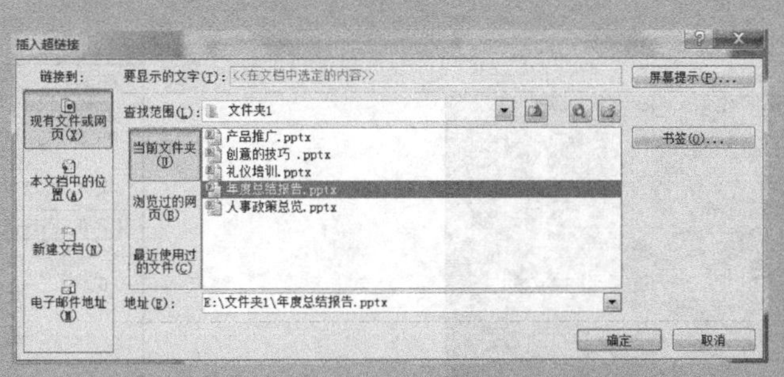

图 5-41　文件或网页链接设置对话框

③ 链接到网页。如图 5-41 所示，在“链接到:”下方列表中选择“现有文件或网页”，在右侧下方“地址:”后输入要链接的网址，单击【确定】按钮。

④ 链接到电子邮件。如图 5-42 所示，在“链接到:”下方列表中选择“电子邮件地址”，在右侧“电子邮件地址:”下输入具体的 E-mail 地址，单击【确定】按钮。

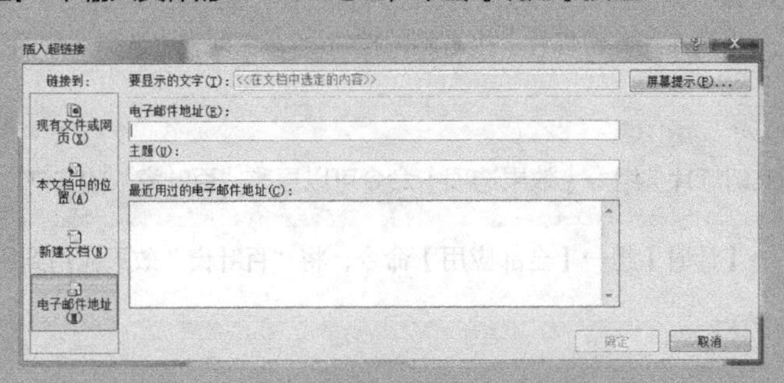

图 5-42　电子邮件链接设置对话框

步骤 4　设置动画效果

（1）选中标题幻灯片中的标题“科源公司五周年庆典”，选择【动画】→【动画】命令，选择样式为“浮入”。双击【动画】→【高级动画】组→【动画刷】命令，分别单击第 2～5 张幻灯片中的标题及最后一张中的“谢谢!”，即可将“浮入”的动画效果应用至单击过的对象上，单击【动画刷】退出应用。

PowerPoint 2010 中的【动画刷】类似于 Word 2010 中的【格式刷】。

（1）单击【动画刷】，可将选中的动画复制并应用到另一个对象上。

（2）双击【动画刷】，可将选中的动画复制并应用到演示文稿中的多个对象上，再次单击【动画刷】可退出应用。

（2）选中标题幻灯片中的副标题“2013 年 10 月 18 日”，选择【动画】→【动画】命令，选择样式为“飞入”，单击【计时】组→【开始】命令右侧的下拉列表，选择“上一动画之后”。副标题动画将在标题动画播放完成后自动播放。添加动画后，幻灯片如图 5-43 所示，对象前的数字表示动画的播放顺序。

（3）通过上述（1）和（2）的方法为其他幻灯片中的对象添加相应的动画效果。

提示

选择【动画】→【高级动画】组→【动画窗格】命令，在图 5-44 所示的“动画窗格”对话框中可设置计时、效果选项等。在该窗格中，可查看到对象的所有动画效果。

图 5-43　标题幻灯片动画效果

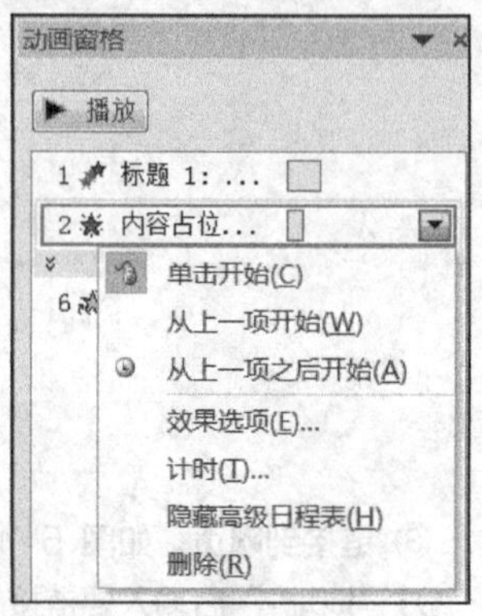

图 5-44 “动画窗格”对话框

步骤 5　设置切换效果

（1）选择【切换】→【切换到此幻灯片】组右侧的按钮，在列表中选择“华丽型”内的“百叶窗”。

选择【切换到此幻灯片】组→【效果选项】命令可以更改“百叶窗”的方向。

（2）选择【切换】→【计时】组→【全部应用】命令，将“百叶窗”效果应用到所有幻灯片。

若演示文稿中幻灯片须设置不同的切换效果，则不用选择此命令。

（3）在【计时】组内选择换片方式为“单击鼠标时”。

换片方式还可以通过设定时间自动切换。

步骤 6　放映幻灯片

（1）按【Ctrl】+【S】组合键保存编辑修饰过的演示文稿。

（2）选择【幻灯片放映】→【开始放映幻灯片】组→【从头放映】命令，则幻灯片开始放映。

上述放映是幻灯片直接放映，幻灯片还可以自定义放映。选择【幻灯片放映】→【开始放映幻灯片】组→【自定义幻灯片放映】命令，打开图 5-45 所示的对话框，单击【新建】按钮，在如图 5-46 所示的“定义自定义放映”对话框中创建放映方案。再次选择【幻灯片放映】→【开始放映幻灯片】组→【自定义幻灯片放映】命令中创建好的放映方案，即进入自定义放映状态。

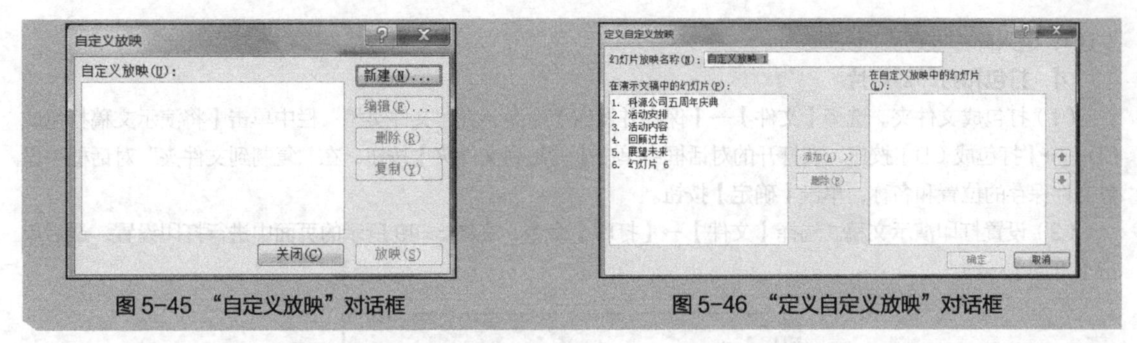

图 5-45 “自定义放映”对话框　　图 5-46 “定义自定义放映”对话框

（3）在幻灯片放映过程中若要退出放映，按【Esc】键即可；或在幻灯片上单击鼠标右键，在弹出的快捷菜单中选择【结束放映】命令。

【任务总结】

本案例通过编辑修饰已经制作的“五周年庆典”演示文稿，主要介绍了幻灯片母版、超链接的应用、添加动画效果、设置幻灯片切换及放映等操作，对幻灯片进行了美化，增强了演示文稿在播放时的可观性。

【知识拓展】

1. 使用节管理幻灯片

在 PowerPoint 2010 中制作大型的演示文稿时，可以利用节来对幻灯片进行简化管理和导航。分节后不仅使演示文稿的逻辑性更强，还可以让每一节的信息互相独立。

（1）新建节。选择需分节的幻灯片，选择【开始】→【幻灯片】组→【节】命令，在图 5-47 所示的下拉菜单中选择“新增节”命令。

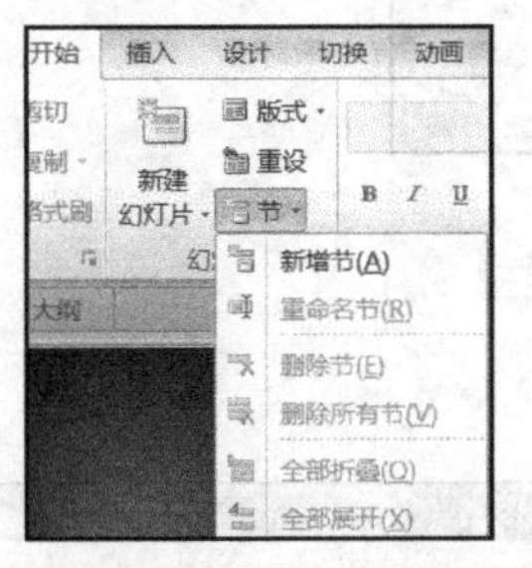

图 5-47 “节”下拉菜单

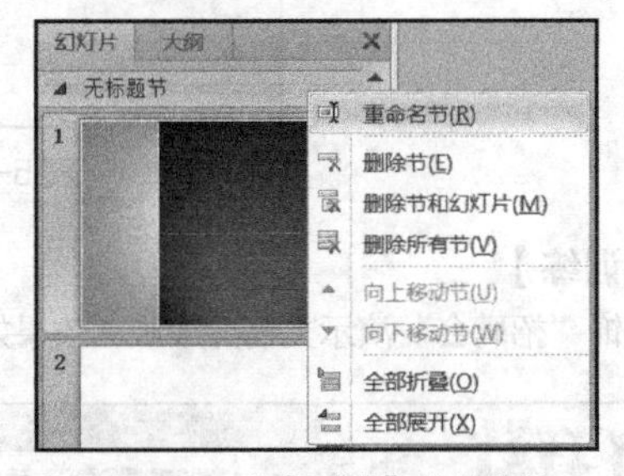

图 5-48 编辑“节”快捷菜单

（2）编辑节。编辑节主要包括重命名节、删除节、展开或折叠节等。在节标题上单击鼠标右键，弹出图 5-48 所示的快捷菜单，选择相关命令即可。

2. 幻灯片放映控制

（1）标记放映内容。将鼠标指针变为激光笔或荧光笔样式，以此对幻灯片中某个重要内容或特别需要强调的地方进行标记。方法是：在放映的幻灯片上单击鼠标右键，弹出快捷菜单，选择【指针选项】→【荧光笔】命令，通过【指针选项】→【墨迹颜色】可更改荧光笔的颜色，按住鼠标左键拖曳，即可对重点内容进行标记。

（2）快速定位幻灯片。幻灯片播放中如需快速跳转到某一张幻灯片，可在幻灯片上单击鼠标右键，在弹出的快捷菜单中选择“定位至幻灯片”命令，然后在子菜单中选择目标幻灯片即可。

3. 输出幻灯片

（1）输出为大纲文件。选择【文件】→【另存为】命令，在“另存为”对话框的“保存位置”下拉列表中选择文件的保存位置，在“保存类型”下拉列表中选择“大纲/RTF 文件”，单击【确定】按钮。

（2）输出为讲义。选择【文件】→【保存并发送】命令，在“文件类型”栏中单击“创建讲义”，在“使用 Microsoft Word 创建讲义”栏中单击“创建讲义”，在打开的对话框中选择所需的选项，单击【确定】按钮。

（3）作为附件发送。选择【文件】→【保存并发送】命令，在“使用电子邮件发送”栏中单击“作为附件发送”，进入邮件发送页面完成。

4. 打包和打印幻灯片

（1）打包成文件夹。选择【文件】→【保存并发送】命令，在“文件类型”栏中单击【将演示文稿打包成CD】→【打包成CD】按钮，在打开的对话框中单击【复制到文件夹】按钮，在“复制到文件夹”对话框中设置文件保存的位置和名称，单击【确定】按钮。

（2）设置打印演示文稿。选择【文件】→【打印】命令，在图5-49所示的页面中进行打印设置，最后单击【打印】按钮。

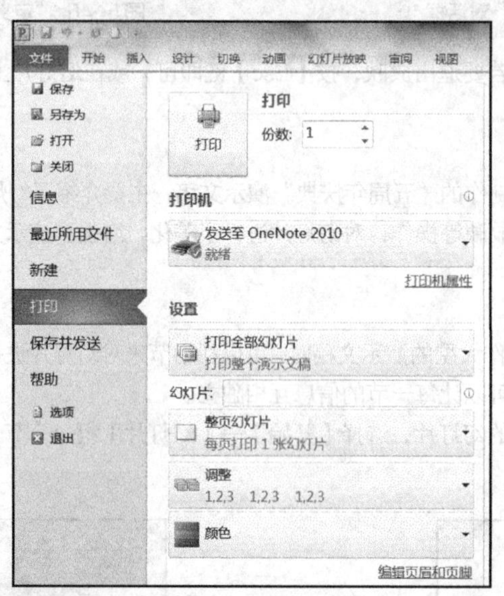

图5-49 “打印”页面

【实践训练】

编辑修饰“招聘会”演示文稿并放映，效果如图5-50所示。

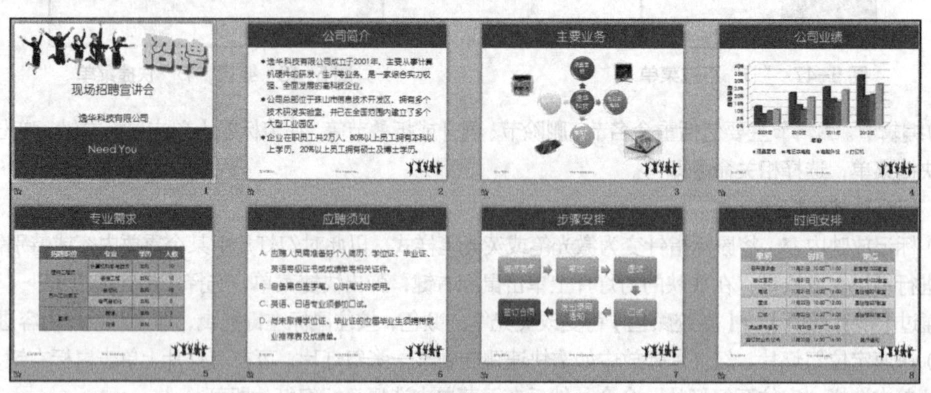

图5-50 “招聘会”演示文稿效果图

（1）打开演示文稿“招聘会”。

（2）修饰幻灯片。

① 将图片“\项目四\图片\4.jpg”插入到标题幻灯片中，调整大小放置于幻灯片上方。

② 将第2张幻灯片的文本内容字体设置为幼圆，字号为28号，行间距为1.25倍，项目符号更改为✸，大小为90%字高，颜色为“深蓝-文字2”。

③ 设置第3张幻灯片的“分离射线”颜色为“彩色范围-强调文字颜色2至3”，SmartArt样式为“优雅”；第7张幻灯片的“基本蛇形流程”颜色为“彩色范围-强调文字颜色5至6”，SmartArt样式为“强烈效果”。

④ 设置第5张幻灯片中的表格样式为“主题样式1-强调1”；第8张幻灯片中的表格样式为“主题样式1-强调5”。

（3）设置幻灯片母版。

① 进入幻灯片母版，在第1张主题幻灯片母版右下角插入图片“\项目四\图片\5.jpg”，调整图片大小并将其置于底层。

② 为幻灯片添加自动更新的时间、页脚“We need you”，标题幻灯片中不显示页眉页脚信息。

③ 在母版中，为主题幻灯片母版的标题占位符添加动画效果：“单击时”“劈裂”进入。为文本内容占位符添加动画效果，添加“深红”的“画笔颜色”强调效果。退出幻灯片母版视图。

（4）添加动画效果。标题幻灯片中的图片在“单击时”“擦除”进入；“Need You”在“上个动画之后”“弹跳”进入。

（5）设置幻灯片切换效果。幻灯片的换片方式均为“单击鼠标时”，切换效果依次为擦除、百叶窗、缩放、闪光、推进、框、溶解、随机线条。

（6）放映幻灯片。

（7）关闭演示文稿。幻灯片修饰完成后，再次保存演示文稿，然后关闭演示文稿。

思考练习

一、单项选择题

1. PowerPoint 2010演示文稿文件的扩展名是（　　）。

A. .ppt　　B. .pptx　　C. .docx　　D. .xls

2. PowerPoint是（　　）公司的产品。

A. IBM　　B. 联想　　C. Microsoft　　D. Adobe

3. 放映幻灯片可以使用快捷键（　　）。

A.【F12】　　B.【Alt】　　C.【F5】　　D.【Ctrl】

4. 以下（　　）功能选项卡是PowerPoint 2010特有的。

A. 开始　　B. 插入　　C. 视图　　D. 幻灯片放映

5. 设置文本的字体时，在开始选项卡中选择（　　）命令组。

A. 字体　　B. 段落　　C. 绘图　　D. 幻灯片

6. 下列关于占位符的说法错误的是（　　）。

A. 占位符中可以插入图片　　B. 占位符内可直接输入标题文本

C. 占位符内不能输入数字　　D. 占位符中插入的文本一般不加限制

7. PowerPoint 2010中的母版有3种，不包括（　　）。

A. 幻灯片母版　　B. 备注母版　　C. 讲义母版　　D. 大纲母版

8. 演示文稿中的每一个演示的单页称为（　　），它是演示文稿的核心。

A. 母版　　B. 幻灯片　　C. 版式　　D. 模板

9. 关闭PowerPoint时会提示是否要保存对PowerPoint的修改，如果需要保存该修改，应选择（　　）。

A. 保存　　B. 不保存　　C. 取消　　D. 不予理睬

10. 若要更改幻灯片的主题，需选择（　　）功能选项卡。

A. 开始　　B. 插入　　C. 设计　　D. 动画

11. 可以编辑幻灯片中文本、图像、声音等对象的视图方式是（　　）。

A. 大纲　　B. 备注　　C. 普通　　D. 幻灯片浏览

12. PowerPoint 2010 中幻灯片的切换类型不包括（　　）。

A. 细微型　　B. 华丽型　　C. 动态内容　　D. 强调型

13. 停止播放幻灯片可使用快捷键（　　）。

A.【Enter】　　B.【Esc】　　C.【Shift】　　D.【Ctrl】

14. 演示文稿打包使用的命令是（　　）。

A.【文件】→【保存并发送】　　B.【开始】→【保存并发送】

C.【插入】→【保存并发送】　　D.【设计】→【保存并发送】

15. 演示文稿中删除幻灯片应（　　）。

A. 选中幻灯片后按【Shift】键

B. 选中幻灯片后按【Enter】键

C. 选中幻灯片后按【Esc】键

D. 选中幻灯片后单击鼠标右键，从弹出的快捷菜单中选择【删除】命令

16. 设置超链接使用的命令是（　　）。

A.【文件】→【链接】　　B.【开始】→【链接】

C.【插入】→【链接】　　D.【设计】→【链接】

17. 自定义幻灯片放映的作用是（　　）。

A. 让演示文稿自动放映

B. 让演示文稿人工放映

C. 让演示文稿中的幻灯片按预先设置的时间放映

D. 以上均不对

18.（　　）视图方式下，显示的是幻灯片的缩图，适用于对幻灯片进行组织和排序、添加切换功能和设置放映时间。

A. 幻灯片　　B. 大纲　　C. 幻灯片浏览　　D. 备注

19. 下面选项中，不属于 PowerPoint 的窗口部分是（　　）。

A. 幻灯片区　　B. 大纲区　　C. 播放区　　D. 备注区

20. 下列操作中，不能退出 PowerPoint 的操作是（　　）。

A. 选择【文件】→【关闭】命令　　B. 选择【文件】→【退出】命令

C. 按【Alt】+【F4】组合键　　D. 单击【撤销】按钮

二、操作题

打开“A 公司流程（素材）.PPTX”，按下列要求完成操作。

1. 插入一张新的空白幻灯片作为第一张幻灯片，版式为“标题幻灯片”，在主标题占位符中输入“公司流程”，字体为华文行楷，字号为 48 号，颜色为标准色-深蓝色，加粗，居中对齐。

2. 选中最后一张幻灯片，在幻灯片右下角插入“素材图片.jpg”并插入艺术字“谢谢观赏”，样式为“填充 - 靛蓝，强调文字颜色 6 暖色粗糙棱台”，字体为华文行楷，字号为 66 号。

3. 为所有幻灯片应用“凤舞九天”的内置主题颜色。

4. 将第 10 张幻灯片中的文本内容转换为 SmartArt 图形，图形类型为“层次结构”。

5. 应用母版将版式为“标题与内容”的幻灯片右上角插入横排文本框，并键入内容“流程管理”，字体为“华文新魏”，字号为 32 号。

6. 选择标题为“目录”的第 2 张幻灯片，为文本添加超链接，分别链接到同名标题的幻灯片中。

7. 为第 2 张幻灯片（即标题为“目录”的幻灯片）内容设置“翻转式由远及近”动画效果。

8. 将所有幻灯片的切换效果设计为“菱形”。

拓展练习一

1. 打开“幽默小故事（素材）.PPTX”，按下列要求完成操作。

（1）插入一张新的空白幻灯片作为第一张幻灯片，版式为“标题幻灯片”，在主标题占位符中输入“幽默小故事”，字体为仿宋，字号为48号，加粗，居中对齐，颜色为“靛蓝 强调文字颜色 6 淡色40%”。

（2）选中最后一张幻灯片，插入艺术字“谢谢观赏”，样式为“填充-靛蓝，强调文字颜色 6，轮廓-强调文字颜色6，发光-强调文字颜色6”，字体为华文行楷，字号为66号。

（3）为所有幻灯片应用“活力”内置颜色主题。

（4）选中第2张幻灯片（目录），将文本内容转换为SmartArt图形-V型列表，并适当调整大小。

（5）应用母版为版式为“标题与内容”的幻灯片编辑母版标题样式，将字体设置为微软雅黑，48号；母版文本样式字体为华文行楷，字号为24号；并在右下角插入图片“蝴蝶”，为图片“蝴蝶”删除背景。

（6）选择标题为“目录”的第2张幻灯片，为文本添加超链接，分别链接到同名标题的幻灯片中。

（7）为第2张幻灯片（即标题为“目录”的幻灯片）的内容设置“阶梯状”动画效果，方向为右下。

（8）将所有幻灯片的切换效果设计为“分割-中央向上下展开”。

2. 打开“产品介绍流程（素材）.PPTX”，按下列要求完成操作。

（1）插入一张新的空白幻灯片作为第一张幻灯片，版式为“标题幻灯片”，在主标题占位符中输入“产品介绍流程”，字体为方正舒体，字号为48号，居中对齐。

（2）选中最后一张幻灯片，插入艺术字“谢谢观赏”，样式为“渐变填充-黑色，轮廓-白色，外部阴影”，字体为华文琥珀，字号为96号。

（3）为所有幻灯片应用“流畅”的内置颜色主题。

（4）将第2张幻灯片（目录）中的文本内容转换为“SmartArt图形—连续块状流程”，并适当调整大小。

（5）应用母版为版式为“标题与内容”的幻灯片编辑母版标题样式，将字体设置为仿宋，加粗字号为40号；母版文本样式字体为华文行楷，字号为24号。

（6）选择标题为“目录”的第2张幻灯片，为文本添加超链接，分别链接到同名标题的幻灯片中。

（7）为第2张幻灯片（即标题为目录的幻灯片）的内容设置“菱形”动画效果。

（8）将所有幻灯片的切换效果设计为“溶解”。

3. 打开“如何做产品介绍（素材）.PPTX”，按下列要求完成操作。

（1）插入一张新的空白幻灯片作为第一张幻灯片，版式为“标题幻灯片”，在主标题占位符中输入“如何做产品介绍”，字体为黑体，字号为40号，居中对齐。

（2）选中最后一张幻灯片，插入艺术字“谢谢观赏”，样式为“填充-水绿色，强调文字颜色1，金属棱台，映像”，字体为华文行楷，字号为72号。

（3）为所有幻灯片应用“视点”的内置颜色主题。

（4）将第8张幻灯片中的文本内容转换为SmartArt图形，图形类型为“流程—交错流程”。

（5）应用母版。将版式为“标题与内容”的幻灯片的母版标题样式字体设置为微软雅黑，字号为40号；将母版文本样式字体设置为华文行楷，字号为24号。

（6）选择标题为“目录”的第2张幻灯片，为文本添加超链接，分别链接到同名标题的幻灯片中。

（7）为第2张幻灯片（即标题为“目录”的幻灯片）的内容设置“飞旋”动画效果。

（8）将所有幻灯片的切换效果设计为“覆盖-自顶部”。

拓展练习二

打开“投资自己（素材）.PPTX”，按下列要求完成操作。

1. 插入一张版式为“标题幻灯片”的新幻灯片作为第一张幻灯片，标题内容为“投资自己”，副标题内容为“制作者”（考生姓名）。

2. 让所有幻灯片应用“活力”主题。

3. 设置幻灯片版式和插入图片。

（1）将素材第4张幻灯片的版式改为“垂直排列标题与文本”（如样例所示）。

（2）选择标题为“吴淡如小档案”的幻灯片，将幻灯片的版式更改为“两栏内容”，插入图片“tpl.jpg”，设置标题“吴淡如小档案”字体为华文行楷，字号为36号；设置文本字体为华文楷体；适当调整图片大小（如样例所示）。

4. 设置幻灯片的页眉和页脚。

（1）自动更新日期和时间。

（2）幻灯片编号。

（3）标题幻灯片不显示页眉页脚。

（4）页脚内容为“读书月报告”。

5. 应用幻灯片母版。

在幻灯片母版中将母版标题样式字体修改为楷体-GB2312，字号为44号，加粗，颜色为玫红，强调文字颜色3，淡色60%。

6. 创建交互式演示文稿。

（1）在第3张幻灯片中，选择“投资自己——书籍简介”文本，将其链接到标题为“吴淡如作品”的幻灯片。

（2）在标题为“吴淡如作品”的幻灯片中，制作【返回】按钮，其功能是返回到“投资自己——书籍简介”，按钮上的文本为“返回”。

7. 设置切换效果。

将所有幻灯片的“幻灯片切换”效果设置为“涟漪”。

8. 设置动画效果。

按下列要求给标题为“投资自己——书籍简介”的幻灯片设置动画效果。

（1）图片：设置动画效果为“进入”“玩具风车”，速度为“中速”，开始为“单击时”。

（2）文字内容：设置动画效果为“强调”“陀螺旋”，开始为“之后”。

9. 将第6张幻灯片文本转换成“垂直块列表”的SmartArt图形。

10. 在文档的最后插入一张空白幻灯片，插入艺术字“报告完毕敬请指教”，字体为华文隶书，样式自定义。

综合训练

【任务描述】

为了提高企业的社会知名度、提升品牌竞争力，亿源集团开展了一系列活动向社会展示其公司形象。现由公司宣传部制作并修饰公司形象宣传演示文稿，效果如图5-51所示。

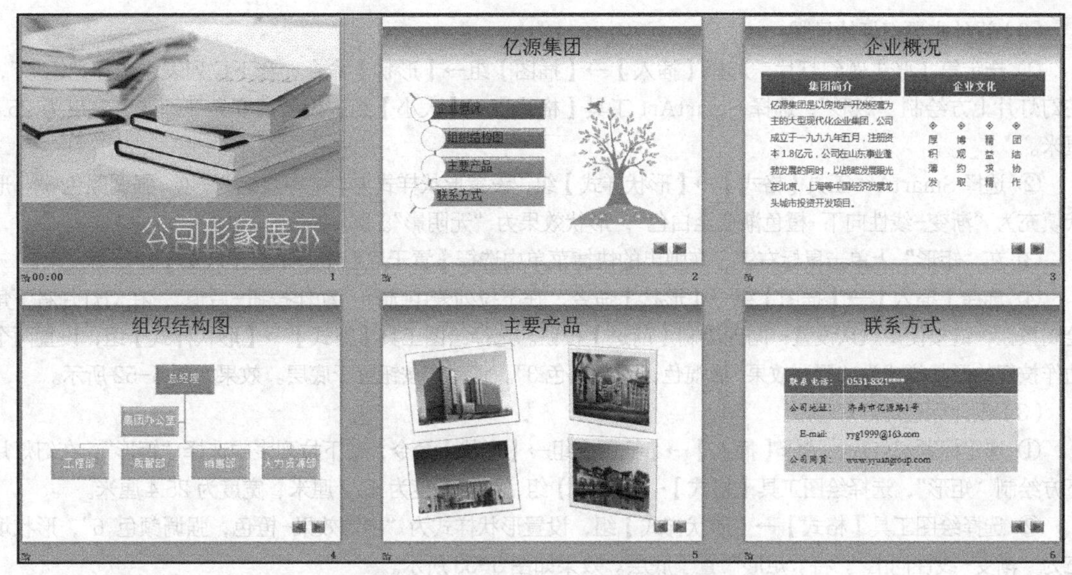

图 5-51 “形象宣传”演示文稿效果图

【任务目标】

◈ 熟练掌握创建、保存、放映演示文稿的方法。

◈ 熟练掌握幻灯片母版的应用。

◈ 熟练掌握艺术字、图像、插图、表格等对象的插入方法及编辑操作。

◈ 熟练掌握幻灯片动画效果的设置方法。

◈ 熟练掌握幻灯片切换效果的设置方法。

【任务流程】

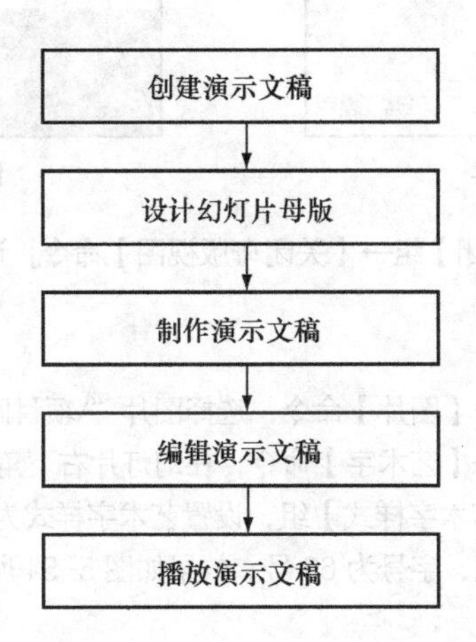

【任务实施】

步骤 1　创建演示文稿

（1）选择【开始】→【所有程序】→【Microsoft Office】→【Microsoft PowerPoint 2010】命令，启动 PowerPoint 2010 程序。

（2）选择【文件】→【保存】命令，将演示文稿以“形象宣传.pptx”为名保存在“D:\”中。

步骤 2　设计幻灯片母版

（1）选择【视图】→【母版视图】组→【幻灯片母版】命令，进入母版。

（2）设计主题幻灯片母版。

① 选定第1张主题幻灯片，选择【插入】→【插图】组→【形状】命令，在下拉列表中选择“矩形”，在幻灯片上方绘制“矩形”，选择SmartArt工具【格式】→【大小】组，设置高度为3厘米、宽度为25.4厘米。

② 选择SmartArt工具【格式】→【形状样式】组，设置形状样式为“中等效果-橙色，强调颜色6”，形状填充为“渐变-线性向下-橙色渐变至白色”，形状效果为“无阴影”。

③ 在“矩形”上单击鼠标右键，在弹出的快捷菜单中选择【置于底层】→【置于底层】命令。

④ 选择【插入】→【插图】组→【形状】命令，在下拉列表中选择“动作按钮-后退”，在幻灯片右下角绘制按钮，链接使用默认设置；同理绘制【前进】按钮。选择绘图工具【格式】→【形状样式】组，设置两个动作按钮的形状样式为“强调效果-橄榄色，强调颜色3”。将动作按钮置于底层。效果如图5-52所示。

（3）设计标题幻灯片母版。

① 选定标题幻灯片，选择【插入】→【插图】组→【形状】命令，在下拉列表中选择“矩形”，在幻灯片下方绘制“矩形”，选择绘图工具【格式】→【大小】组，设置高度为4.72厘米、宽度为25.4厘米。

② 选择绘图工具【格式】→【形状样式】组，设置形状样式为“中等效果-橙色，强调颜色6”，形状填充为“渐变-线性向上”。将“矩形”置于底层。效果如图5-53所示。

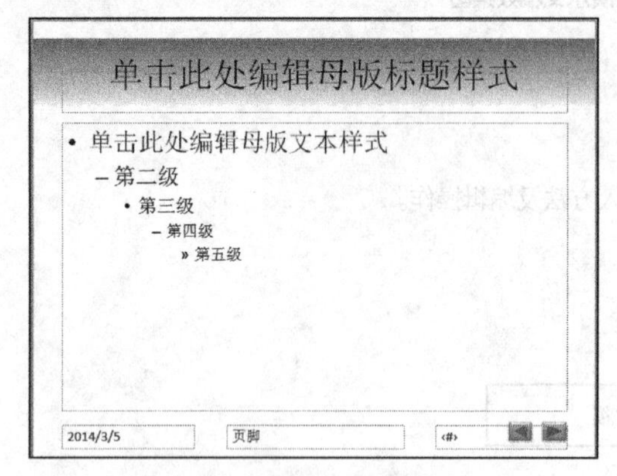

图5-52 主题幻灯片母版效果

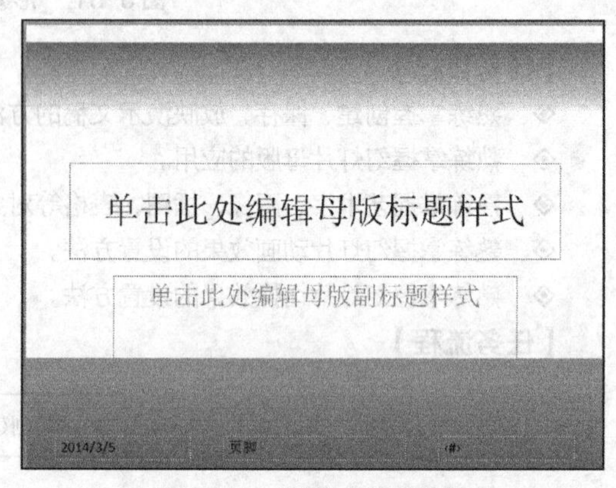

图5-53 标题幻灯片母版效果

（4）选择【幻灯片母版】→【关闭】组→【关闭母版视图】命令，退出幻灯片母版视图。

步骤3 制作演示文稿

（1）制作标题幻灯片。

① 选择【插入】→【图像】组→【图片】命令，选择图片“\项目四\图片\6.jpg”，并调整大小。

② 选择【插入】→【文本】组→【艺术字】命令，在幻灯片右下角插入艺术字“公司形象展示”。

③ 选择绘图工具【格式】→【艺术字样式】组，设置艺术字样式为“填充-白色，暖色粗糙棱台”，文本效果为“半映像，接触”，字体为幼圆，字号为66号。效果如图5-54所示。

（2）制作“亿源集团”幻灯片。

① 在标题幻灯片上单击鼠标右键，在弹出的快捷菜单中选择【新建幻灯片】命令，幻灯片版式为“两栏内容”，输入标题“亿源集团”，效果如图5-55所示。

② 在左侧占位符处插入【SmartArt】中的“垂直曲形列表”，在列表中输入文本内容。选择绘图工具【设计】→【SmartArt样式】组，更改颜色为“透明渐变范围-强调文字颜色1”，SmartArt样式为“优雅”。

③ 在右侧占位符处插入剪贴画“鸟儿和小山上的树木”，适当调整大小。

（3）制作“企业概况”幻灯片。

① 新建幻灯片，版式为“比较”，输入图5-56所示的文字。

图 5-54 标题幻灯片效果

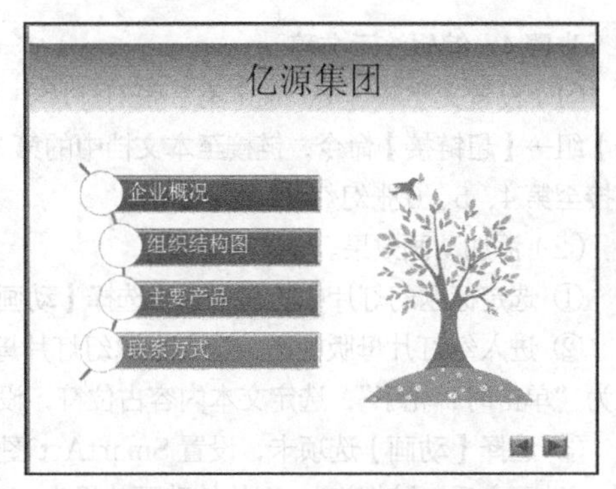

图 5-55 “亿源集团”幻灯片效果

② 选定“集团简介”和“企业文化”占位符，选择绘图工具【格式】→【形状样式】组，设置形状样式为“快速样式：强烈效果-红色，强调颜色 2”。将其余文本字体设置为微软雅黑，字号为 20 号，行间距为 1.5 倍。将“企业文化”内容文字方向设置为“堆积”并更改项目符号为◈。

（4）新建幻灯片，版式为“标题和内容”，效果如图 5-57 所示。插入【SmartArt】中的“组织结构图”，更改颜色为“彩色范围-强调文字颜色 2 至 3”，SmartArt 样式为“粉末”。

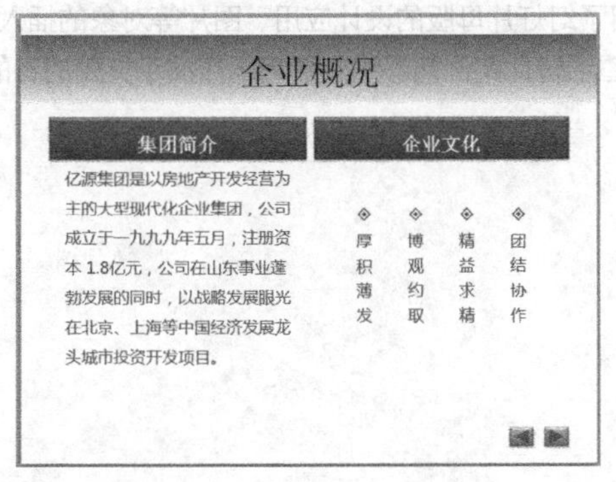

图 5-56 “企业概况”幻灯片效果

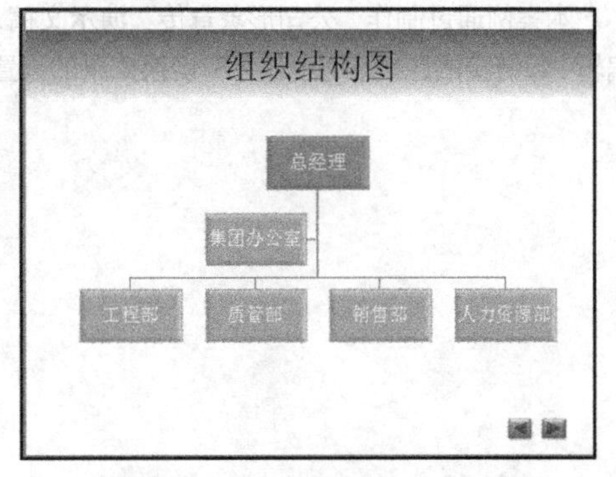

图 5-57 “组织结构图”幻灯片效果

（5）新建幻灯片，版式为“仅标题”，效果如图 5-58 所示。在标题下方插入 4 张图片“\项目四\图片\7.jpg-10.jpg”，调整图片大小及位置。设置左侧 2 张图片样式为“旋转，白色”，右侧 2 张图片样式为“棱台左透视，白色”。

（6）新建幻灯片，版式为“标题和内容”，效果如图 5-59 所示。4 行 2 列表格样式为“中度样式 2-强调 1”，将表格中文本的字体设置为楷体，字号为 22 号。

图 5-58 “主要产品”幻灯片效果

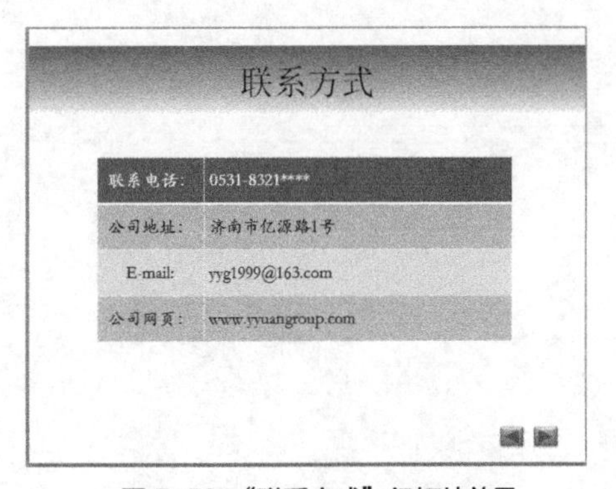

图 5-59 “联系方式”幻灯片效果

步骤4 编辑演示文稿

（1）设置文字超链接。选定第2张幻灯片中“垂直曲形列表”内的文本“企业概况”，选择【插入】→【链接】组→【超链接】命令，链接至本文档中的第3张幻灯片。同理，设置“垂直曲形列表”内的其他文本分别链接至第4、5、6张幻灯片。

（2）添加动画效果。

① 选定标题幻灯片中的艺术字，选择【动画】选项卡，设置艺术字的动画效果为“单击时、劈裂”。

② 进入幻灯片母版视图，选定主题幻灯片母版的标题占位符，选择【动画】选项卡，设置标题的动画效果为“单击时、轮子”；选定文本内容占位符，设置文本强调动画效果为“下画线”。退出幻灯片母版视图。

③ 选择【动画】选项卡，设置SmartArt图形的动画效果为“单击时、随机线条”；剪贴画的动画效果为“上一动画之后、陀螺旋”；图片的动画效果为“上一动画之后、形状”；表格的动画效果为“单击时、缩放”。

（3）设置幻灯片切换效果。选择【切换】选项卡，设置前3张幻灯片的切换效果为“时钟”，后3张幻灯片的切换效果为“分割”，换片方式均为“单击鼠标时”。

步骤5 播放演示文稿

（1）按【Ctrl】+【S】组合键再次保存演示文稿。

（2）按【F5】键开始播放演示文稿。

【任务总结】

本案例通过制作“公司形象宣传”演示文稿，进一步介绍了幻灯片母版的设计应用、图片等对象的插入和编辑、超链接的应用、动画效果和切换效果的设置等操作。希望通过此案例能够达到熟练制作演示文稿的目的。

PART06

项目六

互联网应用及网络安全

项目情境

■ 21 世纪，互联网和移动互联网开始在国内迅速发展，社会各行各业结合互联网技术，衍生出各种生产模式和消费模式，彻底颠覆了传统行业。在人们的生活与工作中，无处不在使用互联网。因此，了解互联网发展情况，以及如何使用互联网，将是我们关注与学习的重点。

案例1 互联网接入与配置

【任务目标】

◈ 掌握接入互联网的方法。

◈ 掌握基本的网络协议设置方法。

【相关知识】

1. 硬件接入

常用接入互联网的方法有4种（拨号接入、专线接入、无线接入、局域网接入），需要准备好计算机、网线、调制解调器（Modem）。

（1）拨号接入方式

拨号接入分为以下3种方式。

① 通过公共交换电话网接入互联网：用户计算机使用调制解调器通过普通电话与互联网提供商（Internet Service Provider，ISP）相连，再通过互联网服务提供商接入互联网。

② 通过综合业务数字网接入互联网：采用综合业务数字网（Integrated Services Digital Network，ISDN）的基本速率接口，在各用户终端之间实现以64kbit/s速率为基础的端到端的透明传输，上网传输速率较慢，用来承载包括话音和非话音在内的各种通信业务，俗称“一线通”。

③ 通过非对称数字用户环路接入互联网：以电话线为传输介质的系列传输技术，它包括普通数字用户线路（Digital Subscriber Line，DSL）、高速率数字用户线路（High-speed Digital Subscriber Line，HDSL）、非对称数字用户线路（Asymmetric Digital Subscriber Line，ADSL）、超高速数字用户线路（Very High Speed Digital Subscriber Line，VDSL）等。其特征是：ADSL技术以现有电话铜线为基础，几乎能为所有家庭和企业提供各种服务，用户能以比普通Modem高100多倍的速率通过数据网或Internet进行交互式通信或获得其他相关服务。其接入方式有两种：一是专线入网方式，二是虚拟拨号入网方式。

（2）专线接入方式

专线接入分为光纤接入和有线通接入两种方式。

① 光纤接入

光纤接入是指利用数字宽带技术，将光纤直接接入小区，用户再通过小区内的交换机，采用普通的双绞线实现连接的一种高速接入方式。

② 有线通接入

有线通接入是指利用现有的有线电视网络（Cable Modem），利用有线电视电缆的一个频道进行数据传送，速率可达10Mbit/s以上，但是Cable Modem是共享带宽的，在某个时段（繁忙时）会出现速率下降的现象。

（3）无线接入方式

无线接入方式是指采用无线应用协议（Wireless Application Protocol，WAP），利用无线局域网（Wireless Local Area Networks，WLAN）接入Internet，用户的计算机需要安装无线网卡。

（4）局域网接入方式

局域网接入方式是指局域网使用路由器通过数据通信网与ISP相连接，再通过ISP接入互联网。

2. 网络协议的配置

在Windows 7系统中虽然默认安装了传输控制协议/因特网互联协议（Transmission Control Protocol/Internet Protocol，TCP/IP），但一般我们还是需要对其进行配置才能使用。配置方法如下。

（1）选择【控制面板】命令

单击【开始】按钮，在弹出的菜单中选择【控制面板】命令，如图6-1所示。

（2）查看网络状态和任务

在打开的窗口中单击“网络和Internet”下的“查看网络状态和任务”超链接（见图6-2）。

图 6-1　打开控制面板

图 6-2　查看网络

（3）更改适配器设置

在打开的“网络共享中心”窗口中单击左窗口的“更改适配器设置”超链接。

（4）设置网络连接属性

用鼠标右键单击“本地连接”图标，在弹出的快捷菜单中选择“网络连接”命令。在打开的“网络连接”窗口中双击“本地连接”“属性”图标，选择连接项目（见图 6-3）。在弹出的对话框中选择“Internet 协议版本 4（TCP/IPv4）”选项（见图 6-4），然后单击“属性”按钮。

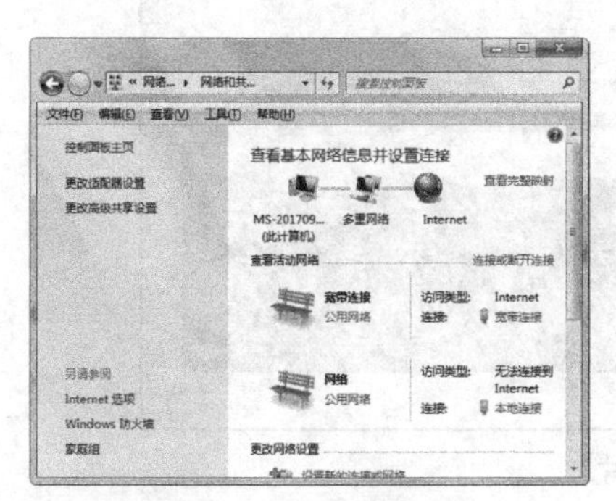

图 6-3　选择“本地连接”

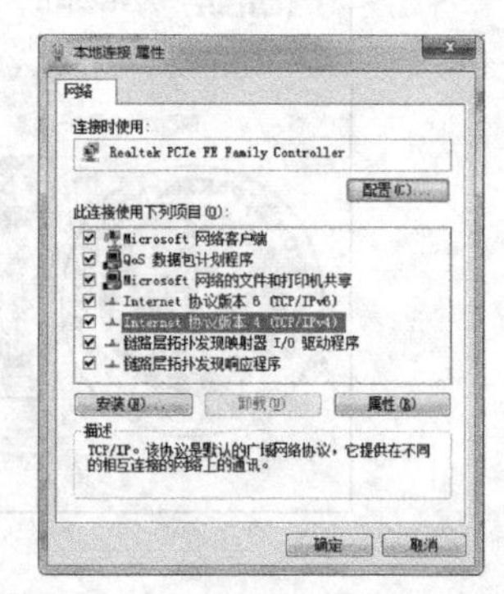

图 6-4　“本地连接属性”对话框

（5）设置 IP 地址

在弹出的对话框中选择“Internet 协议版本 4（TCP/IPv4）属性”对话框，设置 IP 地址和 DNS，单击“确定”按钮完成 IP 地址的设置，如图 6-5 所示。

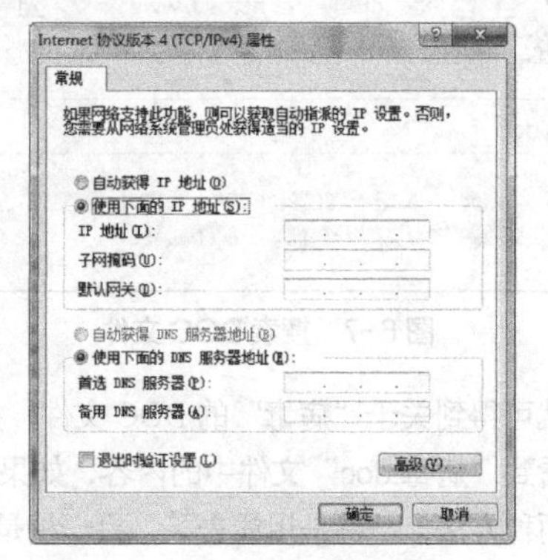

图 6-5　设置 IP 地址

如果不知道本省和本市的首选 DNS 地址，可通过当地电信部门获取。

案例2　信息检索

【任务目标】

◈ 掌握信息检索的方式。

◈ 具有在互联网上检索的能力。

【相关知识】

随着互联网的发展，网上的信息越来越多，普通用户想找到所需的资料如同大海捞针。为满足大众信息检索的需求，专业搜索网站应运而生。下面以百度搜索为例，简单介绍信息检索的方式。

1. 检索图片

（1）打开浏览器，输入百度网址。

（2）在搜索框中输入关键字“陕西省教育厅”，再单击搜索框下面的“图片”选项，关于陕西省教育厅的图片就会显示出来，如图 6-6 所示。

图 6-6　搜索图片

2. 检索某类文件

（1）在百度窗口的检索框中输入关键字及文件类型，如“病毒.doc”，如图 6-7 所示。

图 6-7　搜索 DOC 文件

（2）单击“百度一下”按钮，就可得到关于“病毒”的 DOC 文件，如图 6-8 所示。

（3）单击搜索到的文件，即可看到“病毒.doc”文件中的内容，如果要下载该文档，必须是百度的会员，而且还要有下载券（获得下载券有两种方法，一种是用钱去买，另一种是上传文档积分兑换下载券。

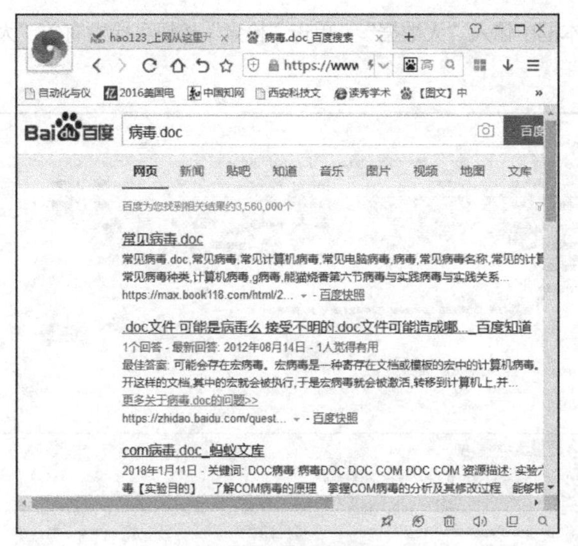

图 6-8　搜索结果

3. 检索学术资料

如果需要检索国内毕业论文、期刊论文、图书等数据可选择中国知网。下面简单介绍检索步骤。

（1）打开浏览器，输入网址按回车键打开中国知网，如图 6-9 所示。

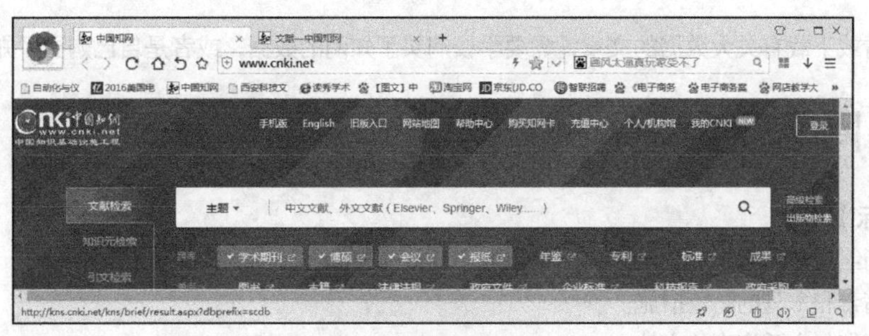

图 6-9　中国知网首页

（2）在搜索框右边选择检索方式“高级检索”“出版物检索”。在“高级检索”窗口可按自己的要求进行小范围的检索，如图 6-10 所示。

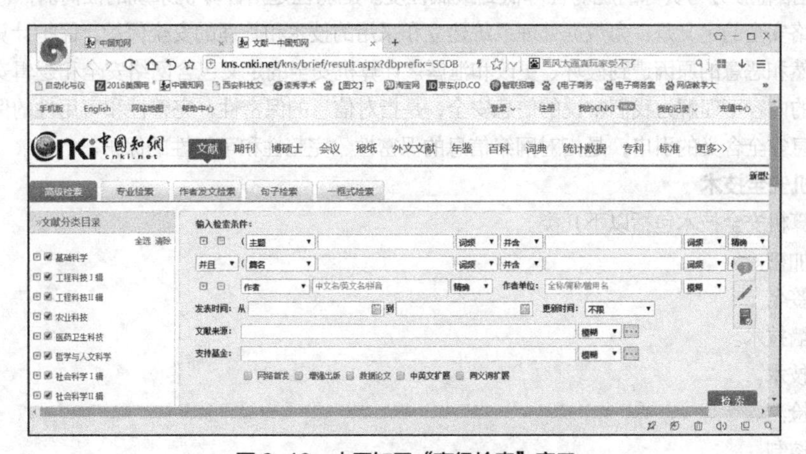

图 6-10　中国知网“高级检索”窗口

（3）在主题右侧的文本框中输入“大数据”，单击“检索”按钮可检索有关“大数据”的文章，如图6-11所示。

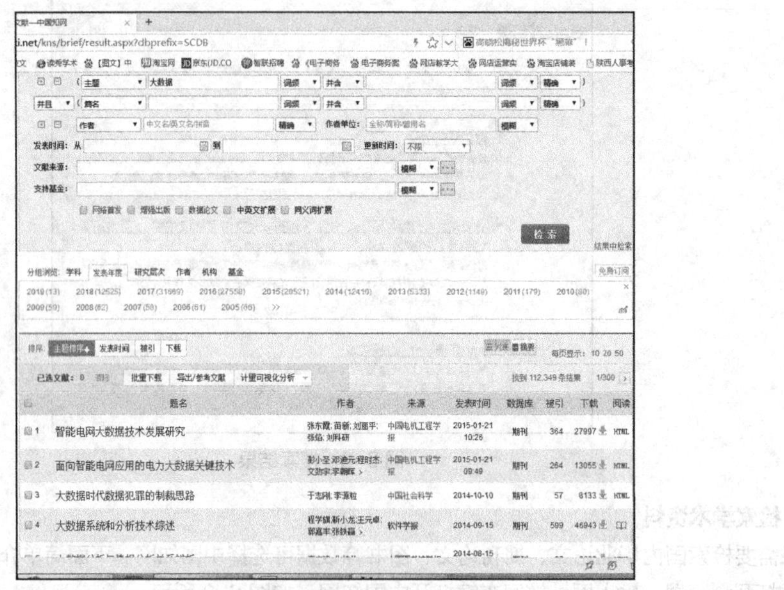

图6-11 “大数据”有关文章检索结果

（4）要查看或下载有关大数据的文章，需要学校购买了知网的数据，或者是自己购买了知网卡。

案例3 网络安全

【任务目标】

◈ 了解网络安全的概念。

◈ 了解病毒和木马的防范措施。

◈ 掌握防御与查杀病毒的方法。

【相关知识】

1. 计算机网络安全的相关概念

“安全”是指将服务与资源的脆弱性降低到最低程度。脆弱性是指计算机系统的任何弱点。国际标准化组织对计算机网络安全的定义是：为数据处理系统建立和采用的技术和管理的安全保护，保护计算机硬件、软件和数据不因偶然和恶意的原因遭到破坏、更改和泄露。计算机安全的定义包含网络安全和逻辑安全两方面的内容，逻辑安全的内容可理解为我们常说的信息安全，是指对信息的保密性、完整性和可用性的保护；而网络安全的含义是信息安全含义的引申，是指对网络信息的保密性、完整性和可用性的保护。

2. 计算机安全技术

常见的计算机安全技术包括以下几类。

（1）数据加密。

（2）数字签名。

（3）防火墙技术。

（4）认证技术。

（5）入侵检测。

（6）访问控制。

3. 计算机病毒和木马

（1）计算机病毒

计算机病毒（Computer Virus）是编制者在计算机程序中插入的破坏计算机功能或者数据的代码，能影响计算机使用，并能自我复制的一组计算机指令或者程序代码。

计算机病毒具有传播性、隐蔽性、感染性、潜伏性、可激发性、表现性或破坏性。计算机病毒的生命周期为：开发期→传染期→潜伏期→发作期→发现期→消化期→消亡期。

计算机病毒与医学上的“病毒”不同，计算机病毒不是天然存在的，是人利用计算机软件和硬件所固有的脆弱性编制的一组指令集或程序代码。它能潜伏在计算机的存储介质（或程序）里，条件满足时即被激活，通过修改其他程序的方法将自己的精确拷贝或者可能演化的形式放入其他程序中，从而感染其他程序，对计算机资源进行破坏。

（2）计算机木马

计算机木马（又名间谍程序）是一种后门程序，常被黑客用作控制远程计算机的工具。其英文单词是“Troj”，直译为“特洛伊”。

“木马”程序与一般的病毒不同，它不会自我繁殖，也并不“刻意”地去感染其他文件，它通过将自身伪装吸引用户下载执行，向施种木马程序者提供打开被种主机的门户，使施种者可以任意毁坏、窃取被种者的文件，甚至远程操控被种主机。

（3）计算机病毒和木马的防范

① 为计算机安装杀毒软件，定期扫描系统并查杀计算机病毒；及时更新计算机病毒库，更新系统补丁。

② 下载软件时尽量到官方网站或大型软件下载网站下载，在安装或打开软件或文件前要先杀毒。

③ 不随意打开不明网页链接，尤其是不良网站的链接，陌生人通过 QQ 或其他通信工具给自己发送链接时，尽量不要打开。

④ 使用网络通信工具时不随便接收陌生人的文件，若接收，可在工具菜单栏中的【文件夹选项】中取消选中【隐藏已知文件类型扩展名】选项来查看文件类型。

⑤ 对公共磁盘空间加强权限管理，定期查杀计算机病毒。

⑥ 打开移动存储器前先用杀毒软件进行检查，可在移动存储器中建立名为“autorun.inf”的文件夹（可防 U 盘病毒启动）。

⑦ 需要从公共网络上下载资料转入内网计算机时，用刻录光盘的方式实现转存。

⑧ 对计算机系统的各个账号要设置口令，及时删除或禁用过期账号。

⑨ 定期备份，以便遭到计算机病毒严重破坏后能迅速修复。

4. 常用的防御与查杀病毒软件

（1）Avira Free Antivirus

小红伞中文版（Avira Free Antivirus）是一款来自德国的杀毒软件，被国内用户称为小红伞。小红伞的优点是杀毒能力强，占用资源少，产品广泛应用于企业和个人领域。

（2）360 杀毒

360 杀毒是 360 安全中心出品的一款免费的云安全杀毒软件。它整合了 5 项查杀引擎，包括 BitDefender 病毒查杀引擎、小红伞病毒查杀引擎、360 云查杀引擎、360 主动防御引擎以及 360 第二代 QVM 人工智能引擎。

360 杀毒具有查杀率高、资源占用少、升级迅速等优点，可以快速、全面地诊断系统安全状况和健康程度，并进行精准修复。

（3）电脑管家

电脑管家是一款智能高效、防护和杀毒功能兼备的安全软件，主要表现为：界面清爽、操作简单、一键式操作、修复漏洞，支持自动修复高危漏洞，网页防火墙双重防线，实时查询 QQ 用户举报的恶意网址，全面拦截不良网页，网络流量监控功能等。

思考练习

单项选择题

1．在对某个课题进行主题检索时，可选择的检索字段有（　　）。

A．关键词　　B．作者　　C．刊名　　D．题名

2．在百度搜索引擎中，要实现字段的精确检索，可以用（　　）来限定。

A．“ ”（双引号）　　B．（ ）（括号）

C．+（加号）　　D．-（减号）

3．目前使用的防杀病毒软件的作用是（　　）。

A．检查计算机是否感染病毒，并消除已感染的任何计算机病毒

B．杜绝病毒对计算机的侵害

C．检查计算机是否感染病毒，并清除部分已感染的计算机病毒

D．查出已感染的任何计算机病毒，清除部分已感染的计算机病毒

4．当计算机上发现病毒时，最彻底的清除方法是（　　）。

A．格式化硬盘　　B．用防病毒软件清除计算机病毒

C．删除感染计算机病毒的文件　　D．删除磁盘上所有的文件

5．木马程序与计算机病毒的最大区别是（　　）。

A．木马程序不破坏文件而计算机病毒会破坏文件

B．木马程序无法自我复制而计算机病毒能够自我复制

C．木马程序无法使数据丢失而计算机病毒会使数据丢失

D．木马程序不具有潜伏性而计算机病毒具有潜伏性

6．不能防止计算机感染病毒的措施是（　　）。

A．定时备份重要文件

B．经常更新操作系统

C．除非确切知道附件内容，否则不要打开电子邮件附件

D．重要部门的计算机尽量专机专用与外界隔绝

7．下面并不能有效预防病毒的方法是（　　）。

A．尽量不使用来路不明的 U 盘

B．使用别人的 U 盘时，先将该 U 盘设置为只读

C．使用别人的 U 盘时，先将该 U 盘用防病毒软件杀毒

D．别人要复制自己的 U 盘中的东西时，先将自己的 U 盘设置为只读

8．下面有关计算机病毒的说法，描述正确的是（　　）。

A．计算机病毒是一个 MIS 程序

B．计算机病毒是对人体有害的传染性疾病

C．计算机病毒是一个能够通过自身传染，起破坏作用的计算机程序

D．计算机病毒是一段程序，只会影响计算机系统，但不会影响计算机网络

9．计算机病毒具有（　　）。

A．传播性、潜伏性、破坏性　　B．传播性、破坏性、易读性

C．潜伏性、破坏性、易读性　　D．传播性、潜伏性、安全性

10．哪一种不是接入互联网的方式？（　　）

A．拨号接入　　B．专线接入　　C．PVC 管接入　　D．局域网接入

附录1

全国计算机等级考试二级MS Office高级应用考试大纲（2018年版）

基本要求

1. 掌握计算机基础知识及计算机系统的组成。
2. 了解信息安全的基本知识，掌握计算机病毒及防治的基本概念。
3. 掌握多媒体技术的基本概念和基本应用。
4. 了解计算机网络的基本概念和基本原理，掌握因特网网络服务和应用。
5. 正确采集信息并能在文字处理软件 Word、电子表格软件 Excel、演示文稿制作软件 PowerPoint 中熟练应用。
6. 掌握 Word 的操作技能，并熟练应用它编制文档。
7. 掌握 Excel 的操作技能，并应用它熟练地进行数据计算及分析。
8. 掌握 PowerPoint 的操作技能，并应用它熟练地制作演示文稿。

考试内容

一、计算机基础知识

1. 计算机的发展、类型及其应用领域。
2. 计算机软硬件系统的组成及主要技术指标。
3. 计算机中数据的表示与存储。
4. 多媒体技术的概念与应用。
5. 计算机病毒的特征、分类与防治。
6. 计算机网络的概念、组成和分类，计算机与网络信息安全的概念与防控。
7. 因特网网络服务的概念、原理与应用。

二、Word 的功能和使用

1. Microsoft Word 应用界面的使用和功能的设置。
2. Word 的基本功能，文档的创建、编辑、保存、打印和保护等基本操作。
3. 设置字体和段落格式、应用文档样式和主题、调整页面布局等排版操作。
4. 文档中表格的制作与编辑。
5. 文档中图形、图像（片）对象的编辑和处理，文本框和文档部件的使用，符号与数学公式的输入与编辑。
6. 文档的分栏、分页和分节操作，文档页眉、页脚的设置，文档内容引用操作。
7. 文档的审阅和修订。
8. 利用邮件合并功能批量制作和处理文档。
9. 多窗口和多文档的编辑，文档视图的使用。
10. 分析图文素材，并根据需求提取相关信息引用到 Word 文档中。

三、Excel 的功能和使用

1. Excel 的基本功能，工作簿和工作表的基本操作，工作视图的控制。
2. 工作表数据的输入、编辑和修改。
3. 单元格格式化的操作、数据格式的设置。
4. 工作簿和工作表的保护、共享及修订。

5. 单元格的引用、公式和函数的使用。
6. 多个工作表的联动操作。
7. 迷你图和图表的创建、编辑与修饰。
8. 数据的排序、筛选、分类汇总、分组显示与合并计算。
9. 数据透视表和数据透视图的使用。
10. 数据模拟分析和运算。
11. 宏功能的简单使用。
12. 获取外部数据并分析处理。
13. 分析数据素材，并根据需求提取相关信息引用到 Excel 文档中。

四、PowerPoint 的功能和使用

1. PowerPoint 的基本功能和基本操作，演示文稿的视图模式和使用。
2. 演示文稿中幻灯片的主题设置、背景设置、母版制作和使用。
3. 幻灯片中文本、图形、SmartArt、图像（片）、图表、音频、视频、艺术字等对象的编辑和应用。
4. 幻灯片中对象动画、幻灯片切换效果、链接操作等交互设置。
5. 幻灯片的放映设置，演示文稿的打包和输出。
6. 分析图文素材，并根据需求提取相关信息引用到 PowerPoint 文档中。

考试方式

上机考试，考试时长 120 分钟，满分 100 分。

1. 题型及分值

- 单项选择题 20 分（含公共基础知识部分 10 分）。
- Word 操作 30 分。
- Excel 操作 30 分。
- PowerPoint 操作 20 分。

2. 考试环境

- 操作系统：中文版 Windows 7。

考试环境：Microsoft Office 2010。

附录2

全国计算机等级考试二级样卷

一、选择题

1. 小向使用了一部标配为 2GB RAM 的手机，因存储空间不够，他将一张 64GB 的 Mirco SD 卡插到了手机上。此时，这部手机上的 2GB 和 64GB 参数分别代表的指标是（ ）。

A. 内存、内存　　B. 内存、外存　　C. 外存、内存　　D. 外存、外存

答案：B

【解析】内存用来存储当前正在执行的数据和程序，其存取速度快但容量小；外存用来保存长期信息，它的容量大，存取速度慢。故正确答案为 B。

2. 全高清视频的分辨率为 19×1080 像素，一张真彩色像素的 19×1080 像素 BMP 数字格式图像所需存储空间是（ ）。

A. 1.98 MB　　B. 2.96 MB　　C. 5.93 MB　　D. 7.91 MB

答案：C

【解析】不压缩的情况下一个像素需要占用 24 Bit（位）存储，因为一个 Byte（字节）为 8 Bit，故每像素占用 3 Byte。那么 19×1 080 个像素就会占用 19×1 080×（24÷8）Byte=62 800 Byte=6 075 KB≈5.93 MB。故正确答案为 C。

3. 在 Windows 7 中，磁盘维护包括硬盘的检查、清理和碎片整理等功能，碎片整理的目的是（ ）。

A. 删除磁盘小文件　　B. 获得更多磁盘可用空间

C. 优化磁盘文件存储　　D. 改善磁盘的清洁度

答案：C

【解析】磁盘碎片整理，就是通过系统软件或者专业的磁盘碎片整理软件对计算机磁盘在长期使用过程中产生的碎片和凌乱文件重新整理，可提高计算机的整体性能和运行速度。故正确答案为 C。

4. 有一种木马程序，其感染机制与 U 盘病毒的传播机制完全一样，只是感染目标计算机后它会尽量隐藏自己的踪迹，它唯一的动作是扫描系统的文件，发现可能有用的敏感文件，就将其悄悄拷贝到 U 盘中，而这个 U 盘一旦插入连接互联网的计算机，就会将这些敏感文件自动发送到互联网上指定的计算机中，从而达到窃取的目的。该木马称为（ ）。

A. 网游木马　　B. 网银木马　　C. 代理木马　　D. 摆渡木马

答案：D

【解析】摆渡木马是一种特殊的木马，其感染机制与 U 盘病毒的传播机制完全一样，只是感染目标计算机后，它会尽量隐蔽自己的踪迹，不会出现普通 U 盘病毒感染后的症状，如更改盘符图标、破坏系统数据、在弹出的菜单中添加选项等，它唯一的动作就是扫描系统中的文件数据，利用关键字匹配等手段将敏感文件悄悄写回 U 盘中，一旦这个 U 盘再插入到连接互联网的计算机上，就会将这些敏感文件自动发送到互联网上指定的计算机中。摆渡木马是一种间谍人员定制的木马，隐蔽性、针对性很强，一般只感染特定的计算机，普通杀毒软件和木马查杀工具难以及时发现。故正确答案为 D。

5. 某企业为了构建网络办公环境，应该给每位员工使用的计算机配备（ ）。

A. 网卡　　B. 摄像头　　C. 无线鼠标　　D. 双显示器

答案：A

【解析】计算机与外界局域网的连接是通过在主机箱内插入一块网络接口板（或者是在笔记本电脑中插入一块 PCMCIA 卡）。网络接口板又称为通信适配器或网络适配器（Network Adapter）或网络接口卡（Network Interface Card，NIC），但是更多的人愿意使用更为简单的名称“网卡”。故正确答案为 A。

6. 某企业为了组建内部办公网络，应该配备（ ）。

A. 大容量硬盘　　B. 路由器　　C. DVD 光盘　　D. 投影仪

答案：B

【解析】路由器的一个作用是连通不同的网络，另一个作用是选择信息传送的线路。选择通畅快捷的近路，

能大大提高通信速度，减轻网络系统的通信负荷，节约网络系统资源，提高网络系统的畅通率，从而让网络系统发挥出更大的效益。故正确答案为B。

7. 某企业为了建设一个可供客户在互联网上浏览的网站，需要申请一个（　　）。

A. 密码　　B. 邮编　　C. 门牌号　　D. 域名

答案：D

【解析】域名（Domain Name）是由一串用点分隔的名字组成的Internet上某一台计算机或计算机组的名称，用于在数据传输时标识计算机的电子方位（有时也指地理位置，地理上的域名指代有行政自主权的一个地方区域）。故正确答案为D。

8. 为了保证公司网络的安全运行，预防计算机病毒的破坏，可以在计算机上采取的措施是（　　）。

A. 磁盘扫描　　B. 安装浏览器加载项　　C. 开启防病毒软件　　D. 修改注册表

答案：C

【解析】防病毒软件是一种计算机程序，可进行检测、防护，并采取行动来解除或删除恶意软件程序，如病毒和蠕虫。故正确答案为C。

9. 1 MB的存储容量相当于（　　）。

A. 一百万个字节　　B. 2的10次方个字节

C. 2的20次方个字节　　D. 1 000 KB

答案：C

【解析】1 MB=1 024 KB=2 B，故正确答案为C。

10. Internet的4层结构分别是（　　）。

A. 应用层、传输层、通信子网层和物理层

B. 应用层、表示层、传输层和网络层

C. 物理层、数据链路层、网络层和传输层

D. 网络接口层、网络层、传输层和应用层

答案：D

【解析】TCP/IP是Internet最基本的协议。TCP/IP采用4层结构来完成传输任务，其4层结构为网络接口层、网络层、传输层和应用层，各层都是通过呼叫其下一层所提供的网络完成自己，相对于OSI标准的7层结构，少了表示层、会话层和物理层。故正确答案为D。

11. 微机中访问速度最快的存储器是（　　）。

A. CD-ROM　　B. 硬盘　　C. U盘　　D. 内存

答案：D

【解析】内存又称主存，是CPU能直接寻址的存储空间，由半导体器件制成。内存的特点是存取速率快。故正确答案为D。

12. 计算机能直接识别和执行的语言是（　　）。

A. 机器语言　　B. 高级语言　　C. 汇编语言　　D. 数据库语言

答案：A

【解析】机器语言是用二进制代码表示的计算机能直接识别和执行的一种机器指令的集合。它是计算机的设计者通过计算机的硬件结构赋予计算机的操作功能。机器语言具有灵活、直接执行和速度快等特点。故正确答案为A。

13. 某企业需要为普通员工每人购置一台计算机专门用于日常办公，通常选购的机型是（　　）。

A. 超级计算机　　B. 大型计算机

C. 微型计算机　　D. 小型计算机

答案：C

【解析】微型计算机简称“微型机”或“微机”，由于其具备人脑的某些功能，所以也称其为“微电脑”。

微型计算机是由大规模集成电路组成的、体积较小的电子计算机。它是以微处理器为基础，配以内存储器及输入/输出（I/O）接口电路和相应的辅助电路而构成的裸机。故正确答案为 C。

14. Java 属于（　　）。

A. 操作系统　B. 办公软件　C. 数据库系统　D. 计算机语言

答案：D

【解析】计算机软件主要分为系统软件与应用软件两大类。系统软件主要包括操作系统、语言处理系统、数据库管理系统和系统辅助处理程序。应用软件主要包括办公软件和多媒体处理软件。Java 是一门面向对象编程语言，属于计算机语言。故正确答案为 D。

15. 手写板或鼠标属于（　　）。

A. 输入设备　B. 输出设备　C. 中央处理器　D. 存储器

答案：A

【解析】计算机由输入、存储、运算、控制和输出 5 个部分组成。手写板和鼠标都属于输入设备。故正确答案为 A。

16. 某企业需要在一个办公室构建适用于多人的小型办公网络环境，这样的网络环境属于（　　）。

A. 城域网　B. 局域网　C. 广域网　D. 互联网

答案：B

【解析】按照覆盖地理范围和规模的不同，可以将计算机网络分为局域网、城域网和广域网。局域网是一种在有限区域内使用的网络，它所覆盖的地区范围较小，一般在几千米之内，适用于办公室网络、企业与学校的主干局网络。故正确答案为 B。

17. 第四代计算机的标志是微处理器的出现，微处理器的组成是（　　）。

A. 运算器和存储器　B. 存储器和控制器

C. 运算器和控制器　D. 运算器、控制器和存储器

答案：C

【解析】微处理器由运算器和控制器组成。运算器是计算机处理数据形成信息的加工厂，它的主要功能是对数据进行算术运算和逻辑运算。控制器是计算机的指挥中心，它统一控制计算机的各个部件。故正确答案为 C。

18. 在计算机内部，大写字母“G”的 ASC II 为“1000111”，大写字母“K”的 ASC II 为（　　）。

A. 1001001　B. 1001100　C. 1001010　D. 1001011

答案：D

【解析】1000111 对应的十进制数是 71，则“K”的码值是 75，转换成二进制位 1001011。故正确答案为 D。

19. 以下软件中属于计算机应用软件的是（　　）。

A. IOS　B. Andriod　C. Linux　D. QQ

答案：D

【解析】应用软件是为满足用户不同的应用需求而提供的软件，它可以拓宽计算机系统的应用领域，放大硬件的功能。A、B、C 3 项均为操作系统，属于系统软件。故正确答案为 D。

20. 以下关于计算机病毒的说法，不正确的是（　　）。

A. 计算机病毒一般会寄生在其他程序中

B. 计算机病毒一般会传染其他文件

C. 计算机病毒一般具有自愈性

D. 计算机病毒一般具有潜伏性

答案：C

【解析】计算机病毒实质上是一种特殊的计算机程序，一般具有寄生性、破坏性、传染性、潜伏性和隐蔽

性。故正确答案为 C。

二、Word 操作题

请在【答题】菜单下选择【进入考生文件夹】命令，并按照题目要求完成下面的操作。

注意：以下的文件必须都保存在考生文件夹下。

财务部助理小王需要协助公司管理层制作本年的年度报告，请你按照如下要求完成制作工作。

1. 打开“Word_素材.docx”文件，将其另存为“Word.docx”，之后所有的操作均在“Word.docx”文件中进行。

2. 查看文档中含有绿色标记的标题，如“致我们的股东”“财务概要”等，将其段落格式赋予本文档样式库中的“样式 1”。

3. 修改“样式 1”样式，设置其字体黑体，颜色为黑色，并为该样式添加 0.5 磅的黑色、单线条下画线边框，该下画线边框应用于“样式 1”所匹配的段落，将“样式 1”重新命名为“报告标题 1”。

4. 将文档中所有含有绿色标记的标题文字段落应用“报告标题 1”样式。

5. 在文档的第 1 页与第 2 页之间，插入新的空白页，并将文档目录插入该页。文档目录要求包含页码，并仅包含“报告标题 1”样式所示的标题文字。将自动生成的目录标题“目录”段落应用“目录标题”样式。

6. 因为财务数据信息较多，所以设置文档第 5 页“现金流量表”段落区域内的表格标题行可以自动出现在表格所在页面的表头位置。

7. 在“产品销售一览表”段落区域的表格下方，插入一个产品销售分析图，图表样式请参考“分析图样例.jpg”文件所示，并将图表调整到与文档页面宽度相匹配。

8. 修改文档页眉，要求文档第 1 页不包含页眉，文档目录页不包含页码，从文档第 3 页开始在页眉的左侧区域包含页码，在页眉的右侧区域自动填写该页中“报告标题 1”样式所示的标题文字。

9. 为文档添加水印，水印文字为“机密”，并设置为斜式版式。

10. 根据文档内容的变化，更新文档目录的内容与页码。

三、Excel 操作题

请在【答题】菜单下选择【进入考生文件夹】命令，并按照题目要求完成下面的操作。

注意：以下的文件必须都保存在考生文件夹下。

销售部助理小王需要针对 2012 年和 2013 年的公司产品销售情况进行统计分析，以便制订新的销售计划和工作任务。现在，请按照如下要求完成工作。

1. 打开“Excel_素材.xlsx”文件，将其另存为“Excel.xlsx”，之后所有的操作均在“Excel.xlsx”文件中进行。

2. 在“订单明细”工作表中，删除订单编号重复的记录（保留第一次出现的那条记录），但须保持原订单明细的记录顺序。

3. 在“订单明细”工作表的“单价”列中，利用 VLOOKUP 公式计算并填写相应图书的单价金额。图书名称与图书单价的对应关系可参考工作表“图书定价”。

4. 如果每个订单的图书销量超过 40 本（含 40 本），则按照图书单价的 9.3 折进行销售；否则按照图书单价的原价进行销售。按照此规则，计算并填写“订单明细”工作表中每笔订单的“销售额小计”，保留 2 位小数。要求该工作表中的金额以显示精度参与后续的统计计算。

5. 根据“订单明细”工作表的“发货地址”列信息，并参考“城市对照”工作表中省市与销售区域的对应关系，计算并填写“订单明细”工作表中每笔订单的“所属区域”。

6. 根据“订单明细”工作表中的销售记录，分别创建名为“北区”“南区”“西区”“东区”的工作表，在这 4 个工作表中分别统计本销售区域各类图书的累计销售金额，统计格式请参考“Excel_素材.xlsx”文件中的“统计样例”工作表。将这 4 个工作表中的金额设置为带千分位的、保留两位小数的数值格式。

7. 在“统计报告”工作表中，分别根据“统计项目”列的描述，计算并填写所对应的“统计数据”单元格中的信息。

四、PowerPoint 操作题

请在【答题】菜单下选择【进入考生文件夹】命令，并按照题目要求完成下面的操作。

注意：以下的文件必须都保存在考生文件夹下。

在某展会的产品展示区，公司计划在大屏幕投影上向来宾自动播放并展示产品信息，因此需要市场部助理小王完善产品宣传文稿的演示内容。按照以下要求，在 PowerPoint 中完成制作工作。

1. 打开素材文件“PowerPoint_素材.PPTX”，将其另存为“PowerPoint.pptx”，之后所有的操作均在“PowerPoint.pptx”文件中进行。

2. 将演示文稿中的所有中文文字字体由“宋体”替换为“微软雅黑”。

3. 为了布局美观，将第 2 张幻灯片中的内容区域文字转换为“基本维恩图”SmartArt 布局，更改 SmartArt 的颜色，并设置该 SmartArt 样式为“强烈效果”。

4. 为上述 SmartArt 图形设置由幻灯片中心进行“缩放”的进入动画效果，并要求自上一动画开始之后自动、逐个展示 SmartArt 中的 3 点产品特性文字。

5. 为演示文稿中的所有幻灯片设置不同的切换效果。

6. 将考试文件夹中的声音文件“BackMusic.mid”作为该演示文稿的背景音乐，并要求在幻灯片放映时即开始播放，至演示结束后停止。

7. 为演示文稿最后一页幻灯片右下角的图形添加指向微软公司网址的超链接。

8. 为演示文稿创建 3 个节，其中“开始”节中包含第 1 张幻灯片，“更多信息”节中包含最后 1 张幻灯片，其余幻灯片均包含在“产品特性”节中。

9. 为了实现幻灯片可以在展台自动放映，设置每张幻灯片的自动放映时间为 10s。